红豆树研究

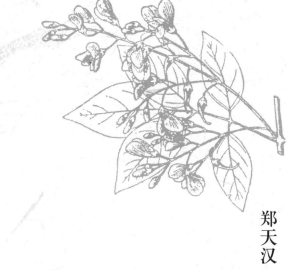

郑天汉　兰思仁　江希钿 著

中国林业出版社

图书在版编目（CIP）数据

红豆树研究／郑天汉，兰思仁，江希钿著. —北京：中国林业出版社，2013.12

ISBN 978 - 7 - 5038 - 7299 - 0

Ⅰ．①红…　Ⅱ．①郑… ②兰… ③江…　Ⅲ．①红豆树 – 研究

Ⅳ．①S792.99

中国版本图书馆 CIP 数据核字（2013）第 299720 号

出版	中国林业出版社（100009　北京西城区刘海胡同 7 号）
电话	010 - 83229512
发行	中国林业出版社
印刷	北京中科印刷有限公司
版次	2013 年 12 月第 1 版
印次	2013 年 12 月第 1 次
开本	787mm × 1092mm，1/16
印张	20　彩插　1.25
字数	470 千字
定价	80.00 元

序

　　红豆树 *Ormosia hosiei* 是中国特有树种，国家二级保护珍贵树种，《中国物种红色名录》中 VU 等级濒危树种，中国主要深色名贵硬木，高经济用材价值树种和国家战略资源之一；其树姿优雅清秀，种子鲜红艳丽，木材纹理美观，文化意涵深刻，聚集珍贵用材、庭园观赏、森林文化于一体，长期以来深受人民喜爱；在森林生态系统中它能与多种乔冠草和谐相处，构成具有生物多样性的稳定林型，发挥巨大的生态功能；唐代诗人王维"红豆生南国，春来发几枝，愿君多采撷，此物最相思"，诠释了红豆树古老文化习俗和厚重森林文化与人文文化的历史渊源，在古典家具、工艺木雕、建筑装饰装潢中也不乏精美的红豆树木材的传世之作，展示出红豆树的森林文化价值。

　　近代由于人口与经济急剧增长，木材的大量需求带来了森林资源的短缺，特别是珍贵树种资源被砍伐殆尽，甚至使得红豆树等珍贵木材到了一金难求的地步。因此，珍贵树种资源亟待恢复、重建和开发；另外，木材的短缺与急需使人们急功近利，几乎在所有的造林中，皆选择了单纯的速生树种，带来了木材市场材种单一、质量低下，更为重要的是速生纯林缺乏生物多样性，病虫害丛生，缺乏稳定性，生态效益低下，甚至全军覆没，教训惨痛！加快开发珍贵树种，营建珍贵树种森林资源，已成为林业发展和生态建设的当务之急。

随着我国经济的快速发展和生活水平的提高，以珍贵用材为原料制作的高档家具和装饰装潢越来越受到青睐，社会对珍贵用材的需求日益高涨，国内珍贵用材树种严重不足，加速了种群萎缩和优良种质材料的灭失，潜在濒危性日益突出，国际上也存在类似问题，反对砍伐天然珍贵木材已成主流。我国是濒危野生动植种国际贸易公约和生物多样性公约的缔约国，保护中国濒危珍贵物种，开发建设珍贵树种人工林，不仅是履行国际义务，也是国家生态、经济、文化持续健康发展的自身需求。《红豆树研究》展示了我国在珍稀濒危动植物保育以及履行国际义务上不懈努力的一个缩影，还是福建切实保护珍稀濒危动植物和努力促进珍稀濒危动植物发展的代表之作，更是开发利用珍贵树种的科技支撑。特此，欣然作序。

著者持续15年如一日，对处于濒危状态的红豆树进行资源保育与栽培经营技术系列研究，在红豆树生物学特性、种群生态学特性、濒危机理揭示、种质资源内在关系规律、林木育种性状特征与规律、优树选择、子代遗传测定、育种群体构建与种质资源保育、结实规律与种子萌发机理、苗木培育与质量评价、栽培与病虫害防治，以及人工林单木模型、林分生长模型、经营密度模型、材积表、出材率表、生长率表、地位指数表等方面取得一系列最新技术成果，整体性技术集成和系统创新的特色明显。专著对于阐明红豆树的生物学和生态学理论，恢复重建红豆树森林资源，挖掘森林生态、经济与文化价值，构建产业链，促进发展所需的各项科技支撑，具有重要的理论和应用价值。

专著涉及森林景观与文化、植物生理与生态、林木遗传育种与栽培经营等学科，成果丰硕，尤其把珍稀濒危植物的保育同社会文化、生态文化、经济发展相耦合，力求从森林文化提升为社会文化，再以社会文化来促进红豆树的保护与发展，思路清晰，时代感强。全书共分为 14 个篇章，结构严谨，内容丰富，资料翔实，依据充分，结论可靠，文字精炼，文图并茂，是当前红豆树研究的新颖成果。它的出版，对我国珍稀濒危植物研究、保护与利用具有引领作用，对林学、珍贵树种保育、森林景观学、林业管理等部门工作者、研究者和广大林农皆具有重要参考价值和指导作用。

中国工程院农业学部　主任
中 国 工 程 院 院 士

2013 年 12 月 26 日

前言

　　红豆树 *Ormosia hosiei*，又名：何氏红豆、鄂西红豆、江阴红豆，为被子植物亚门双子叶植物纲蝶形花科红豆树属树种，产于中国中部和华东地区；乔木，羽状复叶，小叶长椭圆形，圆锥花序，花白色，荚果扁平，种子鲜红色。红豆树集珍贵用材、庭园观赏、景观文化于一体，是国家二级保护的珍稀濒危植物和目前国内仅次于红木的最主要深色名贵硬木资源。随着古典家具文化的兴起，社会对红豆树等珍贵树种用材的需求量越来越大，市场价格越来越高，资源供求矛盾日益突出。这一问题引起了福建、浙江、广东等省的高度重视，近年来开始大力培育和推广红豆树，但在现实生产中面临良种缺乏、开花结实规律不稳定、种群基因交流障碍、育苗和育林技术薄弱等瓶颈，迫切需要对红豆树进行深入研究，为生产实践提供指导。

　　福建是红豆树原生地之一，人工栽培红豆树的历史可追溯到宋朝嘉祐元年（1056 年）；20 世纪 60 年代中期，福建曾在 20 余个国有林场系统布设红豆树科研试验林，1975 年进一步将红豆树作为福建省主要珍贵乡土树种进行造林推广，这为深入开展红豆树系统研究提供了珍贵资料，奠定了重要基础。从 1999 年开始，课题组组织力量对福建省红豆树资源进行本底调查、育苗预试验、树种特性观察等，并在此基础上系统开展了红豆树优良种质选择、红豆树苗期施肥试验、种子催芽处理试验和育苗技术试验；2005 年起在福建省科技厅"红豆树优良种质选择与栽培技术研究"项目的资助下，继续在全省系统布点开展红豆树栽培试验，进行红豆树优树子代测定、人工造林试验、混交林试验、景观树栽培试验及病虫害防治等方面的研究，并于 2007 年通过了福建省科技厅的阶段成果鉴定，研究成果达国内领先水平；此后，红豆树研究虽然历尽艰辛，但研究从未间断，已发表研究论文 20 余篇。

本书首次综合反映了福建 50 余年的红豆树研究成就，总结了著者及其科研团队 15 年来的研究成果。本书呈现了以下特点：一是有一定的创新性。首次运用遗传学、植物营养学、植物生理生态学、森林培育、景观生态学、园林学等学科知识，对处于濒危状态的红豆树进行系统研究，力争在红豆树濒危机理、种子萌发调控机制、无性繁殖生根技术、混交林配置技术等方面有所突破。二是有较强的系统性。以传承千年红豆树文化为起点，认真分析了红豆树的文化价值、野生种群质量评价与保护、生物学特性、生态学特性、优树选择、子代遗传测定和优良家系选择、苗期施肥效应、苗木培育配套技术、苗木质量评价技术、栽培与经营技术、林业数表编制、景观应用等，涉及文化、景观、种群生态、种苗学、栽培学、经营管理等学科。三是有较强的现实指导性。既力求全面反映作者在国内首次开展红豆树资源调查、收集和评价的成果，又主动对接现实生产需求，详细介绍了红豆树的人工栽培、珍贵用材林基地建设、景观林培育等实用技术。

本书凝聚着福建全省 30 余个国有林场（采育

场）、10 余个国有林业苗圃、50 余个县（市、区）林业局以及福建农林大学、福建林业职业技术学院、福建省林业科学研究院等 140 余位林业科研技术人员和一线生产员工的辛勤汗水和智慧；另外在本书写作过程中也参考和引用了国内外不少学者的文献与成果，在此一并致以诚挚感谢！

由于系统开展红豆树研究，涉及的学科较多，实践中所遇到的问题较为复杂，尽管我们尽了最大努力，但由于水平所限，疏误之处在所难免，谨祈读者不吝指正。

著　者

2013 年 9 月

目录

序

前言

红豆树研究概述

红豆树 *Ormosia hosiei* 是 Hemsl. et Wils 1906 年根据在我国采集的标本，在邱园杂志上发表的新种，为被子植物亚门双子叶植物纲蝶形花科红豆树属树种。红豆树又称鄂西红豆树，福建民间俗称花梨木（三明、南平）、酸枝木（福州）、黑樟丝（泉州）、枪树（漳州华安）、相思子（古田）、相思树（宁德）、草花梨（莆田）、刨刀木（福州长乐）等。红豆树树高可达 40m，胸径可达 200cm，树冠开展，枝叶茂密、浓绿，木材坚硬，木质优良，是建筑、家具的优良用材。红豆树集珍贵用材、庭园观赏、景观文化于一体，是国家二级保护珍稀濒危植物和目前国内仅次于红木的主要深色名贵硬木资源，特别适宜非规划林地造林。

1.1　红豆树造林历史

福建开展红豆树人工栽培历史绵长，民间相传宋朝嘉祐元年（1056 年）福州知州蔡襄在任期间，曾大规模发动百姓种植。至今发现有历史记载的为《古田县志》：明嘉靖六年（1527 年）知县周浩等大力提倡农民植树，其中就栽有不少相思子（即红豆树）；民国二十四年至二十八年（1935～1939 年）在福建屏南谷口至平湖公路两侧及下古田北门等地栽植"总理纪念林"，有马尾松、杉木、相思子等，一些当年种植的红豆树至今尚在。目前，福建常见红豆树巨木生长于古寺庙、古村落、古坟墓周边；经确证，福州晋安区日溪乡日溪村一株胸径 120.1cm 的红豆树古树，种植于己亥年（明朝万历二十七年），即公元 1599 年，距今 410 余年；福建古田县钱板村红豆树人工林分也已达 350 年。福建省目前发现的最大红豆树，胸径 241.9cm，树高 28.8m，冠幅 34m（南北）、25m（东西），树冠庞大，雄伟壮观。经林业专家考证，该树堪称"八闽红豆树王"。该树生长在福安市溪柄镇楼下村，位于全国重点文物保护单位——狮峰寺北向约 100m 处。1965～1966 年，福建林业前辈在全省 20 余个国有林场系统布设红豆树科研试验林。1975 年红豆树确定为福建珍贵乡土树种的主攻树种，在三明市莘口镇小湖林场召开珍贵用材树种造林现场会。

1.2　红豆树研究历程

红豆树研究课题始于 1999 年，历时 15 年。1999～2003 年对福建省红豆树资源进行本底调查、育苗预试验、树种特性观察等。2004～2006 年对红豆树天然林群落学特征、种群生态学特征、测树学内容等的调查，期间还系统开展红豆树优良种质选择、红豆树苗期施肥试验、种子催芽处理试验和育苗技术试验等。2006～2011 年开展红豆树优树子代测定、人工造林试验、混交林试验、景观树栽培试验及病虫害防治研究等。2012～2013 年完成数据分析与成果总结等。

1.3　主要研究内容

《红豆树研究》在生物学特性、种群生态学、种质资源内在关系规律、林木育种性状特征与规律、优良种质选择、子代遗传测定、育种群体构建以及种质资源保育、营造林技术等方面取得一系列成果。研究成果按其内容归纳如下。

（1）红豆树生态学特性

以福建省域为单位，大规模研究红豆树种质群落的相对密度、相对优势度、相对频度、相对高度、盖度比、频度比、密度比、重要值、总优势比、丰富度、多样性、优势度、聚集度、多度分布格局规律、生态位宽度、生态位重叠度、生态位相似比例、种间联结性等。分析了红豆树群落的结构、稳定性、演化趋势，测定了红豆树与群落中其他树种的种间关系，明晰和划分了红豆树正向联结种组和负向联结种组等。

（2）红豆树种质多样性及主要育种性状特征

调查红豆树种子、叶、树皮、树干、冠幅、主干分枝、侧枝分化、心材、心材率等自然类型多样性。测量了红豆树心材率、材积、胸径、树高、枝下高等数量指标以及枝粗系数、树干通直度系数、枝下高系数、冠长系数等形质指标，研究了 13 个林木性状间的关系和规律，建立了红豆树心材材积与胸径呈幂函数关系模型、心材直径与胸径呈直线关系模型、心材直径与树高呈对数关系模型、心材直径与冠长呈直线关系模型、心材直径比率与胸径呈自然对数函数关系模型。提出红豆树材用性优树选择技术评价指标等。

（3）红豆树优树选择与子代遗传测定

以福建省域为单位，全面调查红豆树的优树选择基本群体和选择红豆树优树 77 株，应用"多目标决策和集对分析原理"对优树选择效果进行比较与精选。红豆树优树子代遗传测定在 8～9 年生则有较突出遗传表现，家系间的心材率、胸径、树高、材积、枝下高等性状变异丰富，优树选择效应明显，子代遗传测定筛选出 7 个遗传增益达到 15% 的优良家系，为今后红豆树树种遗传改良奠定了良好的物质基础。

（4）红豆树育种群体构建与野生种群质量评价及其保护技术

创建了包括 77 株优树、174 株国家级古树、11 片共计 266 亩天然林群落、8 片共计306 亩人工林优良林分、优良种质收集区 100 亩、母树林 1545 亩等红豆树育种群体。提出多样性指数、优势度指数、红豆树生态位宽度等 7 项技术指标，综合评价红豆树野生群落的保护现状与质量情况，研究发现红豆树野生种群萎缩的主要原因，制定了红豆树野生种质资源保育技术。

（5）红豆树苗期施肥效应研究

通过红豆树苗期的氮肥、磷肥、钾肥 $L_9(3^4)$ 田间正交试验研究，得出红豆树苗期生长的营养元素重要性序次为 P→N→K，得出氮、磷、钾的合适施用量比例为 2.5∶1∶1.25，发现不同施肥处理的地径、苗高的月生长动态，植株根、茎、叶的含水率月动态变化，发现不同施肥处理的呼吸速率、叶绿素 a、叶绿素 b、叶绿素 a 与叶绿素 b 比率、总叶绿素等植物生理效应情况，发现不同施肥处理植株根、茎、叶器官中全 P、全 K、全 N、全 C 的含量变化情况。探明不同土壤速效钾、有效磷、全磷、全钾、水解氮、pH 值、全 C、全 N 营养含量，对植株全 P、全 K、全 C、全 N、有机质含量以及苗高、地径、高径比、生物量的影响及其关系。

（6）红豆树苗木培育配套技术

突破红豆树发芽障碍，变温浸种结合湿砂催芽效果最优，圃地发芽率可达 90.3%，克服机械破皮造成子叶、种胚损伤、病菌感染烂种，种子利用率比机械破皮提高 8.7%，圃地和容器苗芽苗移植的成活率可达到 99.2%。制定红豆树根瘤菌接种技术，探明根瘤对苗木主要器官生长效应、根瘤形成时间、根瘤数量与圃地土壤质量关系。阐明裸根苗培育的合理播种量、生长营养空间结构、合理密度结构，阐明容器苗最适容器规格与营养基质养分的最佳配比，阐明红豆树地径、苗高、总生物量生长节律，阐明不同区域红豆树适宜播种时间与原因。

（7）制定红豆树苗木质量评价标准

1 年生裸根苗质量评价标准，按三因素的质量评价标准为：Ⅰ级苗的临界值，总鲜重 ≥56.9g，地径 ≥0.98cm，苗高 ≥43.0cm；Ⅱ级苗的临界值，56.9g＞总鲜重 ≥17.1g，0.98cm＞地径 ≥0.67cm，43.0cm＞苗高 ≥23.2cm；Ⅲ级苗的临界值，17.1g＞总鲜重 ≥11.9g，0.67cm＞地径 ≥0.56cm，23.2cm＞苗高 ≥16.9cm；Ⅳ级苗的临界值，总鲜重 ＜11.9g，地径 ＜0.56cm，苗高 ＜16.9cm。红豆树 1 年生裸根苗地径、苗高双指标质量等级标为：Ⅰ级苗的临界值，地径 ≥0.94cm，苗高 ≥44.2cm；Ⅱ级苗的临界值，0.94cm＞地径 ≥0.67cm，44.2cm＞苗高 ≥22.1cm；Ⅲ级苗的临界值，0.67cm＞地径 ≥0.57cm，22.1cm＞苗高 ≥16.3cm；Ⅳ级苗的临界值，地径 ＜0.57cm，苗高 ＜16.3cm。

（8）红豆树栽培技术研究

系列开展红豆树造林时效、裸根苗分类造林效应、不同立地质量栽培效应、坡位效应、混交林效应、景观树培育、家系遗传测定、人工林不同基肥类型、施肥配比效应、病虫害类型及其防治试验等实践试验。探明红豆树造林应选择在Ⅰ、Ⅱ级优良土壤立地质量和长坡中下部或短坡下部，裸根苗最佳造林时间在 2 月份至 3 月上旬，裸根苗二级苗造林效应最好且成活率达 98.5%，红豆树大树移植最佳时期在 12 月至翌年 2 月休眠期时的移植成活率为 96.7%，在其移植穴中灌水搅拌成浆后种植成活率可达 98.3%，以有机肥为基肥时应特别注意防治白蚁，植后前三年宜侧方荫庇，修枝促干措施宜早不宜迟和宜生理萌动前修枝，幼林期应采取支架扶正主干。探明福建山地土壤的最优追肥配比为，有效含 N 量 46.5% 的尿素、P_2O_5 含量 12% 的钙镁磷、有效含 K 量 60% 的氯酸钾配比为 3.3∶4∶1，年均施肥量 0.5 ~ 0.75kg/株，每年 2 ~ 3 次结合全垦进行；探明红豆树与杉木混交林在幼林期混交比例以 4∶1 最优、3∶2 次之、2∶1 较差、1∶1 最差，38 年生中龄林的林分总蓄积量以 1∶1 混交最优、2∶1 混交次之、3∶1 混交较差。探明苗期白叶病、角斑病、膏药病等主要病虫害及防治措施，明确幼林期堆砂蛀蛾、红蜘蛛、吹绵蚧、白蚂蚁、1 年生幼树易受老鼠咬断主干等主要危害及防治措施。在人工栽培获得成功的基础上，经反复观测和试验对比，筛选出切实可行的红豆树人工林优化栽培模式并推广应用。

（9）红豆树测树经营数表研制

建立红豆树单木生长模型，明确材积、胸径、树高的数量成熟年龄分别为 52 年、32年、26 年。构建了 39 年生红豆树人工林的平均材积模型、平均胸径模型、平均树高模型、平均株数模型、胸径总断面积、林分蓄积量模型，可供红豆树林分生长动态预估。编制红豆树二元材积表、一元材积表、地径材积表、出材率表、单木二元材种出材率表、单木一元材种出材率表、材积生长率表、地位指数表编制等系列测树数表。

1.4 主要技术特点

红豆树研究课题组组织跨学科研究力量，持续 15 年的调查观测和系列试验，研究面广、内容多，涉及森林生态学、森林培育学、遗传育种学、森林经理学、测树学、统计学和最优化方法等学科的理论和技术，形成了理论基础扎实、技术方法成熟、实用价值高、具有多学科交叉特色的科研成果，整体性创新和技术集成的特色突出。

纠正在林木选择育种中，不注重主要性状特征、主要数量指标和形质指标的分析研究，缺乏对林木性状特征的充分认识和把握的情况下，就匆忙搞优树选择的不科学做法。以福建省域为单位，大规模调查红豆树林木育种的基本群体和种质资源特点，并在了解红豆树林学特性、林木数量指标与形质指标分化变异情况及其关系规律的基础上，科学开展红豆树遗传育种研究，育种目标明确地锁定在材用性遗传改良及其育种群体的构建。首先开展优良林分选择，其次应用标准差选择法筛选优势木，再开展优树表型选择、进而应用"多目标决策和集对分析原理"对优树进行比较与评价，并在全国率先开展优树子代遗传测定和优良家系选择。在红豆树野生种质资源保育技术研究中，充分调查和研究福建全省的红豆树野生资源，掌握红豆树种质资源群体结构、探明种内与种间关系及其规律、科学确定综合评价指标以及进行种质资源质量评价，进而在弄清红豆树种群萎缩与退化原因的基础上，科学制定保育技术。

系统开展红豆树种子催芽处理、苗木培育、施肥配比、根瘤与苗木生长效应、造林时效、裸根苗分类造林效应、不同立地质量栽培效应、坡位效应、混交林效应、景观树培育、人工林不同基肥类型和施肥配比效应、病虫害类型及其防治等内容的实践试验。在长期定点观测研究的基础上，随着研究广度的拓展和深度的加深，不断增加观测因子，不仅取得了内容丰富、完整翔实且具有代表性的基础数据，而且填补（或纠正）了红豆树生物学特性等多项研究空白。

该成果跨越 50 年，承传 1965 年以来福建林业前辈对红豆树研究的未竟事业，依托他们在福建 20 余个国有林场系统布设红豆树科研试验林为基础材料，构建了红豆树单木生长模型、林分生长动态模型，研创材积表、出材率、生长率表、地位指数表等系列测树数表。

1.5 红豆树研究的作用与影响

建立红豆树育种群体2301亩。其中：选择优树77株，确定国家级古树174株，确定野生种群保育区11片共计350亩，建立人工林优良林分8片共计306亩，建立优良种质收集区100亩，改建红豆树母树林1545亩。这些优良种质材料，对红豆树基因保存、遗传改良和开发、新品种培育、发展人工林等具有重要价值。

归纳总结的红豆树人工林栽培技术成熟实用，在福建省发展红豆树人工林，扩大分布区域的过程中，起到了重要的指导作用。项目组营造的红豆树人工林生长良好，在推广应用中起到了典型的示范作用，成为他人研究红豆树人工林的素材。

"多目标决策与集对分析原理"的优树评选方法、种群质量评价方法、种群保育技术、林业数表编制等最新技术，可应用于其他珍稀树种研究或参考借鉴。

构建红豆树人工林分生长动态模型和系列测树数表等，可为制定红豆树人工林经营方案提供科学依据。

红豆树研究成果在林业生产上具有广阔推广应用前景。在国家层面上，红豆树已纳入《关于构建我国木材安全保障体系的报告》（发改农经［2011］2086号）、《国家林业局关于编制全国木材战略储备生产基地规划有关问题的通知》（林规发［2001］107）、《全国木材战略储备基地建设规划》、《中国主要栽培珍贵树种参考名录》中的重点发展树种之一，已成为全国热门造林树种。在福建省，已在生产上推广应用多年，2006年就把红豆树列为福建非规划造林地的三个重点发展树种之一，纳入林业经济发展计划，在林业经济政策和产业项目给予配套支持；2007年以来，先后纳入《福建省第一批主要栽培珍贵树种参考名录》、《福建省国家木材战略储备生产基地建设规划（2011～2020年）》、《2012年福建省木材战略储备基地项目实施方案》、《福建省十二五林业发展专项规划》。该项目已支撑实施了福建省中央财政林业科技推广示范资金项目、福建省红豆树景观栽培示范项目、仙游珍贵树种红豆树种苗繁育推广示范项目、福建省红豆树人工林推广示范项目、福建省红豆树母树林改建项目、福建省种苗科技攻关项目、龙海市珍贵树种种质园建设项目、福建农林大学珍稀树种研究中心的研究项目、江苏无锡红豆树主题公园项目等9项，红豆树种子和培育的苗木已推广应用到江西、浙江、江苏，景观树已批量提供给苏州雅特尔园林绿化有限公司和推广应用到江苏、上海城乡园林绿化中，使濒临毁灭的红豆树这一珍稀阔叶树群得到有效保护并不断扩大，取得显著的社会、经济、生态效益。

1.6 红豆树研究展望

目前，红豆树研究取得一定成效。在红豆树计测数表研究成果方面，主要有地位指数表、生长过程表、一元材积表、二元材积表、地径材积表、出材率表、收获表等。在红豆树生物学特性研究方面，本研究通过大区域、多点位、多龄级、多年份，定性、定点、定期的调查与观察，掌握了红豆树花、果、种、苗及林木物候等生物学特征及其基本规律。在生态学特性研究方面，掌握了红豆树群落结构、种群特征及其基本规律。在红豆树优良种质选择方面，本研究在充分调查红豆树林木育种性状差异的基础上，研究其材积、胸径、树高、枝下高、枝下高—树高比、冠长、侧枝粗—胸径比、侧枝粗度、枝角等13个林木性状特征及其内在规律，为红豆树优树选择主要因子的确定提供依据。其次，本研究注意到，基本群体、育种群体、生产群体是影响林木遗传改良效果的3种不同群体。基本群体的大小直接影响遗传改良效果，基本群体越大则选择强度越大，选择效果越好，所以本研究以优势木对比法选择优树时，尽可能地将福建域内红豆树所有种群或个体，全部纳入优树选择的基本群体范畴，以加大选择范围和提高选择效应。第三，本研究以优势木对比法为基础选择的优树为育种群体，应用多目标决策和集对分析原理进行红豆树优树精选，供近期无性繁殖使用，以实现红豆树遗传改良目标的长短结合。红豆树森林文化发掘方面，本研究将红豆树木材的美丽纹理、柔润色泽、圆润质地融合到传统古典的家具与雕刻文化中，将自然朴实的森林景观融合到情感意境中，将红豆诗歌文化融合到森林文化广袤范畴中，从而实现森林文化与社会文化、生态文化、经济发展相耦合。

（1）当前红豆树研究仍然存在较多困难

在资源保育方面：一是过度采伐和滥砍滥伐导致资源迅速减少。二是红豆树具有较高经济价值的是栗褐色心材部分，心材却有"十木九腐"的特质，而且心材比率不高，40年生的红豆树胸径心材仅18cm左右，心材形成至可供采伐利用所需时间长久，红豆树木材供需失衡。三是红豆树开花结果没有明显规律，开花结果盛期出现在24年左右，开花结果间隔期短的有7年、长的达24年，这是造成种苗稀缺的主要原因，制约了资源培育。四是红豆树嫁接技术和组培等无性繁殖技术尚未成熟，截至2013年尚未真正有批量无性繁殖苗木面世，制约了红豆树造林发展。五是受红豆树适生区域限制，山地栽培的生长量中庸，木材市场供需失调。在技术研发方面：一是基础研究仍然比较浅薄。二是低水平重复研究，导致技术研究无法深化和提升。

（2）深化红豆树研究值得商榷的问题

一是林木遗传改良问题。在开展红豆树优良种质选择中，最大问题是其开花结果没有规律，导致无法从所选择的优树单株上采集到种子。而且利用优树材料的组织培育技术尚未能成苗，目前仍谈不上红豆树优良种质的推广利用。因此，完善红豆树嫁接技术、组织培育技术、扦插技术的研究十分迫切。二是红豆树种源间差异、优良种源区、种源内家系差异、个体间主要经济性状等的遗传分析与研究；个体遗传结构、群体遗传结构、遗传变异层次及其遗传改良潜力研究；红豆树母树林、初级种子园建园技术中的材料选择、园址、密度、施肥、病虫害防治、树体营养结构、生殖生长与营养生长关系研究；母树的开花、结实规律、花粉传播、人工辅助授粉、种子产量预测、产量与气象环境因子、施肥、疏伐研究；红豆树心材与边材的材质性状及其遗传研究等。三是栽培营养与生理研究。根际土壤微量元素对林木生长的作用与机理；土壤微生物对林木生长的作用与机理；光饱和点、光补偿点、光合速率、光能利用等光合特性，蒸腾速率、蒸腾系数、自然饱和亏及水势等生理指标对林木生长的作用与机理；人工林培育中的原生生态环境模拟试验，无性繁殖的生理生态特性、生根机理、内源激素及其生根萌芽发育机制；人工林生物量及营养元素积累和分配规律的深化研究；凋落层回归与改变林地真菌群落组成、结构和数量及其生态系统养分循环研究。四是红豆树林下经济发展研究。间作套种的植物种类选择、间作模式、种群协调性、间作群落的生物量、经济效益、生态效益、光能利用、土壤营养空间利用、树木地上与地下部分交互效应等。五是红豆树生物化工技术研究。如红豆树种皮，在空气中自然形成质地坚硬致密的红色或红褐色，可能是种皮中某种胶质物在空气中氧化反应的结果。若能攻克红豆树种皮的这种自然变化机理，将其应用到胶漆产业，就可能促进生物技术和化工技术结合与进步。六是木材特性的深入研究与开发。

2

红豆树的分布及其分类学地位

任何树种都存在着对其生存环境适应性问题，只有当栽培树种能适应所在生长区域的地理气候条件时，林木才能生存和发展繁衍，否则其群体就会逐渐萎缩直至消亡。所以，对任何一个树种的推广应用，首先必须进行生长适应性试验和生长效果的评估，这是植物生态学的基本内容，是确定树种发展布局、发展方向、发展规模等的主要技术依据，更是林业经济发展战略等宏观经济决策的重要依据。

2.1 红豆树的分布

红豆树适生区域地理跨度大，自然生长地带从广东海口至湖北西部跨越 17 个纬度带，分布在福建、江苏、安徽、浙江、江西、河南、湖北、湖南、贵州、四川、陕西及甘肃等 15 省（自治区）。常见于海拔 200 ~ 900m 的溪河沿岸、村落附近、低山丘陵下部，详见图 2-1。红豆树是红豆树属树种中，树形最大、分布最北、经济价值最高的珍贵用材树种，树高可达 40m，胸径可超过 200cm，树冠开展，枝叶茂密、浓绿，也是优良的园林绿化观赏树种。红豆树天然生长于江、河、溪流沿岸，上游有红豆树大树生长，其流域的中下游沿岸通常便有红豆树分布，种子颗粒较大，鸟无法吞食传播，种子自然脱落多沉入水中，或掉落在林冠下被幼虫蛀食、霉烂，少数宿存于肥厚荚果中的种子，随荚果掉入水中后向中下游漂浮，有机会着陆在中下游沿岸冲积土的种子便发芽成长，因此，水动力是其主要传播方式之一。

调查结果表明，福建是红豆树原生地之一，全省北至武夷山，南至龙海市，西至武平县，东至福鼎市均有红豆树分布，主要分布区有屏南、寿宁、光泽、建阳、建瓯、罗源、福清等 40 余个市（县、区）。福建的温度、湿度、降水量、生物学积温、日照时数等气候因子适宜红豆树生长发育，详见表 2-1。从全省现有林分的生长调查结果可见，红豆树较耐寒，生长过程中对水肥条件比较敏感，特别对土壤水分要求较高，在土壤肥沃，水分条件好的沟谷、山洼山脚、溪流河边、房前屋后等地生长迅速。利用村旁、宅旁、水旁、路旁种植红豆树，可实现经济收益高、景观效果好、又能弘扬森林文化，是非规划林地造林、生态型城市建设、城镇化建设的首选树种。

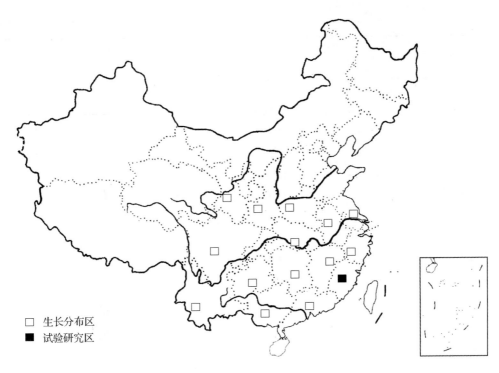

□ 生长分布区
■ 试验研究区

图 2-1 全国红豆树生长分布示意图

表 2-1 福建省红豆树区域生长分布

生长地点	地 理 位 置/°		主导气候因子/℃		
	纬度	经度	1 月均温	年均温	5 ~ 6 月均温
南平来舟镇	26.65	118.17	9.0	19.3	24.3
建瓯东峰镇	27.05	118.32	7.9	18.8	24.1
浦城临江镇	27.92	118.53	6.2	17.5	23.1
邵武国有苗圃	27.33	117.47	6.7	17.7	23.1
武夷山景区	27.95	118.03	6.8	17.9	23.3
松溪花桥乡	27.77	118.80	6.9	18.0	23.6
政和东坪镇	27.38	118.82	7.8	18.6	23.8
三明莘口镇	26.27	117.62	8.9	19.5	24.5
永 安	25.97	117.35	8.6	19.0	24.4
尤溪国有林场	26.17	118.15	8.6	18.9	24.1
沙县水南镇	26.40	117.80	8.7	19.2	24.4
将乐城郊	26.73	117.47	8.1	18.8	24.1
泰宁国有林场	26.90	117.17	5.8	17.1	22.8
上杭古田	25.05	116.42	10.0	19.9	24.9
武 平	25.15	116.07	9.4	19.5	24.6
永定仙洞林场	24.85	116.82	10.4	20.0	24.8
漳平象湖镇	25.30	117.40	10.7	20.3	25.1

（续）

生长地点	地 理 位 置/°		主导气候因子/℃		
	纬度	经度	1月均温	年均温	5~6月均温
福鼎桐山乡	27.33	120.20	8.5	18.5	22.8
霞浦盐田乡	26.88	120.00	8.7	18.5	22.9
福安松罗乡	27.15	119.63	9.4	19.3	23.8
古田钱板	26.58	118.73	8.2	18.5	23.4
屏南长桥镇	26.92	118.98	5.1	15.1	20.0
周宁咸村镇	27.15	119.35	4.9	14.6	19.6
柘荣富溪镇	27.25	119.90	5.4	15.5	20.6
永春横口镇	25.33	118.27	11.8	20.5	24.6
德化水口镇	25.48	118.23	8.9	18.1	22.9
龙海林下林场	24.45	117.82	12.2	20.9	24.9
长泰国有林场	24.62	117.75	12.3	21.0	25.1
南靖国有林场	24.52	117.37	12.6	21.2	25.4
华安沙建镇	25.00	117.52	11.9	20.9	25.1
莆田华亭镇	25.43	119.00	11.3	20.3	24.3
同 安	24.72	118.13	12.5	21.0	24.9
晋安寿山镇	26.08	119.28	10.4	19.6	23.8
永泰清凉镇	25.87	118.93	10.1	19.5	24.2
连江小沧乡	26.20	119.53	9.5	19.1	23.3

2.2 分类学地位

红豆树在红豆树属树种中占有重要地位，红豆树属全世界约有 100 种，主要分布在我国至东南亚、热带美洲和澳大利亚西北部等地区。我国有 35 种 2 变种（章浩白，吴厚扬，林文芳等.1984；何汇珍.1987；火树华，康木生等.1980；陈存及，陈伙法.1999；高兆蔚.2004）。福建有 7 种，现将红豆树属分种以检索表形式区别如下：

红豆树属分种检索表

1. 小叶 11~15 片，纸质，长 2~4cm，宽 1~1.5cm；荚果木质，近菱形或椭圆形；种子 3~4 个，褐色；灌木。⋯⋯⋯⋯⋯⋯⋯⋯ **1. 茸毛小叶红豆** *O. microphylla* var. *tomentosa*

1. 小叶 3~9 片，革质，长 3.3~15cm；种子红色或红褐色。

  2. 荚果革质或厚革质，近圆形或条形。

    3. 荚果小，近卵圆形，革质，长 1.5~2cm，无毛；种子 1 个，近圆形，鲜红色；小叶无毛或仅下面中脉上被疏柔毛；乔木。⋯⋯⋯⋯⋯⋯ **2. 软荚红豆** *O. semicastrata*

    3. 荚果条形，厚革质，扁平，长 3~11cm；种子 1~6 个，长圆形，鲜红色；小叶下面密被灰黄色短柔毛，小乔木。⋯⋯⋯⋯⋯⋯⋯⋯⋯⋯ **3. 花榈木** *O. henryi*

2. 荚果木质，倒卵形或长椭圆形。

  4. 种脐长不超过3mm。

    5. 荚果密被锈褐色茸毛；种子红色；小叶下面被短柔毛或无毛；乔木。…………
     …………………………………………………………… **4.** 木荚红豆 *O. xylocarpa*

    5. 荚果无毛或仅基部被微毛；种子红褐色；小叶两面无毛；小乔木。…………
     …………………………………………………………… **5.** 韧荚红豆 *O. indurata*

  4. 种脐长 8~10mm。

    6. 小叶长椭圆形，下面疏被伏柔毛；荚果长椭圆形，果瓣厚3~4mm。…………
     …………………………………………………………… **6.** 厚荚红豆 *O. elliptica*

    6. 小叶长椭圆状倒卵形或长椭圆状卵形至椭圆状倒披针形，无毛；荚果卵圆形或椭
     圆形，扁平。………………………………………… **7.** 红豆树 *O. hosiei*

2.3　小结与讨论

    红豆树分布在福建、江苏、安徽、浙江、江西、河南、湖北、湖南、贵州、四川、陕西及甘肃等15个省（自治区），是红豆树属树种中树形最大、分布最北、经济价值最高的珍贵用材和园林绿化观赏树种。树高可达40m，胸径可超过2m，树冠开展，枝叶茂密、浓绿。红豆树在福建省40余个县（市、区）有生长分布，常见于海拔200~900m的江河溪流沿岸、村落附近及低山丘陵下部。红豆树属全世界约有100种，主要分布在我国至东南亚、热带美洲和澳大利亚西北部等地区，我国有35种2变种；同属树种在福建还有茸毛小叶红豆、厚荚红豆、花榈木、木荚红豆、韧荚红豆、软荚红豆等6种，其树种特性与红豆树差异显著。

3

红豆树生物学特征

　　林木的树种特性，包括生物学特性、生态学特性。树种特性是森林培育和经营的基础理论之一。红豆树在长期的生长进化过程中，由于受到生境条件的影响，它们生长、发育、休眠等生理现象，都表现出和生境条件的一定关系，如发芽、展叶、开花、结实或休眠等。这些现象就是红豆树适应气候条件的一种节律性变化，形成与气候条件相适应的植物发育节律，即为红豆树的物候。红豆树生活周期中外部器官和形态可见的变化，即为红豆树的物候相，各物候相出现的起止日期称为物候期。本研究对红豆树树液流动、芽膨胀、芽展开、展叶期、新梢生长期、开花期、果实形成期、果实或种子成熟期、果实或种子脱落期、叶变色、落叶期、休眠期等物候特征及物候期观察研究，旨在为珍贵树种红豆树林学特性研究、遗传改良研究、种苗繁殖技术研究、人工栽培技术研究、天然林经营与保护、母树林建设、混交树种选择、种质迁地保存以及对该树种实施有效的保护与管理等工作提供基础理论。

3.1　研究方法

　　①材料来源：红豆树苗期物候特征研究材料，来源于延平区溪后林业采育场、建阳国有林业苗圃、连江飞石国有苗圃、芗城区国有苗圃，以及建瓯、华安、永春等红豆树育苗试验点的物候特征观察。红豆树林木物候特征研究材料，来源于柘荣、屏南、周宁、古田等红豆树天然林立木，以及华安、南靖、莘口、浦城等30～40年生人工林分的定点观察结果。

　　②观测植株的选择：观察植株具有区域代表性，选择生长期发育正常的植株作为观测对象。观测植株选好后，做好标记，并填写登记表（包括生境特点：地理位置、经纬度、海拔、地形和土壤等，以及林木个体生长状况：植物种类、年龄、高度等）。对观测株采取定期、定株、多点位观察，一般特征每5天观察1次，花期特征每2天观察1次。通过红豆树林木叶、花、果的物候相发生时间与各观察点气温变化的分析，寻找红豆树物候变化规律。红豆树种子特征分别统计种批间的极差、标准差、均值、变异系数，荚果出籽率取各种批的算术平均值。红豆树种子田间萌发节律分析，以延平、连江、建阳3个试验点的观察结果为基础，以其它试验点为分析参考。

　　③叶形态：分别对红豆树叶芽形成、绽放、落叶的时间进行观察，以红豆树林分的叶

态变化特征判断林木生长的物候特征，拍摄叶相变化动态。

④花朵：红豆树始花期前，每周观察一次花蕾生长变化情况，进入始花期时，每2天观察一次，拍摄红豆树开花过程相片。

⑤果实：从红豆树始花期起开始观察，至红豆树荚果成熟采种止，观察红豆树果实的发育过程及基本规律，拍摄发育过程相片。

⑥种子：从荚果形成的幼果起开始观察，至种子采收止，观察红豆树种子发育过程及是否有病虫害。

⑦种子萌发基本节律观察：为便于红豆树苗木管理，把红豆树种子萌芽阶段划分为初始期、盛期、末期3个阶段：种子萌动出土达5%，即为初始期；种子出土达50%，即为盛期；种子出土达75%，即为末期。发育期的观察间隔期每5天1次（即每月5、10、15、20、25、月末），在预期种子发芽即将进入某发育期时，即2天观察1次。对每个试验小区全面调查，分别计算圃地种子发芽率。

⑧材料的整理与分析：对各试验设计的差异进行方差分析和Q检验（洪伟.1993），找出红豆树催芽处理的最佳方法。红豆树物候图谱绘制，是利用甘特图描述红豆树林木个体年物候变化，并表示某个地方一种植物的所有植株的蓝本个体发育期是否同期，同时通过线条长短表示物候期长短，分界线先端表示物候期的开始日期，末端表示物候期的结束日期。

3.2 红豆树生物学特征的观察结果

3.2.1 红豆树花特征及其物候特征

红豆树的圆锥花序以顶生为多，少腋生；花冠白色；花萼5齿裂，有短茸毛；两性花，雄蕊分离，花丝细长，全部发育，或其中1~5枚无花药，子房有胚株1至数枚（何汇珍.1987；陈存及、陈伙法.2000；火树华、康木生.1980）。在福建省，红豆树花期为4月中旬至5月上旬。花瓣脱落后即形成幼果雏形，7月份荚果形状已同成熟荚果大小相近。花原基和叶原基于10月份开始微小突起，11月中旬基本成形。3月上旬冬芽开始萌动，叶原基萌发长出新枝叶，而花原基则逐步生长膨大，至4月中旬开花，红豆树花期的适宜气温为16.9~20.6℃，实际观测值详见表3-1。红豆树开花和结果没有一定规律，有的树要多年才开花一次，开花后不一定结果，因此它成为稀有珍品。

表 3-1　2006 年福建省红豆树花期与果期物候观察

项目	花芽形成	越冬期	开花	幼果成形	幼果期	果实成形	果成熟期
时间	10月上旬	11月下旬至翌年3月上旬	4中旬至4月下旬	4月下旬至5月上旬	5~9月	7月	10~11月下旬
气温(℃)	23.7	14.1~13.5	16.9~20.6	20.6~23.9	20.6~25.8	30	23.2~14.1

红豆树开花结果的母树年龄，孤立木初始期为24年，林分开花结果初始期在35年，结果盛期在50年以后，250年以上的百年古树仍有很强的开花结实能力，并且古树种子颗粒明显大于初果期母树的种子。红豆树开花结实具有明显的大小年，通常出现结实大年过

后需 3~5 年才再次开花结果，个别植株的生殖生长间隔期更长。经调查，福建省现存的红豆树属树种共 5 个种，村民常统称为"花梨木"，5 个树种的花期等生物学特征的差异详见表 3-2。

表 3-2　红豆树与同属的其它树种花、果实、种子的特征差异比较

树种	荚果	种子	花期	叶	树形	生境	用途
红豆树 Ormosia hosiei	荚果卵形，外皮无毛，长×宽（cm）：5.3×3.0，每荚果 1~6 颗种子，以 1~2 粒为多	种子长×宽×厚（cm）：1.3×1.1×0.7。种脐 0.8~1.0cm，大小如蚕豆。千粒重896g	4 月中旬至 5 月上旬	小叶 5~13 片，小叶下面无毛，卵形长 5~12cm，偶见小叶带状变异	大乔木，高可达 40m，胸径可达 200cm	谷地、溪、河、村路等四边地	材用、药用、观赏
木荚红豆 O. xylocarpa	荚果长椭圆形，扁平，外皮有毛，每荚果 1~5 个种子	种子长×宽×厚（cm）：0.9×0.8×0.5，种脐 0.2~0.3cm，大小如黄豆，较圆，千粒重217g	7 月上旬至中旬	小叶 3~9 片，叶背面无毛，叶较厚，稍白，叶缘反卷	中乔木，高可达 15m，胸径达 50cm	山地	材用、观赏
花榈木 O. henryi	荚果短带状、扁平，长度近 10cm，种子 1~10 个	种子长×宽×厚（cm）：1.0×0.8×0.5cm，种脐 0.25~0.3cm，大小如黄豆，较圆，千粒重241g	6 月下旬至 7 月上旬	小叶 3~9 片，叶背和小枝密被茸毛	小乔木，高达 10m，胸径可达 30cm	山地	材用、药用
软荚红豆 O. microphylla	荚果长×宽（cm）：2.5×1.5，外果皮无毛，每荚果1~2 粒种子	种子长×宽×厚（cm）：1.0×0.8×0.4cm，种脐 0.3cm，大小如黄豆，稍扁，千粒重230g	6 月下旬至 7 月上旬	小叶 3~9 片，叶背面无毛，叶较薄，较绿，叶缘无反卷	中乔木，高可达 25m，胸径可达 50cm	山地	材用
海南红豆 O. hainanensis	荚果长×宽（cm）：2.5×1.5，外果皮有毛，每荚果具1~2 粒种子	种子长×宽×厚（cm）：1.1×0.8×0.6cm，扁平，千粒重 362g	4 月中旬至 4 月下旬	小叶 3~9 片，卵形或披针形，叶背和小枝密被茸毛	小乔木或乔木，高达 30m，胸径可达 60cm	四旁树	材用、观赏

3.2.2　红豆树荚果特征及其物候特征

红豆树荚果平均长度 5.3cm，平均宽度 3.0cm；每个荚果具有种子 1~2 粒，偶见多粒。荚果成熟为 9 月底，荚果由绿色逐渐变为黄色，最后成褐色，荚果坚硬、木质或革质、扁卵形，先端喙尖，11 月份红豆树荚果陆续开裂、种子脱落，采种期宜掌握在 11 月中下旬；种子自然大量脱落时间在 1 月 15 日前，红豆树荚果开裂时间与其叶片遇霜降变黄而凋零的时间基本一致，可作为红豆树适时采种的参考。

红豆树树体高大，荚果多数宿存于树冠上部，种子收集宜掌握在 11 月中旬至 12 月，以竹竿敲击果枝震落红豆树种子或荚果。2005 年福建省的红豆树荚果平均出籽率为 23%，红豆树种子平均千粒重896g。红豆树与其它 4 个树种的果实特征差异显著，详见表 3-2。

在红豆树天然林分树冠下的种子更新能力调查中，林冠下虽然沉积了多层红豆树荚果或种子，却少见其萌发成苗。2003 年以来，多次解剖自然掉落于林下的红豆树陈年荚果，发现荚果中的种子基本已经霉变或被虫蛀食，林下也鲜见红豆树幼苗幼树。2013 年 11 月德化县水口镇采集一株往年宿存于树冠上的红豆树荚果，92.3% 被幼虫蛀食或已自然霉烂。

3.2.3 红豆树种子特征及其物候特征

红豆树种子近圆形或椭圆形，鲜红色或红褐色，有光泽，种皮坚硬，大小如蚕豆，种子平均长度 1.3cm，平均宽度为 1.1cm，种脐白色、长度 0.8～1.0cm。最大的单粒红豆树种子长度 1.9cm，宽度 1.3cm。2006 年 7 月 16 日，对红豆树荚果解剖观察，发现红豆种皮变化过程：荚果未成熟前红豆种皮颜色与子叶的颜色同为乳白色，而且二者都呈柔软的肉质状，荚果开裂后种皮在光和氧气的作用下产生化学反应逐渐变色，半小时后种皮局部转变成浅青色，2 个小时后 1/3 的种皮表面呈红色，74 小时后种皮稳定为红色，并且种皮也逐步坚硬，最后形成红色、致密、坚硬的种皮。

不同家系或种源的红豆树种子大小差异显著，种子千粒重极差值为 500g、变动系数为 19.0%。2005 年 12 月底分别在福建省的浦城、泰宁、柘荣、屏南、政和、福州、连江、德化、永春等 14 个县(市、区)共采集红豆树种子 20 个种批，其差异情况见表 3-3 和表 3-4。

表 3-3　红豆树种子的千粒重　　　　　　　　　　　　　　　　　g

家系/种源	A	B	C	D	E	F	G	H	I	J
千粒重	702	915	779	871	1120	954	1071	986	1113	712
家系/种源	K	L	M	P	Q	R	N	T	U	V
千粒重	860	1010	923	641	630	945	620	1006	1055	1010

表 3-4　红豆树种子千粒重变异情况

项目	极差/g	标准差/g	平均值/g	变异系数/%	样本数/份
种子差异	500	169.9	896	19.0	20

通常，红豆树种子在自然条件下存放 3 年，仍然具有较高的发芽率，属正常性种子，宜采用干藏法。课题组人员收集到宿存于红豆树树冠 3 年的种子 81 粒，该种批种子已严重失水成干瘪状，千粒重仅 383g，是通常种子平均千粒重 896g 的 1/2.3，然而该种批的田间发芽率仍达 46.9%，表现出极强的生命力。解剖 8 年红豆树种子陈种，有活力种子仍为 100%。同时，试验人员作红豆树种子破皮后湿砂贮藏，15 日没有定期翻动种子即导致种子腐烂变质，种皮腐烂使种子黏结成团，裹住红豆树肥大的子叶使种子窒息霉烂。有鉴于此，红豆树种子宜干藏，若隔年存放可干藏于网状透气编织袋或容器中。

3.2.4 红豆树苗期特征及其物候特征

红豆树苗期物候特征，是植物生物学的重要研究内容之一，掌握红豆树苗期物候，以便采取适时的管护措施。红豆树种子萌动发芽节律观察试验地设置在福建延平区，观测时间为 2006 年，结果表明：红豆树种子为子叶留土型，种子萌发时以胚轴突破土壤表皮，胚轴约长出 5~7cm 时便开始萌发真叶，真叶形成的养分来源于肥厚的子叶。机械破皮的种子发芽持续时间约 15d，发芽高峰期持续时间约 7d，种子发芽时间较整齐，4 月中旬发芽基本结束；种子温水发芽促进处理的发芽持续时间约为 1 个半月，发芽持续时间较长，发芽高峰期持续时间也是 7d 左右，但温水发芽促进处理的种子萌发时间可持续至 6 月底，7 月份以后未发芽的种子留土不再萌发，留土未发芽的种子约占播种粒数的 5.1%。以木材锯屑湿藏 90d 的红豆树种子，于 3 月 13 日未经催芽处理直接播入营养袋育苗，5 月 29 日的调查发芽率仅 5.1%，然而此时经机械破皮或温水浸种处理的同种批种子发芽已经结束，苗木的平均高已达 8.8cm。

红豆树苗木的物候节律：①生长期：3 月下旬至 11 月中旬。②休眠期：12 月至次年 2 月下旬，通常在 11 月下旬，红豆树顶芽呈褐色，叶季相特征为淡黄色，此时气温已下降至 15℃左右，11 月下旬平均气温 16.5℃，红豆树苗木虽然没有落叶，但却处于停止生长的休眠越冬状态，在此休眠期间的日均气温为 8~15.5℃、最高气温 17℃（仅出现两天），2006 年 12 月平均气温为 12.4℃，2007 年 1、2 月平均气温为 10.1℃和 14℃；从气温旬变化动态情况表 3-5、表 3-6 可见，11 月份是红豆树苗木进入休眠的过程阶段，此阶段的苗木叶、茎、芽已基本停止生长，叶相发生变化，至次年的 2 月下旬平均气温达到 15℃时苗木又开始萌动，说明影响红豆树生长发育的临界气温就在 15℃以下，根据 11 月份苗木生物生长量仍然很大和 2、3 月份苗木开始萌动时的温度判断，红豆树生理活动起始温度应在 12~13℃。③冬芽膨胀与萌动期：树液流动后 3~5 天，冬芽开始膨大和露出嫩绿色新芽，此时旬平均气温是 13.1~15.6℃，冬芽膨胀后，随即转入展叶、发芽、抽梢阶段，此阶段是一个连续的过程，气温均出现在 13℃左右。

表 3-5　福建延平区红豆树苗期物候定株观察结果

项目	播种	出苗	新叶	冬芽形成	封顶	落叶
始期	2 月 16 日	3 月 24 日	3 月 29 日	10 月上旬	11 月中旬	/
气温（℃）	10.0	11.5	15.5	24.4	14.5	/

项目	叶季相	树液流动	冬芽萌动	出叶	展叶	抽梢
始期	/	2 月下旬	2 月下旬	3 月上旬	3 月中旬	3 月下旬
气温（℃）	/	15.6	15.6	13.1	13.4	13.4

注：2006 年延平区育苗点的红豆树苗木在冬季没有落叶，而在翌年春季新叶萌发后老叶全部凋落。

表 3-6　延平区红豆树育苗点的主要物候期的旬气温变化趋势表　　　　℃

| 项目 | 2006 年 | | | | | | 2007 年 | | | | | | | |
| | 11 月 | | | 12 月 | | | 1 月 | | | 2 月 | | | 3 月 | |
	上	中	下	上	中	下	上	中	下	上	中	下	上	中
日最高气温	23.4	19.3	17.6	18	15.9	16	14.3	13.9	13.5	17.8	17.8	20.0	17.0	17.0
日最低气温	13.0	9.6	12.5	13.0	6.3	5.1	6.5	7.6	4.5	7.1	10.0	11.3	9.2	9.7
日较差	10.4	9.7	5.1	4.6	9.6	10.9	7.8	6.3	9.0	10.7	7.8	8.8	7.8	7.3
平均气温	18.2	14.5	15.1	16.0	11.1	10.5	10.4	10.8	9.0	12.5	13.9	15.6	13.0	13.4

3.2.5 红豆树立木特征及其物候特征

红豆树为落叶或半落叶树种，能长成树高40m、胸径200cm以上的巨型大树。树皮灰白色皮孔明显，有散状白色小斑点。中幼龄树的树皮青绿色、光滑；老树皮灰褐色微纵裂，个别树皮有螺旋状皮纹。枝条有浓郁腥臭味。红豆树主根发达，深可达2m以上，有根瘤菌共生。未成林的幼龄树耐荫性明显，郁闭成林树喜光性特别突出。树干分权性极强，自然生长的主干低矮，自然整枝能力差。红豆树幼枝皮部为青色，白色斑点，幼枝微有毛，后渐脱落，冬芽裸露，密被锈色毛。奇数羽状复叶，小叶3~11枚，多为5~7枚。叶片卵形和长椭圆状卵形或倒卵形，长5~11.4cm，宽2.5~6cm，先端渐尖，基部宽楔形，革质，表面绿色，光滑，背面淡绿色，无毛，发现一种"带状"小叶变异类型。叶片凋落时，老叶先脱落，新叶后掉。生长萌动时幼树先萌动，大树后萌动，前后相差3~5天；同株中，基部萌条先萌动，上部树冠后萌动，前后相差3~5天。

掌握红豆树立木生长萌动期，以便为立木适时实施水肥管理、确定移植时间、嫁接时间、采穗时间、人工控制授粉等，红豆树生长季相动态主要通过红豆树的枝叶变化特征判断。红豆树林木的叶相变化时间差异较大，最早出现叶相变化的是三明莘口林场的40年生红豆树，10月上旬小叶开始变黄和少部分脱落；最迟出现叶相变化的是华安的40年生红豆树，12月底才出现叶相变化。福建省境内的红豆树立木的叶相变化多数始于11月底，若遇霜降，小叶即迅速脱落。休眠期为11月底至次年2月下旬。红豆树大树的树液流动与萌动期起于3月上旬，气温在10℃左右；红豆树大树的生长发育期，始于3月上旬至11月底休眠时止。在定株观察时，若从落叶50%起为休眠起始日，至萌动时为休眠期终止日计算，红豆树立木的休眠期约为30~60天，由于红豆树各生长地点的气温有所差异，立木的休眠期有差异，即各地的红豆树立木的生长期也有长短。在观察点中，屏南的气温较低，屏南的气温自2006年12月中旬起至2007年3月中旬的每旬均温都在10℃以下，在3月上旬平均气温9.1℃下红豆树林木已萌动，屏南红豆树萌动期的日最高气温为13.3℃、日最低气温为4.9℃，日平均气温的每旬平均值为8.6~9.2℃，此现象说明红豆

表3-7 红豆树林木的物候特征及物候期 ℃

项	目	叶变色	落叶	树液流动	萌芽抽梢
柘荣富溪	时间	10月下旬	11月初至12下旬	3月上旬	3月中旬
	气温	15.0	12.5~7.0	9.8	9.8
屏南一中	时间	12上旬	12月下旬至1月上旬	3月上旬	3月上旬
	气温	13.1	7.8~6.7	9.1	9.1
浦城寨下	时间	11月上旬	11中旬至12下旬	3月上旬	3月中旬
	气温	15.9	14.3~-7.9	10.2	10.7
华安沙建	时间	11月下旬	12月上旬至2月上旬	2月下旬	3月上旬
	气温	15.3	15.1~18.7	18.7	17.5
将乐城效	时间	11月中旬	11下旬至12下旬	2月下旬	3月上旬
	气温	12.1	8.2~12.3	13.4	14.2

树大树萌动时的温度比幼苗或幼树萌动时的温度低 2~3℃。屏南红豆树的抽梢量较短，至 3 月底的抽梢仅 3~5cm，明显较其它物候观察点的抽梢值小(表3-7)。

3.2.6 红豆树木材特征

幼树木材浅黄色或白色，大树的树干心材红褐色、栗褐色、浅黑色，边材与心材色泽分明，边材浅黄色且有红褐色线状纹，边材赤褐色线状纹随树龄增大日益增多，逐渐向心材过渡，大树心材有"十木九腐"之称，枝条有浓郁腥臭味，木材坚硬无味，边材与心材硬度相近。红豆树心材纹理美观，耐磨耐腐，纵切面色泽深浅交错成雅致花纹，其美观胜于红木 Bixa orellana，是上等家具、工艺雕刻、特种装饰和镶嵌良材，曾获 1954 年莱比锡国际博览会木材银奖。红豆树木材因其美丽花纹和材色，深受百姓喜爱，成为我国最著名的珍贵用材树种之一。在同属树种中，红豆树(商品名叫红豆木类)和小叶红豆(商品名叫红心红豆类)最为名贵。红豆树边材与心材区别明显，幼龄树的边材为白色，生长至 50 年左右的边材呈浅黄色，百年以上老树的边材为浅黄褐色；心材有红褐色、栗褐色和黑褐色，与空气接触后逐渐变为深褐色或黑褐色，年代久远的红豆树木材工艺作品呈黑色。木材商人常把红豆树心材分为白梨、红梨、紫心梨 3 种，以紫心梨质地最佳，价格最昂贵(章浩白，吴厚扬，林文芳等.1984)。红豆树木材有光泽，无特殊气味；有波纹，褐色与浅黄色相间，弦切面上的机械组织带与薄壁组织带深浅相间呈"V"字形花纹，状似鸡翅上的羽毛，所以红豆树常被"鸡翅木"冒充替代。从木材学方面，根据木材质地和材色等将红豆树属木材划分为 4 类，即红豆木类的红豆树木材、红心红豆类的小叶红豆 O. microphylla 木材、南方红豆类的荔枝叶红豆 O. semicastrata 与木荚红豆 O. xylocarpa 木材、万年青木类的长眉红豆 O. balansae 与海南红豆 O. pinnata 木材(成俊卿，杨家驹，刘鹏.1992)。

在福建，最常见树种为红豆树、木荚红豆树、花榈木，但是，通常把红豆树属木材统称为"花梨木"或"花榈木"。例如，南平和三明地区常统称为"花梨木"，福州和宁德地区统称为"酸枝"。在泉州地区红豆树俗称为黑樟丝，小叶红豆俗称红樟丝，木荚红豆树俗称赤樟丝，主要是由于红豆树心材呈黑褐色，小叶红豆的心材生材时为鲜红色、老材颜色转深呈深红色，木荚红豆树的心材呈赤红色。花榈木心材干后也呈深褐色，但材质不及红豆树、小叶红豆、软荚红豆的价值高。红豆树属树种类型较多，各树种的木材质地差异大，木材价值差异悬殊，根据《中国高等植物》(青岛出版社 1999 年)记载的红豆树属就有 32 个树种，分别为红豆树、木荚红豆、花榈木、茸荚红豆 ormosia pachycarpa、两广红豆 Ormosia merrilliana、胀荚红豆 ormosia inflata、纤柄红豆 ormosia longipes、肥荚红豆 Ormosia fordiana、单叶红豆 Ormosia simplicifolia、槽纹红豆 Ormosia striata、海南红豆 Ormosia pinnata、韧荚红豆、菱荚红豆 Ormosia pachyptera、紫花红豆 Ormosia purpureiflora、亮毛红豆 Ormosia sericeolucida、凹叶红豆 Ormosia emarginata、光叶红豆 Ormosia glaberrima、光叶花榈木 Ormosia nuda、台湾红豆 Ormosia formosana、小叶红豆 Ormosia microphylla、岩生红豆 Ormosia saxatilis、相思子红豆 Ormosia lancifolia、榄绿红豆 Ormosia olivacea、云南红豆 Ormosia yunnanensis、软荚红豆、亮毛红豆 Ormosia sericeolucida、单叶红豆 Ormosia simplicifolia、缘毛红豆 Ormosia howii、长脐红豆 Ormosia balansae、南宁红豆 Ormosia nanningensis、厚荚红豆 Ormosia elliptica、喙顶红豆 Ormosia apiculata，不同树种木材识别较困难。近几年，国内仿古红木家具越来越受热捧，珍贵用材越来越少，红木类原木从东南亚热带地区、南美洲、非洲等地大量进口。目前，国内木材市场上，以假乱真、以劣充优欺骗消费者现象时有发生。以低价木材充当酸枝木制作家具，如红柳桉、红檀木、铁力木、花梨木替代红酸枝木，特别常见的是以铁刀木替代红酸枝木；以莫桑比克的风车木替代紫檀木；以橡胶木替代沙比利木；在紫檀类木材中，以红豆树、鸡翅木、乌木(柿树属树种)的木材替代紫檀属的紫檀木。

3.3 小结与讨论

（1）生殖生长特点

在福建省，红豆树花期为4月20日至5月10日，是人工控制授粉的适宜时间。花瓣脱落后即形成幼果雏形，7月份荚果形状已同成熟荚果大小相近；花原基和叶原基于10月份开始微小突起，11月中旬基本成形，3月上旬冬芽开始萌动时，叶原基萌发长出枝叶，而花原基则逐步生长膨大直至4月中旬开花，红豆树花期的适宜气温为16.9~20.6℃。红豆树开花结果的母树年龄，孤立木初始期为24年，林分开花结果初始期在35年，结果盛期在50年以后，250年以上的百年古树仍有很强的开花结实能力，并且百年古树的种子颗粒明显大于初果期母树的种子。红豆树开花结果具有明显的大小年，通常出现结实大年过后需3~5年才再次开花结果，个别植株的生殖生长间隔期更长。红豆树荚果平均长度5.3cm，平均宽度3.0cm，每个荚果具有种子1~2粒，偶见多粒。福建省的红豆树果实成熟期在11月下旬，12月份红豆树荚果陆续开裂、种子脱落，采种期宜掌握在12月中、下旬。福建红豆树荚果平均出籽率23%，种子平均千粒重896g。

成熟红豆树种子近圆形或椭圆形，鲜红色或黑褐色，有光泽，种皮坚硬，大小如蚕豆，长1~1.5cm，白色种脐约8~10mm。最大的单粒红豆树种子长度1.9cm，宽度1.3cm；红豆树种子平均长度1.3cm，平均宽度为1.1cm。2006年7月16日，解剖观察红豆种皮变化过程：荚果未成熟前红豆种皮颜色与子叶颜色同为乳白色，荚果开裂后种皮在光和氧的作用下产生化学反应逐渐变色，半小时后种皮局部转变成浅青色、2个小时后1/3的种皮表面呈鲜红色、74小时后种皮稳定为红色，并且种皮也逐步坚硬，最后形成红色、致密、坚硬的种皮。成熟种子发芽率高，宜干藏。

（2）苗期物候特征

红豆树种子为子叶留土型，种子萌发时以胚轴突破土壤表皮，胚轴约长出5~7cm时便开始萌发真叶，真叶形成的养分来源于肥厚的子叶。红豆树苗木的物候节律：①总生长期。3月下旬至11月下旬。②休眠期。红豆树顶芽呈褐色时为停止生长的"封顶"，至11月下旬时，红豆树苗木的叶季相特征开始显示出来，叶色出现淡黄色相，此时气温已下降至15℃左右，11月下旬平均气温16.5℃，12月至次年2月下旬，红豆树苗木虽然没有落叶，但却处于停止生长的休眠越冬状态，休眠期间的日均气温为8~15.5℃、最高气温17℃仅出现两天，2006年12月平均气温12.4℃，2007年1、2月平均气温10.1℃和14℃；11月份是红豆树苗木进入休眠的过渡阶段，此阶段的苗木叶、茎、芽已基本停止生长，叶相发生变化，至次年2月下旬平均气温达到15℃时苗木就开始萌动，说明影响红豆树生长发育的临界气温就在15℃左右，根据11月份苗木生物生长量仍然很大和2、3月份苗木开始萌动时的温度判断，红豆树生理活动起始温度应在12~13℃。③冬芽膨胀与萌动期。树液流动后 3~5 天，冬芽开始膨大和露出嫩绿色新芽，此时旬平均气温是 13.1 至~15.6℃，冬芽膨胀后，随即转入展叶、发芽、抽梢阶段，此阶段是一个连续的过程，气温均在 13℃ 左右。

（3）林木物候特征

红豆树林学性状的自然类型观察，发现《树木学》等教科书对红豆树的树高、胸径、花期、花色、心材颜色、古树年龄、种脐、种子成熟等表述歧义，发现一种"带状"小叶变异类型，在种子生理成熟、花期气温为 16.9~20.6℃、开花初始年龄、种子贮藏、陈种活力、苗木休眠期间的气温、苗木生理活动温度、水动力传播等填补研究空白。红豆树林木的叶相变化时间差异较大，最早出现叶相变化的是三明莘口林场的 40 年生林分，10 月上旬小叶开始变黄和少部分脱落；最迟出现叶相变化的是华安 40 年生林分，12 月底才出现叶相变化。福建省境内的红豆树立木的叶相变化多数始于 11 月底，若遇霜降小叶即迅速脱落。休眠期为 11 月底至次年 2 月下旬。红豆树大树的树液流动与萌动期起于 3 月上旬，气温在 10℃ 左右，红豆树大树的生长发育期，始于 3 月上旬至 11 月底休眠时止；在定株观察时，若从落叶 50% 起为休眠起始日，至萌动时为休眠期终止日计算，红豆树立木的休眠期约为 30~60 天，由于红豆树各生长地点的气温有所差异，立木的休眠期有差异，即各地的红豆树立木的生长期也有长短。

（4）红豆树物候图谱

详见红豆树生长发育过程的物候变化甘特图（图 3-1）。

（5）红豆树木材特征

边材与心材区别明显，色泽分明。幼龄树的边材浅黄色或白色，生长至 50 年左右的边材呈浅黄色，百年以上老树的边材为浅黄褐色，老树边材浅黄色且有红褐色线状纹，边材赤褐色线状纹随树龄增大日益增多，逐渐向心材过渡；心材有红褐色、栗褐色和黑褐色，与空气接触后逐渐变为深褐色或黑褐色，年代久远的红豆树木材工艺作品呈黑色。大树心材有"十有九腐"之称，木材坚硬无味，边材与心材硬度相近。红豆树心材纹理美观，耐磨耐腐，纵切面色泽深浅交错成雅致花纹，其美观胜于红木，是上等家具、工艺雕刻、特种装饰和镶嵌良材，曾获 1954 年莱比锡国际博览会木材银奖。红豆树木材因其美丽花纹和材色，深受百姓喜爱，成为我国最著名的珍贵用材树种之一。

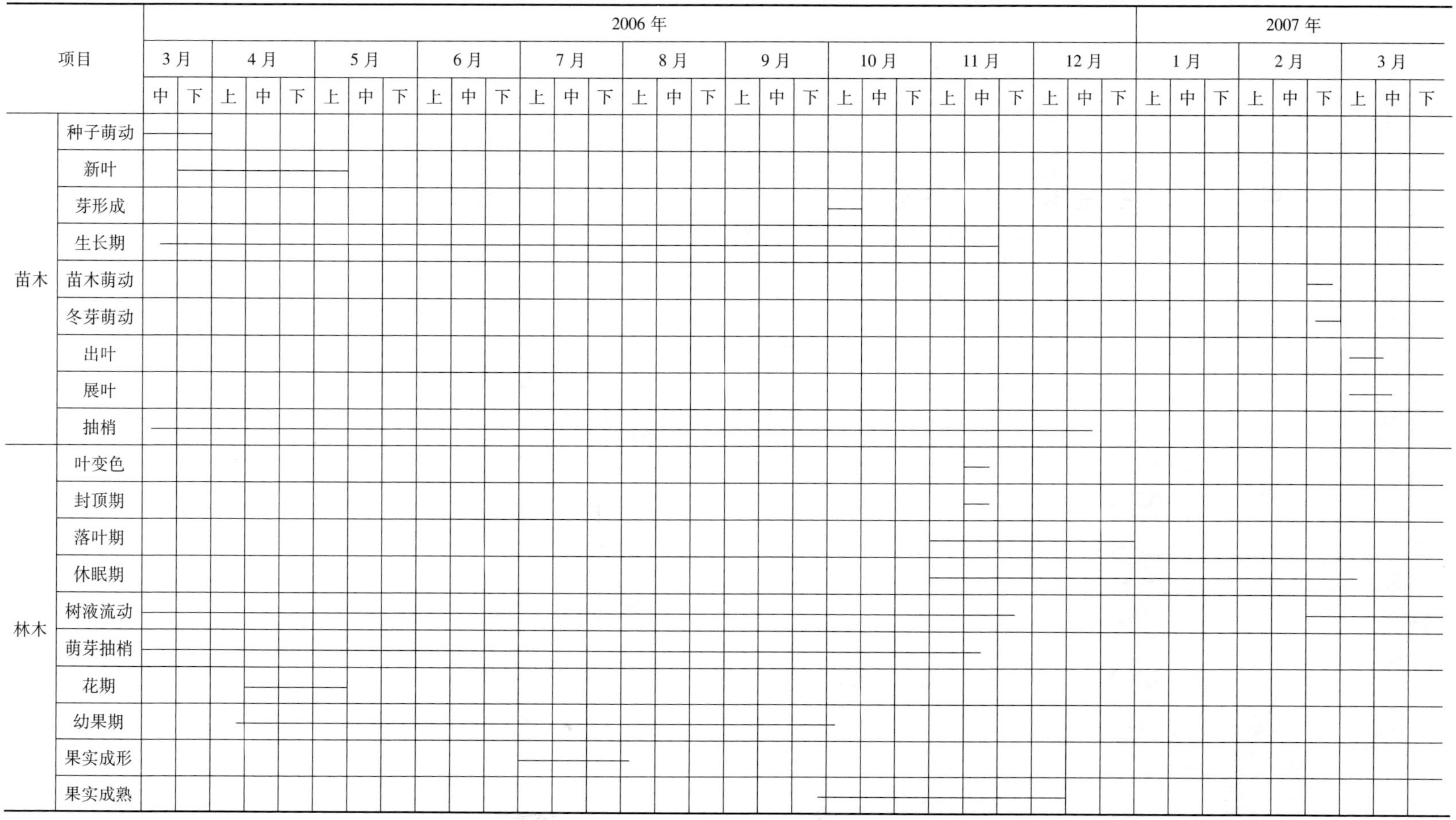

红豆树生长发育过程的物候变化甘特图

项目		2006 年																														2007 年								
		3 月		4 月			5 月			6 月			7 月			8 月			9 月			10 月			11 月			12 月			1 月			2 月			3 月		
		中	下	上	中	下	上	中	下	上	中	下	上	中	下	上	中	下	上	中	下	上	中	下	上	中	下	上	中	下	上	中	下	上	中	下	上	中	下
苗木	种子萌动																																						
	新叶																																						
	芽形成																																						
	生长期																																						
	苗木萌动																																						
	冬芽萌动																																						
	出叶																																						
	展叶																																						
	抽梢																																						
林木	叶变色																																						
	封顶期																																						
	落叶期																																						
	休眠期																																						
	树液流动																																						
	萌芽抽梢																																						
	花期																																						
	幼果期																																						
	果实成形																																						
	果实成熟																																						

图 3-1 红豆树生长发育过程的物候变化甘特图

4

红豆树生态学特性

4.1 研究方法

4.1.1 样地设置

自 1999 年以来,对福建全省的红豆树生长分布和古树资源进行摸底调查和实地踏查,在此基础上,重点选择福建省永泰、连江、晋安、柘荣、周宁、屏南、古田、福安、松溪等红豆树天然林群落作为研究对象,各群落的基本情况详见表 4-1。2004~2007 年,植物分类学专家采取典型取样法设置样地调查,2009~2013 年又相继进行了 8 次的补充调查。乔木层采用相邻格子样方法设置样地,样地面积以 20m×20m 为基础,狭窄地带由于采样面积往往难以满足,故设置 10m×10m 或因地制宜设置长方形样地,每个样地内设置 2m×2m 的小样方 4 个进行灌木层和草本层的调查,乔木层共设置典型样地 65 个,灌木层调查小样方 230 个。乔木层分别调查各树种的种名、胸径、树高、株数、冠幅、枝下高等测树因子;灌木层测定灌木树种的名称、株数、高度、地径;草本层记载植物名称、个体数、盖度、株高等指标。外业调查涉及植物的类型共 80 科、172 属、252 种(树种名称与拉丁学名对照附本章节后)。同时记录每个样地的海拔、坡度、坡向、土壤厚度、人为活动情况等环境因子。

表 4-1 各群落基本情况表

群落地点	海拔/m	坡向	坡度/°	土壤类型	土壤厚度/cm	林分面积/亩	物种数/个
永泰	400	东	35	红壤	80	30	22
古田	350	平坡	0	冲积土	>100	35	12
柘荣富溪	450	北	25	红壤	>100	23	21
柘荣宅中	400	西北	20	红壤	>100	24	12
柘荣槠坪	680	东北	28	红壤	60	20	18
柘荣东源	480	西	30	红壤	>100	12	26

（续）

群落地点	海拔/m	坡向	坡度/°	土壤类型	土壤厚度/cm	林分面积/亩	物种数/个
周宁	430	东南	10	红壤	>100	16	13
屏南	520	东南	15	红壤	>100	60	17
连江	200	北	25	红壤	80	6	14
松溪	580	平坡	0	冲积土	>100	5	12
福安	180	东北	18	红壤	>100	35	14

4.1.2　测定方法

4.1.2.1　群落物种重要值（国庆喜等.2004）

相对密度（RD）/%：某种植物的个体数目/全部植物的个体数目 × 100

相对优势度（RDE）/%：一个种的优势度/所有种的优势度之和 × 100

相对频度（RF）/%：某一种的频度/全部种的频度 × 100

重要值（IV）/%：（相对密度 + 相对优势度 + 相对频度）/3

相对高度（HR）：某个种的高度/群落中高度最大的种之高度

盖度比（CR）：某一种的盖度/盖度最大的种的盖度

频度比（FR）：某一种的频度/主要建群种的频度

密度比（DR）：某个种的密度/最大密度种的密度

总优势比 SDR/%：$SDR = \left[(CR + HR + DR + FR)/4 \right] \times 100\%$

4.1.2.2　物种丰富度指数

物种丰富度即为群落中物种的总数 S，然而 S 取决于样本含量。前人提出了许多指数以测定独立于样本规模的物种丰富度，本文选用 Margalef（1958）提出的丰富度指数计算式（洪伟，林成来，吴承祯等.2000）。

Margalef（1958）指数：

$$R = \frac{S - 1}{\ln(N)}$$

式中：S—群落中物种的总数；

　　　N—观察到的个体总数。

4.1.2.3　物种多样性指数

选用 shannon 指数 H 计算多样性指标值（洪伟，林成来，吴承祯等.2000）如下式：

$$H = -\sum_{i=1}^{s} (P_i \times \ln P_i)$$

式中：P_i—资源位中第 i 种的个体数 n_i 占所有种个体总数 N 的比例；

　　　S—物种数。

$$\lambda = \frac{\sum\limits_{i=1}^{s} N_i(N_i - 1)}{N(N - 1)}$$

4.1.2.4 物种优势度指数

采用 Simpson 指数

$$\lambda = \frac{\sum\limits_{i=1}^{s} N_i(N_i - 1)}{N(N - 1)}$$

式中：s—物种数；

N—个体总数；

N_i—第 i 种物种个体数，$i = 1$，2，3，…，s（洪伟，林成来，吴承祯等 . 2000）。

4.1.2.5　群落均匀度指数

选用 shannon 均匀度（洪伟，林成来，吴承祯等 . 2000），计算公式如下式：

$$J_s = H/\ln(S)$$

式中：J_s—群落均匀度指标；

H—群落多样性指标；

S—物种数。

4.1.2.6　生态位宽度

应用 Levins(1968) 的生态位宽度指数（李帅锋，刘万德，苏建荣等 . 2012），如下式：

$$B_{(sw)i} = - \sum\limits_{i=1}^{s} P_i \times \ln P_i$$

$$B_{(L)i} = 1/r \sum\limits_{j=1}^{r} (P_{ij} \times P_{ij})$$

式中：P_{ij}—物种 i 对资源状态 j 的利用率或物种在该资源状态上的分布比例量；

r—资源状态总数；

$B_{(L)i}$—生态位宽度值。

$$P_{ij} = \frac{n_{ij}}{\sum\limits_{i=1}^{n} n_{ij}}$$

4.1.2.7　生态位重叠度

生态位重叠度公式如下式（国庆喜等 . 2004）：

$$a_{ij} = \sum\limits_{k=1}^{r} (P_{ik} \times P_{jk}) / \sum\limits_{k=1}^{r} (P_{ik} \times P_{ik})$$

式中：P_{ik}、P_{jk}—物种 i 和物种 j 在第 k 资源位中的相对优势度；

r—资源位个数。

4.1.2.8 生态位相似比例(李帅锋,刘万德,苏建荣等.2012)

$$C_{ih} = 1 - 0.5 \sum_{k=1}^{r} |P_{ik} - P_{hk}| = \sum_{k=1}^{r} \min(P_{ik}, P_{hk})$$

式中:C_{ih}—物种 i 与物种 h 的相似性程度,且有 $C_{ih} = C_{hi}$,C_{ih}式具有域值$[0,1]$。

4.1.2.9 种间联结性

对调查的 58 个乔木样方(乔木 87 种)建立 2×2 联列表测算(龚直文,亢新刚,顾丽等.2011),计算红豆树种间联结性。

(1)种间联结系数

种间联结系数 C 用来检测和说明种间联结程度。其计算公式如下:

若 $ad \geqslant bc$　　则 $C = (ad - bc)/[(a + b)(b + d)]$

若 $bc > ad$　且 $d > a$　则 $C = (ad - bc)/[(a + b)(a + c)]$

若 $bc > ad$　且 $d < a$　则 $C = (ad - bc)/[(b + d)(d + c)]$

式中,a、b、c、d 是观测值。a 为 2 个物种同时出现的样方数,b、c 分别为仅有 1 个物种出现的样方数,d 为 2 个物种均未出现的样方数。

C 的值域为$[-1,1]$。C 值越趋近于 1,表明物种间的正联结性越强,C 值越趋近于 -1,表明物种间的负联结性越强;C 值为 0,物种间完全独立。

(2)共同出现百分率

共同出现百分率 PC 也是用来测度物种间正联结程度的。其计算公式为:

$$PC = \frac{a}{(a + b + c)} \times 100\%$$

式中 PC 的值域为$[0,1]$。其值越趋近于 1,则表明该种对的正联结越紧密。

(3)种间联结性检验

由于取样为非连续性取样,因此,非连续性数据的 X^2 值用 Yates 的连续校正公式计算,X^2统计量计算公式如下。

$$X^2 = \frac{n(|ad - bc| - n/2)^2}{(a + b)(c + d)(a + c)(b + d)}$$

式中:n—取样总数。

当 $X^2 < 3.841$ 时,认为 2 个种独立分布,即中性联结;$0.01 < P < 0.05$,即 $3.841 < X^2 < 6.635$ 时,为种间联结显著;$P < 0.01$ 即 $X^2 > 6.635$ 时,为种间联结极显著。X^2 本身没有负值,因此判定正、负联结的方法是:$ad > bc$ 为正联结,反之为负联结。

4.1.2.10 种群空间分布格局

种群分布格局类型的聚集度测定方法采用下式(刘金福,洪伟.2000):

$$I_\& = n \cdot (\sum X_i^2 f_i - N)/[N(N-1)]$$

式中:n 为样方数;

　　　N 为总株数;

X_i 为每样方中的株数;

f_i 为株数 X_i 的频数。

当 $I_\& = 1$ 时随机分布，$I_\& < 1$ 为均匀分布，$I_\& > 1$ 时聚集分布。

指数的随机分布偏离程度的显著性检验系数用 F_0 计算值：$F_0 = [\ I_\&(\sum_{i=1}^{n} X_i - 1) + n - \sum_{i=1}^{n} X_i]/(n-1)$，将 F_0 与 0.05 水平上的 F 表中 $N_1 = N - 1$，$N_2 = \infty$ 的相对应处 F 临界值(方差比)进行比较；当 $F_0 \leq F_{0.05}$ 时，种群为随机分布；当 $F_0 \geq F_{0.05}$ 时种群为聚集分布。

4.1.2.11 群落物种多度分布格局

采用对数级数分布模型模拟红豆树群落乔木层的群落物种多度分布(解丹丹，张苏峻，苏志尧. 2010；洪伟，吴承祯，林成来等. 2000)，通过查 X^2 值表检验观测值与预测值之间的差异显著性。对数级数分布模型首次由 Fisher 推导，具有 n 个个体的物种期望：

$$E_n = aX^n/n, \quad n = 1, 2, \tag{1}$$

式中：E_n——具有 n 个物种数的多度；

n——物种的数量；

a、X——参数。

通过式(2)和(3)求出参数 X 和 a：

$$S/N = [-ln(1-X)][(1-X)/X], \tag{2}$$

$$A = N(1-X)/X, \tag{3}$$

式中：S——群落中物种的总数；

N——群落中个体的总数。

用 X^2 检验物种多度正态分布模型。

$X^2 = ($观察值 $-$ 预测值$)^2/$预测值，估计精度取 0.95($a = 0.05$)，取得检验水平，自由度 $=$ 多度级 $- 1$，查卡平方(X^2)检验表，检查观察值与预测值之间的差异显著性，以检验其分布。

4.1.3 数据处理

根据野外调查的原始资料，建立"区域–样方–种类"组成的多维数据库，按各区域类型分别统计分析，以及按全省大区域合并后综合数据分析，本文数据分析在 Excel 2003 中完成。

4.2 结果与分析

4.2.1 乔木层树种组成及其优势表现

全省红豆树野生群落的乔木层共 34 科、62 属、87 个树种。其中，59 个树种在灌木层同时出现，重叠出现比率 67.8%；未在灌木层出现树种 28 个，未重叠比率 32.2%。乔木层 87 个树种的重要值、总优势比、相对密度、相对优势度、相对频度、密度比、盖度比、频度比、相对高度、相对盖度等基础特征量值详见表 4-2。乔木层群落树种的重要值与总优势比排序结果基本一致，二者相关程度达到 0.9159 的极显著正相关，二项生态指标能够比较一致地反馈树种所处生境中的地位；但两者间也有差异，重要值指标主要反馈树种在水平空间的地位，总优势比指标同时反馈树种在水平空间和垂直空间的地位。例如，全省红豆树群落的乔木层重要值中，居前 20 位的树种，依次为红豆树、青冈栎、毛竹、木荷、杨梅叶蚊母树、千年桐、冬青、枫香、虎皮楠、米槠、浙江润楠、羊舌树、笔罗子、山杜英、椤木石楠、红皮树、细柄蕈树、柳杉、樟树、赤皮青冈等；总优势比居前 20 位的树种，分别为红豆树、青冈栎、毛竹、枫香、刨花润楠、木荷、杨梅叶蚊母树、合欢、柳杉、细柄蕈树、山杜英、米槠、虎皮楠、浙江润楠、千年桐、糙叶树、冬青、拉氏栲、南酸枣、山矾；重要值与总优势比居前的 20 个树种进行比较，其中有 6 个树种在垂直空间占据明显优势，相对树高比值较大，分别为刨花润楠、合欢、南酸枣、山矾、糙叶树、拉氏栲，相对树高比值越大的树种，其垂直空间的竞争能力和优势地位就越突出，通常是趋光性强的阳性树种，在群落垂直空间中位居上层或中层。

分别计算全省 12 个资源位的红豆树群落重要值、总优势比（表 4-3），红豆树在各群落乔木层的重要值和总优势比都位居前三位，也表明红豆树在各资源位的群落竞争中处于相对有利地位。其中，永泰群落的红豆树重要值为 33.64%、总优势比 90.97%，古田的红豆树重要值为 40.02%、总优势比 95.45%，柘荣的红豆树重要值为 32.36%、总优势比 91.11%，柘荣富溪的红豆树重要值为 27.14%、总优势比 93.07%，柘荣宅中的红豆树重要值为 21.79%、总优势比 83.33%，柘荣槠坪的红豆树重要值为 44.72%、总优势比 97.35%，柘荣东源的红豆树重要值为 26.71%、总优势比 71.5%，周宁的红豆树重要值为 48.53%、总优势比 100%，屏南的红豆树重要值为 18.94%、总优势比 91.16%，连江的红豆树重要值为 25.72%、总优势比 94.16%，松溪的红豆树重要值为 12.80%、总优势比 43.80%，福安重要值为 51.2%、总优势比 99.58%。

表 4-2　红豆树群落乔木层重要值和总优势比　　　　　　　　　　　　%

序号	树种	RD	RDE	RF	DR	CR	FR	HR	IV	SDR
1	红豆树	31.702	53.369	17.417	100.000	100.000	100.000	71.006	34.163	92.751
2	青冈栎	7.898	5.820	8.108	24.912	13.493	46.552	43.830	7.275	32.197
3	毛竹	14.127	1.888	2.102	44.561	3.136	12.069	58.068	6.039	29.459
4	木荷	3.226	4.421	2.703	10.175	10.212	15.517	66.364	3.450	25.567
5	杨梅叶蚊母树	3.560	3.866	2.402	11.228	13.355	13.793	60.148	3.276	24.631
6	千年桐	1.112	6.259	1.502	3.509	1.199	8.621	59.295	2.958	18.156
7	冬青	3.115	2.143	2.703	9.825	3.723	15.517	40.114	2.654	17.294
8	枫香	2.225	2.881	3.303	7.018	3.755	18.966	74.848	2.803	26.147
9	虎皮楠	2.113	0.777	4.204	6.667	2.052	24.138	43.182	2.365	19.010
10	米槠	1.780	0.870	2.102	5.614	1.200	12.069	57.386	1.584	19.067
11	浙江润楠	1.446	0.706	2.703	4.561	1.918	15.517	51.667	1.618	18.416
12	羊舌树	1.891	0.500	2.102	5.965	1.520	12.069	33.636	1.498	13.298
13	笔罗子	1.112	1.168	2.102	3.509	0.765	12.069	36.818	1.461	13.290

（续）

序号	树种	RD	RDE	RF	DR	CR	FR	HR	IV	SDR
14	山杜英	0.890	0.428	2.402	2.807	1.095	13.793	59.091	1.240	19.196
15	椤木石楠	0.779	1.353	1.502	2.456	0.796	8.621	38.485	1.211	12.590
16	红皮树	0.890	0.451	2.102	2.807	1.897	12.069	46.667	1.148	15.860
17	细柄蕈树	0.445	2.244	0.601	1.404	1.518	3.448	79.000	1.097	21.343
18	柳杉	1.001	0.718	1.502	3.158	0.475	8.621	80.455	1.074	23.177
19	樟树	0.556	1.146	1.201	1.754	1.643	6.897	55.966	0.968	16.565
20	赤皮青冈	0.779	0.466	1.502	2.456	0.850	8.621	52.727	0.915	16.164
21	拉氏栲	0.779	0.656	1.201	2.456	1.409	6.897	57.273	0.879	17.009
22	苦槠	0.779	0.328	1.802	2.456	0.494	10.345	44.621	0.969	14.479
23	猴欢喜	0.556	0.506	1.502	1.754	0.290	8.621	34.848	0.855	11.378
24	少叶黄杞	1.001	0.249	1.201	3.158	0.638	6.897	31.136	0.817	10.457
25	栲树	0.779	0.337	1.201	2.456	0.845	6.897	47.727	0.772	14.481
26	山矾	0.667	0.068	1.802	2.105	0.427	10.345	53.409	0.846	16.571
27	野含笑	0.779	0.209	1.502	2.456	0.519	8.621	48.182	0.830	14.945
28	小果山龙眼	0.222	1.119	0.601	0.702	0.056	3.448	43.182	0.647	11.847
29	老鼠簕	0.779	0.063	0.901	2.456	0.277	5.172	33.636	0.581	10.385
30	桃叶石楠	0.445	0.032	1.201	1.404	0.180	6.897	46.970	0.559	13.862
31	杉木	0.667	0.068	1.201	2.105	0.107	6.897	36.136	0.646	11.311
32	拟赤杨	0.890	0.098	0.601	2.807	0.345	3.448	47.727	0.530	13.582
33	檵木	0.334	0.246	0.901	1.053	0.562	5.172	45.455	0.494	13.060
34	毛八角枫	0.445	0.129	0.901	1.404	0.276	5.172	42.500	0.492	12.338
35	鹅掌柴	0.667	0.118	0.601	2.105	0.274	3.448	31.136	0.462	9.241
36	红楠	0.334	0.127	0.901	1.053	0.254	5.172	42.424	0.454	12.226
37	木姜子	0.222	0.518	0.601	0.702	0.767	3.448	47.727	0.447	13.161
38	山乌桕	0.334	0.345	0.601	1.053	1.258	3.448	55.909	0.426	15.417
39	黄瑞木	0.334	0.037	0.901	1.053	0.124	5.172	39.773	0.424	11.530
40	香叶树	0.890	0.062	0.300	2.807	0.513	1.724	30.909	0.417	8.988
41	板栗	0.111	0.832	0.300	0.351	0.087	1.724	63.636	0.414	16.450
42	竹柏	0.334	0.111	0.601	1.053	0.737	3.448	39.545	0.349	11.196
43	南酸枣	0.334	0.062	0.601	1.053	0.754	3.448	61.136	0.332	16.598
44	朴树	0.334	0.034	0.601	1.053	0.132	3.448	26.136	0.323	7.692
45	南方红豆杉	0.222	0.100	0.601	0.702	0.361	3.448	42.273	0.308	11.696
46	小果石笔木	0.556	0.028	0.300	1.754	0.145	1.724	25.909	0.295	7.383
47	树参	0.222	0.014	0.300	0.702	0.090	1.724	27.273	0.179	7.447
48	三花冬青	0.222	0.011	0.300	0.702	0.072	1.724	22.727	0.178	6.306
49	亮叶桦	0.111	0.406	0.300	0.351	0.057	1.724	31.818	0.272	8.488
50	钩锥	0.334	0.115	0.300	1.053	0.147	1.724	37.727	0.250	10.163
51	杜英	0.222	0.191	0.300	0.702	0.344	1.724	56.818	0.238	14.897
52	合欢	0.111	0.291	0.300	0.351	0.849	1.724	95.455	0.234	24.595

（续）

序号	树种	RD	RDE	RF	DR	CR	FR	HR	IV	SDR
53	刨花润楠	0.111	0.242	0.300	0.351	0.543	1.724	100.000	0.218	25.655
54	罗浮锥	0.222	0.099	0.300	0.702	0.098	1.724	31.818	0.207	8.586
55	大叶冬青	0.222	0.028	0.300	0.702	0.124	1.724	38.636	0.184	10.297
56	密花树	0.222	0.020	0.300	0.702	0.115	1.724	29.545	0.181	8.022
57	野柿	0.222	0.014	0.300	0.702	0.082	1.724	31.818	0.179	8.582
58	木荚红豆	0.111	0.104	0.300	0.351	0.110	1.724	63.636	0.172	16.455
59	水丝梨	0.111	0.072	0.300	0.351	0.136	1.724	59.091	0.161	15.325
60	尖叶山茶	0.111	0.067	0.300	0.351	0.392	1.724	36.364	0.160	9.708
61	柯	0.111	0.045	0.300	0.351	0.196	1.724	27.273	0.152	7.386
62	中华杜英	0.111	0.040	0.300	0.351	0.109	1.724	59.091	0.150	15.319
63	马尾松	0.111	0.037	0.300	0.351	0.057	1.724	54.545	0.150	14.169
64	桂花	0.111	0.027	0.300	0.351	0.164	1.724	50.000	0.146	13.060
65	大叶榉树	0.111	0.026	0.300	0.351	0.015	1.724	29.545	0.146	7.909
66	铁冬青	0.111	0.023	0.300	0.351	0.164	1.724	36.364	0.145	9.651
67	新木姜子	0.111	0.020	0.300	0.351	0.019	1.724	45.455	0.144	11.887
68	刺叶桂樱	0.111	0.020	0.300	0.351	0.057	1.724	27.273	0.144	7.351
69	盐肤木	0.111	0.016	0.300	0.351	0.049	1.724	29.545	0.142	7.917
70	糙叶树	0.111	0.014	0.300	0.351	0.012	1.724	68.182	0.142	17.567
71	杨桐	0.111	0.010	0.300	0.351	0.049	1.724	34.091	0.141	9.054
72	黄檀	0.111	0.009	0.300	0.351	0.022	1.724	17.273	0.140	4.842
73	刺毛杜鹃	0.111	0.009	0.300	0.351	0.028	1.724	45.455	0.140	11.889
74	油茶	0.111	0.008	0.300	0.351	0.110	1.724	22.727	0.140	6.228
75	毛锥栲	0.111	0.008	0.300	0.351	0.049	1.724	36.364	0.140	9.622
76	厚叶冬青	0.111	0.007	0.300	0.351	0.041	1.724	27.273	0.140	7.347
77	野漆	0.111	0.006	0.300	0.351	0.017	1.724	36.364	0.139	9.614
78	黑壳楠	0.111	0.006	0.300	0.351	0.021	1.724	31.818	0.139	8.479
79	南岭黄檀	0.111	0.006	0.300	0.351	0.034	1.724	20.455	0.139	5.641
80	山黄皮	0.111	0.005	0.300	0.351	0.049	1.724	31.818	0.139	8.486
81	黄棉木	0.111	0.005	0.300	0.351	0.049	1.724	22.727	0.139	6.213
82	臀果木	0.111	0.005	0.300	0.351	0.029	1.724	22.727	0.139	6.208
83	幌伞枫	0.111	0.005	0.300	0.351	0.009	1.724	18.182	0.139	5.066
84	软荚红豆	0.111	0.004	0.300	0.351	0.012	1.724	31.818	0.138	8.476
85	郁香野茉莉	0.111	0.003	0.300	0.351	0.012	1.724	45.455	0.138	11.886
86	木犀	0.111	0.000	0.300	0.351	0.075	1.724	47.727	0.137	12.469
87	石楠	0.111	0.000	0.300	0.351	0.057	1.724	63.636	0.137	16.442

表 4-3　各资源位乔木层红豆树的特征值计算结果　　　　　　　　　%

项　目	相对密度	密度比	盖度比	相对优势度	相对频度	频度比	相对高度	重要值	总优势比
柘荣	27.71	100	95.8	53.53	15.83	100	68.64	32.36	91.11
永泰	31.73	100.00	99.99	52.11	17.07	100.00	63.87	33.64	90.97
古田	19.78	81.81	100.00	79.44	20.83	100.00	100.00	40.02	95.45
柘荣富溪	22.73	100.00	100.00	43.12	15.56	100.00	72.27	27.14	93.07
柘荣宅中	6.45	33.33	100.00	47.82	11.11	100.00	21.79	21.79	83.33
柘荣褚坪	38.00	100.00	100.00	74.96	21.21	100.00	89.39	44.72	97.35
柘荣东源	29.36	100.00	3.35	37.99	12.77	100.00	82.64	26.71	71.50
周宁	44.44	100.00	100.00	78.93	22.22	100.00	100.00	48.53	100.00
屏南	21.74	100.00	100.00	15.09	20.00	100.00	64.66	18.94	91.17
连江	19.15	90.00	100.00	39.84	18.18	100.00	86.62	25.72	94.16
松溪	7.32	30.00	7.20	21.08	10.00	63.29	74.74	12.8	43.80
福安	57.65	100.00	100.00	76.01	20.00	100.00	98.31	51.22	99.58

4.2.2　灌木层物种组成及其优势表现

全省红豆树群落的灌木层植物共有 141 种（表 4-4），其中灌木层中有乔木树种 77 种、灌木树种 64 种。灌木层中，与乔木层树种重叠出现的有 59 种（分别为红豆树、笔罗子、大叶冬青、杜英、鹅掌柴、枫香、桂花、黑壳楠、红皮树、小果山龙眼、猴欢喜、虎皮楠、黄棉木、黄瑞木、黄檀、檵木、栲树、苦槠、拉氏栲、老鼠箣、椤木石楠、毛八角枫、米槠、密花树、木荷、木荚红豆、木姜子、南岭黄檀、毛锥栲、拟赤杨、刨花润楠、朴树、千年桐、青冈栎、毛冬青、软荚红豆、三花冬青、山杜英、山矾、山黄皮、山乌桕、杉木、少叶黄杞、柯、石楠、野柿、树参、南酸枣、桃叶石楠、香叶树、羊舌树、杨梅叶蚊母树、野含笑、野漆、油茶、郁香野茉莉、樟树、浙江润楠、竹柏），新侵入乔木树种有 18 种（分别为冬青、杜仲、翻白叶树、桂北木姜子、黄牛奶树、建润楠、椆榆、罗浮柿、闽粤栲、牛矢果、女贞、茸毛润楠、台湾冬青、喜树、杨梅、野牡丹、野鸦椿、樟叶槭），新侵入乔木树种占乔木层树种数量的比率为 24.6%；但是，乔木层树种中有 28 个树种在灌木层中未出现（分别为板栗、糙叶树、刺毛杜鹃、赤皮青冈、刺叶桂樱、臀果木、钩锥、合欢、红楠、厚叶冬青、幌伞枫、尖叶山茶、大叶榉树、亮叶桦、柳杉、罗浮锥、马尾松、毛竹、木犀、南方红豆杉、水丝梨、铁冬青、细柄蕈树、小果石笔木、新木姜子、盐肤木、杨桐、中华杜英），占乔木层树种数量的 36.4%。灌木层中的乔木树种，按重要值排序居前 20 位的树种分别为红豆树 21.14%、青冈栎 6.30%、拉氏栲 5.11%、山黄皮 1.84%、羊舌树 1.76%、冬青 1.74%、米槠 1.51%、笔罗子 1.14%、鹅掌柴 1.09%、栲树 1.05%、老鼠箣 1.02%、少叶黄杞 1.00%、虎皮楠 0.84%、木荚红豆 0.83%、杨梅叶蚊母树 0.81%、千年桐 0.66%、苦槠 0.58%、木荷 0.57%、南酸枣 0.56%、浙江润楠 0.56%。

在灌木层中，红豆树幼树的重要值出现较大波动，但是重要值均处于中上水平，总体上红豆树幼树在群落竞争中仍然具有较强优势，在未经外力干扰情况下，能够保障红豆树子代繁殖更新，在植物自然演替中继续占据有利地位。其中，永泰群落为9.09%、居该群落物种重要值排序的第3位，古田群落为9.40%、居该群落的第4位，柘荣全县群落为8.62%、居该群落的第3位，柘荣富溪乡群落为9.79%、居该群落的第3位，柘荣宅中乡群落为3.28%、居该群落的第12位，柘荣楮坪乡群落为8.61%、居该群落的第2位，柘荣东源乡群落为10.74%、居该群落的第3位，周宁群落为7.72%、居该群落的第4位，屏南群落为18.43%、居该群落的第1位，连江群落为3.34%、居该群落的第12位，松溪群落为4.10%、居该群落的第7位，福安群落为3.67%、居该群落的第22位(表4-5)。

表 4-4　红豆树群落灌木层物种重要值

序号	种　名	株数/株	基面积/cm²	频度/次	相对密度/%	相对优势度/%	相对频度/%	重要值/%
1	红豆树	182	11826.920	73	7.27	46.42	9.76	21.15
2	青冈栎	77	2871.903	34	3.08	11.27	4.55	6.30
3	苦竹	319	506.486	16	12.74	1.99	2.14	5.62
4	杜茎山	288	240.043	29	11.50	0.94	3.88	5.44
5	拉氏栲	7	3700.500	4	0.28	14.52	0.53	5.11
6	连蕊茶	152	99.711	27	6.07	0.39	3.61	3.36
7	毛鳞省藤	208	224.184	5	8.31	0.88	0.67	3.29
8	狗骨柴	57	113.294	33	2.28	0.44	4.41	2.38
9	山黄皮	56	91.648	22	2.24	0.36	2.94	1.85
10	箬竹	111	53.948	5	4.43	0.21	0.67	1.77
11	羊舌树	53	20.320	23	2.12	0.08	3.07	1.76
12	黄毛冬青	43	78.464	24	1.72	0.31	3.21	1.74
13	面竿竹	103	75.225	3	4.11	0.30	0.40	1.60
14	山矾	38	79.450	21	1.52	0.31	2.81	1.55
15	米槠	23	582.857	10	0.92	2.29	1.34	1.51
16	油茶	38	150.866	18	1.52	0.59	2.41	1.51
17	细齿叶柃	35	40.285	16	1.40	0.16	2.14	1.23
18	笔罗子	29	65.126	15	1.16	0.26	2.01	1.14
19	鹅掌柴	7	656.464	3	0.28	2.58	0.40	1.09
20	栲树	21	246.236	10	0.84	0.97	1.34	1.05
21	老鼠勒	14	434.682	6	0.56	1.71	0.80	1.02
22	少叶黄杞	33	20.778	12	1.32	0.08	1.60	1.00
23	百两金	21	20.147	13	0.84	0.08	1.74	0.89
24	朱砂根	17	83.234	12	0.68	0.33	1.60	0.87
25	虎皮楠	15	12.715	14	0.60	0.05	1.87	0.84
26	毛冬青	16	36.135	13	0.64	0.14	1.74	0.84

（续）

序号	种　名	株数/株	基面积/cm²	频度/次	相对密度/%	相对优势度/%	相对频度/%	重要值/%
27	木荚红豆	1	589.600	1	0.04	2.31	0.13	0.83
28	黄瑞木	19	59.898	11	0.76	0.24	1.47	0.82
29	杨梅叶蚊母树	20	74.762	10	0.80	0.29	1.34	0.81
30	琴叶榕	26	6.315	9	1.04	0.02	1.20	0.76
31	粗叶木	25	59.347	7	1.00	0.23	0.94	0.72
32	酸味子	16	7.819	11	0.64	0.03	1.47	0.71
33	千年桐	3	402.696	2	0.12	1.58	0.27	0.66
34	黄栀子	14	8.206	10	0.56	0.03	1.34	0.64
35	苦槠	16	39.240	7	0.64	0.15	0.94	0.58
36	木荷	13	35.124	8	0.52	0.14	1.07	0.58
37	南酸枣	2	339.831	2	0.08	1.33	0.27	0.56
38	浙江润楠	15	35.782	7	0.60	0.14	0.94	0.56
39	三叶五加	30	15.970	3	1.20	0.06	0.40	0.55
40	红皮树	12	7.746	8	0.48	0.03	1.07	0.53
41	三花冬青	11	11.883	8	0.44	0.05	1.07	0.52
42	乌药	13	17.441	7	0.52	0.07	0.94	0.51
43	猴欢喜	6	113.090	6	0.24	0.44	0.80	0.50
44	茶	11	3.759	7	0.44	0.01	0.94	0.46
45	杉木	4	258.900	1	0.16	1.02	0.13	0.44
46	椤木石楠	14	24.740	4	0.56	0.10	0.53	0.40
47	拟赤杨	3	191.985	2	0.12	0.75	0.27	0.38
48	罗浮柿	6	11.569	5	0.24	0.05	0.67	0.32
49	赤楠	9	12.833	4	0.36	0.05	0.53	0.31
50	大青	5	2.729	5	0.20	0.01	0.67	0.29
51	倭竹	18	0.565	1	0.72	0.00	0.13	0.28
52	密花树	3	115.685	2	0.12	0.45	0.27	0.28
53	野含笑	5	10.014	4	0.20	0.04	0.53	0.26
54	野漆	5	7.299	4	0.20	0.03	0.53	0.25
55	苎麻	15	2.950	1	0.60	0.01	0.13	0.25
56	檵木	4	11.899	4	0.16	0.05	0.53	0.25
57	山杜英	3	52.996	3	0.12	0.21	0.40	0.24
58	台湾榕	4	8.120	4	0.16	0.03	0.53	0.24
59	樟树	7	43.100	2	0.28	0.17	0.27	0.24
60	黄牛奶树	4	5.301	4	0.16	0.02	0.53	0.24
61	毛八角枫	3	46.410	3	0.12	0.18	0.40	0.23
62	翻白叶树	5	12.566	3	0.20	0.05	0.40	0.22

（续）

序号	种　名	株数/株	基面积/cm²	频度/次	相对密度/%	相对优势度/%	相对频度/%	重要值/%
63	桂北木姜子	6	2.301	3	0.24	0.01	0.40	0.22
64	香叶树	5	9.993	3	0.20	0.04	0.40	0.21
65	映山红	5	9.197	3	0.20	0.04	0.40	0.21
66	天仙果	5	6.225	3	0.20	0.02	0.40	0.21
67	竹柏	6	27.999	2	0.24	0.11	0.27	0.21
68	九节木	4	10.674	3	0.16	0.04	0.40	0.20
69	树参	3	7.351	3	0.12	0.03	0.40	0.18
70	黄棉木	4	30.294	2	0.16	0.12	0.27	0.18
71	枇杷叶紫珠	4	26.311	2	0.16	0.10	0.27	0.18
72	福建酸竹	9	0.636	1	0.36	0.00	0.13	0.17
73	朴树	1	78.500	1	0.04	0.31	0.13	0.16
74	紫麻	8	0.250	1	0.32	0.00	0.13	0.15
75	杜英	4	1.264	2	0.16	0.00	0.27	0.14
76	罗浮冬青	3	10.100	2	0.12	0.04	0.27	0.14
77	牛矢果	3	8.270	2	0.12	0.03	0.27	0.14
78	小叶乌饭	2	14.530	2	0.08	0.06	0.27	0.13
79	冬青	2	12.951	2	0.08	0.05	0.27	0.13
80	红紫珠	6	3.016	1	0.24	0.01	0.13	0.13
81	樟叶槭	2	8.679	2	0.08	0.03	0.27	0.13
82	女贞	2	4.310	2	0.08	0.02	0.27	0.12
83	微毛山矾	2	3.927	2	0.08	0.02	0.27	0.12
84	小果山龙眼	2	3.676	2	0.08	0.01	0.27	0.12
85	台湾冬青	2	3.644	2	0.08	0.01	0.27	0.12
86	小果油茶	2	2.576	2	0.08	0.01	0.27	0.12
87	茸毛润楠	2	0.479	2	0.08	0.00	0.27	0.12
88	华南桂	1	9.621	2	0.04	0.04	0.27	0.12
89	椆榆	5	2.513	1	0.20	0.01	0.13	0.11
90	黑壳楠	1	33.200	1	0.04	0.13	0.13	0.10
91	黄檀	1	33.183	1	0.04	0.13	0.13	0.10
92	假九节	4	2.521	1	0.16	0.01	0.13	0.10
93	馒头果	3	12.362	1	0.12	0.05	0.13	0.10
94	木姜子	3	5.301	1	0.12	0.02	0.13	0.09
95	黑面神	3	2.843	1	0.12	0.01	0.13	0.09
96	杜仲	1	22.902	1	0.04	0.09	0.13	0.09
97	油茶	3	2.360	1	0.12	0.01	0.13	0.09
98	马银花	3	0.636	1	0.12	0.00	0.13	0.09

（续）

序号	种　名	株数/株	基面积/cm²	频度/次	相对密度/%	相对优势度/%	相对频度/%	重要值/%
99	软荚红豆	1	20.400	1	0.04	0.08	0.13	0.08
100	郁香野茉莉	1	16.600	1	0.04	0.07	0.13	0.08
101	桃叶石楠	2	3.534	1	0.08	0.01	0.13	0.08
102	喜树	2	1.571	1	0.08	0.01	0.13	0.07
103	闽粤栲	2	1.272	1	0.08	0.00	0.13	0.07
104	庭藤	2	1.162	1	0.08	0.00	0.13	0.07
105	柯	2	0.456	1	0.08	0.00	0.13	0.07
106	小叶石楠	2	0.060	1	0.08	0.00	0.13	0.07
107	毛天仙果	1	7.069	1	0.04	0.03	0.13	0.07
108	枫香	1	6.158	1	0.04	0.02	0.13	0.07
109	野牡丹	1	3.801	1	0.04	0.01	0.13	0.06
110	光叶石楠	1	3.801	1	0.04	0.01	0.13	0.06
111	粗叶榕	1	3.142	1	0.04	0.01	0.13	0.06
112	野柿	1	2.545	1	0.04	0.01	0.13	0.06
113	木莓	1	2.545	1	0.04	0.01	0.13	0.06
114	大叶杨桐	1	1.767	1	0.04	0.01	0.13	0.06
115	梅叶冬青	1	1.767	1	0.04	0.01	0.13	0.06
116	大叶赤楠	1	1.131	1	0.04	0.00	0.13	0.06
117	豆腐柴	1	1.131	1	0.04	0.00	0.13	0.06
118	刨花润楠	1	0.640	1	0.04	0.00	0.13	0.06
119	楤木	1	0.503	1	0.04	0.00	0.13	0.06
120	水杨梅	1	0.503	1	0.04	0.00	0.13	0.06
121	南岭黄檀	1	0.500	1	0.04	0.00	0.13	0.06
122	白背叶	1	0.283	1	0.04	0.00	0.13	0.06
123	桂花	1	0.283	1	0.04	0.00	0.13	0.06
124	野鸦椿	1	0.283	1	0.04	0.00	0.13	0.06
125	山乌桕	1	0.196	1	0.04	0.00	0.13	0.06
126	轮叶蒲桃	1	0.196	1	0.04	0.00	0.13	0.06
127	杨梅	1	0.130	1	0.04	0.00	0.13	0.06
128	大叶白纸扇	1	0.071	1	0.04	0.00	0.13	0.06
129	大叶冬青	1	0.071	1	0.04	0.00	0.13	0.06
130	多枝紫金牛	1	0.071	1	0.04	0.00	0.13	0.06
131	建润楠	1	0.071	1	0.04	0.00	0.13	0.06
132	三桠苦	1	0.071	1	0.04	0.00	0.13	0.06
133	罗伞树	1	0.031	1	0.04	0.00	0.13	0.06
134	石楠	1	0.031	1	0.04	0.00	0.13	0.06

（续）

序号	种　名	株数/株	基面积/cm²	频度/次	相对密度/%	相对优势度/%	相对频度/%	重要值/%
135	肖梵天花	1	0.031	1	0.04	0.00	0.13	0.06
136	刺毛越桔	1	0.031	1	0.04	0.00	0.13	0.06
137	红花油茶	1	0.031	1	0.04	0.00	0.13	0.06
138	米饭花	1	0.031	1	0.04	0.00	0.13	0.06
139	毛锥栲	1	0.031	1	0.04	0.00	0.13	0.06
140	白檀	1	0.030	1	0.04	0.00	0.13	0.06
141	小果蔷薇	1	0.008	1	0.04	0.00	0.13	0.06

表 4-5　各资源位灌木层中红豆树的基础特征量表　　　　　%

项　目	相对密度	相对优势度	相对频度	重要值
柘荣	7.80	7.87	10.20	8.62
永泰	8.65	7.69	10.92	9.09
古田	7.10	10.47	10.64	9.40
柘荣富溪	8.23	8.24	12.88	9.79
柘荣宅中	5.14	0.69	4.00	3.28
柘荣楮坪	11.96	3.95	9.93	8.61
柘荣东源	5.24	15.46	11.54	10.74
周宁	3.16	14.46	5.56	7.72
屏南	22.45	13.62	19.23	18.43
连江	4.08	2.35	3.57	3.34
松溪	2.84	3.22	6.25	4.10
福安	1.06	2.06	4.88	2.67

4.2.3　群落物种多样性分析

物种多样性是群落组织水平的生态学特征之一，是生境中物种丰富度和分布均匀性的一个指标，反映生物群落和生态系统的结构复杂性，体现了群落的结构类型、组织水平、发展阶段、演变趋势、稳定性及生境差异。本研究对福建省红豆树群落的多样性数量特征进行测定、分析和比较，以反映红豆树自然生长区域内的植物群落学特征，以及阐述人类活动对群落类型、物种多样性差异的影响，说明红豆树所属群落的结构、稳定性、演化趋势，为红豆树群落保护、开发利用提供依据。计算结果详见表 4-6 和表 4-7。

表 4-6　全省各红豆树群落的乔木层树种多样性特征量

群落地点	物种数	总个体数	物种丰富度指数	物种多样性指数	物种均匀度指数	物种优势度指数	红豆树密度株/亩
柘荣	49	350	8.1940	2.7581	0.7087	0.1329	29
柘荣东源	26	109	5.3290	2.4547	0.7534	0.1386	36

（续）

群落地点	物种数	总个体数	物种丰富度指数	物种多样性指数	物种均匀度指数	物种优势度指数	红豆树密度株/亩
永泰	22	104	4.5216	2.3754	0.7685	0.1451	31
柘荣富溪	21	110	4.2549	2.4935	0.8190	0.1146	24
屏南	16	65	3.5933	2.2533	0.8127	0.1270	5
柘荣楮坪	18	100	3.6915	1.9475	0.6738	0.2303	42
周宁	13	27	3.6410	2.0374	0.7943	0.1966	13
连江	14	47	3.3765	2.2687	0.8597	0.1110	15
柘荣宅中	12	31	3.2033	2.2997	0.9255	0.0882	7
松溪	13	41	3.2314	2.2218	0.8662	0.1183	5
古田	12	91	2.4386	1.9947	0.8027	0.1600	8
福安	14	170	2.5313	1.4892	0.5643	0.367	23

　　与乔木层相比，灌木层的物种数、丰富度、多样性、均匀度等指数都明显高于乔木层，这是正常天然林群落的基本特征。红豆树群落的乔木层、灌木层多样性特征量计算结果基本符合这个规律。各物种多样性特征量中，仅两个资源位出现例外，即东源资源位乔木层多样性指数为2.4547、灌木层为2.1801；松溪资源位乔木层多样性指数为2.2038、灌木层为1.6814。发生逆规律现象的原因，或是群落林下幼苗幼树遭受破坏，或是林下幼苗幼树具有明显的优势种。这两个资源位的灌木层多样性指数和均匀度指数为最低和次低，而优势度指数却相反为最高和次高，表明林下具有占较大优势的物种存在。对照两个资源位的物种重要值，松溪资源位林下优势物种为箬竹30%+青冈栎16%，东源资源位为苦竹17%+连蕊茶14%+红豆树11%。其他各资源位物种多样性计算结果，总体上反映了这些群落特征常态化，说明群落受到较好的保护。

表4-7　全省各红豆树群落的灌木层物种多样性特征量

群落地点	物种数个	总个体数个	丰富度指数	多样性指数	均匀度指数	优势度指数	红豆树幼树密度/株/亩
柘荣	85	1148	11.9220	3.1800	0.7158	0.0826	121
柘荣楮坪	53	301	9.1114	3.1787	0.8006	0.0746	300
永泰	42	185	7.8539	2.9753	0.7960	0.1046	178
柘荣宅中	32	175	6.0022	2.8607	0.8254	0.0852	250
柘荣富溪	38	583	5.8101	2.648	0.7280	0.1227	296
周宁	25	95	5.2702	2.5914	0.8051	0.1178	125
连江	19	49	4.6251	2.7085	0.9199	0.0604	33
柘荣东源	28	382	4.5413	2.1801	0.6543	0.1911	257
屏南	18	49	4.3681	2.3519	0.8137	0.1216	306
松溪	22	141	4.2435	1.6814	0.5440	0.3905	167
古田	21	155	3.9656	2.5236	0.8289	0.1065	153
福安	29	471	4.5493	2.0325	0.6036	0.2506	60

4.2.3.1 物种丰富度分析

由全省 12 个资源位的群落物种丰富度计算结果可见，各资源位群落具有相对较高的树种丰富度及较大多样性指数，整体上显示红豆树天然林群落中包含较多的物种，树种组成复杂，反映群落对环境资源的较充分利用。在乔木层中，群落丰富度指数排序为柘荣（49 个种、指数值 8.1940）>东源（26 个种、指数值 5.3290）>永泰（22 个种、指数值 4.5216）>富溪（21 个种、指数值 4.2549）>屏南（17 个种、指数值 3.8329）>楮坪（18 个种、指数值 3.6915）>周宁（13 个种、指数值 3.6410）>连江（14 个种、指数值 3.3765）>松溪（13 个种、指数值 3.2314）>宅中（12 个种、指数值 3.2033）>福安（14 个种，指数值 2.5313）>古田（12 个种、指数值 2.4386）。在灌木层中，群落丰富度指数排序为柘荣（85 个种、指数值 11.9220）>楮坪（53 个种、指数值 9.1114）>永泰（42 个种、指数值 7.8539）>宅中（32 个种、指数值 6.0022）>富溪（38 个种、指数值 5.8101）>周宁（25 个种、指数值 5.2702）>连江（19 个种、指数值 4.6251）>福安（29 个种、指数值 4.5493）>东源（28 个种、指数值 4.5413）>屏南（18 个种、指数值 4.3681）>松溪（22 个种、指数值 4.2435）>古田（21 个种、指数值 3.9656）。

永泰群落中，乔木层树种数 22 个种，灌木层树种数 42 个种，乔木层和灌木层树种类型合计共 55 个种。乔灌层中同时出现的重叠树种类型有 9 个种，分别为红豆树、青冈栎、猴欢喜、杨桐、栲树、老鼠簕、米槠、密花树、木荚红豆，占乔木层树种类型的 40.9%，占灌木层树种类型的 21.4%，占乔灌层树种总类型数的 16.4%。这表明该群落在未受外界干扰破坏的情况下，红豆树等 9 个树种具有更强的世代繁殖与更替能力。乔木层和灌木层没有同时出现的非重叠树种类型有 46 个种。其中，可成长为高大乔木型树种的有 25 个种，分别为笔罗子、豺皮樟、黄棉木、粗叶木、杜茎山、多穗石栎、黄绒润楠、毛锥栲、拟赤杨、朴树、千年桐、鹅掌柴、拉氏栲、黑壳楠、软荚红豆、亮叶猴耳环、红皮树、小果山龙眼、毛八角枫、毛冬青、山杜英、杉木、南酸枣、桃叶石楠、天料木。通常在林分中为低矮灌木的树种为白花苦灯笼、百两金、面竿竹、天仙果、细齿叶柃、小果石笔木、孝顺竹、轮叶蒲桃、锈毛石斑木、野牡丹、玉叶金花、郁香野茉莉、朱砂根、假九节、新木姜子、狗骨柴、三桠苦、山黄皮、山香圆、酸味子、毛鳞省藤等 21 个种。在乔木层 22 个树种总优势比的测定中，红豆树 90.97% >青冈栎 61.77% >拉氏栲 49.69% >米槠 33.38% >千年桐 30.83% >老鼠簕 29.87% >南酸枣 28.02% >木荚红豆 27.67% >鹅掌柴 25.59% >拟赤杨 25.02% >猴欢喜 21.57% >杉木 20.94% >郁香野茉莉 20.55% >毛八角枫 19.24% >山杜英 19.13% >栲树 17.57% >杨桐 16.66% >密花树 16.37% >朴树 15.86% >黑壳楠 15.77% >软荚红豆 15.71% >黄棉木 12.73%。乔木层 22 个树种相对盖度值，分别为红豆树 41.24%、拉氏栲 16.12%、青冈栎 15.04%、米槠 5.03%、南酸枣 4.49%、老鼠簕 3.17%、鹅掌柴 2.94%、栲树 2.13%。其他 14 个树种相对盖度值都在 2.0% 以下。对该群落的重要值、总优势度比、相对盖度的测算结果，体现出红豆树、拉氏栲、青冈栎的生长空间竞争能力均占据优势地位。

古田群落中，乔木层和灌木层树种类型共 25 个树种，同时出现的重叠树种类型有 8 个种，分别为红豆树、青冈栎、苦槠、木荷、南岭黄檀、榕叶冬青、香叶树、樟树。这 8

个树种占乔木层树种类型数的 66.7%，占灌木层树种类型的 38.1%，占乔灌层树种总类型数的 32.0%。统计表明，该群落在未受外界干扰破坏的情况下，这 8 个树种具有更强的世代繁殖与更替能力。乔木层和灌木层没有同时出现的非重叠树种类型有 17 个种。其中，可成长为高大乔木型树种的 8 个种，分别为广东润楠、白檀、老鼠簕、朴树、米槠、毛竹、山矾。通常在林分中为低矮灌木的树种为狗骨柴、三花冬青、三叶五加、乌药、苦竹、女贞、小叶石楠、野漆、油茶、油柰等 10 个种。在全省 11 个生态资源位中，古田群落乔木层和灌木层的物种丰富度指数位居最后，说明古田群落中的物种丰富度最低。但是，群落种间竞争能力差异极大，群落 12 个乔木树种的总优势度比分别为红豆树95.45%、榕叶冬青 67.99%、毛竹 52.54%、青冈栎 48.67%、米槠 26.37%、香叶树25.51%、苦槠 22.68%、木荷 19.35%、樟树 17.94%、广东润楠 17.01%、朴树 14.39%、南岭黄檀 13.13%。乔木层主要树种相对盖度值为红豆树 68.4%、榕叶冬青 15.9%、青冈栎 7.05%、毛竹 2.6%。对该群落的重要值、总优势度比、相对盖度的测算结果，体现出红豆树、榕叶冬青、毛竹、青冈栎的生长空间竞争能力均占据优势地位。

柘荣群落中，乔木层树种数 49 个种，灌木层树种数 85 个种，乔木层和灌木层树种类型合计共 111 种。乔灌层同时出现的重叠树种有 23 个种，分别为红豆树、笔罗子、大叶冬青、桂花、苦槠、猴欢喜、虎皮楠、杨桐、红皮树、山黄皮、米槠、刨花润楠、青冈栎、榕叶冬青、山杜英、山矾、三花冬青、毛八角枫、山乌桕、少叶黄杞、羊舌树、野含笑、椤木石楠。这些树种占乔木层树种类型的 46.9%，占灌木层树种类型的 27.1%，占乔灌层树种总类型数的 20.7%。统计表明，该群落在未受外界干扰破坏的情况下，红豆树等 23 个树种具有更强的世代繁殖与更替能力。乔木层和灌木层没有同时出现的非重叠树种类型有 88 个种。其中，灌木层中重要值较高和有望成长为高大乔木型的主要树种分别为：杜茎山 11.1216%、红豆树 8.6218%、榕叶冬青 3.6783%、山黄皮 3.4389%、羊舌树3.2803%、山矾 2.2145%、青冈栎 2.0553%。其他树种的重要值均在 2% 以下。在乔木层49 个树种总优势度比的测定中，居前的 10 个树种分别为红豆树 91.11% > 毛竹 41.32% > 虎皮楠 33.45% > 枫香 32.86% > 青冈栎 29.00% > 刨花润楠 27.23% > 羊舌树 24.38% > 浙江润楠 22.52% > 山杜英 22.26% > 赤皮青冈 21.97%。乔木层 49 个树种相对盖度值居前的 10 个树种分别为红豆树 43.91% > 枫香 7.59% > 虎皮楠 4.95% > 青冈栎 4.76% > 羊舌树 4.23% > 毛竹 4.22% > 山乌桕 3.53% > 红皮树 2.63% > 赤皮青冈 2.39% > 浙江润楠2.36%。对该群落的重要值、总优势度比、相对盖度的测算结果，体现出红豆树、毛竹、刨花润楠、枫香、山杜英、青冈栎的生长空间竞争能力均占据优势地位。

周宁群落中，乔木层树种数 13 个种，灌木层树种数 25 个种，乔木层和灌木层树种类型合计共 31 种。乔灌层同时出现的重叠树种类型有 7 个种，分别为红豆树、榕叶冬青、杜英、米槠、椤木石楠、虎皮楠、木姜子。这 7 个树种占乔木层树种类型的 53.8%，占灌木层树种类型的 28.0%，占乔灌层树种总类型数的 22.6%。统计表明，该群落在未受外界干扰破坏的情况下，红豆树等 7 个树种具有更强的世代繁殖与更替能力。乔木层和灌木层没有同时出现的非重叠树种类型有 24 个种。其中，灌木层中重要值较高和有望成长为高大乔木型的主要树种，分别为椤木石楠 9.15% > 苦槠 8.60% > 红豆树 7.72% > 杜茎山5.45% > 红枝柴 4.63 % > 杜英 3.54% > 木姜子 3.15 % > 虎皮楠 2.75%。在乔木层 13 个树种总优势度比的测定中，分别为红豆树 108.88% > 米槠 40.03% > 木姜子 35.93% > 杜英 31.62% > 虎皮楠 30.12% > 水丝梨 29.71% > 香樟 28.74% > 栲树 28.28% > 榕叶冬青 26.67% > 椤木石楠 26.62% > 新木姜子 24.52% > 尖叶山茶 22.43% > 大叶榉树 18.86%。乔木层 49 个树种中相对盖度值居前的树种分别为红豆树 71.87% > 米槠 3.03% > 木姜子 6.69% > 杜英 3.00% > 虎皮楠 2.51% > 水丝梨 1.18% > 香樟 3.03%。对该群落的重要值、总优势度比、相对盖度的测算结果，体现出红豆树、米槠、木姜子、杜英、榕叶冬青、虎皮楠的生长空间竞争能力均占据优势地位。

屏南群落中，乔木层树种数 17 个种，灌木层树种数 18 个种，乔木层和灌木层树种类型合计共 29 种。乔灌层同时出现的重叠树种类型有 6 个种，分别为红豆树、笔罗子、檵木、红枝柴、枫香、蚊母树。这 6 个树种占乔木层树种类型的 35.3%，占灌木层树种类型的 33.3%，占乔灌层树种总类型数的 20.7%。这表明该群落在未受外界干扰破坏的情况下，红豆树等 6 个树种具有更强的世代繁殖与更替能力。乔木层和灌木层没有同时出现的非重叠树种类型有 23 个种。其中，灌木层中重要值较高和有望成长为高大乔木型的主要树种，分别为红豆树 18.43% > 红枝柴 17.67% > 蚊母树 10.12% > 黄檀 7.53% > 香叶树 4.63%。乔木层主要树种总优势比测定结果，分别为红豆树 91.16% > 蚊母树 59.83% > 青冈栎 48.31% > 千年桐 41.23% > 木荷 33.49% > 细柄蕈树 32.91% > 柳杉 31.42% > 枫香 25.65%。乔木层树种中相对盖度值居前树种分别为红豆树 40.05% > 蚊母树 20.55% > 青冈栎 20.35% > 细柄蕈树 4.68% > 木荷 3.39% > 千年桐 3.37% > 柳杉 0.94% > 枫香 1.54%。对该群落的重要值、总优势度比、相对盖度的测算结果，体现出红豆树、蚊母树、青冈栎的生长空间竞争能力占据优势地位。

连江群落中，乔木层树种数 14 个种，灌木层树种数 19 个种，乔木层和灌木层树种类型合计共 28 种。乔灌层同时出现的重叠树种类型有 5 个种，分别为红豆树、蚊母树、青冈栎、拟赤杨、竹柏。这 5 个树种占乔木层树种类型的 35.7%，占灌木层树种类型的 26.3%，占乔灌层树种总类型数的 17.9%。统计表明，该群落在未受外界干扰破坏的情况下，红豆树、蚊母树、青冈栎等 5 个树种具有更强的世代繁殖与更替能力。乔木层和灌木层非重叠树种类型有 23 个种。其中，灌木层中重要值较高和有望成长为高大乔木型的主要树种，分别为竹柏 14.7373% > 山黄皮 12.4835% > 蚊母树 8.8970% > 青冈栎 8.8647% > 樟叶槭 4.1013% > 红豆树 3.3356%。在乔木层主要树种总优势度比的测定中，14 个树种分别为红豆树 94.16% > 杨梅叶蚊母树 83.84% > 青冈栎 63.57% > 樟树 44.06% > 竹柏 42.69% > 拟赤杨 39.72% > 栲树 35.56% > 山杜英 31.23% > 小果石笔木 30.24% > 野柿 24.40% > 毛锥栲 23.33% > 红楠 21.48% > 红皮树 21.48% > 盐肤木 20.69%。乔木层树种相对盖度值居前的树种分别为红豆树 28.58% > 杨梅叶蚊母树 24.40% > 青冈栎 12.70% > 樟树 12.19% > 竹柏 8.43% > 栲树 4.49% > 拟赤杨 3.00% > 小果石笔木 1.66% > 山杜英 1.55% > 野柿 0.94% > 毛锥栲 > 0.56% > 盐肤木 0.56% > 红楠 0.47% > 红皮树 0.46%。对该群落的重要值、总优势度比、相对盖度的测算结果，体现出红豆树、杨梅叶蚊母树、青冈栎、樟树、竹柏的生长空间竞争能力均占据优势地位。

松溪群落中，乔木层树种数 13 个种，灌木层树种数 22 个种，乔木层和灌木层树种类型共 25 个种。同时出现的重叠树种类型有 7 个种，分别为红豆树、红枝柴、青冈栎、石楠、南酸枣、蚊母树、山矾。这7个树种占乔木层树种类型的53.8%，占灌木层树种类型的31.8%，占乔灌层树种总类型数的28%。统计表明，该群落在未受外界干扰破坏的情况下，这6个树种具有更强的世代繁殖与更替能力。乔木层和灌木层非重叠树种18个。其中，乔木树种为杜仲、红楠、小果山龙眼、栲树、罗伞树、木犀、榕叶冬青、山矾、桃叶石楠等9个(不含毛竹)；表现为低矮灌木树种有狗骨柴、檵木、山黄皮、箬竹、异叶天南星、小果蔷薇、小果油茶、野漆等8个。

福安群落中，乔木层树种数14个种，灌木层树种数29个种，乔木层和灌木层树种类型共36个种。乔灌层同时出现的重叠树种类型有7个种，分别为浙江润楠、桃叶石楠、少叶黄杞、木荷、红皮树、红豆树、鹅掌柴。这7个树种占乔木层树种类型的50%，占灌木层树种类型的24.1%，占乔灌层树种总类型数的19.4%。这表明该群落在未受外界干扰破坏的情况下，浙江润楠、桃叶石楠、少叶黄杞、木荷、红皮树、红豆树、鹅掌柴等7个树种具有更强的世代繁殖与更替能力。乔木层和灌木层非重叠树种有29个。其中，灌木层中重要值较高和有望成长为高大乔木型的主要树种分别为木荷4.88% >栲树4.40% >浙江润楠3.34% >少叶黄杞2.93% >红豆树2.66% >山矾2.42% >红皮树2.40% >翻白叶树2.34% >山黄皮2.26% >杨梅叶蚊母树1.31% >微毛山矾1.19% >台湾冬青1.18% >桃叶石楠0.76% >樟叶槭0.55% >青冈栎0.53% >茸毛润楠0.49%。乔木层总优势度比测定中，14个树种的测定值分别为红豆树99.58% >木荷57.26% >山杜英37.77% >浙江润楠33.65% >枫香29.71% >红皮树29.60% >杨梅叶蚊母树24.29% >毛竹24.10% >桃叶石楠15.80% >柯12.37% >少叶黄杞12.22% >臀果木10.87% >羊舌树10.86% >鹅掌柴8.75%。乔木层树种相对盖度值居前树种分别为红豆树76.12% >木荷15.89% >浙江润楠1.81% >红皮树1.62% >毛竹1.43% >山杜英1.15% >枫香0.97% >柯0.34% >杨梅叶蚊母树0.30% >少叶黄杞0.14% >桃叶石楠0.12% >臀果木0.05% >鹅掌柴0.03% >羊舌树0.02%。对该群落的重要值、总优势度比、相对盖度的测算结果，体现出红豆树、木荷、山杜英、毛竹、红皮树、浙江润楠、枫香的生长空间竞争能力占据优势地位。

4.2.3.2　物种多样性指数

物种多样性作为测定群落结构水平的指标，能够较好地反映群落的结构。12个红豆树群落资源位中，整体上显示红豆树群落包含较多的物种类型及其个体数，物种丰富，具有较高的物种丰富度和多样性指数。其丰富度和多样性指数随地域变化的趋势也基本一致。植物区系特点与福建典型常绿阔叶林的森林特征基本一致(章浩白.1984)。而且这些群落所处的生态环境优越，群落发育也相对较成熟，既反映了各种群对环境资源的利用程度较为充分，也反映了人为等外部因素对群落生长发育的干扰未达严重程度。

群落物种多样性的差异反映群落结构的差异，也反映群落演替趋势的不同。通常，多样性指数随群落由低级向高级发展而增大。一般认为，物种多样性差异来源，首先是群落发育程度，程度越高群落越稳定，物种越丰富，物种多样性越高；其次是由不同群落的主林层树种类型组成不同所形成的内部空间异质性造成；另外是人畜活动造成对生态群落不同程度的干扰破坏。全省12个红豆树群落类型中，多样性指数仍然呈现一定差异，柘荣乔木层多样性指数最高（2.7581），其余依次递减，富溪（2.4935）、东源（2.4547）、永泰（2.3754）、宅中（2.2997）、屏南（2.2533）、连江（2.2687）、松溪（2.2218）、古田（1.9947）、楮坪（1.9475），福安最低（1.4892）。本研究的 12 个相对独立的红豆树资源位，同处在气温、降水量、湿度、太阳辐射能差异较小的海洋性季风气候区域，所处小区域都在山坡下部水肥条件良好的环境，生态环境具有较大的相似性。特别是本研究中的富溪、宅中、楮坪、东源 4 个资源位，它们同处在一个河流流域，地域跨度狭窄，海拔高差 400m 以内，土壤质地相似，气候类型相同，在未受人畜活动的影响下，各资源位的物种丰富度和多样性指数应该较为接近。各资源位的物种多样性差异，显示了人畜活动对群落生长的干扰程度，这种干扰情况与实地调查的情况基本一致，因而有必要进一步加强对珍贵树种红豆树天然林群落的保护。

全省 12 个红豆树群落的灌木层物种多样性指数中，柘荣多样性指数最高（3.1800），其余依次递减，楮坪（3.1787）、永泰（2.9753）、宅中（2.8607）、连江（2.7085）、富溪（2.648）、周宁（2.5914）、古田（2.5236）、屏南（2.3519）、东源（2.1801）、福安（2.0325），松溪最低（1.6814）。灌木层的丰富度指数和多样性指数明显高于乔木层，这是正常状态下森林生态系统特征的普遍规律。本研究中的 12 个资源位多样性特征值基本反映了这种规律。但是，也有反规律现象，如楮坪在灌木层中的多样性指数位于 12 个资源位的第二位，在乔木层中的多样性指数却位居倒数第二位。该资源位的物种均匀度指数也位居倒数第二位，物种数、个体总数、乔木层红豆树密度、灌木层红豆树幼树密度都相对较高，这说明楮坪资源位产生的多样性指数异常，主要原因是由于主林层树种类型组成与其他资源位有较大不同所形成的内部空间异质性。松溪资源位灌木层物种多样性指数 1.6814、位于 12 个生态资源位最末位，比乔木层物种多样指数 2.2218 还小，说明松溪资源位的多样性指数异常。主要原因是由于该资源位受到较多的人为活动干扰，红豆树受到良好的保护，其他物种受到较多农事活动干扰破坏，这种情形与实地调查发现的情况相一致。

4.2.3.3 物种均匀度指数

群落均匀度是反馈群落中各个种群的均匀程度指标。表 4-6 和表 4-7 数据显示，乔木层中柘荣宅中资源位的均匀度最高（0.9255），其余依次递减，松溪（0.8662）、连江（0.8597）、柘荣富溪（0.819）、屏南（0.8127）、古田（0.8027）、周宁（0.7943）、永泰（0.7685）、柘荣东源（0.7534）、柘荣（0.7087）、柘荣楮坪（0.6738），福安资源位的均匀度最低（0.5643）。灌木层中连江资源位的均匀度最高（0.9199），松溪资源位的均匀度最低（0.5440）。其他资源位也同样表现出物种均匀分布程度的差异，表明乔木层和灌木层的种群结构分布不均匀，与实际调查中红豆树大树占有相对优势和红豆树呈块状集聚的情形相吻合。在乔木层与灌木层的多样性特征值相关分析中，乔木层与灌木层的丰富度指数、多样性指数、均匀度指数、优势度指数相关系数值分别为 0.8941、0.9265、0.7526、0.8028。乔木层和灌木层二者多样性特征值存在明显的正相关，说明乔木层和灌木层的种群丰富度指数、多样性指数、均匀度指数、优势度指数存在相似特征。乔木层均匀度与红豆树生态位宽度呈负相关明显，二者相关系数为 −0.6700，表明红豆树相对集聚生长有利占据更宽生存空间，这与红豆树群落常常在溪河或低洼处集聚生长的特点相吻合。群落多样性指数、均匀度测定值表现为最小，说明该群落不仅物种种类相对较少，而且分布并不均匀，优势种较明显，优势度指数较高。例如表4-6中福安、楮坪资源位的乔木层中，多样性指数和均匀度指数最低，种群的优势度却最高；表4-7中松溪、福安资源位的灌木层，多样性指数和均匀度指数最低，种群的优势度最高，即优势树种最明显。

4.2.3.4 物种优势度指数

生态优势度指数是反映诸种群优势状况的指标。表4-6可见各资源位优势度计算结果，乔木层中福安(0.3670)、楮坪(0.2303)、周宁(0.1966)、古田(0.1600)具有较高优势度，说明这些资源位中的种群结构存在少数种群控制乔木层的现象。而群落中红豆树的重要值和总优势比都明显突出，表明红豆树就是这些资源位乔木层的控制树种，与群落中占绝对优势的高大红豆树立木的生态特征相符合。其他资源位中红豆树与其他物种优势度指数则较小，说明它们在这些资源位乔木层中的主导地位较弱。在12个生态资源位中，灌木层的优势度指数变幅范围更大，各资源位的优势度指数分别为松溪0.3905、福安0.2506、柘荣东源0.1911、柘荣富溪0.1227、屏南0.1216、周宁0.1178、古田0.1065、永泰0.1046、柘荣宅中0.0852、柘荣0.0826、柘荣楮坪0.0746、连江0.0604，说明这些资源位中的种群结构存在少数种群控制灌木层的现象。根据各资源位的灌木层种群重要值递减排序，松溪依次为箬竹29.89%、青冈栎16.08%、杜仲7.27%、笔罗子6.42%、冬青4.57%、狗骨柴4.28%、红豆树4.10%等；福安依次为毛鳞省藤30.43%、面竿竹13.10%、杜茎山5.38%、木荷4.88%、狗骨柴4.66%、栲树4.40%、浙江润楠3.34%、少叶黄杞2.93%、枇杷叶紫珠2.70%、红豆树2.67%等；柘荣东源依次为苦竹17.04%、连蕊茶13.98%、红豆树10.74%、杜茎山10.37%、山矾5.95%、细齿叶柃5.93%、琴叶榕4.90%、油茶3.81%、映山红2.87%、青冈栎2.73%；柘荣富溪依次为苦竹23.19%、杜茎山17.29%、红豆树9.79%、羊舌树7.21%、榕叶冬青5.06%等；屏南依次为红豆树18.43%、笔罗子17.67%、蚊母树10.12%、黄檀7.53%等；周宁依次为苦竹20.45%、椤木石楠9.15%、苦槠8.60%、红豆树7.72%、杜茎山5.45%等；古田依次为油茶12.51%、苦竹11.36%、三叶五加9.73%、红豆树9.40%、老鼠簕7.52%、青冈栎7.01%等；永泰依次为杜茎山22.17%、狗骨柴10.59%、红豆树9.09%、百两金5.59%、毛冬青4.45%、米槠4.12%等；柘荣宅中依次为连蕊茶12.33%、榕叶冬青10.48%、山黄皮8.00%、米槠6.77%、毛冬青5.51%、少叶黄杞5.13%等；柘荣依次为苦竹15.24%、杜茎山11.12%、红豆树8.62%、连蕊茶7.40%、榕叶冬青3.68%、山黄皮3.44%等；柘荣楮坪依次为连蕊茶12.07%、红豆树8.61%、山黄皮8.48%、朱砂根8.00%、杨梅叶蚊母树4.62%等；连江依次为竹柏14.74%、山黄皮12.48%、蚊母树8.90%、青冈栎8.86%、狗骨柴7.19%、朱砂根5.05%、少叶黄杞4.78%、假九节4.66%、牛矢果4.60%、樟叶槭4.10%、杜茎山3.82%、红豆树3.34%等。上述情况说明，红豆树幼苗幼树在这些资源位的灌木层中，仍然处于明显或较明显的地位，为优势种和指示种。而且，12个资源位中，红豆树幼树密度也较高，分别为松溪167株/亩、柘荣东源257株/亩、柘荣富溪296株/亩、屏南306株/亩、周宁125株/亩、古田153株/亩、永泰178株/亩、柘荣宅中250株/亩、柘荣121株/亩、柘荣楮坪300株/亩、连江33株/

亩。另外，除了松溪、柘荣东源 2 个资源位物种均匀度较低以外，其他资源位的树种分布较为均匀。这些群落性状特征说明，灌木层中红豆树具有较强的子代更新替代能力，在未受外界干扰破坏的情况下，能够保证红豆树群落发育的相对稳定。

4.2.3.5 物种多样性指标间的相关分析

全省各红豆树群落的主要多样性指数相关矩阵计算结果详见表 4-8。群落多样性指数与丰富度指数的相关性达到 0.7626** 的极显著正相关。乔木层的均匀度指数与多样性指数呈现 0.4675 的正相关；灌木层的均匀度指数与多样性指数呈 0.6566* 的显著正相关。这些群落特征值同福建植物区系特点和典型常绿阔叶林的森林特征基本一致，从侧面上也印证了红豆树天然林群落总体上受到较好保护，没有偏离福建典型常绿阔叶林的正常生态特征。优势度指数与多样性、均匀度呈极显著负相关。乔木层的优势度指数与多样性指数相关系数为 -0.8216**、与均匀度指数相关系数为 -0.8698**；灌木层的优势度指数与多样性指数相关系数为 -0.8739**、与均匀度指数相关系数为 -0.8788**。这表明红豆树天然林群落的乔木层和灌木层中，存在极显著优势种群、甚至建群种；综合分析重要值、总优势比等其他生态特征值的研究结果，可以确认群落中的优势种或建群种，就是红豆树。乔木层红豆树密度与均匀度指数的相关系数为 -0.7651** 的极显著负相关，说明红豆树在其所处的资源位中，呈现相对聚集状态。产生红豆树相对聚集的一个原因是红豆树为大粒种子，传播范围被限制在母树林冠下或母树所在的下部坡位；另一个原因是红豆树根部的萌芽更新。

表 4-8　红豆树群落物种多样性指标间的相关矩阵

乔木层	物种丰富度指数	物种多样性指数	物种均匀度指数	物种优势度指数
丰富度指数	1			
多样性指数	0.7626**			
均匀度指数	-0.1629	0.4675		
优势度指数	0.0409	-0.8216**	-0.8698**	
红豆树密度	0.4910	0.1184	-0.7651**	0.3078

灌木层	物种丰富度指数	物种多样性指数	物种均匀度指数	物种优势度指数
丰富度指数	1			
多样性指数	0.7704**			
均匀度指数	0.0765	0.6566*		
优势度指数	-0.4200	-0.8739**	-0.8788**	
红豆树密度	0.0688	0.1340	0.0112	-0.1180

相关显著性检验：$r_{0.05(11)} = 0.5529$，$r_{0.01(11)} = 0.6835$。

4.2.4　群落树种生态位特征

4.2.4.1　树种生态位宽度

森林群落中，物种生态位宽度反馈了种群所处环境的生态适应能力。生态位宽度具有值域[0,1]，即物种利用一个资源位，其值为0，物种利用了全部资源位，其值为1。树种生态位宽度越大，说明该树种所处生态环境的生态适应能力越强，与其他共生树种的竞争能力越大，生存与繁衍机会也越大。分析比较红豆树与其他主要共生树种的生态环境适应能力和竞争能力的差异，是本研究的主要目标之一。因此，在调查取样时，均选择在有红豆树天然分布的特定区域设定典型样地，进行各种生态学因子的调查。

为比较分析全省红豆树与其他树种的生态位结构，以永泰、连江、柘荣富溪、柘荣宅中、柘荣楮坪、柘荣东源、周宁、屏南、古田、福安、松溪等11个区域的乔木层样方调查资料，综合计算全省红豆树群落乔木层树种生态位宽度，测定结果详见表4-9。全省红豆树群落乔木层涉及87个树种，生态位宽度值大于0的树种36个，占41.38%；生态位等于0的树种52个，占58.62%。生态位宽度值较大的树种依次为红豆树、青冈栎、虎皮楠、毛竹、椤木石楠、浙江润楠、枫香、栲树、米槠、苦槠、樟树、山杜英、杨梅叶蚊母树、笔罗子、红楠等。它们在林内分布较广，密度较多，利用资源位较充分。生态位宽度值越大，表明该树种对所处环境的生态适应能力越接近红豆树；生态位宽度值等于0，表明该树种是独立资源位。乔木层的87个树种中，有59个树种在灌木层重叠出现，说明它们能够实现世代演替，如表3-8中灌木层重叠树种重要值较大的红豆树21.14%、青冈栎6.30%、拉氏栲5.11%、山黄皮1.84%、羊舌树1.76%、榕叶冬青1.74%、米槠1.51%、笔罗子1.14%、鹅掌柴1.09%、栲树1.05%等。在灌木层内，难以找到幼苗幼树的另外28个乔木树种。在群落中以独立个体出现，林下没有继代繁衍的幼苗幼树，显然它们是群落中的衰退树种，将逐渐被生态位宽度值较大的树种所取代，或被已侵入到灌木层的18个乔木树种和以后新侵入的物种所取代。

为研判群落中生态位宽度、生态位重叠度、生态位相似比例与重叠树种重要值之间是否存在有意义的相关，以表4-9中除了红豆树以外的其他35个树种进行相关分析，二者相关系数为0.6977的极显著正相关。以表4-9中87个树种的生态位宽度与生态位重叠度实测值进行相关分析，二者相关系数为0.5182的极显著正相关（表4-11）；红豆树生态位宽度与群落中其他树种生态位相似比例的相关分析，二者相关程度达0.9030的极显著正相关。此结果表明，生态位宽度较大的物种与其他种群间的生态位重叠的机会大；生态位宽度较小的物种与其他种群间的生态位重叠的机会则小。生态位宽度与重叠树种幼苗幼树重要值相关程度达到0.4651的极显著正相关，表明乔木层树种的生态位宽度与群落林冠下幼苗幼树重要值具有较高的一致性，即乔木层树种生态适应能力强，其林下幼苗幼树的适应能力同样也较强。

表4-9　全省红豆树群落乔木层树种生态位特征值

序号	种　名	生态位宽度 $B(sw)_i$	生态位重叠度 a_{ij}	生态位相似比例 C_{ih}	重叠树种的幼树重要值 $T_i/\%$
1	红豆树	1			21.1437
2	青冈栎	0.8494	0.1673	0.5898	6.2950
3	虎皮楠	0.6864	0.0767	0.5538	0.8393
4	毛竹	0.6694	0.1561	0.5528	

（续）

序号	种　　名	生态位宽度 $B(sw)_i$	生态位重叠度 a_{ij}	生态位相似比例 C_{ih}	重叠树种的幼树重要值 $T_i/\%$
5	椤木石楠	0.6638	0.0372	0.5317	0.3967
6	浙江润楠	0.6467	0.0511	0.5171	0.5579
7	枫香	0.6451	0.0679	0.4646	0.0659
8	栲树	0.5964	0.0292	0.4165	1.0466
9	米槠	0.5471	0.0699	0.4836	1.5136
10	苦槠	0.5332	0.0258	0.4675	0.5758
11	樟树	0.5264	0.0403	0.4743	0.2385
12	山杜英	0.5259	0.0375	0.5661	0.2428
13	杨梅叶蚊母树	0.5107	0.0761	0.2497	0.8090
14	笔罗子	0.4703	0.0225	0.2405	1.1387
15	红楠	0.4678	0.0117	0.2586	
16	榕叶冬青	0.4600	0.0922	0.3902	1.7429
17	红皮树	0.4593	0.0319	0.4488	0.5258
18	杉木	0.4513	0.0137	0.3721	0.4364
19	野含笑	0.4378	0.0173	0.3536	
20	柳杉	0.4310	0.0183	0.3314	
21	猴欢喜	0.4234	0.0203	0.2847	0.4948
22	山矾	0.4037	0.0275	0.3127	
23	少叶黄杞	0.3878	0.0262	0.2836	1.0004
24	木荷	0.3757	0.0784	0.5560	0.5750
25	羊舌树	0.3701	0.0415	0.2399	1.7554
26	朴树	0.2853	0.0100	0.2826	0.1605
27	杨桐	0.2814	0.0078	0.2447	
28	桃叶石楠	0.2716	0.0163	0.2370	0.0757
29	毛八角枫	0.2616	0.0094	0.2459	0.2342
30	小果山龙眼	0.2547	0.0068	0.2041	
31	赤皮青冈	0.2472	0.0181	0.2262	
32	鹅掌柴	0.2458	0.0135	0.2954	1.0855
33	檵木	0.2349	0.0091	0.1633	
34	拟赤杨	0.2282	0.0170	0.2419	0.3801
35	南酸枣	0.1999	0.0122	0.2051	0.5602
36	千年桐	0.1535	0.0292	0.2226	0.6558
37	钩锥	0	0.0089	0.2002	
38	板栗	0	0.0039	0.1268	
39	糙叶树	0	0.0023	0.1490	

（续）

序号	种名	生态位宽度 $B(sw)_i$	生态位重叠度 a_{ij}	生态位相似比例 C_{ih}	重叠树种的幼树重要值 $T_i/\%$
40	刺毛杜鹃	0	0.0022	0.1490	
41	刺叶桂樱	0	0.0050	0.2002	
42	大叶冬青	0	0.0047	0.1490	0.0579
43	杜英	0	0.0187	0.2111	0.1439
44	桂花	0	0.0025	0.1490	0.0582
45	合欢	0	0.0029	0.1268	
46	黑壳楠	0	0.0031	0.1687	0.1012
47	厚叶冬青	0	0.0022	0.1490	
48	黄棉木	0	0.0031	0.1687	0.1819
49	黄檀	0	0.0023	0.1490	0.1012
50	幌伞枫	0	0.0051	0.1350	
51	尖叶山茶	0	0.0125	0.2111	
52	大叶榉树	0	0.0120	0.2111	
53	拉氏栲	0	0.0290	0.1687	5.1125
54	老鼠簕	0	0.0137	0.1687	1.0220
55	亮叶桦	0	0.0031	0.1268	
56	罗浮锥	0	0.0074	0.2002	
57	马尾松	0	0.0053	0.2002	
58	密花树	0	0.0043	0.1687	
59	木荚红豆	0	0.0053	0.1687	0.8292
60	木姜子	0	0.0298	0.2111	
61	木犀	0	0.0038	0.1094	
62	南方红豆杉	0	0.0043	0.1490	
63	南岭黄檀	0	0.0055	0.1868	0.0585
64	毛锥栲	0	0.0046	0.1462	0.0579
65	刨花润楠	0	0.0045	0.1502	0.0586
66	软荚红豆	0	0.0031	0.1687	0.0845
67	三花冬青	0	0.0045	0.1502	
68	山黄皮	0	0.0022	0.1490	1.8442
69	山乌桕	0	0.0084	0.1502	0.0581
70	石楠	0	0.0041	0.1094	0.0579
71	树参	0	0.0074	0.1350	0.1830
72	水丝梨	0	0.07	0.2111	
73	铁冬青	0	0.0024	0.1502	
74	细柄蕈树	0	0.0103	0.1268	

（续）

序号	种　名	生态位宽度 $B(sw)_i$	生态位重叠度 a_{ij}	生态位相似比例 C_{ih}	重叠树种的幼树重要值 $T_i/\%$
75	香叶树	0	0.0139	0.1868	
76	小果石笔木	0	0.0105	0.1462	
77	新木姜子	0	0.0119	0.2111	
78	盐肤木	0	0.0047	0.1462	
79	大叶杨桐	0	0.0048	0.2002	
80	野漆	0	0.0052	0.1350	
81	野柿	0	0.0061	0.1462	
82	油茶	0	0.0023	0.1502	
83	郁香野茉莉	0	0.003	0.1687	0.0795
84	中华杜英	0	0.0027	0.1490	
85	竹柏	0	0.0119	0.1462	0.2055
86	柯	0	0.0049	0.1729	0.0717
87	臀果木	0	0.0046	0.1329	

注：表中 a_{ij}、C_{ih} 分别为红豆树与群落中其他树种的关系值，T_i 为乔、灌层重叠树种的幼树重要值。

　　本研究中红豆树群落调查取样的地域跨度较大，12 个资源位中存在南亚热带与中亚热带植物区系差异、沿海与山区植物区系差异，各资源位红豆树群落的物种组成与结构必然具有植物区系之间的差异，由此引起各资源位树种间的生态位宽度差异。因此，研究不同资源位的红豆树群落各种群的地位与作用，有助于了解其它树种对红豆树的相互关系，也可以为红豆树的天然林经营管理、开发利用、人工混交林营造、珍贵树种保育等提供科学依据。为此，分别对 12 个资源位统计分析各乔木层树种生态位宽度（结果详见表 4-10）。研究表明，12 个资源位的各树种生态位宽度中，除了柘荣的虎皮楠和宅中的羊舌树生态位宽度最大以外，其他资源位都是红豆树的生态位宽度最大；不同资源位红豆树群落的树种组成及其生态位宽度具有较大差异，反映出不同资源位群落树种组成差异及其内在相互关系规律，也反映出不同资源位红豆树群落的树种共享生态环境资源的能力。

表 4-10　各资源位乔木层的主要树种生态位宽度测算值

永泰		古田		屏南		周宁	
树种	$B(sw)i$	树种	$B(sw)i$	树种	$B(sw)i$	树种	$B(sw)i$
红豆树	0.7422	红豆树	0.6964	红豆树	0.6434	红豆树	0.2837
青冈栎	0.6195	榕叶冬青	0.4923	千年桐	0.3101	虎皮楠	0.0379
老鼠箭	0.4286	青冈栎	0.4219	青冈栎	0.2887	杜英	0
米槠	0.3840	苦槠	0.2966	木荷	0.2666	尖叶山茶	0
拉氏栲	0.3679	浙江润楠	0	细柄蕈树	0.0959	大叶樟树	0
杉木	0.2975	毛竹	0	杨梅叶蚊母树	0.0793	椤木石楠	0
猴欢喜	0.2880	米槠	0	合欢	0	米槠	0
鹅掌柴	0	木荷	0	枫香	0	木姜子	0
……	0	……	0	……	0	……	0

（续）

柘荣		柘荣富溪		柘荣宅中		柘荣楮坪	
树种	$B(sw)i$	树种	$B(sw)i$	树种	$B(sw)i$	树种	$B(sw)i$
虎皮楠	0.5875	红豆树	0.7099	羊舌树	0.3010	红豆树	0.8345
红豆树	0.5841	虎皮楠	0.5787	红豆树	0.3010	山矾	0.5778
苦槠	0.4751	羊舌树	0.4604	猴欢喜	0.2210	虎皮楠	0.3505
毛竹	0.4600	柳杉	0.4064	榕叶冬青	0.1882	枫香	0.2164
枫香	0.4411	红皮树	0.3941	米槠	0.1589	毛竹	0.2094
野含笑	0.4374	枫香	0.3520	浙江润楠	0.1172	青冈栎	0.1076
浙江润楠	0.4290	毛八角枫	0.2999	虎皮楠	0	刺叶桂樱	0
椤木石楠	0.4221	少叶黄杞	0.2983	幌伞枫	0	钩锥	0
青冈栎	0.3512	笔罗子	0.2427	椤木石楠	0	浙江润楠	0
杉木	0.2995	山乌桕	0.1891	少叶黄杞	0	苦槠	0
羊舌树	0.2939	赤皮青冈	0	树参	0	柳杉	0
赤皮青冈	0.2461	小果山龙眼	0	野漆	0	罗浮锥	0
……	0	……	0	……	0	……	0

柘荣东源		松溪		连江		福安	
树种	$B(sw)i$	树种	$B(sw)i$	树种	$B(sw)i$	树种	$B(sw)i$
红豆树	0.7120	红豆树	0.4540	青冈栎	0.5205	红豆树	0.8338
青冈栎	0.5425	青冈栎	0.4342	红豆树	0.4940	木荷	0.7166
赤皮青冈	0.4591	桃叶石楠	0.2886	杨梅叶蚊母树	0.2934	山杜英	0.5347
虎皮楠	0.3520	杨梅叶蚊母树	0.2866	竹柏	0.2773	浙江润楠	0.4131
杨桐	0.3008	檵木	0.2676	红楠	0	红皮树	0.3294
南方红豆杉	0.3007	笔罗子	0.1275	红皮树	0	枫香	0.2790
枫香	0.2975	南酸枣	0	栲树	0	羊舌树	0
广东润楠	0.1307	石楠	0	毛锥栲	0	杨梅叶蚊母树	0
野含笑	0.0226	天竺桂	0	拟赤杨	0	桃叶石楠	0
樟树	0.0074	木犀	0	山杜英	0	柯	0
桃叶石楠	0.0045	栲树	0	小果石笔木	0	少叶黄杞	0
中华杜英	0.0008	红楠	0	盐肤木	0	毛竹	0
糙叶树	0	毛竹	0	野柿	0	鹅掌柴	0
……	0	……	0	……	0	……	0

4.2.4.2 生态位重叠度

红豆树天然林群落中，红豆树与其他树种的生态位重叠度测定值详见表4-9。红豆树与青冈栎的生态重叠度最高，依次下降的树种分别为青冈栎、毛竹、榕叶冬青、木荷、虎皮楠、杨梅叶蚊母树、水丝梨、米槠、枫香、浙江润楠……生态位大于0的36个树种中，小果山龙眼与红豆树的生态位重叠度最低。植物群落学中，树种生态位重叠值越大，则种间生态相似越大，反之则越小；生态位重叠度高的树种，它们对同一资源形成共享的同时，也必然产生竞争。当竞争达到相对平衡时，就构成相对稳定的群落结构体系，形成互相融合的共生群体。红豆树与青冈栎、毛竹、虎皮楠、石楠、米槠、蚊母树、榕叶冬青、枫香长期在自然界物竞天择中形成稳定共生群体，从仿生学角度看，对营造红豆树混交林的树种选择具有重要指导意义。另外，红豆树与其他树种的种对之间生态位重叠度较小，说明该种对之间对所处资源位的利用性竞争小或不存在竞争，反映了物种间比较明显的异质性，即生物学特性的不同。它们对生态资源环境具有不同的需求。

生态位重叠度与生态位相似比例、重叠出现树种的林下幼树重要值之间，相关程度分别为0.6894**、0.9577**的极显著正相关（表4-11）。

4.2.4.3 生态位相似比例

全省红豆树与其他树种的生态位相似比例测算结果详见表4-9，生态位宽度、生态位重叠度、生态位相似程度、林下幼树重要值等因子相关分析结果详见表4-11。在与红豆树群落一样具有较高生态位宽度的树种中，种对的生态位相似比例也较大，与生态位窄的种对则相似程度小。红豆树与其他树种对的生态位相似性较高树种为虎皮楠、毛竹、苦槠、青冈栎等少数树种，红豆树与它们容易形成混交林，种群间利用性竞争也会较强；与其他多数树种的生态位相似程度均不高，优势种群相互之间的生态位重叠程度不高，种间不容易形成混交林，种群间利用性竞争较弱。

表4-11 群落生态位特征值指标间的相关矩阵

项目	$B(sw)_i$	a_{ij}	C_{ih}	$T_i/\%$
$B(sw)_i$	1			
a_{ij}	0.5182**			
C_{ih}	0.9030**	0.6894**		
$T_i/\%$	0.4651**	0.9577**	0.6179**	1

注：①表中 T_i 为乔木层与灌木层重叠树种的幼树重要值；②相关显著性检验，$r_{0.01}(34)=0.4243$，$r_{0.01}(86)=0.2734$；③各因子相关分析的基本数据为表4-6观测值。

4.2.4.4 群落的种间联结性

研究红豆树群落种间联结性，有助于了解红豆树在群落中的分布情况，以及物种对环境因子的适应性和在环境因子作用下的种间关系，对正确认识群落结构和功能以及群落的演替趋势有重要意义。本研究采用2×2联列表（表4-12），通过计算联结系数（C）、共同出现百分数(PC)和X^2检验，综合分析红豆树群落主要树种种间联结性，揭示群落中主要树种在特定环境因子作用下的种间关系，探讨群落稳定性和演替趋势，为维护珍贵树种红豆树群落稳定性、保护群落多样性及其自然植被的保护和恢复提供科学依据。

以红豆树为目标树种，与其他树种组成86个种对，分别计算种间联结、共存几率等。由表4-12计算结果可见，种对间呈正联结的23对，占总对数的26.74%；呈负联结的18对，占20.93%；与红豆树呈种间独立的45个种对，占52.33%。卡方检验显示，没有出现红豆树与其他树种的显著或极显著正联结；出现极显著负联结的9个种对，显著负联结2个种对，一般负联结7个种对。种间联结，一定程度上衡量了种间相互关系和植物对环境综合生态因子反应的差异。种间联结系数高，表明一个种的存在对另一个种有利，或是这两个种对环境的差异有相似反应。相反，种间联结系数低或负值则说明这两个种所需的环境条件不同或是一个种存在对另一个种不利而排斥它。红豆树群落中，多数种对相互独立或无显著正相关关系，说明多数种对联结程度不强，种间联结较为松散。各个物种各自占据有利的位置，和谐共处，相互竞争大为减弱，独立性较强。另外，红豆树群落在长期的演替过程中，经过种间、种内的竞争之后，对生境具有不同的生态适应性和相互分离的生态位。物种对资源的竞争程度或相互依赖程度不强，群落种间组成及优势种处于较稳定状态，对外界环境干扰有一定的抵抗力。

与红豆树呈正联结的23个种对，按联结系数排序依次为杨梅叶蚊母树(0.1667)、野含笑(0.1136)、青冈栎(0.0596)、毛竹(0.0101)、千年桐(0.0101)、拉氏栲(0.0079)、笔罗子(0.0148)、红楠(0.0058)、红皮树(0.0058)、山杜英(0.0058)、木荷(0.0058)、桃叶石楠(0.0058)、老鼠簕(0.0058)、栲树(0.0058)、檫木(0.0058)、桂花(0.0038)、小果山龙眼(0.0038)、南方红豆杉(0.0038)、竹柏(0.0038)、细柄蕈树(0.0038)、酸枣(0.0038)、朴树(0.0038)、拟赤杨(0.0038)。其中，种间联结程度较高，种间联结度系数≥2倍标准差的树种，分别为杨梅叶蚊母树、野含笑、青冈栎、毛竹、千年桐、拉氏栲、笔罗子。联结系数分别为0.1667、0.1136、0.0596、0.0101、0.0101、0.0079、0.0079；共存几率分别为15.56%、11.11%、56.52%、11.11%、11.11%、8.89%、8.89%。这说明，这7个树种与红豆树具有较高的种间相互依赖或共存几率，具有相似的生态习性且可以同红豆树形成共优种群。红豆树与这7个树种能够形成较为稳定的群落。木荷、红皮树、山杜英、红楠等其他17个树种与红豆树具有一定程度的种间联结，但是种间相互依赖程度不高，共存几率也较低，与红豆树形成共优种群的可能性小，在群落竞争中被杨梅叶蚊母树、野含笑、青冈栎、毛竹、千年桐、拉氏栲、笔罗子等树种逐步取代的可能性较大。

在18个负联结的种对中，与红豆树具有极显著负联结的9个树种分别为虎皮楠、山乌桕、赤皮青冈、榕叶冬青、枫香、杨桐、毛八角枫、少叶黄杞、羊舌树，种间联结系数分别为 - 0.7778、 - 0.4556、 - 0.4432、 - 0.3875、 - 0.3875、 - 0.2741、 - 0.2741、 - 0.2741、 - 0.2403。与红豆树具有极显著的负联结且具有较高共存几率的树种分别为虎皮楠20.41%、榕叶冬青14.89%、枫香14.89%等；与红豆树具有一般程度负联结且具有较高共存几率的树种还有米槠13.04%、苦槠10.87%、浙江润楠10.87%。虎皮楠、榕叶冬青、枫香、米槠、苦槠、浙江润楠这6个树种在群落中拥有较高的生态位、重要值、总优势度比，与红豆树也具有较高的生态位重叠度。说明虎皮楠、榕叶冬青、枫香、米槠、苦槠、浙江润楠、羊舌树等7个树种与红豆树有较为相似的生态环境需求，与红豆树有较强的种间竞争能力，对红豆树具有排斥性作用，种间竞争处于暂时的竞争平衡状况。红豆树与这7个树种的群落稳定性较差。另外，山乌桕、赤皮青冈、毛八角枫、少叶黄杞等与红豆树具有极显著负联结，说明它们与红豆树形成相互排斥，而且正处于被红豆树进一步排斥状态。与红豆树形成共优种群的可能性极低，这同样在群落中的共存几率、重要性、总优势比、生态位宽度、生态位重叠度等指标中得到验证。红豆树群落的种间联结性表现为不显著负联结，也反映了该群落处于动态演替过程中，尚未达到稳定状态。

与红豆树呈种间独立的45个种对，它们的存在与红豆树几乎没有关系，分布不相结合。45个树种在群落中的分布具有随机性和偶然性。在群落中同样从未见到这些树种出现聚集，在树种多度分布格局测定中，多度级也最低。表明它们与红豆树具有不同的生物学特性，对生境具有不同的生态适应性和相互分离的生态位。它们的共存几率、重要性、总优势比、生态位宽度都很低，与红豆树的生态位重叠度很小或等于0。

研究红豆树与其他树种的种间联结性，有助于我们认识红豆树群落的物种结构、功能地位、与其它物种之间的相互作用关系。而且这种关系不仅包括红豆树与其他树种之间的空间分布关系，同时也隐含着红豆树与其他树种的林学特性功能。红豆树群落种间联结性研究对生态种组划分、制定人工林发展方案、科学森林经营和珍稀濒危树种保育等具有重要作用。

（1）为红豆树群落的生态种组划分提供依据

将群落中生态习性相似的种划分为一个生态种组，即具有相同或相似的生态环境需求的树种组合，群落内的种间具有正向生长相互促进和负向生长相互抑制关系，这种相互关系可以由群落种间联结性得到揭示，据此将红豆树与其他树种的种对联结呈现正相关的树种划归为同一种组，与红豆树呈正向联结的划归为另一种组。统计学中，一般认为≥2倍标准差为差异显著，据此本研究将正向联结和共存几率超过2倍标准差的树种划归为"种组Ⅰ"，分别为杨梅叶蚊母树、野含笑、青冈栎、毛竹、千年桐、拉氏栲、笔罗子等7个树种；负向联结和共存几率超过2倍标准差的树种划归为"种组Ⅱ"，分别是虎皮楠、枫香、榕叶冬青、米槠、苦槠、浙江润楠、羊舌树等7个树种。

（2）为适地适树提供依据

具有与红豆树相同或相似的立地生态环境，对立地环境的需求趋向基本一致，可以为适地适树原则提供参照。

（3）为发展红豆树混交林的种间搭配提供科学依据

"种组Ⅰ"的树种是红豆树理想的伴生树种，发展红豆树人工林时，可以选择该种组中的一种或多种与之搭配，有利形成互利共优种群。由于红豆树与"种组Ⅱ"的虎皮楠、榕叶冬青、枫香、米槠、苦槠、浙江润楠等树种呈现种间负向联结，因此在发展红豆树混交林时，应回避"种组Ⅱ"的树种，避免红豆树受到这些树种的竞争性抑制从而影响生长。在森林群落中，空间结构上以复层、异龄、针阔混交、阳性与阴性树种混交、深根性与浅根性混交、固氮与非固氮树种混交，最有利于发挥林地生产力最大化、维持群落稳定与互利格局最大化、发挥森林生态功能最大化。红豆树与其他树种的互利格局明显，但是却少见有实际意义的针阔混交林树种，红豆树群落调查中仅出现南方红豆树、柳杉、杉木 3 个针叶树种，红豆树与南方红豆杉仅呈微弱正向联结，与柳杉、杉木却呈负向联结，本研究中没有发现种对联结紧密程度较强的针叶树种。

（4）为红豆树次生林群落保护提供科学依据

红豆树的种间联结性研究，在一定程度上帮助我们掌握了全省各资源位红豆树特定群落内的关系树种及其基本规律，这对开展红豆树的次生林群落保护具有重要作用。在制定各资源位的红豆树保护措施或技术促进措施时，首先，要认真保护好目标树种红豆树的幼苗幼树。例如，各资源位林下具有较多红豆树幼苗或幼树，永泰 178 株/亩、古田 153 株/亩、屏南 306 株/亩、周宁 125 株/亩、柘荣 121 株/亩、东源 257 株/亩、宅中 250 株/亩、楮坪 300 株/亩、富溪 296 株/亩、连江 33 株/亩、松溪 167 株/亩。其次，在确需采取适当的人工促进措施时，应注意根据林分发育阶段特点保留第 II 种组树种的幼苗幼树，减少第 III 种组的幼苗幼树，从而达到既保护目标树种，也保障了群落中种间的多样性、稳定性和协调性。其三，在维持红豆树占据优势的同时，切实维护红豆树群落树种结构的完整性和物种的丰富多样。

（5）为近自然林业经营法提供技术依据

近自然林业可表达为"在确保森林结构关系自我保存能力的前提下遵循自然条件的林业活动"，是兼容林业生产和森林生态保护的一种经营模式，其经营的目标林分是：混交林——异龄——复层林，手段是应用"接近自然的森林经营法"。在森林经营实践中，近自然林业经营主要体现在两个方面，即森林生态采伐和森林采伐迹地近自然更新。森林生态采伐是以森林生态理论为指导思想，使采伐和更新达到既利用森林又促进森林生态系统的健康与稳定，达到森林可持续利用目的的采伐方式。森林生态采伐的实质是"减少对环境影响的森林采伐（RIL）"，联合国粮农组织定义"RIL 就是集约规划和谨慎控制采伐作业的实施过程，将采伐对森林以及土壤的影响减到最小，通常采取单株择伐作业"，RIL 模式强调在采伐过程中要保护森林及其环境和资源高效持续利用（张会儒．2007）。近自然更新，简单说就是人工选择加上自然选择。近自然更新是尽量利用和促进森林的天然更新，从幼林开始就选择目的树，并且整个经营过程对选定的目的树进行定向抚育，内容包括目的树种周围的除草、劈灌、疏伐和对目的树的修枝整型。对目的树个体周围的抚育范围以不压抑目的树个体生长并能形成优良材为准则，其余乔灌草均任其自然竞争，天然淘汰。在自然选择的基础上加上人工选择，保证经营对象向遗传品质最好的立木发育方向发展，其它非目标个体的存在，有利于提高森林的稳定性、改善林分结构及对保留目的树的天然整枝。全省各资源位红豆树群落的树种组成结构，按总优势比排序，永泰群落为红豆树90.97% + 青冈栎 61.77% + 拉氏栲 49.69% + 米槠 33.38% + 千年桐 30.83% + 老鼠簕29.88% + 南酸枣 28.02%；古田群落为红豆树 95.45 % + 榕叶冬青 67.99% + 毛竹52.54% + 青冈栎 48.67% + 米槠 26.37%；柘荣群落为红豆树91.11% + 毛竹41.31% + 虎皮楠 33.44% + 枫香 32.85% + 青冈栎 29.00% + 刨花润楠27.22% + 羊舌树 24.39% + 浙江润楠22.52%；柘荣富溪群落为红豆树 93.07% + 枫香47.28% + 毛竹 42.81% + 羊舌树40.27% + 虎皮楠36.36% + 刨花润楠31.14% + 笔罗子 13.49%；柘荣宅中群落为红豆树83.33% + 榕叶冬青 66.22% + 米槠 64.93% + 羊舌树 63.72% + 浙江润楠50%；柘荣楮坪群落为红豆树 97.35% + 毛竹 41.61% + 虎皮楠 35.05% + 枫香 33.64% + 山矾 29.74% + 野含笑 29.58% + 椤木石楠 26.68% + 青冈栎 25.50%；柘荣东源群落为红豆树 71.5% + 青冈栎 48.91% + 毛竹 42.11% + 赤皮青冈 36.54% + 枫香 36.05% + 虎皮楠 34.55% + 浙江润楠 30.28% + 山杜英 30.05% + 野含笑 28.95%；周宁群落为红豆树 100.00% + 米槠 32% + 木姜子 31.5% + 虎皮楠 26.84%；屏南群落为红豆树 91.17% + 杨梅叶蚊母树 59.83% + 青冈栎 48.31% + 千年桐 41.24%；连江群落为红豆树 94.16% + 杨梅叶蚊母树 83.85% + 青冈栎 63.57% + 樟树 44.05% + 竹柏 42.69%；松溪群落为红豆树 77.78% + 杨梅叶蚊母树 77.78% + 青冈栎 64.67% + 桃叶石楠 48.23% + 笔罗子 35.51% + 南酸枣 34.93%。上述群落的树种组成结构可以看出，各资源位主要树种中，都同时存在至少 1 个的第 Ⅰ 种组(与红豆树呈现正向联结)树种和至少 1 个的第 Ⅱ 种组(与红豆树呈现负向联结)树种。进一步研究各树种特性可以发现，这种 3～5 个种形成种群共优的群落结构，最利于充分发挥立地环境的生产力水平。例如，永泰群落，在水平空间上占绝对优势的红豆树和青冈栎(宽冠矮干)中，伴生树种在垂直空间上占绝对优势的拉氏栲和酸枣(窄冠高干)，形成水平空间和垂直空间的充分利用；古田群落，同样侵入了"窄冠高干"型的毛竹，不仅形成土壤层的深根性与浅根性的合理结合与最有效利用，而且在地面上的水平空间和垂直空间形成最有效利用；柘荣群落，侵入了"窄冠高干"型的毛竹、虎皮楠、枫香、泡花润楠等；其他资源位的群落也同样出现如此情形。值得特别指出的是，调查发现多处红豆树与毛竹形成的混交群落，两者兼优特别明显。这不仅表现在深根性红豆树与浅根性的毛竹结合对土壤的有效利用，另外表现在根瘤性红豆树的固氮培肥功能对毛竹生长的促进作用，而且还表现在落叶性树种红豆树的大量凋落物培肥功能对毛竹生长的促进。由此可见，针对特定树种红豆树天然林生态系统，采取近自然林业经营措施，对保护珍贵树种红豆树及促进其对环境资源的高效持续利用具有重要意义。红豆树群落的这种种间关系启迪我们，不管是人工林营造或是次生林经营，都应十分注意混交树种的科学选择与搭配，根据种间联结性规律，选择 3～5 个不同类群的树种建立混交林，更具科学性和经济效益性。这个认识，同样可以应用到其他天然林更新、次生林恢复、甚至次生裸地植被恢复。特别在次生裸地和已经采取炼山造林的林地，初期其他树种的侵入大多表现为随机性侵入，种间只是随机的组合并未形成一定的种间关系。但是，随着群落演替的进展，群落的组成物种必然在群落不同发育阶段出现此消彼长的动态变化，进而逐渐呈现种间或是正关联或是负关联的关系。

(6)为促进红豆树群落向森林经营预定目标演替提供依据

森林群落自然演替存在正向演替和负向演替两种可能。显然，珍贵树种红豆树的保护、发展以及实现森林群落的效益最大化，就是本研究的预定目标。本研究已经明确了红豆树群落中优势树种种间关系基本规律，即虎皮楠、榕叶冬青、枫香、米槠、苦槠、浙江润楠等"种组Ⅱ"的树种与红豆树呈负向联结。它们在群落重要性、总优势比、生态位宽度、生态位重叠度、共存几率等方面也表现为对红豆树生态环境具有较强排斥性的竞争作用，造成现实红豆树群落在各资源位的种间格局不稳定。为保证预定目标的实现，可依照红豆树群落种间关系的变动趋势确定目标树种红豆树每一植株的位置及抚育间伐时植株的去留，调整种间关系；还可以通过制定红豆树不同保育阶段应配置的树种，将处于较濒危生态环境下的红豆树群落进行次生林改造，使之成为与天然顶级森林群落的优势树种组合

表 4-12   红豆树与其他主要伴生树种的种间联结测算表

序号	种名	PC/%	C	X^2	序号	种名	PC/%	C	X^2
1	杨梅叶蚊母树	15.56	0.1667	0.0113	22	朴树	4.44	0.0038	0.7884
2	野含笑	11.11	0.1136	0.0251	23	拟赤杨	4.44	0.0038	0.7884
3	青冈栎	56.52	0.0596	0.5455	24	米槠	13.04	-0.125	1.9169
4	毛竹	11.11	0.0101	0.0251	25	苦槠	10.87	-0.1389	2.5853
5	千年桐	11.11	0.0101	0.0251	26	浙江润楠	10.87	-0.1454	2.5853
6	拉氏栲	8.89	0.0079	0.1093	27	罗木石楠	8.7	-0.1648	3.5417
7	笔罗子	15.56	0.0148	0.0113	28	柳杉	8.7	-0.1648	3.5417
8	红楠	6.67	0.0058	0.3082	29	山矾	8.7	-0.1648	3.5417
9	红皮树	6.67	0.0058	0.3082	30	猴欢喜	8.7	-0.1648	3.5417
10	山杜英	6.67	0.0058	0.3082	31	杉木	6.52	-0.1833	5.0002
11	木荷	6.67	0.0058	0.3082	32	樟树	6.52	-0.1833	5.0002
12	桃叶石楠	6.67	0.0058	0.3082	33	羊舌树	8.89	-0.2403	5.5079
13	老鼠簕	6.67	0.0058	0.3082	34	少叶黄杞	4.35	-0.2741	7.461
14	栲树	6.67	0.0058	0.3082	35	毛八角枫	4.35	-0.2741	7.461
15	檵木	6.67	0.0058	0.3082	36	杨桐	4.35	-0.2741	7.461
16	桂花	4.44	0.0038	0.7884	37	枫香	14.89	-0.3875	5.6579
17	小果山龙眼	4.44	0.0038	0.7884	38	绒冬青	14.89	-0.3875	5.6579
18	南方红豆杉	4.44	0.0038	0.7884	39	赤皮青冈	6.38	-0.4432	13.0002
19	竹柏	4.44	0.0038	0.7884	40	山乌桕	2.17	-0.4556	12.4245
20	细柄蕈树	4.44	0.0038	0.7884	42	虎皮楠	20.41	-0.7778	15.0335
21	酸枣	4.44	0.0038	0.7884					

备注：其他45个树种与红豆树为种间独立。

相一致的群落结构，人为促进群落向地带性顶级群落顺向演替。

种间联结性研究对于特定物种的保护有比较重要的作用，即可以通过寻找和保护与之正联结性较强的物种来保护特定物种的生存环境，最终达到保护的目的。根据各生态特征值测定结果，显示青冈栎与红豆树在生态学特性上具有较高相似程度，群落间共存几率为也高，甚至一些林学特性也很相似。例如，红豆树群落中，红豆树与青冈栎的共存几率56.52%，青冈栎在群落间的生态位宽度仅次于红豆树，达至0.8494，生态位重叠程度也高，表明二者的生态环境需求趋同现象十分明显；红豆树与青冈栎同为主根发达树种，1年生幼苗主根生长可达0.5m以上；同样在沟谷陡坡，溪岸旁山近水处相聚而生；同样是树冠宽阔和受光面大的多分权树种；同样具有较强的萌芽力，容易形成多株丛生。但是，在青冈栎群落中，红豆树与之相遇的概率却较低，这主要是由于青冈栎是宽生态位树种，红豆树是窄生态位树种，红豆树仅仅交叉重叠了青冈栎的部分适生环境。因此，红豆树适生环境，青冈栎必然适生；青冈栎适生环境，红豆树未必适生。

　　针对红豆树与青冈栎的密切关系，本研究期望找到更多与红豆树相似的生态特征，通过寻找和保护与红豆树正联结性较强的物种，来保护红豆树的生存环境。为此，测算了青冈栎与其他 85 树种的联结程度、共存几率、X^2 值（表 4-13），种对间与青冈栎呈正向联结的 26 个种对，占总对数的 30.6%；呈负联结的 12 对（虎皮楠、米槠、毛竹、椤木石楠、浙江润楠、枫香、毛八角枫、少叶黄杞、红皮树、羊舌树、山杜英、木荷），占 14.1%；与青冈栎呈现种间独立（联结系数 = −1）47 个种对，占 55.3%。参照上述红豆树与其它树种的种间联结关系和共存几率超过 2 倍标准差的种组划归方法，进行种组划分。第Ⅰ种组为笔罗子、老鼠簕、红楠、檵木、桃叶石楠、拉氏栲、杉木、南方红豆杉、竹柏、南酸枣、朴树、拟赤杨、杨梅叶蚊母树、榕叶冬青、千年桐、猴欢喜、赤皮青冈、野含笑、杨桐、山矾、樟树、栲树、苦槠等 23 个树种。第Ⅱ种组为虎皮楠、米槠、毛竹 3 个种。

　　红豆树与其他树种联结性的种组划分结果和青冈栎与其他树种联结性的种组划分结果相比较，二者呈现高度交集，前者的种组基本被后者的种组所覆盖，红豆树与青冈栎再次表现出高度的生态相似性。其中，在红豆树与其他树种联结性的种组划分中，毛竹与之呈明显的种间互利关系；但是，在青冈栎与其他树种联结性的种组划分中，毛竹却与之呈明显的种间互斥关系，表明青冈栎与红豆树的生物学特性具有差异。

表 4-13　青冈栎与其他主要伴生树种的种间联结测算表

序号	种名	PC/%	C	X^2	序号	种名	PC/%	C	X^2
1	笔罗子	17.24	0.0868	1.6716	22	栲树	6.90	0.0055	0.1415
2	老鼠簕	11.11	0.0626	1.7202	23	樟树	6.90	0.0055	0.1415
3	红楠	11.11	0.0626	1.7202	24	山乌桕	3.57	0.0038	0.3344
4	檵木	11.11	0.0626	1.7202	25	细柄蕈树	3.57	0.0026	0.3867
5	桃叶石楠	10.71	0.0453	0.4392	26	鹅掌柴	3.57	0.0026	0.3867
6	拉氏栲	10.71	0.0453	0.4392	27	米槠	9.68	−0.0790	0.3758
7	杉木	10.71	0.0453	0.4392	28	椤木石楠	6.67	−0.1410	0.6025
8	南方红豆杉	7.41	0.0410	0.6738	29	虎皮楠	13.89	−0.2330	1.5399
9	竹柏	7.41	0.0410	0.6738	30	毛竹	9.68	−0.2740	1.4182
10	南酸枣	7.41	0.0410	0.6738	31	毛八角枫	3.45	−0.3950	1.8685
11	朴树	7.41	0.0410	0.6738	32	少叶黄杞	3.33	−0.4630	2.0022
12	拟赤杨	7.41	0.0410	0.6738	33	浙江润楠	5.88	−0.5230	3.8240
13	杨梅叶蚊母树	15.63	0.0400	0.1450	34	枫香	5.56	−0.6090	5.9109
14	榕叶冬青	16.13	0.0355	0.0509	35	红皮树	3.03	−0.6560	3.8218
15	千年桐	10.34	0.0273	0.0261	36	羊舌树	3.03	−0.6930	4.9691
16	猴欢喜	10.34	0.0273	0.0261	37	山杜英	2.94	−0.7320	6.0580
17	赤皮青冈	10.34	0.0273	0.0261	38	木荷	2.86	−0.7610	7.1960
18	野含笑	10.34	0.0273	0.0261	39	柳杉	0	−1.0000	7.0331
19	杨桐	7.14	0.0236	0.0151	40	小果山龙眼	0	−1.0000	4.2623
20	山矾	10.00	0.0085	0.0642	41	木姜子	0	−1.0000	4.2623
21	苦槠	10.00	0.0085	0.0642					

备注：其他 44 个树种种间联结为 −1，它们的分布与青冈栎不结合。

4.2.5 物种空间分布格局

对全省各资源位的红豆树群落乔木层树种扩散指数进行测定(表4-14~表4-24),结果表明,福安、永泰、楮坪、周宁4个资源位群落的红豆树扩散指数 $I_\&$ 分别为2.9399、1.3943、1.1827和1.0,其他树种 $I_\& < 1$,说明福安资源位、永泰资源位、楮坪资源位的红豆树在群落中为聚集分布,周宁资源位的红豆树在群落中为随机分布,群落中的其他树种都呈均匀分布。此结果进一步验证了各群落均匀度指数、优势度指数的测定结果:在全省11个资源位的种群均匀度指数测定中,福安资源位、楮坪资源位、永泰资源位、周宁资源位都为最低或较低,分别为0.5643、0.6738、0.7685、0.7943,均匀度低即有种群处于相对聚集状态;福安、楮坪、永泰、周宁等4个资源位优势度即为最高或次高,分别为0.3670、0.2303、0.1451、0.1966,优势度高即该群落中有占据明显优势树种存在,种群分布格局聚集度的测定结果进一步证实了红豆树常常呈聚集生长,也印证了红豆树为群落中的优势树种。

表4-14 永泰资源位乔木层树种扩散指数测算值

序号	1	2	3	4	5	6	7	8
种名	红豆树	青冈栎	拉氏栲	米槠	老鼠簕	鹅掌柴	杉木	栲树
$I_\&$	1.1827	0.1792	−0.018	−0.0247	−0.0406	−0.0520	−0.0553	−0.0580
序号	9	10	11	12	13	14	15	16
种名	猴欢喜	密花树	拟赤杨	千年桐	黄棉木	杨桐	毛八角枫	木荚红豆
$I_\&$	−0.066	−0.066	−0.066	−0.066	−0.068	−0.068	−0.068	−0.068
序号	17	18	19	20	21	22		
种名	朴树	黑壳楠	软荚红豆	山杜英	南酸枣	郁香野茉莉		
$I_\&$	−0.068	−0.068	−0.068	−0.068	−0.068	−0.068		

表4-15 古田资源位乔木层树种扩散指数测算值

序号	1	2	3	4	5	6	7	8
种名	红豆树	榕叶冬青	毛竹	青冈栎	香叶树	苦槠	木荷	朴树
$I_\&$	0.243	0.243	0.239	0.027	−0.017	−0.050	−0.051	−0.054
序号	9	10	11	12				
种名	樟树	浙江润楠	米槠	南岭黄檀				
$I_\&$	−0.054	−0.056	−0.056	−0.056				

表4-16 柘荣富溪资源位乔木层树种扩散指数测算值

序号	1	2	3	4	5	6	7	8
种名	红豆树	虎皮楠	苦槠	毛竹	枫香	野含笑	椤木石楠	青冈栎
$I_\&$	0.563	−0.040	−0.070	0.269	−0.040	−0.068	−0.070	−0.065

（续）

序号	9	10	11	12	13	14	15	16
种名	羊舌树	赤皮青冈	少叶黄杞	柳杉	笔罗子	红皮树	小果山龙眼	毛八角枫
$I_\&$	0.019	−0.068	−0.064	−0.030	−0.053	−0.064	−0.070	−0.064

序号	17	18	19	20	21
种名	刨花润楠	三花冬青	山乌桕	铁冬青	油茶
$I_\&$	−0.070	−0.068	−0.064	−0.070	−0.070

表 4-17　柘荣宅中资源位乔木层树种扩散指数测算值

序号	1	2	3	4	5	6	7	8
种名	红豆树	虎皮楠	浙江润楠	椤木石楠	羊舌树	少叶黄杞	榕叶冬青	米槠
$I_\&$	−0.058	−0.065	−0.058	−0.058	−0.011	−0.047	0.019	0.006

序号	9	10	11	12	13	14	15	16
种名	猴欢喜	幌伞枫	树参	野漆				
$I_\&$	−0.058	−0.065	−0.065	−0.065				

表 4-18　柘荣楮坪资源位乔木层树种扩散指数测算值

序号	1	2	3	4	5	6	7	8
种名	红豆树	虎皮楠	苦槠	毛竹	枫香	野含笑	浙江润楠	椤木石楠
$I_\&$	1.394	−0.051	−0.068	0.542	−0.057	−0.070	−0.068	−0.068

序号	9	10	11	12	13	14	15	16	17
种名	青冈栎	杉木	柳杉	山矾	刺叶桂樱	钩锥	罗浮锥	马尾松	杨桐
$I_\&$	−0.064	−0.070	−0.071	−0.059	−0.070	−0.064	−0.068	−0.070	−0.070

表 4-19　柘荣东源资源位乔木层树种扩散指数测算值

序号	1	2	3	4	5	6	7	8
种名	红豆树	虎皮楠	苦槠	毛竹	枫香	野含笑	浙江润楠	椤木石楠
$I_\&$	0.600	−0.042	−0.053	0.145	−0.045	−0.046	−0.050	−0.055

序号	9	10	11	12	13	14	15	16
种名	青冈栎	杉木	赤皮青冈	山矾	榕叶冬青	糙叶树	刺毛杜鹃	大叶冬青
$I_\&$	0.105	−0.055	−0.041	−0.055	−0.055	−0.055	−0.055	−0.055

序号	17	18	19	20	21	22	23	24
种名	桂花	红楠	厚叶冬青	杨桐	黄檀	南方红豆杉	山杜英	山黄皮
$I_\&$	−0.055	−0.055	−0.055	−0.055	−0.055	−0.055	−0.055	−0.055

序号	25	26	27
种名	桃叶石楠	樟树	中华杜英
$I_\&$	−0.055	−0.055	−0.055

表 4-20　周宁资源位乔木层树种扩散指数测算值

序号	1	2	3	4	5	6	7	8
种名	红豆树	虎皮楠	尖叶山茶	大叶榉树	椤木石楠	米槠	木姜子	榕叶冬青
$I_\&$	1.0	−0.131	−0.148	−0.148	−0.148	−0.148	−0.131	−0.148

序号	9	10	11	12	13			
种名	水丝梨	栲树	香樟	新木姜子	杜英			
$I_\&$	−0.148	−0.148	−0.148	−0.148	−0.131			

表 4-21　屏南资源位乔木层树种扩散指数测算值

序号	1	2	3	4	5	6	7	8
种名	红豆树	杨梅叶蚊母树	青冈栎	千年桐	木荷	合欢	枫香	笔罗子
$I_\&$	0.398	0.550	0.057	0.047	−0.062	−0.086	−0.076	−0.084

序号	9	10	11	12	13	14	15	16
种名	板栗	椤木石楠	柳杉	亮叶桦	檵木	猴欢喜	小果山龙眼	细柄蕈树
$I_\&$	−0.086	−0.086	−0.086	−0.086	−0.086	−0.086	−0.086	−0.062

表 4-22　连江资源位乔木层树种扩散指数测算值

序号	1	2	3	4	5	6	7	8
种名	红豆树	红楠	红皮树	栲树	毛锥栲	拟赤杨	青冈栎	山杜英
$I_\&$	0.046	−0.065	−0.065	−0.065	−0.065	−0.040	−0.046	−0.065

序号	9	10	11	12	13	14		
种名	小果石笔木	盐肤木	杨梅叶蚊母树	野柿	樟树	竹柏		
$I_\&$	−0.048	−0.065	0.009	−0.063	−0.065	−0.059		

表 4-23　松溪资源位乔木层树种扩散指数测算值

序号	1	2	3	4	5	6	7	8
种名	杨梅叶蚊母树	桃叶石楠	南酸枣	石楠	山矾	青冈栎	木犀	栲树
$I_\&$	0.029	−0.087	−0.087	−0.097	−0.097	0.190	−0.097	−0.097

序号	9	10	11	12				
种名	檵木	笔罗子	红楠	红豆树				
$I_\&$	−0.087	−0.068	−0.097	−0.068				

表 4-24　福安资源位乔木层树种扩散指数测算值

序号	1	2	3	4	5	6	7	8
种名	红豆树	木荷	毛竹	浙江润楠	山杜英	少叶黄杞	红皮树	枫香
$I_\&$	2.940	0.093	0.087	−0.035	−0.035	−0.038	−0.038	−0.039

（续）

序号	9	10	11	12	13	14
种名	羊舌树	杨梅叶蚊母树	桃叶石楠	柯	鹅掌柴	臀果木
$I_\&$	-0.041	-0.041	-0.041	-0.041	-0.041	-0.041

4.2.6　群落的物种多度分布格局

由于对数分布可以反映物种以无规则时间间隔侵入生境，并可反映同一个或几个物种在群落中占优势，表明随着演替的进行，环境条件逐渐改善。因此，生态学者认为，成熟的自然群落物种多度分布多呈对数分布（谢晋阳.1993；Magurran 等 1988）。本研究据此原理，对红豆树群落的物种多度分布规律进行分析，若种群多度的分布符合对数分布模型，表明该群落已发育为较成熟群落，具有较大的稳定性和较高的生物多样性。本研究运用物种多度的对数分布模型描述红豆树群落的生物多样性，为红豆树群落的保护提供可参考的信息。对 11 个资源位的乔木层种群多度分布格局进行测定，结果详见表 4-25 ~ 4-35，各群落乔木层物种分布及种间个体数存在明显差异，群落不均匀性突出。在物种多度格局测定中，多数样地遵循对数分布模型，即总体上反映了各资源位红豆树群落的物种丰富、结构复杂；但是，一些资源位的样地，优势乔木种群控制整个群落环境的特点明显，导致红豆树群落中物种个体数间的差异较大，优势种的个体数会明显多出一般种，从而使整个群落具有较低的均匀度。

表 4-25　柘荣东源资源位红豆树群落多度分布与检验

样地号	物种数	总个体数	S/N 值	X 值	a 值	多度级	$\sum X^2$	$X^2_{0.05}(n)$
1	12	38	0.3158	0.8628	6.0427	20	16.8624	30.144
2	5	13	0.3846	0.8138	2.9744	8	13.5091	14.067
3	6	17	0.3529	0.8372	3.3058	10	18.3936	16.919
4	7	10	0.7000	0.4910	10.3666	2	4.8274	3.841
5	8	12	0.6667	0.5335	10.4930	4	3.6411	7.815
6	8	20	0.4000	0.8018	4.9439	7	7.8619	12.592

表中：n 为自由度，n = 多度级 - 1。

东源资源位的 6 个相互邻近样地中，多度级差异较大，最高的达到 20，最低的为 2，该资源位群落的种间个体数差异大；5 个样地的物种多度遵从对数级数分布模型，然而 3 号样地的 $\sum X^2 = 18.3936 > X^2_{0.05}(9)$，表明物种多度分布不遵从对数级数分布模型，显示该资源位的红豆树群落存在明显的优势种群，或是群落受局部外力干扰破坏，打破了正常种群多度分布规律。该资源位植被受人畜干扰破坏不明显，而红豆树优势种群明显，说明该群落由于主要树种红豆树的聚集分布，打破了正常状态的种群多度规律。

楮坪资源位的 7 个相互邻近样地中，4 个样地的 $\sum X^2 > X^2_{0.05}(n)$，即物种多度分布不遵从对数级数分布模型。该资源位样地的群落物种数较少、多度级较高，表明群落中存在种群聚集、优势树种突出的特征，与其他资源位相比，该资源位红豆树群落的物种多样性下降、均匀性较差、群落不稳定。该资源位同样是源于红豆树集群生长，红豆树成为群落的建群种，而非受外力干扰破坏。

表 4-26　柘荣楮坪资源位红豆树群落多度分布与检验

样地号	物种数	总个体数	S/N 值	X 值	a 值	多度级	$\sum X^2$	$X^2_{0.05}(n)$
1	4	14	0.2857	0.8821	1.8712	11	26.1097	18.307
2	4	13	0.3077	0.8681	1.9752	8	12.9027	14.067
3	7	11	0.6364	0.5703	8.2881	3	0.9061	7.815
4	6	15	0.4000	0.8018	3.7079	9	17.7866	15.507
5	5	12	0.4167	0.7885	3.2188	4	3.8832	7.851
6	4	16	0.2500	0.9033	1.7128	12	23.5160	19.675
7	3	18	0.1667	0.9459	1.0295	17	43.3808	26.296

宅中资源位中，相邻近的 2 个样地 $\sum X^2$ 都小于 $X^2_{0.05}(n)$，即物种多度分布遵从对数级数分布模型，物种多样性较高、多度级中等、均匀性和稳定性都较好，这与该资源位的红豆树群落为村庄风水树和受到较好保护有关。

表 4-27　柘荣宅中资源位红豆树群落多度分布与检验

样地号	物种数	总个体数	S/N 值	X 值	a 值	多度级	$\sum X^2$	$X^2_{0.05}(n)$
1	9	17	0.5294	0.687	7.753	4	6.580	7.815
2	9	15	0.6000	0.612	9.502	3	2.373	5.991

富溪资源位的 7 个相互邻近样地中，物种数差异较大、多度级除 2 号样地外，与正常天然林群落结构基本一致；5 个样地的物种多度遵从对数级数分布模型，2 号和 5 号样地的 $\sum X^2 > X^2_{0.05}(n)$，表明物种多度分布不遵从对数级数分布模型，显示该资源位的红豆树群落存在优势种群，或是群落受局部外力干扰破坏，打破了正常种群多度结构规律。

表 4-28　柘荣富溪资源位红豆树群落多度分布与检验

样地号	物种数	总个体数	S/N 值	X 值	a 值	多度级	$\sum X^2$	$X^2_{0.05}(n)$
1	10	14	0.7143	0.4721	15.6547	3	0.4284	5.991
2	3	14	0.2143	0.9228	1.1712	9	16.6321	15.507
3	9	17	0.5294	0.6868	7.7525	5	2.9563	9.448
4	5	11	0.4545	0.7567	3.5368	4	7.2009	7.815
5	3	7	0.4286	0.7787	1.9893	2	4.5942	3.841
6	3	7	0.4286	0.7787	1.9893	5	2.762	9.488
7	8	17	0.4706	0.7424	5.8987	4	2.9772	7.815

古田资源位中，1 至 4 号样地取样于钱板村红豆树人工造林的老林分群落，四个样地为相邻连续取样。由于该资源位的红豆树为人工林，其他树种为无规则时间间隔的侵入种，经过 200 余年的自然演替，形成了"类似天然林"的红豆树群落，该资源的物种数、多

度级、个体数都较为平衡，反映出群落中物种的一致性、稳定性、均匀性特点，群落物种丰富度和多样性也较好，这主要得益于该群落受到当地村民良好的保护。5 号样地取样于古田吉象乡北墩村，该资源位存在农民林事活动，多度级具有 22 级，最高级 22 是毛竹，卡方值 $\sum X^2 > X^2_{0.05}(21)$，群落不遵从对数级数分布规律，为保护红豆树应减少人为活动以及加强保护。

表 4-29　古田资源位红豆树群落多度分布与检验

样地号	物种数	总个体数	S/N 值	X 值	a 值	多度级	$\sum X^2$	$X^2_{0.05}(n)$
1	6	13	0.4615	0.7505	4.3218	4	2.4915	7.815
2	3	9	0.3333	0.8510	1.5758	4	6.1235	7.815
3	4	23	0.1739	0.9426	1.4006	8	3.2230	14.067
4	5	18	0.2778	0.8870	2.2931	8	12.0663	14.067
5	5	27	0.1852	0.9373	1.8061	22	53.7271	32.671

永泰资源位的 7 个样地取样为相邻连续地块，群落的物种结构、个体结构、多度级组成都较为协调，符合天然林群落的基本数量特征，该资源位的红豆树群落得到良好的保护，外界活动对群落发育的影响少。资源位 5 个样地红豆树群落乔木层物种多度分布的观察值和预测值之间无明显差异，其物种多度分布适合于对数级数分布，表明群落发育较成熟、群落稳定性、多样性也较大。但是，出现个别样地不适合通常情况的对数级数分布规律，如 2 号样地 $\sum X^2 = 32.8194$ 大于可靠性 95% 的卡方检验值 $X^2_{0.05}(14)$，该样地多度级 15 是红豆树，3 号样地 $\sum X^2$ 也大于 $X^2_{0.05}(4)$。这与其他资源位出现的情况相类似，是由于红豆树在所处资源位群落中的优势种群作用明显，优势乔木种群控制整个群落环境，优势种的个体数明显多出一般种而使整个群落具有较低的均匀度。在该资源位，2 号和 3 号样地的群落物种多度分布格局不符合正态分布，其形成原因是由于红豆树生物学特性造成，而非外界干扰造成对群落植被结构的破坏。

表 4-30　永泰资源位红豆树群落多度分布与检验

样地号	物种数	总个体数	S/N 值	X 值	a 值	多度级	$\sum X^2$	$X^2_{0.05}(n)$
1	9	23	0.3913	0.8086	5.444	6	13.5790	14.067
2	5	20	0.2500	0.9033	2.141	15	32.8194	23.685
3	5	16	0.3125	0.8650	2.497	5	14.1531	9.488
4	6	10	0.6000	0.6122	6.335	4	3.2357	7.815
5	6	12	0.5000	0.7153	4.776	5	5.7024	9.488
6	4	10	0.4000	0.8018	2.472	4	3.4895	7.815
7	6	13	0.4615	0.7505	4.322	5	3.7157	9.488

连江资源位的 4 个样地，并非相邻连续地块，所反映的群落特点有明显差异。1 号样地外界对环境的干扰破坏不明显，$\sum X^2 > X^2_{0.05}(5)$ 的产生原因，是由于红豆树生物学特性，形成了红豆树优势乔木种群，导致了群落中物种个体数间差异的异常。3 样地明显是由于频繁的农事活动，造成对红豆树生态环境的干扰破坏。

表 4-31　连江资源位红豆树群落多度分布与检验

样地号	物种数	总个体数	S/N 值	X 值	a 值	多度级	$\sum X^2$	$X^2_{0.05}(n)$
1	10	26	0.3846	0.8138	5.9489	6	12.683	11.071
2	4	10	0.4000	0.8018	2.4719	6	8.1420	9.488
3	3	3	1	/	/	1	/	/
4	5	8	0.6250	0.5837	5.7057	4	5.6898	7.815

屏南的两个样地分别取样于棠口乡和长桥乡，红豆树群落所处资源位不同，棠口红豆树群落发育较成熟，外界干扰少，群落可较稳定。长桥红豆树群落是村庄农民的风水树，由于有墓园，祭祀活动对生态环境造成明显的影响。

表 4-32　屏南资源位红豆树群落多度分布与检验

样地号	物种数	总个体数	S/N 值	X 值	a 值	多度级	$\sum X^2$	$X^2_{0.05}(n)$
棠口	15	41	0.3659	0.8278	8.5289	10	12.7170	16.919
长桥	4	29	0.1379	0.9585	1.2556	13	30.3402	21.026

松溪资源位种群多度分布的观察值和预测值之间没有明显差异，物种多度符合对数级数分布规律，表明该资源位的生态环境保护较好，外界活动没有对群落生态区造成明显的负向影响。

表 4-33　松溪资源位红豆树群落多度分布与检验

样地号	物种数	总个体数	S/N 值	X 值	a 值	多度级	$\sum X^2$	$X^2_{0.05}(n)$
1	13	41	0.3171	0.8620	6.5638	10	5.2492	16.919

周宁红豆树群落为百姓的风水树，两个样地为邻近连续地块。2号样地出现的多度分布规律异常现象，主要由于红豆树的生物学特性，形成了红豆树优势乔木种群，多度级10即为红豆树。

表 4-34　周宁资源位红豆树群落多度分布与检验

样地号	物种数	总个体数	S/N 值	X 值	a 值	多度级	$\sum X^2$	$X^2_{0.05}(n)$
1	7	10	0.7000	0.4910	10.3670	2	2.6853	7.815
2	8	17	0.4706	0.7424	5.8987	10	36.4571	16.919

福安资源位的7个样地取样为相邻连续地块，该资源位的红豆树群落为村落风水林，保护状态良好，外界活动对群落发育的影响小，基本呈现自然状态。但是，7个样地红豆树群落乔木层物种多度分布的观察值和预测值之间都表现为有明显的差异，物种多度分布不符合通常情况的对数级数分布规律，这是由于红豆树在所处资源位为优势建群种，红豆树乔木种群控制整个群落环境的特点明显，群落中物种个体数间的差异较大，优势建群种红豆树的个体数会明显多于一般树种而使群落物种失去均匀性，其形成原因是由红豆树聚群生长的生物学特性造成，而非外界干扰造成对群落植被结构的破坏。

表 4-35　福安资源位红豆树群落多度分布与检验

样地号	物种数	总个体数	S/N 值	X 值	a 值	多度级	$\sum X^2$	$X^2_{0.05}(n)$
1	8	35	0.2286	0.9152	3.2430	23	57.861	33.924
2	2	27	0.0741	0.9818	0.5005	25	80.911	36.415
3	6	21	0.2857	0.8821	2.8068	14	30.728	22.362
4	4	29	0.1379	0.9584	1.2588	24	54.628	35.172
5	5	22	0.2273	0.9159	2.0201	13	21.746	21.026
6	5	16	0.3125	0.8650	2.4971	6	20.265	11.071
7	5	20	0.2500	0.9033	2.1410	11	17.469	18.307

4.3　小结与讨论

（1）红豆树天然林群落中，植物种群类型丰富

各资源位群落具有相对较高的树种丰富度及较大多样性指数，整体上显示红豆树天然林群落中包含较多的物种，树种组成复杂，反映群落对环境资源的较充分利用。全省主要红豆树群落调查涉及植物类型 80 科、172 属、252 种。乔木层共涉及 34 科、62 属、87 个树种；灌木层涉及植物 45 个科、69 个属、植物种类 141 种，其中乔木树种 77 种、灌木树种 64 种；草本层涉及 43 科、72 属、92 种。红豆树群落的种群结构总体上都较丰富，但是各资源位的物种丰富度仍表现出一定差异。在乔木层中，群落丰富度指数排序为柘荣（49 个种、指数值 8.1940）＞东源（26 个种、指数值 5.3290）＞永泰（22 个种、指数值 4.5216）＞富溪（21 个种、指数值 4.2549）＞屏南（17 个种、指数值 3.8329）＞楮坪（18 个种、指数值 3.6915）＞周宁（13 个种、指数值 3.6410）＞连江（14 个种、指数值 3.3765）＞宅中（12 个种、指数值 3.2033）＞松溪（13 个种、指数值 3.9656）＞福安（14 个种、指数值 2.5313）＞古田（12 个种、指数值 2.4386）。在灌木层中，群落丰富度指数排序为柘荣（85 个种、指数值 11.9220）＞楮坪（53 个种、指数值 9.1114）＞永泰（42 个种、指数值 7.8539）＞宅中（32 个种、指数值 6.0022）＞富溪（38 个种、指数值 5.8101）＞周宁（25 个种、指数值 5.2702）＞连江（19 个种、指数值 4.6251）＞福安（29 个种、指数值 4.5493）＞东源（28 个种、指数值 4.5413）＞屏南（18 个种、指数值 4.3681）＞松溪（22 个种、指数值 4.2435）＞古田（21 个种、指数值 3.9656）。

（2）主要建群树种明确，群落层次较完整

各群落乔木层各树种的重要值测算结果表明，各资源位群落的主要建群种都较清晰。例如，永泰群落为红豆树 90.97% ＋青冈栎 61.77% ＋拉氏栲 49.69% ＋米槠 33.38% ＋千年桐 30.83% ＋老鼠簕 29.88% ＋酸枣 28.02%；古田群落为红豆树 95.45% ＋绒冬青 67.99% ＋毛竹 52.54% ＋青冈栎 48.67% ＋米槠 26.37%；柘荣群落为红豆树 91.11% ＋毛竹 41.31% ＋虎皮楠 33.44% ＋枫香 32.85% ＋青冈栎 29.00% ＋泡花润楠 27.22% ＋羊舌树 24.39% ＋浙江润楠 22.52%。灌木层植物与乔木层比较，灌木层的物种数、丰富度、多样性、均匀度等指数都明显高于乔木层，这是正常天然林群落基本特征，红豆树群落的乔木层、灌木层多样性特征量计算结果基本符合这个规律。在灌木层中，乔木层的 87 个树种就有 59 个树种在灌木层重叠出现、重叠率达 67.8%，而且各树种的重要值也较大，

分别为红豆树 21.14% 、青冈栎 6.30% 、拉氏栲 5.11% 、山黄皮 1.84% 、羊舌树 1.76% 、绒冬青 1.74% 、米槠 1.51% 、笔罗子 1.14% 、鹅掌柴 1.09% 、栲树 1.05% 等。这不仅说明红豆树群落中的层次结构较完整，而且它们能够实现世代演替。在灌木层内，难以找到幼苗幼树的另外 28 个乔木树种，在群落中以独立个体出现，林下没有继代繁衍的幼苗幼树，显然它们是群落中的衰退树种，将逐渐被生态位宽度值较大的树种所取代，或被已侵入到灌木层的 18 个乔木树种或以后新侵入的物种所取代。

（3）各资源位的红豆树优势地位明显

乔木层中福安、槠坪、周宁、古田具有较高优势度，说明这些资源位中的种群结构存在少数种群控制乔木层的现象，而群落中红豆树的重要值和总优势比都明显突出，表明红豆树就是这些资源位乔木层的控制树种，与群落中占绝对优势的高大红豆树立木的生态特征相符合。其他资源位中红豆树与别的物种优势度则较次之，说明红豆树在这些资源位乔木层的主导地位相对减弱。各生态资源位中，灌木层的优势度指数变幅范围更大，但是，红豆树幼苗幼树在这些资源位的灌木层中，仍然处于明显或较明显的地位，为优势种和指示种。红豆树幼树密度也较高，分别为松溪 167 株/亩、柘荣东源 257 株/亩、柘荣富溪 296 株/亩、屏南 306 株/亩、周宁 125 株/亩、古田 153 株/亩、永泰 178 株/亩、柘荣宅中 250 株/亩、柘荣 121 株/亩、柘荣槠坪 300 株/亩、连江 33 株/亩。这说明灌木层中红豆树具有较强的子代更新替代能力，在未受外界干扰破坏的情况下，能够保证红豆树群落发育的相对稳定。乔木层与灌木层的多样性特征值相关分析表明，乔木层与灌木层的丰富度指数、多样性指数、均匀度指数、优势度指数相关系数值分别为 0.8941、0.9265、0.7526、0.8028，乔木层和灌木层二者多样性特征值存在明显的正相关，说明乔木层和灌木层的种群丰富度指数、多样性指数、均匀度指数、优势度指数存在相似特征，也体现群落结构处于相对稳定状态。优势度指数与多样性、均匀度呈极显著负相关，乔木层的优势度指数与多样性指数相关系数为 -0.8216^{**}、与均匀度指数相关系数为 -0.8698^{**}；灌木层的优势度指数与多样性指数相关系数为 -0.8739^{**}、与均匀度指数相关系数为 -0.8788^{**}，表明在红豆树天然林群落的乔木层和灌木层中，存在极显著优势种群、甚至建群种；综合分析重要值、总优势比等其他生态特征值的研究结果，可以确认群落中的优势种或建群种，就是红豆树。乔木层红豆树生态位宽度、红豆树密度与均匀度指数的相关系数分别为 -0.7040^{**}、-0.7651^{**} 的极显著负相关，说明红豆树在其所处的资源位中，呈现相对聚集状态。产生红豆树相对聚集的一个原因是红豆树为大粒种子，传播范围被限制在母树林冠下或母树所在的下部坡位，另一个原因是红豆树根部的萌芽更新。

（4）现存红豆树天然群落具有较强的生态适应能力

物种生态位一定程度上反馈种群所处环境的生态适应能力，红豆树群落生态位宽度、生态位重叠度、生态位相似程度的测定结果，都体现了红豆树在群落中具有较强的生态适应能力。生态位宽度值依次为红豆树、青冈栎、虎皮楠、毛竹、罗木石楠、浙江润楠、枫香、栲树、米槠、苦槠、樟树、山杜英、杨梅叶蚊母树、笔罗子、红楠等，生态位宽度值越大表明该树种对所处环境的生态适应能力越接近红豆树（生态位宽度值等于 0，表明该树种是独立资源位）。红豆树与青冈栎的生态重叠度最高，其他树种依次为毛竹、绒冬青、木荷、虎皮楠、杨梅叶蚊母树、水丝梨、米槠、枫香、浙江润楠等，树种生态位重叠值越大，则种间生态相似越大，反之则越小；生态位重叠度高的树种，它们对同一资源形成共享的同时，也必然产生竞争，当竞争达到相对平衡时，就构成相对稳定的群落结构体系，形成互相融合的共生群体，红豆树与青冈栎、毛竹、虎皮楠、石楠、米槠、蚊母树、榕冬青、枫香，就是长期在自然界物竞天择中形成稳定共生群体。红豆树与其他树种的种对之间，生态位相似性较高树种为虎皮楠、毛竹、苦槠、青冈栎等少数树种，红豆树与它们容易形成混交林，种群间利用性竞争也会较强；红豆树与其他多数树种的生态位相似程度都不高，优势种群相互之间的生态位重叠程度不高，种间不容易形成混交林，种群间利用性竞争较弱。红豆树生态位特征值测定结果，对营造红豆树混交林的树种选择具有指导意义。

（5）红豆树种间联结性较突出

以红豆树为目标树种，与其他树种组成 86 个种对分别计算种间联结：种对间呈正联结的 23 对，占总对数的 26.74%；呈负联结的 19 对，占 20.93%；与红豆树呈种间独立的 45 个种对，占 52.33%。研究红豆树与其他树种的种间联结性，有助于我们认识红豆树群落的物种结构、功能地位、与其它物种之间的相互作用关系。而且这种关系不仅包括红豆树与其他树种之间的空间分布关系，同时也隐含着红豆树与其他树种的林学特性功能，红豆树群落种间联结性研究对生态种组划分、制定人工林发展方案、科学森林经营和珍稀濒危树种保育等具有重要作用。在 23 个正联结的种对中，种间联结程度较高的树种分别为杨梅叶蚊母树、野含笑、青冈栎、毛竹、千年桐、拉氏栲、笔罗子，联结系数分别为 0.1667、0.1136、0.0596、0.0101、0.0101、0.0079、0.0079，共存几率分别为 15.56%、11.11%、56.52%、11.11%、11.11%、8.89%、8.89%，说明这 7 个树种与红豆树具有较高的种间相互依赖和共存几率，具有相似的生态习性且可以同红豆树形成共优种群，红豆树与这 7 个树种能够形成较为稳定的群落。木荷、红皮树、山杜英、红楠等其他 17 个树种与红豆树具有一定程度的种间联结，但是种间相互依赖程度不高，共存几率也较低，与红豆树形成共优种群的可能性小，在群落竞争中被杨梅叶蚊母树、野含笑、青冈栎、毛竹、千年桐、拉氏栲、笔罗子等树种逐步取代的可能性较大。

（6）种组划分及其意义

根据种间联结性和共存几率的树种划归：正向联结的种组（种组Ⅰ）为杨梅叶蚊母树、野含笑、青冈栎、毛竹、千年桐、拉氏栲、笔罗子等 7 个树种；负向联结的种组（种组Ⅱ）是虎皮楠、枫香、绒冬青、米槠、苦槠、浙江润楠、羊舌树等 7 个树种。从各资源位的树种组成结构中可以看出，各资源位都同时存在至少 1 个的第Ⅰ种组（与红豆树呈现正向联结）树种和至少 1 个的第Ⅱ种组（与红豆树呈现负向联结）树种，这种由 3～5 个种形成种群共优的群落结构，最有利充分发挥立地环境的生产力水平。例如，永泰群落，在水平空间上占绝对优势的红豆树和青冈栎（宽冠矮干）中，伴生树种在垂直空间上占绝对优势的拉氏栲和酸枣（窄冠高干），形成水平空间和垂直空间的充分利用；古田群落，同样侵入了"窄冠高干"型的毛竹，不仅形成土壤层的深根性与浅根性的合理结合与最有效利用，而且在地面上的水平空间和垂直空间形成最有效利用；柘荣群落，侵入了"窄冠高干"型的毛竹、虎皮楠、枫香、泡花润楠等；其他资源位的群落也同样出现如此情形。在全省红豆树群落调查中发现，多处红豆树与毛竹形成的混交群落，两者兼优特别明显，这不仅表现在深根性红豆树与浅根性的毛竹结合对土壤的有效利用，另外表现在根瘤性红豆树的固氮培肥功能对毛竹生长的促进作用，而且还表现在落叶性树种红豆树的大量凋落物培肥功能对毛竹生长的促进。红豆树群落的这种种间关系启迪我们，不管是人工林营造或是次生林经营，都应十分注意混交树种的科学选择与搭配，根据种间联结性规律，选择 3~5 个不同类群的树种建立混交林，更具科学性和经济效益性。这个认识，同样可以应用到其他天然林更新、次生林恢复、甚至次生裸地植被恢复。

（7）种组划分为发展红豆树混交林的种间搭配提供科学依据

"种组Ⅰ"的树种是红豆树理想的伴生树种，发展红豆树人工林时，可以选择该种组中的一种或多种与之搭配，有利形成互利共优种群。由于红豆树与"种组Ⅱ"的虎皮楠、榕叶冬青、枫香、米槠、苦槠、浙江润楠等树种呈现种间负向联结，因此在发展红豆树混交林时，应回避"种组Ⅱ"的树种，避免红豆树受到这些树种的竞争性抑制从而影响生长。在森林群落中，空间结构上以复层、异龄、针阔混交、阳性与阴性树种混交、深根性与浅根性混交、固氮与非固氮树种混交，最有利于发挥林地生产力最大化、维持群落稳定与互利格局最大化、发挥森林生态功能最大化。红豆树与其他树种的互利格局明显，但是却少见有实际意义的针阔混交林树种，红豆树群落调查中仅出现南方红豆树、柳杉、杉木 3 个针叶树种，红豆树与南方红豆杉仅呈微弱正向联结，与柳杉、杉木却呈负向联结，本研究中没有发现种对联结紧密程度较强的针叶树种。

（8）为红豆树次生林群落保护提供科学依据

红豆树的种间联结性研究，在一定程度上帮助我们掌握了全省各资源位红豆树特定群落内的关系树种及其基本规律，这对开展红豆树的次生林群落保护具有重要作用。在制定各资源位的红豆树保护措施或技术促进措施时，首先，要认真保护好目标树种红豆树的幼苗幼树。例如，各资源位林下具有较多红豆树幼苗或幼树，永泰 178 株/亩、古田 153 株/亩、屏南 306 株/亩、周宁 125 株/亩、柘荣 121 株/亩、东源 257 株/亩、宅中 250 株/亩、楮坪 300 株/亩、富溪 296 株/亩、连江 33 株/亩、松溪 167 株/亩。其次，在确需采取适当的人工促进措施时，应注意根据林分发育阶段特点保留第Ⅱ种组树种的幼苗幼树，减少第Ⅲ种组的幼苗幼树，从而达到既保护目标树种，也保障了群落中种间的多样性、稳定性和协调性。其三，在维持红豆树占据优势的同时，切实维护红豆树群落树种结构的完整性和物种的丰富多样。

（9）红豆树以聚群生长为多

各资源位的红豆树群落乔木层树种扩散指数测定结果表明，福安资源位、永泰资源位、楮坪资源位的红豆树在群落中为聚集分布，周宁资源位的红豆树在群落中为随机分布，群落中的其他树种都呈均匀分布。此结果进一步验证了各群落均匀度指数、优势度指数的测定结果：在全省 11 个资源位的种群均匀度指数测定中，福安资源位、楮坪资源位、永泰资源位、周宁资源位都为最低或较低，分别为 0.5643、0.6738、0.7685、0.7943，均匀度低即有种群处于相对聚集状态；福安、楮坪、永泰、周宁等 4 个资源位优势度即为最高或次高，分别为 0.3670、0.2303、0.1451、0.1966，优势度高即该群落中有占据明显优势树种存在，种群分布格局聚集度的测定结果进一步证实了红豆树常常呈聚集生长，也印证了红豆树为群落中的优势树种。红豆树群落乔木层的种群多度分布格局测定，也表明种群的不均匀性较突出，优势乔木种群控制整个群落环境的特点明显，导致红豆树群落中物种个体数间的差异较大，优势种的个体数会明显多出一般种，从而使整个群落具有较低的均匀度。

附表：

红豆树群落相关植物物种名称与拉丁学名对照表

序号	种名	科	属	拉丁学名
1	红豆树	蝶形花科	红豆属	*Ormosia hosiei* Hemsl. et Wils.
2	青冈栎	壳斗科	青冈属	*Cyclobalanopsis glauca*（Thunb.）Oerst.
3	拉氏栲	壳斗科	栲属	*Castanopsis lamontii* Hance
4	山黄皮	茜草科	山黄皮属	*Randia cochinchinensis*（Lour.）Merr.
5	羊舌树	山矾科	山矾属	*Symplocos glauca*（Thunb.）Koidz.
6	榕叶冬青	冬青科	冬青属	*Ilex ficoidea* Hemsl.
7	米槠	壳斗科	栲属	*Castanopsis carlesii*（Hemsl.）Hayata
8	笔罗子	清风藤科	泡花树属	*Meliosma rigida* Sieb. et Zucc.
9	鹅掌柴	五加科	鹅掌柴属	*Schefflera octophylla*（Lour.）Harms
10	栲树	壳斗科	栲属	*Castanopsis fargesii* Franch.
11	老鼠簕	爵床科	老鼠簕属	*Itea chinensis* Hook. et Arn. var. *oblonga*（Hand. – Mazz.）WU
12	少叶黄杞	胡桃科	黄杞属	*Engelhardtia fenzelii* Merr.
13	虎皮楠	虎皮楠科	虎皮楠属	*Daphniphyllum oldhamii*（Hemsl.）Rosenth.
14	木荚红豆	蝶形花科	红豆属	*Ormosia xylocarpa* Chun ex Merr. et L. Chen
15	杨梅叶蚊母树	金缕梅科	蚊母树属	*Distylium myricoides* Hemsl.
16	千年桐	大戟科	油桐属	*Vernicia montana* Lour.
17	苦槠	壳斗科	锥属	*Castanopsis sclerophylla*（Lindl.）Schott.
18	木荷	山茶科	木荷属	*Schima superba* Gardn. et Champ.
19	南酸枣	漆树科	南酸枣属	*Choerospondias axitlaris*（Roxb.）Bartt. et Hill.
20	浙江润楠	樟科	润楠属	*Machilus chekiangensis* S. Lee
21	红皮树	安息香科	安息香属	*Styrax suberifolius* Hook. et Arn.
22	猴欢喜	杜英科	猴欢喜属	*Sloanea sinensis*（Hance）Hemsl.
23	杉木	杉科	杉木属	*Cunninghamia lanceolata*（Lamb.）Hook.
24	椤木石楠	蔷薇科	石楠属	*Photinia davidsoniae* Rehd. et Wils.
25	拟赤杨	安息香科	赤杨叶属	*Alniphyllum fortunei*（Hemsl.）Makino
26	山杜英	杜英科	杜英属	*Elaeocarpus sylvestris*（Lour.）Poir.
27	樟	樟科	樟属	*Cinnamomum camphora*（Linn.）Presl.
28	毛八角枫	八角枫科	八角枫属	*Alanglum kurzii* Craib
29	竹柏	罗汉松科	罗汉松属	*Podocarpus nagi*（Thunb.）Zoll. et Mor. ex Zoll.
30	树参	五加科	树参属	*Dendropanax dentiger*（Harms）Merr.
31	黄棉木	茜草科	黄棉木属	*Metadina trichotoma*（Zou. et Mor.）Bakh. f.
32	朴树	榆科	朴属	*Celtis sinensis* Pers.
33	杜英	杜英科	杜英属	*Elaeocarpus decipiens* Hemsl.
34	黑壳楠	樟科	山胡椒属	*Lindera megaphylla* Hemsl.
35	黄檀	蝶形花科	黄檀属	*Daibergia hupeana*

（续）

序号	种　名	科	属	拉丁学名
36	软荚红豆	蝶形花科	红豆树属	*Ormosia semicastrata* Hance
37	郁香野茉莉	安息香科	安息香属	*Styrax odoratissimus* Champ.
38	桃叶石楠	蔷薇科	石楠属	*Photinia prunifolia*（Hook. et Arn.）Lindl.
39	柯	壳斗科	柯属	*Lithocarpus glaber*（Thunb.）Nakai
40	枫香树	金缕梅科	枫香树属	*Liquidambar formosana* Hance
41	刨花润楠	樟科	润楠属	*Machilus pauhoi* Kanehina.
42	南岭黄檀	蝶形花科	黄檀属	*Dalbergia balansae*
43	桂花	木犀科	木犀属	*Osmanthus fragrans*（Thunb.）Lour.
44	山乌桕	大戟科	乌桕属	*Sapium discolor* Champ. ex Benth. Muell. – Arg.
45	大叶冬青	冬青科	冬青属	*Ilex latifolia* Thunb.
46	毛锥栲	壳斗科	锥属	*Castanopsis fordii* Hance
47	石楠	蔷薇科	石楠属	*Photinia serrulata* Lindl.
48	毛竹	禾本科	刚竹属	*Phyllostachys heterocycla*（Carr.）Mitford cv. Pubescens
49	红楠	樟科	润楠属	*Machilus thunbergii* Sieb. et Zucc.
50	野含笑	木兰科	含笑属	*Michelia skinneriana* Dunn
51	柳杉	杉科	柳杉属	*Cryptomeria fortunei* Hooibrenk ex Otto et Dietr.
52	山矾	山矾科	山矾属	*Symplocos sumuntia* Buch. – Ham. ex D. Don
53	黄瑞木	山茶科	黄瑞木属	*Adinandra millettii*（Hook. et Arn.）Benth. et Hook. f.
54	小果山龙眼	山龙眼科	山龙眼属	*Helicia cochinchinensis* Lour.
55	赤皮青冈	壳斗科	青冈属	*Cyclobalanopsis gilva*（Blume）Oerst.
56	檵木	金缕梅科	檵木属	*Loropetalum chinense*（R. Br.）Oliv.
57	钩锥	壳斗科	锥属	*Castanopsis tibetana* Hance
58	栗	壳斗科	栗属	*Castanea mollissima* Bl.
59	糙叶树	榆科	糙叶树属	*Aphananthe aspera*（Thunb.）Planch.
60	刺毛杜鹃	杜鹃花科	杜鹃属	*Rhododendron championae* Hook.
61	刺叶桂樱	蔷薇科	桂樱属	*Laurocerasus spinulosa*（Sieb. et Zucc.）Schneid
62	合欢	蝶形花科	合欢属	*Aibizia julibrissin* Durazz.
63	厚叶冬青	冬青科	冬青属	*Ilex elmerrilliana* S. Y. Hu
64	短梗幌伞枫	五加科	幌伞枫属	*Heteropanax brevipedicellatus* Li
65	尖叶山茶	山茶科	山茶属	*Camellia cuspidata*（Kochs）Wright ex Gard.
66	大叶榉树	榆科	榉属	*Zelkova schneideriana* Hamd. – Mazz
67	亮叶桦	桦木科	桦木属	*Betula luminifera* H. Winkl.
68	罗浮锥	壳斗科	锥属	*Castanopsis faberi* Hance
69	马尾松	松科	松属	*Pinus massoniana* Lamb.
70	密花树	紫金牛科	密花树属	*Rapanea neriifolia*（Sieb. et Zucc.）Mez
71	木姜子	樟科	木姜子属	*Litsea cubeba*（Lour.）Pers.

（续）

序号	种　名	科	属	拉丁学名
72	南方红豆杉	红豆杉科	红豆杉属	*Taxus chinensis*（Pilg.）Rehd. var. mairei（Lemee et Levl.）Cheng et L. K. Fu
73	三花冬青	冬青科	冬青属	*Ilex triflora* Bl.
74	水丝梨	金缕梅科	水丝梨属	*Sycopsis sinensis* Oliver
75	铁冬青	冬青科	冬青属	*Ilex rotunda* Thunb.
76	细柄蕈树	金缕梅科	蕈树属	*Altingia gracilipes*
77	香叶树	樟科	山胡椒属	*Lindera communis* Hemsl.
78	小果石笔木	山茶科	石笔木属	*Tutcheria microcarpa* Dunn
79	新木姜子	樟科	新木姜子属	*Neolitsea aurata*（Hay.）Koidz.
80	盐肤木	漆树科	盐肤木属	*Rhus chinensis* Mill.
81	杨桐	山茶科	杨桐属	*Adinandra millettii* Benth.
82	木蜡树	漆树科	漆属	*Toxicodendron sylvestre*（Sied. et Zucc.）O. Kuntze
83	野柿	柿科	柿属	*Diospyros kaki* L. f. var. *silvestris* Makino
84	油茶	山茶科	山茶属	*Camellia oleifera* Abel
85	中华杜英	杜英科	杜英属	*Elaeocarpus chinensis*（Gardn. et Chanp.）Hook. f. ex Benth.
86	臀果木	蔷薇科	臀果木属	*Pygeum topengii* Merr.
87	倭竹	禾本科	倭竹属	*Shibataea chinensis* Nakai
88	紫麻	荨麻科	紫麻属	*Oreocnide frutescens*（Thunb.）Miq.
89	苎麻	荨麻科	苎麻属	*Boehmeria nivea*（Linn.）Gaudich.
90	百两金	紫金牛科	紫金牛属	*Ardisia crispa*（Thunb.）A. DC.
91	桃叶石楠	蔷薇科	石楠属	*Photinia prunifolia*（Hook. et Arn.）Lindl.
92	樟叶槭	槭树科	槭树属	*Acer cinnamomifolium* Hayata
93	油柰	蔷薇科	李属	*Prunus salicina* Lindl. var. *cordata* Y. He et J. Y. Zhang
94	杜鹃	杜鹃花科	杜鹃属	*Rhododendron simsii* Planch.
95	野鸦椿	省沽油科	野鸦椿属	*Euscaphis japonica*（Thunb.）Dippel
96	野牡丹	野牡丹科	野牡丹属	*Melastoma candidum* D. Don
97	杨梅	杨梅科	杨梅属	*Myrica rubra*（Lour.）Sieb. et Zucc.
98	短尾越橘	越橘科	越橘属	*Vaccinium carlesii* Dunn
99	小叶石楠	蔷薇科	石楠属	*Photinia parvifolia*（Pritz.）Schneid.
100	轮叶蒲桃	桃金娘科	蒲桃属	*Syzygium grijsii*（Hance）Merr. et Perry
101	短柱茶	山茶科	山茶属	*Camellia brevistyla*（Hay.）Cohen Stuart
102	小果蔷薇	蔷薇科	蔷薇属	*Rosa cymosa* Tratt.
103	细齿柃木	山茶科	柃木属	*Eurya nitida* Korthals
104	喜树	蓝果树科	喜树属	*Camptotheca acuminata* Decne.
105	乌药	樟科	山胡椒属	*Lindera aggregata*（Sims）Kosterm
106	微毛山矾	山矾科	山矾属	*Symplocos wikstroemiifolia* Hayata

（续）

序号	种　名	科	属	拉丁学名
107	庭藤	蝶形花科	木蓝属	*Indigofera decora* Lindl.
108	天仙果	桑科	榕属	*Ficus erecta* Thunb. var. *beecheyana*（Hook. et Arn.）King
109	台湾榕	桑科	榕属	*Ficus formosana* Maxim.
110	台湾冬青	冬青科	冬青属	*Ilex formosana* Maxim.
111	日本五月杂	大戟科	五月茶属	*Antidesma japonicum* Sieb. et Zucc.
112	水团花	茜草科	水团花属	*Adina pilulifera*（Lam.）Franch. ex Drake
113	黄背越橘	杜鹃花科	越橘属	*Vaccinium iteophyllum* Hance
114	三桠苦	芸香科	吴茱萸属	*Evodia lepta* Merr.
115	三叶五加	五加科	五加属	*Acanthopanax trifoliatus*（L.）Merr.
116	箬叶竹	禾本科	箬竹属	*Indocalamus longiauritus* Hand. – Mazz.
117	茸毛润楠	樟科	润楠属	*Machilus velutina* Champ. ex Benth.
118	琴叶榕	桑科	榕属	*Ficus pandurata* Hance
119	枇杷叶紫珠	马鞭草科	紫珠属	*Callicarpa kochiana* Makino
120	女贞	木犀科	女贞属	*Ligustrum lucidum*. Ait.
121	牛矢果	木犀科	木犀属	*Osmanthus matsumuranus* Hayata
122	木莓	蔷薇科	悬钩子属	*Rubus swinhoei* Hance
123	黧蒴锥	壳斗科	锥属	*Castanopsis fissa*（Champ. ex Benth.）Rehd. et Wils.
124	面竿竹	禾本科	矢竹属	*Pseudosasa orthotropa* S. L. Chen et Wen
125	米饭花	杜鹃花科	越橘属	*Vaccinium mandarinorum* Diels
126	秤星树	冬青科	冬青属	*Ilex asprella*（Hook. et Arn.）Champ. ex Benth.
127	毛天仙果	桑科	榕属	*Ficus erecta* Thunb. var. *beecheyana*（Hook. et Arn.）King
128	毛鳞省藤	棕榈科	省藤属	*Calamus thysanolepis* Hance
129	毛冬青	冬青科	冬青属	*Ilex pubescens* Hook. et Arn.
130	馒头果	大戟科	闭花木属	*Cleistanthus tonkinensis* Jabl.
131	马银花	杜鹃花科	杜鹃属	*Rhododendron ovatum*（Lindl.）Planch. ex Maxim.
132	罗伞树	紫金牛科	紫金牛属	*Ardisia quinquegona* Bl.
133	罗浮柿	柿科	柿属	*Diospyros morrisiana* Hance
134	矮冬青	冬青科	冬青属	*Ilex lohfauensis* Merr.
135	尖连蕊茶	山茶科	山茶属	*Camellia cuspidata*（Kochs）Wright ex Gard.
136	榔榆	榆科	榆属	*Ulmus parvifolia* Jacq.
137	苦竹	禾本科	大明竹属	*Pleioblastus amarus*（Keng）keng
138	九节	茜草科	九节属	*Psychotria rubra*（Lour）Poir.
139	建润楠	樟科	润楠属	*Machilus oreophila* Hance
140	假九节	茜草科	九节属	*Psychotria tutcheri* Dunn
141	栀子	茜草科	栀子属	*Gardenia jasminoides* Eliis
142	黄牛奶树	山矾科	山矾属	*Symplocos laurina*（Retz.）Wall.

（续）

序号	种　名	科	属	拉丁学名
143	华南桂	樟科	樟属	*Cinnamomum austrosinense* H. T. Chang
144	厚叶红淡比	山茶科	红淡比属	*Cleyera pachyphylla* Chunex H. T. Chang
145	红紫珠	马鞭草科	紫珠属	*Callicarpa rubella* Lindl.
146	浙江红山茶	山茶科	山茶属	*Camellia chekiangoleosa* Hu
147	黑面神	大戟科	黑面神属	*Breynia fruticosa*（L.）Hook. f.
148	桂北木姜子	樟科	木姜子属	*Litsea subcoriacea* Yang et P. H. Huang
149	狗骨柴	茜草科	狗骨柴属	*Diplospora dubia*（Lindl.）Masam.
150	福建酸竹	禾本科	酸竹属	*Acidosasa longiligula*（Wen）C. S. Chao
151	翻白叶树	梧桐科	翅子树属	*Pterospermum heterophyllum* Hance
152	多枝紫金牛	紫金牛科	紫金牛属	*Ardisia sieboldii* Miq.
153	杜仲	杜仲科	杜仲属	*Eucommia ulmoides* Oliver
154	杜茎山	紫金牛科	杜茎山属	*Maesa japonica*（Thunb.）Morltzi.
155	豆腐柴	马鞭草科	豆腐柴属	*Premna microphylla* Turcz.
156	冬青	冬青科	冬青属	*Ilex chinensis* Sims
157	大叶白纸扇	茜草科	玉叶金花属	*Mussaenda esquirolii* Levl.
158	大青	马鞭草科	大青属	*Clerodendrum cyrtophyllum* Turcz.
159	粗叶榕	桑科	榕属	*Ficus hirta* Vahl
160	日本粗叶木	茜草科	粗叶木属	*Lasianthus japonicus* Miq.
161	楤木	五加科	楤木属	*Aralia chinensis* L.
162	赤楠	桃金娘科	蒲桃属	*Syzygium buxifolium* Hook. et Arn.
163	茶	山茶科	山茶属	*Camellia sinensis*（L.）O. Ktze
164	山血丹	紫金牛科	紫金牛属	*Ardisia punctata* Lindl.
165	白檀	山矾科	山矾属	*Symplocos paniculata*（Thunb.）Miq.
166	白背叶	大戟科	野桐属	*Mallotus apelta*（Lour.）Muell. Arg.
167	棕叶狗尾草	禾本科	狗尾草属	*Setaria palmifolia*（Koen.）Stapf
168	紫菀	菊科	紫菀属	*Aster tataricus* L. f.
169	竹叶草	禾本科	求米草属	*Oplismenus compositus*（L.）Beauv.
170	珠芽景天	景天	景天属	*Sedum bulbiferum* Makino
171	中华鳞毛蕨	鳞毛蕨	鳞毛蕨属	*Dryopteris chinensis*
172	中华里白	里白	里白属	*Hicnopteris chinensis*（Ros.）Ching
173	珍珠莲	桑科	榕属	*Ficus sarmentosa* var. *henryi*
174	长叶酸藤子	紫金牛科	酸藤子属	*Embelia longifolia*（Benth.）Hemsl.
175	长穗苔草	莎草科	苔草属	*Carex dolichostachya* Hay.
176	玉叶金花	茜草科	玉叶金花属	*Mussaenda pubescens* Ait. f.
177	天南星	天南星科	天南星属	*Arisaema heterophyllum* Blume
178	野茼蒿	菊科	野茼蒿属	*Crassocephalum crepidioides*（Benth.）S. Moore

（续）

序号	种　名	科	属	拉丁学名
179	野木瓜	木通科	野木瓜属	*Stauntonia chinensis* DC.
180	野菊花	菊科	菊属	*Dendranthema indicum*（L.）Des Moul.
181	艾	菊科	蒿属	*Aremisia argyi* Levl. et Van.
182	血见愁	唇形科	香科科属	*Teucrium viscidum* Bl.
183	小鱼仙草	唇形科	石芥苎属	*Mosla dianthera*（Buch. – Ham.）Maxim.
184	小叶买麻藤	买麻藤科	买麻藤属	*Gnetum parvifolium*（Warb.）C. Y. Cheng ex Chun
185	地桃花	锦葵科	梵天花属	*Urena lobata* Linn.
186	香花崖豆藤	蝶形花科	崖豆藤	*Millettia dielsiana* Harms
187	乌毛蕨	乌毛蕨科	乌毛蕨属	*Blechnum orientale* Linn.
188	乌蔹莓	葡萄科	乌蔹莓属	*Cayratia japonica*（Thunb.）Gagnep.
189	网脉酸藤子	紫金牛科	酸藤子属	*Embelia rudis* Hand. – Mazz.
190	溪洞碗蕨	姬蕨科	碗蕨属	*Dennstaedtia wilfordii*（Moore）Christ
191	瓦韦	水龙骨科	瓦韦属	*Lepisorus thunbergianus*
192	金耳环	马兜铃科	细辛属	*Asarum insigne* Dsiels.
193	土牛膝	苋科	牛膝属	*Achyranthes aspera* L.
194	铁线蕨	铁线蕨科	铁线蕨属	*Adiantum capillus-veneris* Linn.
195	浆果苔草	莎草科	苔草属	*Carex baccans* Nees
196	薯蓣	薯蓣科	薯蓣属	*Dioscorea opposita* Thunb.
197	药用鼠尾草	唇形科	鼠尾草属	*Salvia officinalis* Linn.
198	深绿卷柏	卷柏科	卷柏属	*Selaginella doederleinii* Hieron.
199	蛇根草	茜草科	蛇根草属	*Ophiorrhiza japonicum* Masamune
200	扁穗铁线蕨	铁线蕨科	铁线蕨属	*Adiantum flabellulatum* L.
201	莎草	莎草科	莎草属	*Cyperus compressus* L.
202	三叶崖爬藤	葡萄科	崖爬藤属	*Tetrastigma hemsleyanum* Diels et Gilg
203	茜草	茜草科	茜草属	*Rubia cordifolia* L.
204	平颖柳叶箬	禾本科	柳叶箬属	*Isachne truncata* A. Camus
205	枇杷叶紫珠	马鞭草科	紫珠属	*Callicarpa kochiana* Makino
206	木防己	防己科	木防己属	*Cocculus orbiculatus*（Linn.）DC.
207	清秀复叶耳蕨	鳞毛蕨科	复叶耳蕨属	*Arachniodes spectabilis*（Ching）Ching
208	毛茛	毛茛科	毛茛属	*Ranunculus japonicus* Thunb.
209	芒萁	里白科	芒萁属	*Dicranopteris dichotoma*（Thunb.）Bernh.
210	阔叶山麦冬	百合科	山麦冬属	*Liriope platyphylla* Wang et Tang
211	马甲菝葜	百合科	菝葜属	*Smilax lanceaefolia*
212	络石	夹竹桃科	络石属	*Trachelospermum jasminoides*（Lindl.）Lem.
213	楼梯草	荨麻科	楼梯草属	*Elatostema involucratum* France. Et sav.
214	龙须藤	蝶形花科	羊蹄甲属	*Bauhinia championii*（Benth.）Benth.

（续）

序号	种　名	科	属	拉丁学名
215	流苏子	茜草科	流苏子属	*Coptosapelta diffusa*（Champ. Ex Benth.）Van Steenis
216	亮叶崖豆藤	蝶形花科	崖豆藤属	*Millettia nitida* Benth.
217	酸模叶蓼	蓼科	蓼属	*Polygonum lapathifolium* L.
218	阔叶山麦冬	百合科	山麦冬属	*Liriope platyphylla* Wang et Tang
219	金樱子	蔷薇科	蔷薇属	*Rosa laevigata* Michx.
220	金银花	忍冬科	忍冬属	*Lonicera japonica* Thunb.
221	江南卷柏	卷柏科	卷柏属	*Selaginella moellendorffii* Hieron.
222	吉祥草	百合科	吉祥草属	*Reineckia carnea*（Andrews）Kunth
223	香花崖豆藤	蝶形花科	崖豆藤属	*Millettia dielsiana* Harms
224	篲竹	禾本科	矢竹属	*Pseudosasa hindsii*（Munro）C. D. Chu et C. S. Chao
225	华山姜	姜科	山姜属	*Alpinia chinensis*（Retz.）Rosc.
226	红花酢浆草	酢浆草科	酢浆草属	*Oxalis corymbosa* DC.
227	爪哇黑莎草	莎草科	黑莎草属	*Gahnia javanica*
228	寒莓	蔷薇科	悬钩子属	*Rubus buergeri* Miq.
229	海金沙	海金沙科	海金沙属	*Lygodium japonicum*（Thunb.）Sw.
230	山蒟	胡椒科	胡椒属	*Piper hancei* Maxim.
231	贯众	鳞毛藤科	贯众属	*Cyrtomium fortunei* J. Sm.
232	狗尾草	禾本科	狗尾草属	*Setaria viridis*（L.）Beauv.
233	狗脊蕨	乌毛蕨科	狗脊蕨属	*Woodwardia japonica*（L. F.）Sm.
234	刺头复叶耳蕨	鳞毛藤科	复叶耳蕨属	*Arachniodes exilis*（Hance）Ching
235	风轮菜	唇形科	风轮菜属	*Clinopodium chinense*（Benth.）O. Ktze
236	鹅观草	禾本科	鹅观草属	*Roegneria kamoji* Ohwi
237	多花蓼	蓼科	蓼属	*Polygonum caespitosum* Bl.
238	多花黄精	百合科	黄精属	*Polygonatum cyrtonema*
239	杜虹花	马鞭草科	紫珠属	*Callicarpa formosana* Rolfe
240	东风菜	菊科	东风菜属	*Doellingeria scaber*（Thunb.）Nees
241	淡竹叶	禾本科	淡竹叶属	*Lophatherum gracile*
242	大花乌蔹莓	葡萄科	乌蔹莓属	*Cayratia cordifolia* C. Y. Wu ex C. L. Li
243	常春藤	五加科	常春藤属	*Hedera nepalensis* K. Koch var. *sinensis*
244	草珊瑚	金粟兰科	草珊瑚属	*Sarcandra glabra*（Thunb.）Nakai
245	薜荔	桑科	榕属	*Ficus pumila* L.
246	半边旗	凤尾蕨科	凤尾蕨属	*Pteris semipinnata*
247	紫苏	唇形科	紫苏属	*Perilla frutescens*（L.）Britton
248	白茅	禾本科	白茅属	*Imperata cylindrica*（L.）Beauv.
249	白簕	五加科	五加属	*Acanthopanax trifoliatus*（L.）Merr.
250	菝葜	百合科	菝葜属	*Smilax china*
251	暗色菝葜	百合科	菝葜属	*Smilax lanceaefolia* var. *opaca* A. DC.

5

红豆树种质多样性及
主要育种性状特征

优树选择是林木遗传改良中最基础的工作，而对性状特征的充分认识是优树选择的基础，缺乏对性状特征的认识和把握就匆忙进行优树选择，其选择效果及可信度值得商榷。因此，在进行红豆树优树选择时，必须充分认识红豆树各性状特征、性状分化差异程度、性状间关联程度、经济价值以及性状的可遗传程度等，对所希望的性状给予正确的评定，为科学拟定优树选择标准提供依据。本章就红豆树主要性状特征、主要数量指标和质量指标进行分析。

5.1　材料来源

研究材料来源于福建省境内的浦城、政和、松溪、南平、武夷山、建瓯、沙县、永安、泰宁、古田、屏南、柘荣、周宁等 35 个市（县、区）的现有红豆树林木的调查资料、树干解析木资料、天然林群落样地调查材料、优树选择专项调查材料等组成。

5.2　研究方法

5.2.1　红豆树主要形质性状特征研究方法

根据林木性状研究常用指标以及红豆树自身的林学特性，对以下性状特征值的调查方法作如下规定：

①分枝角度（分枝与树冠上部主干的夹角）：树冠基部 4 ~ 5 个轮生的活枝平均分枝角度。

②分枝粗：树冠基部充分发育的 4 ~ 5 个轮生枝离主干 5cm 左右处的平均直径。

③通直度：以树干地上 6m 区分为 6 段，逐个区段观测，通直记为"1"，有弯记为"0"。如第 6 区段有弯，记为"111110"。

④心材比率：通过解析木测算心材占全株干材的比率，通过解析木建立心材材积与胸

径相关数学模型、心材材积与年龄相关数学模型、心材直径与胸径的关系式。进行心材颜色类型辨识和典型标本的木材结构性质分析。

⑤病虫害类型：白蚁、蛀干、蛀根、蛀梢、食叶的虫害名称。枝叶受害程度按：无、<10%、10%~30%、31%~50%、51%~70%、整株死亡（顾万春，黄东森.1993；施季森、潘本立，胡先菊等.1999）。

5.2.2　性状特征值计算方法

林木材用性优树选择的主要性状指标是胸径、树高、枝下高、通直度、冠幅、心材比率等。为便于数量化分析比较，将各性状转化为具有可比性的系数指标，进而对红豆树各性状变异程度进行比较分析。经豆树主要性状指标测算如下：

枝粗系数(f_1) = 枝粗/胸径；树干通直度系数(f_2) = 各区段通直度观测值/6；枝下高系数(f_3) = 枝下高/树高；冠长系数$_1$(f_4) = 冠长/胸径；冠长系数$_2$(f_5) = 冠长/树高；冠长系数$_3$(f_6) = 冠幅/胸径；胸高心材比率(f_7) = 胸高心材直径/胸径；胸径分化程度(f_8) = 各株胸径/林分胸径平均值；树高分化程度(f_9) = 各株树高/林分平均高；枝下高分化程度(f_{10}) = 各株枝下高/林分平均枝下高。

5.2.3　性状间相关关系与模型研究方法

性状间关系相关矩阵分析。性状间相关方程拟合：应用 $y = a + bx$、$y = a + b/x$、$1/y = a + bx$、$1/y = a + b/x$、$\ln y = a + b\ln x$、$\ln y = a + bx$、$y = a + b\ln x$、$\ln y = a + b/x$ 等多型数学模型进行拟合回归，建立红豆树主要性状的最佳相关方程。

5.3　结果与分析

5.3.1　红豆树自然类型多样性

（1）种子形态特征的变化多样性

收集历年采集的 93 个不同地理种源红豆树种批进行对比分析，发现其形态特征和种子特性均具有显著的差异：在种子的形态特征方面，形态有 3 种，主要有长卵形、扁卵形、扁圆形；种脐差异大，例如泰宁种批的种脐平均 0.7cm、浦城种批的种脐平均 1.1cm、永泰种批的种脐 1.05cm、周宁种批的种脐 0.96cm、柘荣宅中种批的种脐 0.87cm。种皮颜色差异，种皮底色有赤红色与深红色两种，有或无黑褐色斑块两类。在种子特性方面，千粒重的平均值 896g、极差 500g、标准差 169、变异系数 19；但是，同株母树不同年份结果的种子形状、千粒重、种脐、颜色基本一致，表现出明显的个体遗传性。

（2）叶的变化多样性

调查结果表明，红豆树为奇数羽状复叶，小叶有 5 枚、7 枚、9 枚和 11 枚 4 种，以 7 枚小叶最常见。小叶枚数与心材质地相关，9 枚和 11 枚小叶的红豆树心材比率较高、心材颜色更深、栗褐色木材纹理更密。红豆树落叶类型有全落叶和半落叶两类，全落叶型于 10 月份开始落叶，12 月完全落叶，半落叶型至 2 月份仅有树冠上部落叶、中下部树冠不落叶。多年

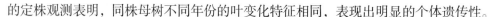

的定株观测表明，同株母树不同年份的叶变化特征相同，表现出明显的个体遗传性。

（3）树皮的变化特性

红豆树主干树皮有螺旋纹和无螺旋纹之分，有螺纹状树皮的心材比率更高，据相同种质来源、立地质量、生态环境、相近胸径的立木心材实测结果发现，二者的心材差距达到11.3%。此结果表明，进行红豆树材用目标的优树选择时，螺旋纹树皮可作为选择依据，但是，未经子代测定，无法确定其是否具有遗传性。

（4）树干的变化多样性

树干通直度系数（f_2）、枝下高系数（f_3）是反映树干性状变化的两个主要指标，为剔除修枝促干的人工经营措施和林分拥挤程度对两个指标评价的影响，本研究的树干性状变化的考察对象仅限于红豆树天然林立木，调查结果显示自然状态下主干明显且通直的植株比率为0.34%。主干6m以下平均通直度系数为0.83，变异系数0.2374；平均枝下高系数为0.54，变异系数为0.3238。通直度与枝下高的相关性分析表明，二者相关系数达到0.6063，具有极显著正相关，说明材用目标的优树表型选择时，可以选取二者之一作为评价指标即可。主干通直度与立木材积、胸径、树高的相关系数分别为0.2834、0.3316、0.4891，都达到极显著相关，说明材用目标的优树表型选择时，通直度的指标具有重要作用。树干性状多样性可以为优树表型选择提供基础，但是其变异来源、遗传性、遗传程度未经子代测定，尚无法确定。

（5）冠幅生长多样性

天然林中红豆树冠幅多呈伞状，主干通直的呈倒陀螺形或古钟形，少见圆锥形。通常，冠幅宽大的伞形立木，其侧枝粗大且平展（即枝角大），这种立木的主干出材率低，不符合材用林培育目标。树高与胸径比率大、树下高系数大的立木，主干出材率明显较高，符合材用林培育目标。红豆树冠幅形状调查表明，红豆树冠幅与侧枝粗度的相关系数0.7305，相关性达极显著。冠幅与侧枝枝角的相关系数为0.3968，相关性也达极显著。侧枝粗大且平展的红豆树立木，不符合材用目标的优树表型选择。红豆树冠幅宽度与高径比率、枝下高系数的相关系数分别为-0.6792、-0.2494，达极显著负相关，也表明冠幅宽大的伞形立木，与材用性森林培育目标相违背。

（6）主干分杈多样性

大多数红豆树自然生长的主干低矮，树干分杈性极强，自然整枝能力差，长成大树后形成多个主干。对永春碧卿国有林场设置的红豆树试验林调查结果表明，未经人工修枝促干措施的6年生红豆树立木主干出现0～11个分杈，分杈频率详见表5-1。林分主干分杈的平均高度0.51m，林分主干平均分杈数1.79个/株。林缘木全部出现主干分杈，分杈的平均高度0.3m、分杈数3～6个/株。

表5-1　6年生红豆树人工林自然生长状态下主干分杈情况

项目	主干分杈数							
个数/个	11	6	5	4	3	2	1	0
频数/株	1	10	8	25	52	143	191	153
频率/%	0.2	1.72	1.4	4.3	8.9	24.5	32.8	26.2
地径/cm	12.5	12.4	12.2	9.6	8.9	7.7	6.4	4.4

（续）

项目	主干分杈数							
米径/cm	7	5.1	5.8	5.2	5	4.7	3.7	2.8
胸径/cm	5.4	4.8	5.4	4.9	4.6	4.3	3.4	2.6
树高/m	5.2	5.1	5	4.8	4.6	4.4	3.8	3.1
分杈高/m	0.2	0.3	0.4	0.7	0.7	0.9	0.6	—
冠幅宽/m	4.3	3.6	3.6	2.9	2.3	1.8	1.5	1.0

（7）侧枝分化多样性

红豆树侧枝多样性主要表现为侧枝枝粗系数和枝角的多样性。侧枝枝粗的变异幅度达到 0.4558，在 10 项形质性状比较中仅于胸径变异系数 0.4924，说明红豆树侧枝变化大，具有良好的优树表型选择基础。在侧枝枝粗系数与其他性状相关分析中，侧枝枝粗与胸径（ - 0.2379）、树高（ - 0.2786）、枝下高（ - 0.2691）、枝角（ - 0.3201）、通直度（ - 0.4151）都呈极显著负相关。反映了红豆树侧枝枝粗系数在红豆树优树表型选择中的重要影响。在永春碧卿国有林场和连江陀市国有林场未经人工修枝促干措施的 7 年生红豆树立木中，胸高处侧枝粗与主干胸径比率平均值为 0.64，侧枝与主干基本成 36°夹角斜向上伸展，同样反映了枝粗形质因子在表型选择中的重要性。

（8）生态环境多样性

红豆树的适生生态环境跨度大，自然生长地带从广东海口至湖北西部跨越近 17 个纬度带，在福建、广东、江苏、安徽、浙江、江西、河南、湖北、湖南、贵州、四川、陕西及甘肃等省份均有分布，天然林木常见于海拔 200 ~ 600m 的低山丘陵、河边及村落附近，是红豆树属中树形最大、分布最北、经济价值最高的珍贵用材树种。红豆树天然林生态环境的多样性和差异性十分明显。在福建红豆树分布为福州、永泰、连江、仙游、永春、德化、同安、永安、三元、泰宁、漳平、龙岩、上杭、长汀、连城、政和、延平、顺昌、建瓯、松溪、邵武、浦城、柘荣、周宁、福安、福鼎、古田、屏南等市（县、区）。

（9）心材多样性

红豆树心材多样性主要表现为心材色泽多样性和心材率多样性。幼树木材呈浅黄色或白色，大树的树干心材呈红褐色、栗褐色、浅黑色，边材与心材色泽分明，边材浅黄色且有红褐色线状纹，边材红褐色线状纹随树龄增大日益增多，逐渐向心材过渡。

（10）种群遗传基因多样性

赵颖等应用 ISSR 分子标记研究了浙闽 2 省 5 个红豆树自然保留种群的遗传多样性和种群遗传分化。结果表明，红豆树遗传多样性丰富，物种水平的多态位点百分率高达 91.46%，总的种群基因多样性为 0.3981，显著地高于水松（ *Glyptostrobus pensilis* ）（He = 0.1078）（吴则焰，2011）、冷杉（ *Abies ziyuanensis* ）（He = 0.2344）（张玉荣等，2007）、红楠（ *Machilus thunbergii* ）（He = 0.1860）（冷欣等，2006）和观光木（ *Tsoongiodendron odorum* ）（He = 012597）（黄久香和庄雪影，2002）等其他珍稀濒危树种。研究的 5 个红豆树自然保留种群虽较小，但皆维持较高水平的遗传多样性，种群多态百分率（PPL）、Nei 基因多样性（He）和 Shannon 信息多样性指数（I）分别为 81.71% ~ 89.02% 、0.3498 ~ 0.3831 和

0.5026～0.5506。因现有红豆树种群皆是在过渡采伐后保留下来的，片断化时间较短，种群间遗传分化较小，仅有6.45%的遗传变异存在于自然保留种群间，而种群内的变异占总变异的93.55%。研究还表明，较大的红豆树种群具有较高的遗传多样性，应优先加强遗传保育（赵颖、何云芳、周志春等.2008）。

5.3.2　红豆树性状特征值与变异程度

红豆树主要性状特征值枝粗系数(f_1)、树干通直度系数(f_2)、枝下高系数(f_3)、冠长系数1(f_4)、冠长系数2(f_5)、冠长系数3(f_6)、胸高心材比率(f_7)、胸径分化程度(f_8)、树高分化程度(f_9)、枝下高分化程度(f_{10})测算结果详见表5-2（郑天汉.2008；郑天汉，李建英，黄兴发.2009）。

表5-2　红豆树主要性状特征的变异程度

项目	f_1	f_2	f_3	f_4	f_5	f_6	f_7	f_8	f_9	f_{10}
均值	0.28	0.83	0.54	0.24	0.40	1.01	0.58	1.00	1.00	0.99
最大值	0.65	1.00	0.88	0.53	1.21	3.87	0.93	2.56	1.67	1.86
中值	0.26	0.83	0.58	0.22	0.37	0.79	0.58	0.92	1.02	0.96
最小值	0.07	0.33	0.13	0.09	0.15	0.15	0.19	0.36	0.34	0.41
标准差	0.1262	0.1971	0.1756	0.0879	0.1846	0.7322	0.1478	0.4924	0.3123	0.3333
方差	1.8467	6.4085	0.2818	1.3685	6.0312	94.8911	0.0217	8.9719	3.6094	4.1108
变异系数	0.4558	0.2374	0.3238	0.3724	0.4568	0.7243	0.2552	0.4924	0.3125	0.3367

5.3.3　红豆树性状间相关矩阵分析

各性状的差异性程度，反映红豆树表型选择中的选择基础有所差异，性状差异越大，说明选择效果可能也越大。性状间的相关性及其程度，可为表型选择中选择目标的确定提供直接依据。以113株不同区域、不同龄级、不同径级分布的天然红豆树林木为红豆树性状间相关性的分析提供样本资料，对红豆树材积、胸径、树高、枝下高、枝下高与树高比、冠长、侧枝粗与胸径比、侧枝粗度、枝角等13个性状进行相关分析，结果见表5-3（红豆树13个重要性状间的相关矩阵）。

5.3.4　红豆树主要数量性状的变异程度比较

材用性林木的主要数量性状因子为材积、胸径、树高、枝下高，立木材积性状变异来源于胸径、树高、枝下高3个因素。另外，由于红豆树红褐色心材的经济价值最为突出。因此本研究对红豆树胸径、树高、枝下高、胸高心材比率等4个数量性状指标进行测量和分析。从表5-2可见，红豆树林木个体的各个性状因子具有较大的变异性。其中，林木个体的胸径、树高、枝下高、胸高心材比率的性状变异为$f_8 > f_3 > f_9 > f_7$，即胸径分化程度最大，枝下高分化程度次之，树高分化程度居三，胸高心材比率最小。这为红豆树优树选择提供的基本信息是：在选择基础的差异上，为胸径＞枝下高＞树高＞胸高心材比率，可以参考以胸径生长性状为主要优树选择因子，枝下高、树高和胸高心材比率分别次之的选择

表 5-3　红豆树 13 个重要性状间的相关性矩阵

项目	材积/V	胸径/D	树高/H	枝下高/h	枝高系数/K	冠宽/W	枝粗系数/t	侧枝粗度/T	枝角/Q	H/D	W/H	W/D
D	0.9342**											
H	0.5986**	0.6167**										
h	0.2081*	0.1328	0.3664**									
K	-0.1270	-0.2379*	-0.2242*	0.7895**								
W	0.7764**	0.8297**	0.5654**	0.0707	-0.2494**							
t	-0.2058	-0.2379*	-0.2786**	-0.2691**	-0.1455	-0.0389						
T	0.6629**	-0.1851*	0.4196**	-0.0265	-0.3092**	0.7305**	0.3975**					
Q	0.3142**	0.7589**	0.2946**	0.1649	0.0230	0.3968**	-0.3201**	0.1252				
H/D	-0.5096**	-0.698**	-0.1348	0.21885*	0.3381**	-0.6792**	-0.0876	-0.654	-0.274			
W/H	0.39653**	0.48014**	-0.084	-0.2048*	-0.1492	0.73217**	0.2193*	0.54205**	0.2805**	0.3099**		
W/D	-0.38**	-0.4983**	-0.5386**	-0.1756	0.19557**	-0.1012	0.28301**	-0.2971**	-0.044	0.2679**	0.3099**	
P	0.2834**	0.3316**	0.4891**	0.6063**	-0.047	0.3027**	-0.4151**	0.1126	0.2059*	-0.047	-0.028	-0.256**

注：P 为通直度，"*"和"**"分别指在 0.05 和 0.01 水平上差异显著；$R(0.05,113)$ 和 $R(0.01,113)$ 的相关等系数检验值分别为 0.1851 和 0.2405；$R(0.05,96)$ 和 $R(0.01,96)$ 的相关系数检验值分别为 0.199 和 0.266。

条件重要性序列。

在制定优树表型选择的依据时，数量化指标是选择的主要依据。但是在天然林中，由于林木的一些测树因子常常无法测定，表型选择时无法以数量化指标进行。例如，在没有干扰的红豆树天然林分中，红豆树的年龄世代结构通常表现为连续繁衍，其林分龄级构成为多世代共存的复合结构，林分中的立木确切生长年龄目前尚无法准确确定。这样就无法测算出红豆树生长性状数量化指标值并以此为选择依据进行选优。因此，红豆树天然林中，干材形质性状指标是开展红豆树表型选择的重要依据。研究红豆树干材形质性状指标及其性状间的相关性程度，这就成为开展红豆树遗传改良工作的必要前提。

5.3.5 红豆树干材形质性状的变异程度比较

红豆树 5 个干材形质性状指标变异也很丰富，其性状变异程度分别为 $f_6 > f_5 > f_1 > f_4 > f_2$，即红豆树林木的形质性状变异为树冠 > 枝粗 > 通直度。这为红豆树优树选择提供的基本信息是，在制定材用性优树入选标准时，变异程度大的性状选择应有较大的选择差，其选择差大小的次序极可能为树冠—枝粗—枝下高—胸高心材比率—通直度。从单一性状因素考虑，居前的性状可能有更大的选择效果。

5.3.6 红豆树主要性状相关关系

5.3.6.1 红豆树材积性状相关性分析

材积生长性状是其它性状在生长过程中的综合体现，较高的生长量是生产所追求的目标，所以以材积性状是材用性遗传改良目标中开展优树选择的主要生长量指标，与材积性状相关性高的性状指标也就是选优工作中的重要参考因子。从表 5-3 可见，红豆树材积生长与其它各因子相关关系的显著性程度为：材积生长与胸径、冠长、Ⅰ级侧枝粗度、树高、枝角、通直度呈极显著正相关，与枝下高呈显著相关，表明这些性状在红豆树材用性目标的优树选择上具有较高的一致性；材积性状与枝粗—胸径比成负向相关且相关显著，表明优树选择时可以把枝粗—胸径比率系数作为控制指标因子考虑；材积性状与枝下高—树高比呈负相关，但相关不显著。

5.3.6.2 红豆树胸径性状相关性分析

胸径性状与其它各因子相关关系的显著性程度为，红豆树胸径生长与冠长、枝角、树高、通直度呈极显著正相关，表明这些性状与胸径生长性状也具有较高的一致性；胸径生长量与枝粗系数、枝下高系数、侧枝粗度呈显著负相关，表明枝粗系数、枝下高系数、侧枝粗度越大，越不利于红豆树胸径生长。因此，可以将枝粗系数、枝下高系数、侧枝粗度作为红豆树优树选择的控制因子。

5.3.6.3 红豆树树高性状相关性分析

树高性状与其它各因子相关关系的显著性程度为：红豆树树高性状与冠长、通直度、侧枝粗、枝下高、枝角呈极显著正相关，即树高与这些性状的表现具有较高一致性。

5.3.6.4 红豆树枝下高性状相关性分析

枝下高与其它因子相关程度，枝下高与通直度呈极显著正相关，二者的紧密性说明在优树或优良单株选择的评价指标确定上，可选择其中之一作评价指标或在评价指标分量上做出合理确定。

5.3.6.5 红豆树枝粗系数相关性分析

枝粗系数与其它性状因子皆呈负向相关，且与树高和枝下高的负向相关程度最高，表明枝粗系数是红豆树树高生长的重要相关指标量，也表明枝粗系数可作为红豆树干材的形质控制指标。

5.3.6.6 红豆树冠长(w)性状相关性分析

树冠是林木生长发育中最重要的营养器官，高产的植株都具有合理的树体结构，能有效地进行光合作用，合理地分配和积存生物产量。因此，速生高产的林木通常具备良好的株型或冠型结构。在用材林的林分生长中，通常要求树冠为浓密窄冠型、高冠比大，以利于密植

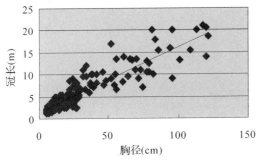

图 5-1 冠长–胸径关系散点图

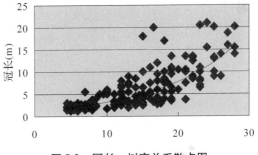

图 5-2 冠长–树高关系散点图

从而提高林分群体的产量。因此，林木的冠长、冠高、侧枝粗度、侧枝角度、冠型等性状特征，都是森林资源培育中的重要研究内容。为此，以红豆树冠幅长度为因变量，以红豆树材积生长量、胸径、树高、枝下高、侧枝粗度、侧枝枝角等性状逐一绘出相关程度散点图，结果是树冠特征与胸径、树高的关系最密切，其相关程度直观如图 5-1～图 5-3 所示。

（1）冠长—胸径关系

从冠幅特征与其它数量性状的直观图可

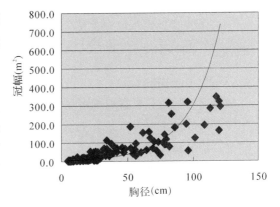

图 5-3 冠幅–胸径关系散点图

初步判断，它们之间具有较紧密的关系。应用 8 种主要数量模型方程进行拟合（表 5-4），表明红豆树冠长与胸径相关关系基本呈线性，其拟合方程为：

表 5-4　红豆树人工林冠长与胸径拟合回归方程

序号	拟合方程	a	b	R	F
1	$y = a + bx$	1.2247	0.1382	0.8739	2056.3770
2	$y = a + b/x$	6.6424	-37.9660	0.5814	325.2864
3	$1/y = a + bx$	0.4099	-0.0056	0.6231	403.7053
4	$1/y = a + b/x$	0.1253	2.6537	0.7147	664.0155
5	$\ln y = a + b\ln x$	-0.76293	0.7151	0.8377	1496.3440
6	$\ln y = a + bx$	0.8124	0.02441	0.7869	1034.0180
7	$y = a + b\ln x$	-6.014	3.4892	0.8018	1144.7640
8	$\ln y = a + b/x$	1.8988	-8.9279	0.69888	607.1289

$$y = 1.224738 + 0.138228X \quad (R^2 = 0.8739)$$

（2）冠长—树高关系

从冠长与树高关系直观图可见，冠长与树高的相关函数基本趋势为指数方程，应用上述 8 种常见数量模型方程进行拟合，结果是冠长与树高基本成自然对数关系，但相关系数为 0.4346，表现为中等正相关。其拟合方程为：

$$\ln(y) = 1.889048 - 7.35629/x$$

表 5-5　红豆树人工林冠长与树高拟合回归方程

序号	拟合方程	a	b	R	F
1	$y = a + bx$	3.5214	0.0569	0.20841	28.8926
2	$y = a + b/x$	6.63584	-31.6777	0.3671	99.0644
3	$1/y = a + bx$	0.31954	-0.0025	0.1604	16.7958
4	$1/y = a + b/x$	0.1326	2.1226	0.4314	145.4615
5	$\ln y = a + b\ln x$	-0.22376	0.5868	0.4335	147.2097
6	$\ln y = a + bx$	1.2012	0.0111	0.2068	28.4057
7	$y = a + b\ln x$	-2.9051	2.6887	0.3897	113.8552
8	$\ln y = a + b/x$	1.8890	-7.3563	0.4346	148.0848

（3）冠幅—胸径关系

从冠幅与胸径关系直观图可见，冠幅与胸径的相关函数基本趋势为指数方程，应用上述 8 种常见数量模型方程进行拟合，结果是冠幅与胸径基本成对数关系，但相关系数为 0.8377。其拟合方程为：

$$\ln(y) = -0.96755 + 1.200898\ln(x) \quad (R^2 = 0.8377)$$

表 5-6　冠幅与胸径拟合回归方程

序号	拟合方程	a	b	R	F
1	$y = a + bx$	-6.7056	1.3216	0.6642	165.8128
2	$y = a + b/x$	71.8251	-549.8050	0.4429	51.2349

（续）

序号	拟合方程	a	b	R	F
3	$1/y = a + bx$	0.1861	− 0.0021	0.4854	64.7441
4	$1/y = a + b/x$	− 0.0145	2.1306	0.7748	315.4181
5	$\ln y = a + b\ln x$	− 0.9676	1.2009	0.8377	494.1170
6	$\ln y = a + bx$	1.8508	0.0287	0.7268	235.2095
7	$y = a + b\ln x$	− 101.9251	44.4062	0.6156	128.1511
8	$\ln y = a + b/x$	3.9708	− 18.9089	0.7664	298.9109

5.3.6.7　红豆树胸高心材生长规律与心材比率分析

（1）红豆树胸高心材与其它形态指标的关系

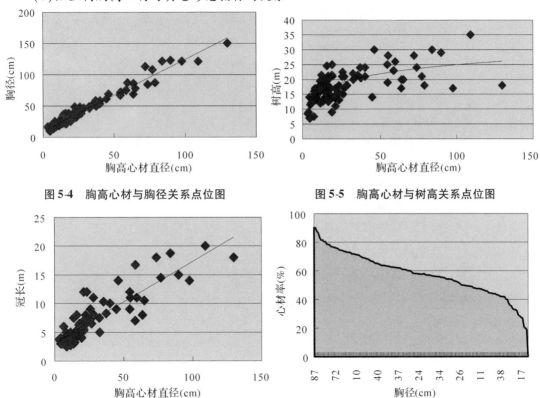

图 5-4　胸高心材与胸径关系点位图　　　图 5-5　胸高心材与树高关系点位图

图 5-6　胸高心材与冠长关系点位图　　　图 5-7　红豆树心材比率趋势曲线

表 5-7　福建周宁 16 年生红豆树胸高心材直径实际调查值

序号	1	2	3	4	5	6	7	8	9	10	11
胸径/cm	13.3	12.8	12.6	11	11	10.5	11	10	10	9.9	9.8
心材/cm	3	0	0	0	2.2	0	0	0	0	2.5	0

序号	12	13	14	15	16	17	18	19	20	21
胸径/cm	9	9	8.9	8.8	8.7	8.7	8.6	8.3	7.6	7.5
心材/cm	0	4	0	2.8	0	1.2	0	1.9	0	0

根据课题组对全省红豆树心材比率的调查测定值，以及红豆树树干解析木资料，应用多种数学模型拟合出红豆树心材计算方程：

$$V = 7.42 \times 10^{-5} \times D^{2.3162} \quad (R^2 = 0.8575)$$

为分析红豆树心材与其它性状的相关关系及其相关程度，分别绘制出红豆树胸高直径与其它性状因子的散点图，初步研判性状间相关性及其相关程度。结果是红豆树胸高心材与胸径呈紧密的直线相关关系，胸高心材与树高基本呈乘幂函数关系，胸高心材与冠长呈直线关系。它们的回归方程分别为：

$$d = -6.5980 + 0.8229D \quad (R^2 = 0.9589)$$

式中：d—胸高心材直径；

D—胸径。

$$\ln(d) = 0.228H - 1.088 \quad (R^2 = 0.8439)$$

式中：d—胸高心材直径；

H—树高。

$$d = 7.092CW - 22.83 \quad (R^2 = 0.7319)$$

式中：d—胸高心材直径；

CW—冠长。

红豆树在生长幼林期即前 10 年通常没有红褐色心材出现，天然林红豆树心材出现时的胸高直径约 8cm。对福建周宁苗圃种植的 16 年生红豆树调查 21 株，其平均胸径为 9.8cm，树高为 7m。心材直径与胸径的实际调查值详见表 5-7，表明红豆树人工林出现心材时的胸径值基本与天然林一致。另外，相同胸径的红豆树心材也存在差异，如表 5-7 中红豆树在相同的生长环境中有些植株已出现心材，而有些植株尚未出现心材，初步可以判断红豆树心材出现有迟早和大小的差别。

红豆树心材直径比率随胸径的变化趋势呈正态单边曲线形态，详见红豆树心材比率趋势图，其拟合回归方程为：

$$P = 5.721534 + 15.37705\ln D \quad (R^2 = 0.6261)$$

式中：P—胸高心材比率；

D—胸径。

（2）红豆树心材率变化规律

为探索红豆树个体间的心材变化情况，并使个体间心材数量指标具有可比性，以红豆树胸高心材直径与胸高直径之比，即以心材率来比较株间心材生长差异。对全省抽样调查的 187 株红豆树，以心材率为纵坐标，以所对应的各株胸径为横坐标绘制出红豆树心材率趋势图。由趋势图可见，红豆树个体间的心材率具有较大的差异。全省红豆树心材比率的总平均为 57.9%，标准差 14.7，变异系数 0.2545，可见红豆树心材率差异较大，表明红豆树心材生长的株间变化较大。按心材率高低将红豆树调查木划分为红豆树心材率 > 均值、> S、> $2S$ 等三种类型进行初步归类，由表 5-8 可见，若以心材率为红豆树优树选择的性状指标进行优树选择，当以 2 倍以上标准差进行选择时，有望选出选择差较大、心材比率为 90.2% 的优树。

表5-8　红豆树心材率初步归类表

项目	>均值	>S	>2S
样本频数/株	76	28	4
平均心材率/%	69.8	78.9	90.2
样本频率/%	48.7	17.9	2.6

表5-9　红豆树心材率与其它性状关系值

心材率类型 %	心材率均值 %	样株数 株	频率 %	胸径 cm	树高 m	枝下高 m	心材直径 cm	通直指数
>80	81.5	10	6.58	82.9	21.7	5.4	71.4	1
70~80	73.9	26	17.11	48	20.7	8.4	35.8	0.9306
60~70	63.9	32	21.05	42.7	20.1	6.5	27.7	0.9167
50~60	55.3	38	25	29.4	15.8	6	27.1	0.9028
<50	40.3	46	30.26	21.8	13	4.7	9.01	0.7847

为进一步寻找红豆树心材率变化与其它因素的基本规律，将调查样本按心材比率类型归类统计，结果见表5-9。表中数据表明，红豆树心材率除了与胸径有较明显的相关关系外，与其它性状因子的关系均不明显，通过绘制心材率与其它性状的关系点位图以及相关程度分析，都表明心材率与其它几个性状间不存在有意义的相关关系。

在红豆树人工林调查中发现，胸径相同而生长年龄不同的红豆树，其心材比率随年龄增大而有所提高。对同一片红豆树人工林分的心材率进行调查比较，发现心材比率与胸径生长速度呈负相关，这可能与心材的形成机制有关，这个问题有待今后进一步研究。

5.3.6.8　红豆树Ⅰ级侧枝枝粗特征分析

根据枝粗相关点位图初步确定两者的基本数量关系，进而以多种数学模型拟合回归，得较理想的相关方程如下：

Ⅰ级侧枝枝粗与胸径关系趋势及其回归方程：

$$Y1 = 2.6673 + 0.1833X1 \quad (R^2 = 0.5465)$$

Ⅰ级侧枝枝粗与冠长关系趋势及其回归方程：

$$Y2 = 0.7971 + 1.4261X1 \quad (R^2 = 0.5258)$$

Ⅰ级侧枝枝粗与树高关系、枝下高不存在有实际意义的相关关系。

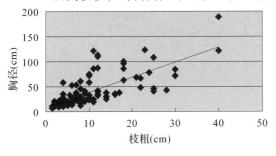

图5-8　枝粗与胸径关系点位图

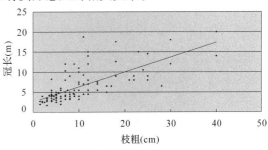

图5-9　枝粗与冠长关系点位图

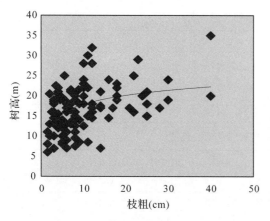

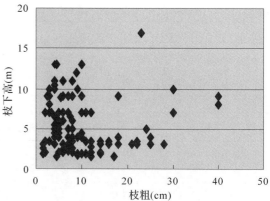

图 5-10　枝粗与树高关系点位图　　　　图 5-11　枝粗与枝下高关系点位图

表 5-10　红豆树 I 级侧枝枝粗系数与其它性状关系

级别类型	枝粗－胸径系数	株数	比率/%	胸径/cm	树高/m	枝下高/m	枝粗/cm	冠长/m	枝角
<0.1	0.15	36	31.6	49.7	19.9	6.8	7	6	47°
0.2~0.3	0.24	32	28.1	33.2	15.9	5.6	7.8	5	37°
0.3~0.4	0.33	25	21.9	35.2	15.9	4.8	11.7	6.2	36°
0.4~0.5	0.47	21	18.4	29.2	15.4	4.4	13.9	5.5	32°
均值	0.2768			37.8	17	5.58	9.6	5.7	39°

以红豆树 I 级侧枝枝粗与胸径的比值为枝粗系数，红豆树枝粗系数平均值为 0.2768，将枝粗系数按 0.1 为一个径级划分为 4 个级别类型，结果发现枝粗系数与胸径、树高、枝角存在较密切关系。从表 5-10 可见，红豆树枝粗系数越小，胸径、树高也越大，而枝角则处在 36°左右的较合理范围内。由此可见，枝粗系数可作为制定红豆树优树选择的考察依据之一。

5.3.6.9　红豆树树干通直度与主干分权特征分析

红豆树树冠的中上部侧枝多数呈二叉状分权，导致主干不明显。红豆树树干平均通直度为 0.83，主干部分约占树木全高的 35%。以红豆树主干基部 6m 高的树干部分进行通直度评价，完全通直的 I 级木占调查样本数的 42%、II 级木占 21%、III 级木占 16%、IV 级木占 14%、V 级木占 3%。由于通直度与主干分权特性对红豆树木材产量和利用价值极为重要，可以作为红豆树优树选择时的重要参照因子，对预选树进行单独评价。

5.4　小结与讨论

（1）红豆树材用性遗传改良目标关系密切因子选择

为研究红豆树性状间的关系及其基本规律，对红豆树材积、胸径、树高、枝下高、枝下高—树高比、冠长、侧枝粗—胸径比、侧枝粗度、枝角等 13 个性状进行相关分析。红豆树材积生长与胸径（0.9342）、冠长（0.7764）、I 级侧枝粗度（0.6629）、树高（0.5986）、枝角(0.3142)、通直度(0.2834)呈极显著正相关,与枝下高(0.2081)呈显著相关,表明这些性状在红豆树材用性的优树选择目标上具有较高的一致性。

(2)红豆树心材率变化分析

红豆树个体间的心材率具有较大的差异,全省红豆树心材比率的总平均为57.9%,标准差14.7,变异系数0.2545,表明红豆树心材生长的株间变化较大。红豆树心材材积与林木胸径的相关系数为0.8575,最佳关系方程为 $V = 7.42 \times 10^{-5} \times D^{2.3162}$;胸高心材直径与林木胸高直径相关系数为0.9589,二者的最佳关系方程为 $d = -6.5980 + 0.8229D$。按心材率高低将红豆树调查木划分为红豆树心材率 > 均值、$>S$、$>2S$ 等三种类型进行初步归类,若以心材率为红豆树优树选择的性状指标进行优树选择,当以2倍以上标准差进行选择时,可望选出选择差较大、心材比率在90.2%的优树。

(3)枝粗系数分析

枝粗指标与材积、胸径、树高存在较密切的负向相关关系,分别为 -0.2058、-0.2379、-0.2786,即红豆树枝粗指数越小,材积、胸径、树高也越大。由此可见,枝粗指数可作为制定红豆树优树选择的考察依据之一。

(4)优树选择的主要性状因子选择

根据红豆树材用性遗传改良目标,综合分析性状间的关系及其对改良目标的影响,从中筛选出对红豆树优树选择与评价具有实际价值的性状关系,分别为胸径(0.9342)、树高(0.5986)、枝下高(0.2081)、通直度(0.2834)、心材率(0.8575)、枝粗系数(-0.2058)、冠径比系数(-0.38),枝下高与通直度可择其一作优树选择的评价指标;枝粗系数、冠径比系数可作为红豆树干材的形质控制指标。

6 红豆树优树选择与子代遗传测定

6.1 材料来源

6.1.1 人工林材料来源

20 世纪 60 年代中期，红豆树曾作为中国南方重点推广的珍稀贵重用材树种。1965 年、1966 年福建省在 20 余个国有林场开展红豆树造林试验，目前保存面积约 600 亩，其中，福建农林大学莘口教学林场现存红豆树人工林约 375 亩，其它国有林场现存红豆树人工林分约 225 亩。另外，20 世纪 60 年代以后陆续种植的红豆树林分约 150 亩。

6.1.2 天然林材料来源

福建省目前保存较完整的红豆树天然林约 750 亩，主要分布在柘荣、周宁、福安、福鼎、屏南、古田、连江、晋安、永泰、建瓯、松溪、政和、浦城、武夷山、尤溪、泰宁、漳平等县(市、区)，这些红豆树森林资源为优树选择提供可靠的基本群体。预选优树为天然林分或林木，均生长在土壤肥沃，水分条件适宜的沟谷、山洼山脚、溪流河边、房前屋后等。

6.1.3 优树子代遗传测定材料来源

参试红豆树优树种子为 2004~2006 年全省优树选择时，对有结果优树同时采集单系种子，采取单系育苗用于子代遗传测定。华安子代试验林的对照为金山国有林场与南靖国有林场的混合种，永春子代试验林的对照采用屏南一中的混合种，延平子代试验林的对照采用柘荣混合种。参试优树母本性状详见表 6-1。

表 6-1 红豆树子代遗传测定参试优树(母本)性状

家系号	心材率/%	胸径/cm	树高/m	枝高系数	通直度	枝角/°	枝粗系数	所在地点备注
家系 1	0.740	58	19.5	0.33	1	45	0.345	华安金山 U6
家系 2	0.686	44.2	24.5	0.22	1	60	0.226	南靖 U10

（续）

家系号	心材率/%	胸径/cm	树高/m	枝高系数	通直度	枝角/°	枝粗系数	所在地点备注
家系3	0.685	61	23	0.15	0.83	30	0.213	华安金山U7
家系4	0.763	45.6	21.5	0.186	1	40	0.285	德化葛坑U8
家系5	0.702	44.3	24.5	0.18	0.83	60	0.158	南靖U14
家系6	0.766	36.3	20	0.30	1	30	0.165	南靖U18
家系7	0.476	38.2	17	0.09	0.83	18	0.518	屏南一中
家系8	0.583	39.8	17	0.41	1	25	0.302	屏南一中
家系9	0.532	38.5	15	0.30	0.83	30	0.286	寿山明代古道
家系10	0.710	37.9	21	0.10	1	30	0.369	古田钱板村
家系11	0.634	58.5	24	0.38	1	50	0.171	古田钱板村
家系12	0.755	60.5	23	0.478	1	60	0.281	浦城双田村
家系13	0.535	36.4	13.5	0.37	0.67	90	0.192	富溪前宅村
家系14	0.763	71.6	19	0.53	1	45	0.419	楮坪洪坑村
家系15	0.711	46	20	0.55	1	45	0.174	宅中赤岩村

6.2 研究方法

6.2.1 标准差选择法

根据红豆树13个生长性状的研究结果，材积与胸径的相关性达到0.9342，说明在生长环境相同的林分中进行优树预选树选择时，以胸径为主因子能反映材积生长性状，并且具有直观、简便、可操作性强、选择结果可靠的优点（郑天汉.2008；郑天汉，李建英，黄兴发.2009）。尤其是在红豆树资源有限的条件下，不存在类似杉木或马尾松的庞大选择群体（顾万春，黄东森.1993；施季森，潘本立，胡先菊等.1999；王章荣，李玉科，向远寅等.1999），为了从有限的群体中充分利用和不遗漏红豆树优良基因资源，可以采用标准差选择法来适度放大优树预选树。

以胸径为红豆树林分个体的标志值，如果抽样调查的样品结构符合正态分布规律，根据统计学原理，胸径在2倍的标准差范围内的个体，应该在95.45%的概率区间内，即用2倍标准差作为基准对红豆树优势木进行选择，其入选概率应为2.28%，即入选的优树预选树就是小概率事件。

6.2.2 林分径级的正态分布检验

采用x^2分布检验方法，对红豆树林木株数按径阶分布状态进行检验，用皮尔逊定理（陈华豪，丁恩统，洪伟等.1988）。

$$\eta = \sum_{i=1}^{m} ((Vi - nPi)^2/nPi)$$

式中：Vi—实际频数；

　　　nPi—理论频数。

若 $\eta < x_{0.05}^2$，则说明该分布为正态分布。

6.2.3　优树标准

（1）人工林优树选择标准

参考红锥的优树选择标准（朱积余，蒋焱，潘文 . 2002），并根据红豆树人工林生长分化情况，红豆树人工林优树生长量指标为树高 > 优势木 10%、胸径 > 优势木 20%、材积 > 优势木 100%。其他形质指标为主干通直系数、圆满、冠形浓密、侧枝细、夹角小，个别单株心材为黑色的特殊性状直接入选。为防止一些优良遗传材料的漏选，对四旁树等个别生长特别突出的单株以特选树方式进行优树选择，人工林特选树的选择标准为胸径年生长量 > 1cm、树高生长量 > 平均值、枝下高 > 6m、树干通直系数为 "1"，且心材率较高。

（2）天然林优树选择标准

红豆树天然林无法确定其实际生长年龄，研究人员曾试图以生长锥锥取木芯测定立木的年轮宽度、实际生长年龄、胸径生长量，但因红豆树的生长年轮不明显，甚至确定树干解析木的准确年轮都很困难。因此，红豆树天然林立木的材积、胸径、树高等重要生长性状的数量指标无法直接测算。鉴于此，研究人员通过对红豆树立木生长性状间的关系进行分析，找出材积性状与其它重要性状间的相关性及其相关程度，以综合评价指数对优势木对比树法选择的优树进行评价。优势木对比树法，主要参考杉木、马尾松等优树表型选择经验（王章荣，李玉科，向远寅等 . 1999；陈天华，王章荣，李寿茂等 . 1990；叶培忠，陈岳武，阮益初等 . 1989）。本研究的红豆树的优树预选，主要以全林分调查和样地调查为基础，进而在可视范围内（一般为 30 ~ 50m）选出仅次于优树预选树的 3 ~ 5 株优势木，逐株测定优势木各项评价指标。野外调查与观察对比因子为胸径、胸高心材直径、胸高心材率、树高、枝下高、枝高系数、通直系数度、侧枝粗、侧枝系数、侧枝角度、主干分枝高度、冠长、高径比、冠径比、冠高比、冠型。经性状因子间的相关分析及回归分析，确定 6 项主要性状因子为心材率、树高、枝下高、枝粗系数、冠径系数、通直系数度等进行选择效果评价或精选。同时，为防止一些优良遗传材料的漏选，对四旁树等个别生长特别突出的单株以特选树方式进行优树选择，天然林特选树的选择标准为：立木树体高大，树干通直圆满，枝下高 > 6m，树干通直系数为 "1"，心材率高，主干侧枝粗度系数较小。

6.2.4　优树选择效果评价

应用综合指数法进行红豆树优树选择效果评价或精选。根据红豆树的材用性改良目标，以及上述红豆树主要经济性状的分析结果，确定以速生丰产和干材形质两大目标性状的 5 个主要性状因子为评价指标，采用相对比较法确定权重系数 λ。红豆树优树选择的 5 个性状因子分别为材积、胸径、树高、枝下高、通直系数，各因子的权重系数以红豆树材积性状与其它各个性状的相关系数为基础，应用多目标决策和集对分析原理，获得各自的相对权重系数。

各因子的权重系数计算式

$$\lambda_j = (R_j / \sum R_{ij}), \ \sum \lambda_i = 1 。$$

综合指标值计算式

$$w_j = \sum (\lambda_j \times U_j)$$

式中：i—目标；

　　　j—选择因子；

　　　R_j—红豆树性状间的相关系数值；

　　　λ_i—各因子的权重系数；

　　　$\sum R_{ij}$—相关系值之和；

　　　w_j—综合指标评价值；

　　　U_j—各性状因子。

6.2.5　优树子代遗传测定方法

对参试家系生长性状进行方差分析，测算遗传力、遗传增益和 Q 检验（郑天汉.2003）。

家系间性状遗传力

$$H^2 = (S_A^{\,2} - S_e^{\,2}) / (S_A^{\,2} - (n-1) S_e^{\,2}) \times 100\%$$

式中：$S_A^{\,2}$—家系间方差；

　　　$S_e^{\,2}$—环境方差；

　　　n—家系数。

家系间性状遗传增益

$$\triangle G = H^2 S_i / P_{CK}$$

式中：S_i—选择差；

　　　P_{CK}—试验对照平均值。

Q 检验法 D 值计算，$D = q_\infty (a, \ df_e)(S_e^{\,2} / (n-1))^{0.5}$

6.3　结果与分析

6.3.1　红豆树优树选择适宜年龄的确定

正如其它林木一样，许多性状的变异需要在一定的生长年龄以后才能充分表现出来。在幼龄期，立木生长性状差异往往还没有表现或差异未达到显著水平，幼龄期林木不宜进行优树选择。根据本课题是以红豆树的材用性为主要研究目标，红豆树材积与胸径的相关系数达 0.9342 的极显著相关程度，说明胸径对材积生长的影响大，红豆树胸径是最重要的数量性状因子，且胸径生长变化具有连续性的特点。可以用胸径数量成熟的标志值来判断合理的优树选择年龄，即以红豆树平均生长量与连年生长量的交点（数量成熟年龄）为优树数量性状选择的最小年龄。根据红豆树树干解析的研究结果，红豆树胸径、树高的数量成熟年龄分别出现在 32 年。因此以红豆树胸径生长量的数量成熟龄 32 年作为红豆树优树数量性状选择的最小年龄，可以保证红豆树优树选择效果的可靠性。

6.3.2 红豆树优良林分选择

在林木的遗传改良中，开展优良林分选择具有重要作用。优良林分中的林木生长性状表现较为充分，这是林木表型选择的基础。优良林分选择是优树选择的中间环节，在杉木、马尾松等选择群体大，选择基础宽的优树选择中，优良林分选择就是优树选择的重要步骤，以优良林分为基础，改造成红豆树采种基地或母树林，为生产提供遗传品质得到初步改良的林木种子，这个作用在珍稀贵重树种的初期遗传改良中更具实际意义。

红豆树优良林分选择指标的确定，是以全省红豆树人工林的材积、胸径、树高年平均生长量为最低标准（胸径 0.56cm/a，树高 0.44m/a，材积 0.4398m³/亩）进行选择，从福建省现有人工林中选择出 8 块计 306 亩生长性状优良的林分，详见表 6-2。所选择的红豆树优良林分的胸径、树高、材积年平均生长量分别比全省林分平均生长量增长了 10.1%、11.4%、41.0%。

表 6-2 红豆树人工林优良林分生长量

生长区域	林龄	林分密度 亩	胸径 cm	树高 m	枝下高 m	年平均生长量		
						胸径/cm	树高/m	材积/m³·亩⁻¹
德化	38	83.4	26.1	16.9	7.0	0.69	0.44	0.9915
延平	40	121.0	27.7	16.6	7.8	0.69	0.42	0.673
泰宁	31	47.0	16.8	14.0	8.2	0.54	0.44	0.4334
将乐	40	67.0	17.9	16.0	7.3	0.45	0.4	0.4316
三元	38	60.0	21.4	18.9	11.4	0.56	0.5	0.4736
沙县	39	78.0	23.0	20.0	7.4	0.59	0.51	0.5256
华安Ⅰ	40	37.0	28.4	19.3	7.6	0.71	0.48	0.6356
华安Ⅱ	40	32.0	35.3	20.9	7.1	0.88	0.52	0.8252
平均	36	70.3	23.6	17.3	7.5	0.65	0.49	0.6200

6.3.3 红豆树人工林优树选择

6.3.3.1 红豆树优势木标准差选择法的统计学原理分析

一个育种群体，标准差越大，群体内个体间的分化越大，差异也就越大，群体也就越不稳定。反之，群体内个体间的分化差异就越小，林木的树高、胸径、材积生长发育也就趋于一致。在生长环境一致的同一片林分中，个体间的差异往往是由于遗传基础的不同引起的。根据小概率原理，大于群体平均数 2 倍标准差的个体，其出现的频率是群体中的小概率事件。从群体遗传与分化上看，可以认为这些个体已经从群体中脱颖而出。本文以胸径为红豆树林分个体的标志值，如果抽样调查的样品结构符合正态分布规律（图 6-1），根据统计学原理就有如下小概率规律，胸径在 2 倍的标准差范围内的个体，应该落在95.45% 的概率区间内，即用 2 倍标准差作为基准对红豆树优树预选树的选择，其入选概

率应为 2.28% ，即入选的优树预选树就
是小概率事件。

在材用性为目标的优树选择中，最
能体现选优目标的经济性状是材积，反
映材积生长性状指标的直接因子是胸径、
树高、形率 3 个因素。根据红豆树 13 个
生长性状的研究，发现材积与胸径的相
关性达到 0.9342，相关性检验达极显著
水平，树高及其它性状即次之，胸径与
树高的相关性也达极显著水平。说明野
外红豆树林分调查与优树选择中，在生
长环境相同的林分进行优树预选树的选

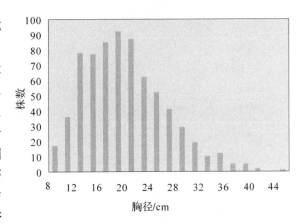

图6-1　38 年生红豆树林分径级分布图

择时，以胸径值为主因子既能反映材积生长性状，又能反映树高生长性状，并且具有直
观、简便、可操作性强、选择结果可靠的优点。尤其是红豆树现有资源十分有限的条件
下，不存在类似杉木或马尾松那样庞大的选择群体，为了从有限的群体中充分利用和不遗
漏红豆树优良基因资源，以标准差选择法来适度放大优良单株选择是十分必要的措施。

6.3.3.2　红豆树胸径生长的正态分布检验

在没有外力干预的林分中，林木按照一定的规律生长发育，这种规律在森林胸径径级
结构上，一般表现为比较稳定的正态分布。表 6-3 是红豆树完整林分的径级—株数分布关
系数值，从表中的数据进行直观分析可以看出，胸径分化规律是，林木株数按径级分布从
小到大逐渐增加，达到中等径阶时株数最多，此后林木株数则逐渐减少。各径阶株数的频
数分布近似正态。采用 X^2 分布检验方法，对红豆树林木株数按径阶分布状态进行检验，用
皮尔逊定理进行统计。

$$\eta = \sum_{i=1}^{m} (V_i - nP_i)^2 / nP_i$$

式中：V_i—实际频数；

　　　nP_i—理论频数。

若 $\eta < X_{0.05}^2$ 则说明该分布为正态分布(陈华豪，丁恩统，洪伟等．1988)。检验结果见
表6-4，表明红豆树人工林株数按径阶的分布规律遵从正态分布。

表 6-3　红豆树人工林胸径分布规律

地点	径级	8	10	12	14	16	18	20	22
	实际株数	5	11	16	22	26	18	9	12
三元	理论株数	4.52	9.12	15.16	20.81	23.55	22	16.95	10.78
	径级	24	26						
	实际株数	6	6						
	理论株数	5.65	2.45						

（续）

地点	径级	6	8	10	12	14	16	18	20
南靖	实际株数	4	21	26	43	52	54	64	54
	理论株数	7.8	14.21	23.44	34.97	47.22	57.68	63.75	63.75
	径级	22	24	26	28	30	32	34	
	实际株数	46	47	28	29	16	13	5	
	理论株数	57.68	47.22	34.97	23.44	14.21	7.8	3.87	
华安	径级	12	16	20	24	28	32	36	40
	实际株数	3	5	4	8	7	8	9	5
	理论株数	1.84	3.38	5.36	7.35	8.72	8.93	7.91	6.06
	径级	44	48	52	28				
	实际株数	3	2	3	29				
	理论株数	4.01	2.29	1.13	23.44				
沙县	径级	14	16	18	20	22	24	26	28
	实际株数	4	4	5	7	10	8	6	2
	理论株数	1.82	3.95	6.74	9	9.41	7.7	4.93	2.48
	径级	30							
	实际株数	1							
	理论株数	0.97							

表6-4 红豆树人工林胸径分化规律的 X^2 检验及其特征值

样地号	平均胸径/cm	标准差	偏度	峭度	变动系数	η 值	$X^2_{0.05}$
三元	16.29	4.5239	0.3225	−0.5211	27.77	10.5841	14.0672
南靖	19.00	6.2965	0.2090	−0.6150	33.14	18.5225	21.0261
华安	30.67	10.4182	0.1467	−0.6090	33.97	6.0280	15.5073
沙县	21.36	4.0023	−0.1467	−0.6503	18.74	3.8917	12.5916

6.3.3.3 红豆树优势木选择指标及其选择结果

优树选择是一种去劣留优的选择，是对表现型分布的正方向极端个体进行选择，其目标是增大群体子代的平均值。根据正态分布曲线的数学性质，可以运用数理统计方法中平均数和标准差两个基本统计指标，作为红豆树优势木的选择标准。在优树选择中，选择差等于入选优树平均值减去群体平均值，因此，用林分平均值加上选择差2S 即为优势木的选择值（表6-5）。红豆树优势木共选择67 株，胸径平均增长率71.8%，树高平均增长率17.3%，结果详见表6-6。

表6-5 红豆树人工林优势木选择的胸径标准差指标

项目	三元	泰宁	将乐	华安	沙县	德化	南靖	周宁
平均值/cm	17.9	13.9	17.6	30.7	23	26.1	19.1	24.9
年龄	38	31	40	40	39	38	40	38
标准差/S	6.4	6.9	7.9	11.6	7.4	9.4	7.9	6.16
$2S$	12.8	13.8	15.8	23.2	14.8	18.8	15.8	12.3
项目	邵武	屏南	尤溪	富岭	寨下	石陂	石门	延平
平均值/cm	16.4	32.5	17.8	59	15.6	18.4	17.5	27.7
年龄	31	47	40	不详	32	32	31	39
标准差/S	6.2	5.3	5.7	9.4	5	5.8	5.5	7.5
$2S$	12.4	10.6	11.4	18.8	10	11.6	11	15.0

表6-6 红豆树人工林优势木一览表

项目	胸径(D)	D比增/%	树高(H)	H比增/%	项目	胸径(D)	D比增/%	树高(H)	H比增/%
三元	35.5	98.3	22.5	24.3	南靖	44.3	131.9	25.2	29.2
三元	39.6	121.2	22.5	24.3	南靖	57	128.3	24.5	25.6
三元	37.5	109.5	21.0	16.0	南靖	36.9	93.2	17.8	-8.7
泰宁	31.8	128.8	21.0	66.7	南靖	38.2	100.0	19.1	-2.1
泰宁	35.6	156.1	22.5	78.6	南靖	36.3	90.1	17.2	-11.8
泰宁	22.5	62.6	20.0	58.7	南靖	36	88.5	16.9	-13.3
将乐	35.2	100.0	21.0	31.3	南靖	41.6	117.8	22.5	15.4
将乐	31.6	79.5	25.0	56.3	周宁	27.8	11.6	15.5	11.5
将乐	28.8	63.6	19.0	18.8	周宁	27.7	11.2	16.0	15.1
将乐	25.6	45.5	24.0	50.0	周宁	30.5	22.5	17.5	25.9
华安	47	87.6	23.0	5.0	周宁	28	12.4	18.0	29.5
华安	38	58.3	23.0	5.0	周宁	42.1	69.1	18.0	29.5
华安	51	100.7	23.0	5.0	邵武	22.7	38.4	19.5	50.0
华安	44	77.9	19.5	-11.0	邵武	26.1	59.1	20.5	57.7
华安	52	103.9	23.0	5.0	邵武	30	82.9	15.0	15.4
华安	41	68.1	19.5	-11.0	邵武	31.1	89.6	21.0	61.5
华安	39	61.6	19.5	-11.0	屏南	38.2	17.5	17.0	13.3
华安	58	123.5	19.5	-11.0	屏南	39.8	22.5	17.0	13.3
华安	38	58.3	19.5	-11.0	屏南	38.2	17.5	17.0	13.3
华安	44	43.3	24.0	9.6	尤溪	27.6	55.1	25.8	40.2
华安	45	46.6	24.5	11.9	尤溪	34.5	93.8	25.7	39.7
华安	48	56.4	21.0	-4.1	尤溪	26.9	51.1	25.1	36.4
华安	61	98.7	23.0	5.0	寨下	36.4	133.3	19.5	35.4
沙县	38.1	65.7	22.5	12.5	寨下	24.3	55.8	19.5	35.4

（续）

项目	胸径(D)	D比增/%	树高(H)	H比增/%	项目	胸径(D)	D比增/%	树高(H)	H比增/%
沙县	44.2	92.2	25.0	25.0	寨下	20.7	32.7	18.5	28.5
葛坑	38.2	46.4	21.5	9.1	寨下	20.6	32.1	16.0	11.1
葛坑	38.6	47.9	19.5	−1.0	石陂	26.1	41.8	17.0	16.4
葛坑	39.7	52.1	20.0	1.5	石陂	24.2	31.5	20.0	37.0
葛坑	40.6	55.6	20.5	4.1	石陂	36.2	96.7	17.0	16.4
葛坑	45.6	74.7	21.5	9.1	石陂	24.3	32.1	15.0	2.7
南靖	44.2	131.4	24.5	25.6	石陂	28.5	54.9	13.8	−5.5
南靖	36.9	93.2	17.8	−8.7	延平	41.4	49.5	18.0	8.4
南靖	37	93.7	17.9	−8.2	延平	40.6	46.6	18.5	11.4
南靖	37.3	95.3	18.2	−6.7	平均	/	71.8	/	17.3

6.3.3.4 红豆树人工林优树选择结果

以优势木对比树法对标准差选择法所筛选的优势木逐株进行比较和选择，选择出红豆树人工林优树22株，各项指标详见表6-7（郑天汉，兰思仁．2013）。

表6-7 入选的红豆树人工林优树及其性状因子

样本编号	U1 胸径 cm	U2 胸径离差 cm	U3 树高 m	U4 枝高系数	U5 通直指数	U6 单株材积 m^3	U7 胸径/cm	U8 树高/m	U9 材积/m^3	U10 年龄
							年均生长量			
1	44.2	21.2	25	0.24	0.83	1.843	1.13	0.64	0.0473	39
2	42.1	17.2	18	0.16	0.83	0.996	1.11	0.47	0.0262	38
3	35.5	17.6	22.5	0.27	0.83	0.965	0.93	0.59	0.0254	38
4	39.6	21.7	22.5	0.49	1	1.221	1.04	0.59	0.0321	38
5	37.5	19.6	21	0.29	0.83	0.979	0.99	0.55	0.0258	38
6	58	27.3	19.5	0.33	1	2.434	1.45	0.49	0.0608	40
7	61	30.3	23	0.15	0.83	3.674	1.53	0.58	0.0919	40
8	45.6	19.5	21.5	0.3	1	1.57	1.2	0.57	0.0413	38
9	35.5	17.6	21	0.21	0.83	0.857	0.88	0.53	0.0214	40
10	44.2	25.1	24.5	0.22	1	1.786	1.11	0.61	0.0447	40
11	36.9	17.8	21.5	0.23	0.5	0.979	0.92	0.54	0.0245	40
12	37	17.9	22	0.36	0.83	1.019	0.93	0.55	0.0255	40
13	37.3	18.2	22	0.3	1	1.037	0.93	0.55	0.0259	40
14	44.3	25.2	24.5	0.18	0.83	1.796	1.11	0.62	0.0449	40
15	57	37.9	24.5	0.45	1	3.391	1.43	0.61	0.0848	40
16	36.9	17.8	21	0.43	0.83	0.946	0.92	0.53	0.0236	40
17	38.2	19.1	21	0.33	1	1.018	0.96	0.53	0.0255	40

（续）

样本编号	U1 胸径 cm	U2 胸径离差 cm	U3 树高 m	U4 枝高系数	U5 通直指数	U6 单株材积 m³	U7 年均生长量 胸径/cm	U8 年均生长量 树高/m	U9 年均生长量 材积/m³	U10 年龄
18	36.3	17.2	20	0.3	1	0.85	0.91	0.5	0.0213	40
19	36	16.9	20.5	0.41	1	0.867	0.9	0.51	0.0217	40
20	41.6	22.5	22	0.59	1	1.317	1.04	0.55	0.0329	40
21	31.8	17.1	21	0.55	1	0.698	1.03	0.68	0.0225	31
22	35.6	21.7	22.5	0.6	1	0.971	1.15	0.73	0.0313	31
均值	41.45	/	21.86	0.34	0.91	1.419	1.07	0.57	0.0364	/

6.3.3.5　红豆树人工林优树分级评价与精选

红豆树开花结果年份不稳定，植株开花结果间隔期一般长达7年以上，有的甚至长达24年。采取子代测定建立种子园的遗传改良目标，在实践工作中很难实施。然而，红豆树无性繁殖较容易，且考虑优良繁殖材料早期利用需要，本课题采用优树复选手段，精选一批优良性状更明显的繁殖材料，以无性繁殖手段扩繁，以便实现优良繁殖材料的早期利用。

（1）优树选择的权重系数确定

以表型选择的22株优树为对象，应用综合指数法进行红豆树优树选择效果评价与精选。根据红豆树的材用性改良目标，以及上述红豆树主要经济性状的分析结果，确定以速生丰产和干材形质两大目标性状的五个主要性状因子为评价指标，采用相对比较法确定权重系数λ。红豆树优树选择的五个性状因子分别为材积、胸径、树高、枝下高、通直系数，各因子的权重系数以红豆树材积性状与其它各个性状的相关系数为基础，应用多目标决策和集对分析原理，获得各自的相对权重系数（表6-8）。这些值之间具有下列关系：i为目标，j为选择因子，R为红豆树性状间的相关系数值，各因子的权重系数为λ，$\sum R_{ij}$为相关系值之和。

每一个因子的权重系数 $\lambda_j = (R_j / \sum R_{ij})$，$\sum \lambda_i = 1$。

表6-8　红豆树优树选择的权重系数

目标/i	因子/j	相关系数/R	权重系数/λ
速生丰产性状	材积年均生长量/V	1	0.39
	胸径年均生长量/D	0.9342	0.37
	树高年均生长量/H	0.5986	0.24
	小　计	2.5328	1
干材形质性状	枝下高	0.2081	0.42
	通直系数	0.2834	0.58
	小　计	0.4915	1

注：综合指数计算时，将枝下高转化为枝高系数

（2）红豆树优树综合指数值的计算

求出每个因子的权重系数 λ_j 后，以加权平均数法求出各优树预选树的综合指数评价值 W_j。设备性状因子为 U_j，即 $w_j = \sum (\lambda_j \cdot U_j)$，其综合指标评价值计算结果见表6-9。根据目标树种的优树选择强度，以综合评价值从大到小确定优树。

（3）红豆树优树分级

按四级评价标准划分：综合评价指标的平均值 W 为0.936，综合评价指标的标准差 (s) 为0.116，其1/2标准差为0.058。Ⅰ级标准为 $W_j - W > S$，Ⅱ级标准为 $0.5S < W_j - W < S$，Ⅲ级标准为 $0 < W_j - W < 0.5S$，Ⅳ级标准为 $W_j - W < 0$。优树分级结果详见表6-9。

表6-9　红豆树人工林优树综合评价指标值

预选号	1	2	3	4	5	6	7	8
W_j	0.832	0.832	0.842	1.026	0.860	1.097	1.034	1.003
$W_j - W$	−0.104	−0.104	−0.094	0.090	−0.076	0.161	0.098	0.067
级别	Ⅳ	Ⅳ	Ⅳ	Ⅱ	Ⅳ	Ⅰ	Ⅱ	Ⅱ
预选号	9	10	11	12	13	14	15	16
W_j	0.782	0.948	0.718	0.869	0.891	0.884	1.124	0.889
$W_j - W$	−0.154	0.012	−0.218	−0.067	−0.045	−0.052	0.188	−0.047
级别	Ⅳ	Ⅲ	Ⅳ	Ⅳ	Ⅳ	Ⅳ	Ⅰ	Ⅳ
预选号	17	18	19	20	21	22		
W_j	0.909	0.87	0.919	1.058	1.061	1.143		
$W_j - W$	−0.027	−0.066	−0.017	0.122	0.125	0.207		
级别	Ⅳ	Ⅳ	Ⅳ	Ⅰ	Ⅰ	Ⅰ		

（4）红豆树人工林优树精选及选择效果评价

红豆树材积生长数量成熟年龄约在52年，参考主要针叶树造林树种优树子代测定林性状调查时期（1/3轮伐期年龄），即17年以后才能对本轮所选择优树的遗传性特征做出测定和筛选。显然，林木遗传改良的这种长周期特点，客观上要求将所选择的红豆树优良种质资源的应用目标划分为早期的初级利用，近期的中级利用，远期的高级利用三个基本阶段。当前红豆树优良种质资源的应用正处于早期的初级利用阶段，精选优树可用于近期开展组织培育和扦插等无性繁殖利用。

红豆树优树精选以各优树的综合评价指数分级确定，精选优树以 $W_j - W > 0.5s$ 为标准选择，最终从人工林中选择4、6、7、8、15、20、21、22共8株优树（表6-10）。精选的8株优树平均胸径46.3cm，平均树高22.1m，通直度系数0.98，单株材积1.9094，胸径年平均生长量1.23cm，树高年平均生长量0.6m，单株材积年平均生长量0.0497m³。精选优树的胸径、树高、单株材积的年平均生长量与全省红豆树林分的胸径、树高、单株材积的年平均生长量0.5467cm、0.44m、0.0065m³比较，分别增长了125%、36.4%、664.6%；与优树均值相比分别增长了15%、5.3%、36.5%。

表6-10　红豆树精选优树及其性状特征值

样本编号	胸径 cm	树高 m	枝下高 m	通直指数	单株材积 m³	年均生长量 胸径/cm	年均生长量 树高/m	年均生长量 材积/m³	年龄	综合评价
4	39.6	22.5	11.0	1	1.2211	1.04	0.592	0.0321	38	1.026
6	58.0	19.5	6.5	1	2.4336	1.45	0.488	0.0608	40	1.097
7	61.0	23.0	3.5	0.83	3.6741	1.53	0.575	0.0919	40	1.034
8	45.6	21.5	6.5	1	1.5696	1.2	0.566	0.0413	38	1.003
15	57.0	24.5	8.0	1	3.3910	1.43	0.613	0.0848	40	1.124
20	41.6	22.0	13.0	1	1.3171	1.04	0.55	0.0329	40	1.058
21	31.8	21.0	11.5	1	0.6975	1.03	0.677	0.0225	31	1.061
22	35.6	22.5	13.5	1	0.9710	1.15	0.726	0.0313	31	1.143

6.3.4　红豆树天然林优树选择

6.3.4.1　红豆树天然林优树选择结果

根据红豆树的材用性遗传改良目标，对福建省境内现存红豆树天然群落或立木进行广泛调查。分析研究红豆树性状基本规律，并参考杉木、马尾松等优树表型选择经验。通过对红豆树13个重要性状特征值的内在规律和相关关系的研究后，确定以心材率、树高、枝下高、枝粗系数、冠径系数、通直度等干材质量指标为主要依据，应用优势木对比树法，进行天然红豆树优树选择。优势木对比树法选择红豆树优树的依据与方法为，以预选的优树为中心，在同等立地条件的可视范围内（一般为30~50m），选出仅次于优树的3~5株优势木为对比木，选择枝下高最大，树干通直圆满，主干分杈较高，枝角小和正处于旺盛生长期的林木为优树。红豆树优树选择结果见表6-11。

表6-11　红豆树天然林优树及其主要性状特征值[*]

样本编号	胸径/cm	树高/m	枝下高/m	通直系数	侧枝粗/cm	枝角/°	冠长/m	心材直径/cm
1	78.6	26.0	15.0	1.00	12	50	11.0	59.6
2	68.8	30.0	12.0	1.00	20	45	14.0	46.2
3	71.9	28.0	9.0	1.00	10	65	14.7	54.9
4	121.3	35.0	9.0	1.00	40	60	20.0	109
5	84.1	24.0	7.0	1.00	30	35	18.0	73.7
6	41.2	18.0	4.0	1.00	9	45	12.0	23.4
7	100.3	23.0	4.0	1.00	18	30	17.5	85.6
8	86.0	22.0	7.0	1.00	11	75	9.3	78.3
9	37.9	21.0	2.0	1.00	14	30	7.5	26.9
10	58.5	24.0	9.0	1.00	10	50	8.7	37.1
11	85.9	20.0	9.0	1.00	18	40	13.8	63.7

（续）

样本编号	胸径/cm	树高/m	枝下高/m	通直系数	侧枝粗/cm	枝角/°	冠长/m	心材直径/cm
12	58.3	21.0	10.5	1.00	4	40	8.5	40.3
13	113.0	28.0	7.0	1.00	12	80	17.8	72
14	121.4	30.0	3.5	1.00	11	40	18.8	83.8
15	66.8	25.0	3.5	1.00	22	65	9.0	54.4
16	36.4	13.5	5.0	0.67	7	90	12.0	19.5
17	122.9	29.0	17.0	1.00	23	45	15.0	89.7
18	24.3	21.0	13.0	1.00	4	35	4.3	19.5
19	78.0	20.0	5.0	1.00	24	70	10.5	65
20	68.4	17.0	3.0	0.67	21	45	8.0	57.3
21	63.0	19.0	4.0	0.67	18	45	9.0	49
22	96.1	22.0	3.0	0.33	18	35	9.0	76
23	71.6	19.0	10.0	1.00	30	45	12.0	54.6
24	46.0	20.0	11.0	1.00	8	45	5.0	32.7
25	61.0	14.0	5.0	0.83	8	60	9.0	44.8
26	74.8	23.0	13.0	1.00	10	70	7.0	58.4
27	38.2	17.0	1.6	0.83	17	18	6.5	18.2
28	39.8	17.0	7.0	1.00	12	25	5.5	23.2
29	31.8	15.0	5.0	1.00	13	70	7.1	23.4
30	38.0	18.0	8.0	1.00	12	60	7.5	24.6
31	30.5	23.0	7.0	0.83	15	60	6.5	17.8
32	21.7	14.0	7.0	1.00	9	45	8.5	12.3
33	38.5	15.0	4.5	0.83	11	30	7.5	20.5
34	46.0	16.0	8.0	0.83	12	45	16.5	27.6
35	180.0	28.0	10.0	0.83	16	80	22.0	119.3
36	60.5	23.0	11.0	1.00	17	60	9.0	45.7
37	93.6	24.0	5.3	1.00	14.7	60	18.5	73.7
38	53.6	21.5	6.0	1.00	9	35	11.5	35.9
39	121.4	31.0	7.0	1.00	24	30	15.0	99.7
40	93.5	29.0	12.0	1.00	17	45	10.0	74.6
41	151.0	40.0	17.0	1.00	19	45	19.0	129.3
42	74.8	23.0	7.0	1.00	13	40	16.7	53.3
43	76.7	21.0	8.0	1.00	16	45	11.0	59.8
44	64.6	25.0	9.0	1.00	8	50	12.0	46
45	50.3	24.0	7.0	1.00	12	60	12.0	39.7
46	71.3	24.5	6.5	1.00	21	45	11.5	55.9
47	67.2	24.0	6.0	1.00	18	45	11.0	57.8

（续）

样本编号	胸径/cm	树高/m	枝下高/m	通直系数	侧枝粗/cm	枝角/°	冠长/m	心材直径/cm
48	42.7	22.0	10.0	1.00	8.5	45	8.5	28.1
49	56.3	21.0	8.0	1.00	10	60	7.5	43.1
50	108.9	18.0	2.0	1.00	11	80	9.0	95.7
51	58.0	23.0	9.5	1.00	14	38	10.0	47
52	48.0	18.0	7.0	1.00	9	45	6.8	36.7
53	50.0	14.0	6.0	1.00	11	45	6.5	40.7
54	46.1	30.0	15.0	1.00	12	50	7.5	33.5
55	60.2	31.0	9.0	1.00	15	30	14.0	45

* 红豆树材积计算公式应用《福建省阔叶树二元材积表》，$V = 0.000052764291 \times D^{1.8821611} \times H^{1.0093166}$

6.3.4.2 红豆树天然林优树分级评价与精选

（1）红豆树天然林优树综合评价的权重系数确定

红豆树天然林优树选择共采用 6 个与材积生长相关密切的性状因子，以 j 表示，R 为红豆树材积性状与其它因子间的相关系数值，各因子的权重系数为 λ_j，$\sum R_j$ 为相关系数值之和。

每一个因子的权重系数 $\lambda_j = (R_j / \sum R_j)$，总和 $\sum \lambda_j = 1$。计算各性状因子的权重系数，计算结果详见表 6-12。

表 6-12　红豆树天然林优树综合评价的权重系数

目标	性状因子/j	相关系数/R	权重系数/λ_j
$U1$	心材率	0.8575	0.34
$U2$	树高	0.5986	0.24
$U3$	枝下高	0.2081	0.08
$U4$	枝粗系数	−0.2058	0.08
$U5$	冠径系数	−0.38	0.15
$U6$	通直度	0.2834	0.11
	合计	2.5334	1

（2）综合评价指数的计算

上述 55 株红豆树天然林优树，在初级遗传改良中均有较高使用价值。考虑到红豆树红褐色心材具有特别贵重的经济价值，红豆树优树选择效果综合评价，以其心材比率为主要因子，以高径比、枝高系数、通直系数、枝粗系数、冠径系数等为次要因子计算综合评价指数。

为使优树的各性状因子具有可比性，以及综合评价指数的计算需要，将优树主要性状因子进行数量转换。$U1$ 为胸高心材直径与胸高直径的比值，$U2$ 是将树高因子转化为树高与胸径的比值，$U3$ 是将枝下高转化为枝下高与树高的比值，$U5$ 是枝粗系数的转化，枝粗系数是 I 级侧枝平均枝粗与胸径的比值，由于枝粗系数与材用性状遗传改良的目标成负相关关系。因此，将 U5 转化为枝粗系数总平均值与各优树的枝粗系数之差，即枝粗系数越大 U5 值就越小，U6 是冠径系数的转化，冠径系数是树冠直径与胸径的比值，其转化原理同 U5。

根据综合评价指数计算公式为：$w_j = \sum (\lambda_j \cdot U_j)$，求出每个因子的权重系数 λ_j 后，以加权平均法求出各优树预选树的综合评价指数 W_j。

红豆树天然林的优树主要性状因子指标值详见表 6-13。

红豆树优树的综合评价指数 W_j 的计算结果详见表 6-14。

表 6-13　红豆树天然林优树分级评价的主要性状因子

样本编号	U1 心材率	U2 高径比	U3 枝高系数	U4 通直系数	U5 枝粗系数转化	U6 冠径系数转化
1	0.76	0.33	0.577	1	0.0781	0.0334
2	0.67	0.44	0.4	1	−0.0599	−0.0302
3	0.76	0.39	0.393	1	0.0917	−0.0312
4	0.9	0.29	0.257	1	−0.099	0.0084
5	0.88	0.29	0.292	1	−0.1259	−0.0407
6	0.57	0.44	0.222	1	0.0124	−0.118
7	0.85	0.23	0.174	1	0.0513	−0.0012
8	0.91	0.26	0.318	1	0.1029	0.0657
9	0.71	0.55	0.095	1	−0.1386	−0.0246
10	0.63	0.41	0.375	1	0.0599	0.0246
11	0.74	0.23	0.45	1	0.0213	0.0126
12	0.69	0.36	0.5	1	0.1622	0.0275
13	0.64	0.25	0.25	1	0.1246	0.0158
14	0.69	0.25	0.117	1	0.1402	0.0184
15	0.81	0.37	0.14	1	−0.0985	0.0386
16	0.54	0.37	0.37	0.67	0.0385	−0.1564
17	0.73	0.24	0.586	1	0.0437	0.0512
18	0.8	0.86	0.619	1	0.0662	−0.0037
19	0.83	0.26	0.25	1	−0.0769	0.0387
20	0.84	0.25	0.176	0.67	−0.0762	0.0563
21	0.78	0.3	0.211	0.67	−0.0549	0.0304
22	0.79	0.23	0.136	0.33	0.0435	0.0796
23	0.76	0.27	0.526	1	−0.1882	0.0057
24	0.71	0.44	0.55	1	0.0569	0.0646
25	0.73	0.23	0.357	0.83	0.0997	0.0258
26	0.78	0.31	0.565	1	0.0971	0.0797
27	0.48	0.45	0.094	0.83	−0.2142	0.0031

（续）

样本编号	U1 心材率	U2 高径比	U3 枝高系数	U4 通直系数	U5 枝粗系数转化	U6 冠径系数转化
28	0.58	0.43	0.412	1	− 0.0707	0.0351
29	0.74	0.47	0.333	1	− 0.178	− 0.05
30	0.65	0.47	0.444	1	− 0.085	− 0.0241
31	0.58	0.75	0.304	0.83	− 0.261	− 0.0398
32	0.57	0.65	0.5	1	− 0.1839	− 0.2184
33	0.53	0.39	0.3	0.83	− 0.0549	− 0.0215
34	0.6	0.35	0.5	0.83	− 0.0301	− 0.1854
35	0.66	0.16	0.357	0.83	0.1419	0.0511
36	0.76	0.38	0.478	1	− 0.0502	0.0245
37	0.79	0.26	0.221	1	0.0737	− 0.0243
38	0.67	0.4	0.279	1	0.0629	− 0.0413
39	0.82	0.26	0.226	1	0.0331	0.0497
40	0.8	0.31	0.414	1	0.049	0.0663
41	0.86	0.26	0.425	1	0.105	0.0475
42	0.71	0.31	0.304	1	0.057	− 0.05
43	0.78	0.27	0.381	1	0.0222	0.0299
44	0.71	0.39	0.36	1	0.107	− 0.0125
45	0.79	0.48	0.292	1	− 0.0078	− 0.0653
46	0.78	0.34	0.265	1	− 0.0637	0.012
47	0.86	0.36	0.25	1	− 0.0371	0.0096
48	0.66	0.52	0.455	1	0.0317	− 0.0258
49	0.77	0.37	0.381	1	0.0532	0.0401
50	0.88	0.17	0.111	1	0.1298	0.0907
51	0.81	0.4	0.413	1	− 0.0106	0.0009
52	0.76	0.38	0.389	1	0.0433	0.0316
53	0.81	0.28	0.429	1	0.0108	0.0433
54	0.73	0.65	0.5	1	− 0.0295	0.0106
55	0.75	0.51	0.29	1	− 0.0184	− 0.0593

表 6-14 红豆树天然林优树综合指数计算表

样本编号	评级方案			
	综合指数 W_j	$W_j - W$	$W_j - (W + 0.5S)$	$W_j - (W + S)$
18	0.6427	0.1736	0.1493	0.1250
54	0.5534	0.0843	0.0600	0.0357
8	0.5253	0.0562	0.0319	0.0076

（续）

样本编号	评级方案			
	综合指数 W_j	$W_j - W$	$W_j - (W + 0.5S)$	$W_j - (W + S)$
24	0.5152	0.0461	0.0218	− 0.0025
26	0.5145	0.0454	0.0211	− 0.0032
41	0.5143	0.0452	0.0209	− 0.0034
51	0.5137	0.0446	0.0203	− 0.0040
47	0.5073	0.0382	0.0139	− 0.0104
45	0.5067	0.0376	0.0133	− 0.0110
1	0.5050	0.0359	0.0116	− 0.0127
40	0.5034	0.0343	0.0100	− 0.0143
49	0.5014	0.0323	0.0080	− 0.0163
55	0.5002	0.0311	0.0068	− 0.0175
4	0.4995	0.0304	0.0061	− 0.0182
52	0.4989	0.0298	0.0055	− 0.0188
36	0.4975	0.0284	0.0041	− 0.0202
3	0.4961	0.0270	0.0027	− 0.0216
53	0.4943	0.0252	0.0009	− 0.0234
48	0.4943	0.0252	0.0009	− 0.0234
12	0.4881	0.0190	− 0.0053	− 0.0296
5	0.4860	0.0169	− 0.0074	− 0.0317
15	0.4833	0.0142	− 0.0101	− 0.0344
50	0.4829	0.0138	− 0.0105	− 0.0348
44	0.4805	0.0114	− 0.0129	− 0.0372
39	0.4794	0.0103	− 0.0140	− 0.0383
29	0.4793	0.0102	− 0.0141	− 0.0384
43	0.4767	0.0076	− 0.0167	− 0.0410
9	0.4762	0.0071	− 0.0172	− 0.0415
46	0.4747	0.0056	− 0.0187	− 0.0430
19	0.4743	0.0052	− 0.0191	− 0.0434
17	0.4739	0.0048	− 0.0195	− 0.0438
7	0.4720	0.0029	− 0.0214	− 0.0457
30	0.4689	− 0.0002	− 0.0245	− 0.0488
2	0.4661	− 0.0030	− 0.0273	− 0.0516
31	0.4660	− 0.0031	− 0.0274	− 0.0517
10	0.4611	− 0.0080	− 0.0323	− 0.0566
23	0.4611	− 0.0080	− 0.0323	− 0.0566
37	0.4609	− 0.0082	− 0.0325	− 0.0568

（续）

样本编号	评级方案			
	综合指数 W_j	$W_j - W$	$W_j - (W + 0.5S)$	$W_j - (W + S)$
11	0.4564	– 0.0127	– 0.0370	– 0.0613
38	0.4550	– 0.0141	– 0.0384	– 0.0627
32	0.4523	– 0.0168	– 0.0411	– 0.0654
42	0.4472	– 0.0219	– 0.0462	– 0.0705
28	0.4430	– 0.0261	– 0.0504	– 0.0747
20	0.4357	– 0.0334	– 0.0577	– 0.0820
25	0.4351	– 0.0340	– 0.0583	– 0.0826
21	0.4279	– 0.0412	– 0.0655	– 0.0898
14	0.4279	– 0.0412	– 0.0655	– 0.0898
13	0.4199	– 0.0492	– 0.0735	– 0.0978
6	0.4105	– 0.0586	– 0.0829	– 0.1072
35	0.4017	– 0.0674	– 0.0917	– 0.1160
34	0.3891	– 0.0800	– 0.1043	– 0.1286
22	0.3864	– 0.0827	– 0.1070	– 0.1313
33	0.3815	– 0.0876	– 0.1119	– 0.1362
16	0.3553	– 0.1138	– 0.1381	– 0.1624
27	0.3533	– 0.1158	– 0.1401	– 0.1644
W 均值	0.4691			
标差/S	0.0486			
$0.5S$	0.0243			

（3）红豆树天然林优树分级与评价

为提高表型选择所选优树的选择差，本文对表型选择优树以综合指数法计算各优树的综合指标值，据此对野外所选择的红豆树优树进行分级评价。以各表型选择优树的综合指数值的标准差为技术经济衡量指标，按以下四个等级进行分级：一级是 $W_j - W > S$，二级是 $s \geqslant W - W \geqslant 0.5S$，三级是 $0.5S > W_j \geqslant W$，四级是 $W_j < W$。

对选择的 55 株的分级结果：一级 3 株，二级 16 株，三级 13 株，四级 23，各优树号详见表6-15。55 株红豆树天然林优树的选择效果良好，各性状指标值与全省平均值比较为：胸高心材率比增 22.39%，枝下高系数比增 1.67%，树干通直度系数比增 14.61%，侧枝粗系数比降 17.55%，冠径系数比降 49.03%。按四个级别划分，其优树的性状指标值与全省平均水平比较结果为：一级优树胸高心材率比增 35.00%，枝下高系数比增 41.18%，通直度系数比增 20.48%，侧枝粗系数比降 35.71%，冠径系数比降 55.88%；二级优树胸高心材率比增 30.00%，枝下高系数比增 20.59%，通直度系数比增 20.48%，侧枝粗系数比降 25.00%，冠径系数比降 52.94%；三级优树胸高心材率比增 31.67%，枝下高系数比下降 14.71%，通直度系数比增 20.48%，侧枝粗系数比降 14.29%，冠径系数比降 52.94%；四级优树胸高心材率比增 10.00%，枝下高系数比下降 5.88%，通直度系

表6-15　红豆树天然林优树分级结果

类　型	一级	二级	三级	四级
株数/株	3	16	13	23
树号	18、54、8	24、26、41、51、47、45、1、40、49、55、4、52、36、3、53、48	12、5、15、50、44、39、29、43、9、46、19、17、7	30、2、31、10、23、37、11、38、32、42、28、20、25、21、14、13、6、35、34、22、33、16、27

表6-16　红豆树天然林优树分级评价

项目	级别	心材率	高径比	枝高系数	通直系数	枝粗系数	冠径系数
性状因子系数	一级优树	0.81	0.59	0.48	1	0.18	0.15
	二级优树	0.78	0.38	0.41	1	0.21	0.16
	三级优树	0.79	0.32	0.29	1	0.24	0.16
	四级优树	0.66	0.36	0.32	0.88	0.25	0.2
	优树均值	0.73	0.37	0.35	0.95	0.23	0.17
	全省平均	0.6	0.61	0.34	0.83	0.28	0.34
比率变幅/%	一级优树	35.00	−3.28	41.18	20.48	−35.71	−55.88
	二级优树	30.00	−37.70	20.59	20.48	−25.00	−52.94
	三级优树	31.67	−47.54	−14.71	20.48	−14.29	−52.94
	四级优树	10.00	−40.98	−5.88	6.02	−10.71	−41.18
	优树均值	22.39	−39.58	1.67	14.61	−17.55	−49.03

数比增6.02%，侧枝粗系数比降10.71%，冠径系数比降41.18%（表6-16）。

（4）红豆树天然林优树精选

红豆树精选优树以 $W_j - W > 0.5s$ 为标准，精选天然林优树19株，优树号分别为18、54、8、24、26、41、51、47、45、1、40、49、55、4、52、36、3、53、48。精选优树的性状指标值与全省平均水平比较结果为：18号、54号、8号等3株一级优树，胸高心材率比增35.00%，枝下高系数比增41.18%，通直度系数比增20.48%，侧枝粗系数比降35.71%，冠径系数比降55.88%；其他16株二级优树，胸高心材率比增30.00%，枝下高系数比增20.59%，通直度系数比增20.48%，侧枝粗系数比降25.00%，冠径系数比降52.94%。

6.3.5　红豆树优树子代遗传测定

红豆树优树子代遗传测定表明，家系间遗传响应在8～9年生时则有较突出体现（表6-17），性状因子中的正向选择效应明显，家系间的心材率、胸径、树高、材积、枝下高等性状变异丰富，反映优树选择的有效性。其中，华安试验点6个家系的心材率、胸径、树高、材积、枝下高、枝角等6项性状，共36个测定因子中，仅2号家系和5号家系的心材率遗传增益为−3.89%和−6.63%，其他34个因子的测定值都大于对照；永春试验点5

个家系的测定因子中，9 号、10 家系的胸径遗传增益为 – 3.19% 和 – 4.12%，9 号、10 家系的材积遗传增益为 – 2.81% 和 – 3.91%，其他测定因子基本呈正向选择效应；延平试验点 4 个家系中，13 号家系地径遗传增益为 – 1.48%、树高遗传增益为 – 1.26%，14 号和 15 号的枝下高遗传增益为 – 7.29% 和 – 6.35% 的微弱负向选择效应，其他测定因子基本呈正向选择效应。

根据优树子代遗传测定结果，按材积性状的遗传增益达 15% 进行筛选，选择了 7 株遗传增益较高优树，按遗传增益大小排序分别为 7 号优树（遗传增益 75.25%）、12 号优树（遗传增益 32.62%）、15 号优树（遗传增益 28.21%）、1 号优树（遗传增益 21.99%）、8 号优树（遗传增益 17.80%）、3 优树（遗传增益 17.38%）、6 号优树（遗传增益 17.35%）。

表 6-17　各试验点红豆树优树子代林平均生长量

项目	胸径/cm		树高/m		材积 m³/株	枝下高 m	枝角 °	心材 cm	心材率 %
	总量	年均	总量	年均					
华安	11.52	1.28	9.49	1.05	0.0469	1.95	30	0.55	4.68
永春	5.78	0.72	5.97	0.75	0.0113	0.86	37	0.02	0.17
延平	3.90	0.49	4.84	0.61	0.0058	1.42	32	0	0

6.3.5.1　华安红豆树优树子代遗传测定结果

华安试验点 6 个家系间的方差分析结果，分别为心材率达显著差异，胸径、树高、材积、枝下高达极显著差异，枝角差异不显著（表 6-18）。6 个家系的心材率、胸径、树高、材积、枝下高、枝角平均值为 4.68%、11.52cm、9.49 m、0.0469m³、1.95m、30°，分别比优良林分子代（CK₁）增长 77.33%、27.06%、17.65%、50.76%、24.27%、– 18.92%。其中，各家系的心材率、胸径、树高、材积、枝下高、枝角与 CK₁ 比较增长率分别为：1 号家系 255.71%、33.99%、24.74%、76.16%、11.68%、– 14.41%；2 号家系 – 15.15%、19.88%、9.87%、28.12%、20.17%、– 19.82%；3 号家系 101.34%、36.64%、13.59%、60.21%、15.07%、– 30.63%；4 号家系 118.91%、25.40%、10.70%、35.61%、39.70%、– 20.72%；5 号家系 – 25.81%、20.32%、22.26%、44.37%、29.09%、– 26.13%；6 号家系 28.96%、26.13%、24.74%、60.11%、29.94%、– 1.80%。

家系主要性状遗传力（表 6-19）分别为心材率 25.68%、胸径 28.58%、树高 37.61%、材积 28.87%、枝下高 42.07%、枝角 4.92%。

6 个家系主要性状平均遗传增益（表 6-20）分别为心材率 19.86%、胸径 7.73%、树高 6.64%、材积 14.66%、枝下高 10.21%、枝角 – 0.93%。其中，各家系心材率、胸径、树高、材积、枝下高、枝角的遗传增益分别为：1 号家系 65.67%、9.72%、9.31%、21.99%、4.91%、– 0.71%；2 号家系 – 3.89%、5.68%、3.71%、8.12%、8.49%、– 0.98%；3 号家系 26.02%、10.47%、5.11%、17.38%、6.34%、– 1.51%；4 号家系 30.54%、7.26%、4.02%、10.28%、16.70%、– 1.02%；5 号家系 – 6.63%、5.81%、8.37%、12.81%、12.24%、– 1.29%；6 号家系 7.44%、7.47%、9.31%、17.35%、

12.59%、-0.09%。

虽然,方差分析表明,家系间的心材率、胸径、树高、材积、枝下高等性状差异达显著或极显著,但可能某家系性状十分显著的差异掩盖了其他家系性状差异的不显著。为此,应用 Q 检验法对各家系性状差异进行多重比较,结果(表6-21~表6-22)如下:

心材率差异比较中,1号家系最大,与4号、3号家系的 Q 检验不显著,与6号、2号、5号家系的 Q 检验达到显著或极显著;其他家系间心材率的多重比较 Q 检验不显著。

胸径生长量比较中,3号家系最大,与1号、6号、4号家系的 Q 检验不显著,与5号、2号家系的 Q 检验达到极显著;1号与6号、4号家系的 Q 检验不显著,与5号、2号家系的 Q 检验显著;其他家系间胸径生长量的多重比较差异不显著。

树高生长量比较中,1号家系最大,与6号、5号家系的 Q 检验不显著,与3号、4号、2号家系的 Q 检验达到显著或极显著;6号家系与5号家系的 Q 检验不显著,与3号、4号、2号家系的 Q 检验达到显著或极显著;5号家系与3号家系的 Q 检验不显著,与4号、2号家系的 Q 检验达到显著水平;其他家系间树高生长量的多重比较差异不显著。

材积生长量比较中,1号家系最大,与3号、6号家系的 Q 检验不显著,与5号、4号、2号家系的 Q 检验达到显著或极显著;3号与2号家系的 Q 检验达到显著,6号与2号家系的 Q 检验达到显著;其他家系间材积生长量差异的多重比较 Q 检验不显著。

枝下高生长差异比较中,4号家系最大,与6号、5号家系的 Q 检验不显著,与2号、3号、1号家系的 Q 检验达到极显著;6号与3号、1号家系的 Q 检验达到显著;5号与1号家系的 Q 检验达到显著;其他家系间枝下高的多重比较差异不显著。

表6-18 华安优树子代林(9a)主要性状生长表现

家系号	心材率/%	胸径/cm	树高/m	材积/m³	枝下高/m	枝角/°
家系1	9.39	12.15	10.07	0.0548	1.75	32
家系2	2.24	10.87	8.87	0.0398	1.89	30
家系3	5.32	12.39	9.17	0.0498	1.81	26
家系4	5.78	11.37	8.93	0.0422	2.19	29
家系5	1.96	10.91	9.87	0.0449	2.03	27
家系6	3.40	11.44	10.07	0.0498	2.04	36
CK₁	2.64	9.07	8.07	0.0311	1.57	37

表6-19 华安优树子代林主要性状生长差异方差分析

性状	变差来源	离差平方和 (ss)	自由度 (df)	均方 (MS)	F 值	$F_{(0.05)}$	$F_{(0.01)}$
心材率	种内	419.768	14	29.983	0.792	1.836	2.348
	种间	581.824	5	116.365	3.074 *	2.346	3.291
	误差	2650.145	70	37.859			
胸径	种内	30.043	14	2.146	1.230	1.836	2.348
	种间	29.668	5	5.934	3.401 **	2.346	3.291
	误差	122.116	70	1.745			

（续）

性状	变差来源	离差平方和（ss）	自由度（df）	均方（MS）	F 值	$F_{(0.05)}$	$F_{(0.01)}$
树高	种内	15. 372	14	1. 098	1. 050	1. 836	2. 348
	种间	24. 147	5	4. 829	4. 617**	2. 346	3. 291
	误差	73. 228	70	1. 046			
材积	种内	0. 002	14	0. 000	1. 288	1. 836	2. 348
	种间	0. 002	5	0. 000	3. 435**	2. 346	3. 291
	误差	0. 009	70	0. 000			
枝下高	种内	1. 272	14	0. 091	1. 189	1. 836	2. 348
	种间	2. 046	5	0. 409	5. 357**	2. 346	3. 291
	误差	5. 347	70	0. 076			
枝角	种内	1150	14	82. 143	0. 518	1. 836	2. 348
	种间	1040	5	208. 000	1. 311	2. 346	3. 291
	误差	11110	70	158. 714			

表 6-20 华安优树子代林各性状遗传力估算

项目	心材率	胸径	树高	材积	枝下高	枝角
遗传力/%	25. 68	28. 58	37. 61	28. 87	42. 07	4. 92

表 6-21 华安家系主要生长性状遗传增益估算

项目	心材率 均值/%	心材率 遗传增益/%	胸径 均值/cm	胸径 遗传增益/%	树高 均值/m	树高 遗传增益/%
家系 1	9. 39	65. 67	12. 15	9. 72	10. 07	9. 31
家系 2	2. 24	− 3. 89	10. 87	5. 68	8. 87	3. 71
家系 3	5. 32	26. 02	12. 39	10. 47	9. 17	5. 11
家系 4	5. 78	30. 54	11. 37	7. 26	8. 93	4. 02
家系 5	1. 96	− 6. 63	10. 91	5. 81	9. 87	8. 37
家系 6	3. 40	7. 44	11. 44	7. 47	10. 07	9. 31

项目	材积 均值/m³	材积 遗传增益/%	枝下高 均值/m	枝下高 遗传增益/%	枝角 均值/°	枝角 遗传增益/%
家系 1	0. 0548	21. 99	1. 75	4. 91	32	− 0. 71
家系 2	0. 0398	8. 12	1. 89	8. 49	30	− 0. 98
家系 3	0. 0498	17. 38	1. 81	6. 34	26	− 1. 51
家系 4	0. 0422	10. 28	2. 19	16. 70	29	− 1. 02
家系 5	0. 0449	12. 81	2. 03	12. 24	27	− 1. 29
家系 6	0. 0498	17. 35	2. 04	12. 59	36	− 0. 09

表 6-22　华安优树子代林主要性状表现 Q 检验

项目	心材率	胸径	树高	材积	枝下高	枝角
$D_{(0.01)}$ 值	6.51	1.40	1.08	0.0123	0.29	/
$D_{(0.05)}$ 值	5.05	1.08	0.84	0.0096	0.23	/

注：$R_{0.01}(5,70)=4.10$，$R_{0.05}(5,70)=3.18$

表 6-23　华安家系主要生长性状 Q 检验结果

心材率	均值/%	$X_1 - X_j$	$X_2 - X_j$	$X_3 - X_j$	$X_4 - X_j$	$X_5 - X_j$
家系 1	9.39	0				
家系 4	5.78	3.61	0.00			
家系 3	5.32	4.08	0.46	0.00		
家系 6	3.40	5.99 *	2.37	1.91	0.00	
家系 2	2.24	7.15 **	3.54	3.08	1.16	0.00
家系 5	1.96	7.43 **	3.82	3.36	1.45	0.28

胸径	均值/cm	$X_1 - X_j$	$X_2 - X_j$	$X_3 - X_j$	$X_4 - X_j$	$X_5 - X_j$
家系 3	12.39	0				
家系 1	12.15	0.24	0.00			
家系 6	11.44	0.95	0.71	0.00		
家系 4	11.37	1.02	0.78	0.07	0.00	
家系 5	10.91	1.48 **	1.24 *	0.53	0.46	0.00
家系 2	10.87	1.52 **	1.28 *	0.57	0.50	0.04

树高	均值/m	$X_1 - X_j$	$X_2 - X_j$	$X_3 - X_j$	$X_4 - X_j$	$X_5 - X_j$
家系 1	10.07	0				
家系 6	10.07	0.00	0.00			
家系 5	9.87	0.20	0.20	0.00		
家系 3	9.17	0.90 *	0.90 *	0.70	0.00	
家系 4	8.93	1.13 **	1.13 **	0.93 *	0.23	0.00
家系 2	8.87	1.20 **	1.20 **	1.00 *	0.30	0.07

材积	均值/m³	$X_1 - X_j$	$X_2 - X_j$	$X_3 - X_j$	$X_4 - X_j$	$X_5 - X_j$
家系 1	0.0548	0.0000				
家系 3	0.0498	0.0050	0.0000			
家系 6	0.0498	0.0050	0.0000	0.0000		
家系 5	0.0449	0.0099 *	0.0049	0.0049	0.0000	
家系 4	0.0422	0.0126 **	0.0077	0.0076	0.0027	0.0000
家系 2	0.0398	0.0149 **	0.0100 *	0.0099 *	0.0051	0.0023

枝下高	均值/m	$X_1 - X_j$	$X_2 - X_j$	$X_3 - X_j$	$X_4 - X_j$	$X_5 - X_j$
家系 4	2.19	0				
家系 6	2.04	0.15	0.00			
家系 5	2.03	0.17	0.01	0.00		
家系 2	1.89	0.31 **	0.15	0.14	0.00	
家系 3	1.81	0.39 **	0.23 *	0.22	0.08	0.00
家系 1	1.75	0.44 **	0.29 *	0.27 *	0.13	0.05

6.3.5.2 永春红豆树家系遗传测定结果

永春试验点 5 个家系间的生长性状方差分析结果分别为，胸径、树高、材积达极显著差异，心材率、枝下高、枝角差异不显著（表 6-24）。5 个家系心材率、胸径、树高、材积、枝下高、枝角的平均值为 0.17%、5.78cm、5.97m、0.0113m³、0.86m、37°，胸径、树高、材积、枝下高、枝角分别比对照（CK）增长 5.72%、18.35%、27.35%、4.41%、−13.47%。其中，各家系的胸径、树高、材积、枝下高、枝角与 CK 比较增长率分别为：7 号家系 30.90%、43.15%、104.75%、23.96%、−16.89%；8 号家系 8.41%、−10.59%、24.78%、10.98 %、−15.54%；9 号家系 −5.30%、−26.52%、−3.91%、−0.30%、−10.68%；10 号家系 −6.86%、−33.95%、−5.44%、−1.22%、−27.03%；11 号家系 1.46%、−33.58%、15.84%、−9.76%、−8.11%。

家系主要性状遗传力分别为心材率 11.39%、胸径 60.12%、树高 72.24%、材积 71.84%、枝下高 −3.84%、枝角 4.27%（表 6-25）。

5 个家系主要性状平均遗传增益分别为胸径 3.44%、树高 13.24%、材积 19.54%、枝下高 −0.18%、枝角 0.24%。其中，各家系的胸径、树高、材积遗传增益分别为：7 号家系 18.57%、31.14%、75.25%；8 号家系 5.06%、12.74%、17.80 %；9 号家系 −3.19%、4.15%、−2.81%；10 号家系 −4.12%、4.58%、−3.91%；11 号家系 0.88%、13.60%、11.38%（表 6-26）。

虽然，方差分析表明家系间的胸径、树高、材积三个生长性状差异达极显著水平，但显然存在某家系性状十分显著的差异掩盖了其他家系性状差异的不显著。为此，应用 Q 检验法对各家系性状差异达到显著或极显著的进行多重比较，结果见表 6-27 ~ 表 6-29。

胸径生长量比较中，7 号家系最大，与 8 号、11 号家系及 CK_2 的 Q 检验不显著，与 9 号、10 号家系的 Q 检验差异显著；其他家系间胸径生长量的多重比较 Q 检验不显著。

树高生长量比较中，7 号家系最大，与 11 号家系的 Q 检验不显著，与 8 号、10 号、9 号家系及 CK_2 的 Q 检验差异达到显著或极显著；其他家系间树高生长量的多重比较差异不显著。

材积生长量比较中，7 号家系最大，与 8 号、11 号家系的 Q 检验不显著，与 9 号、10 号家系及 CK_2 的 Q 检验差异达到极显著水平；其他家系间材积生长量的多重比较差异不显著。

表 6-24 永春优树子代林（8a）主要性状生长表现

家系号	心材率/%	胸径/cm	树高/m	材积/m³	枝下高/m	枝角/°
家系 7	0.54	7.16	7.22	0.0182	1.0165	37
家系 8	0.30	5.93	5.93	0.0111	0.91	37
家系 9	0	5.18	5.33	0.0086	0.8175	39
家系 10	0	5.10	5.36	0.0084	0.81	33
家系 11	0	5.55	5.99	0.0103	0.74	40
CK_2	0	5.47	5.04	0.0089	0.82	43

表 6-25　永春优树子代林主要性状生长差异方差分析

性状	变差来源	离差平方和（ss）	自由度（df）	均方（MS）	F 值	$F_{(0.05)}$	$F_{(0.01)}$
心材率	组内	12.2222	19	0.6433	0.8840	1.725	2.154
	组间	4.7816	4	1.1954	1.6428	2.492	3.577
	误差	55.3028	76	0.7277			
胸径	组内	44.2491	19	2.3289	1.3775	1.725	2.154
	组间	41.0956	4	10.2739	6.0768**	2.492	3.577
	误差	128.4924	76	1.6907			
树高	组内	18.5635	19	0.9770	1.1589	1.725	2.154
	组间	13.6120	4	3.4030	4.0365**	2.492	3.577
	误差	64.0720	76	0.8431			
材积	组内	0.0005	19	0.0000	1.1509	1.725	2.154
	组间	0.0005	4	0.0001	5.9543**	2.492	3.577
	误差	0.0016	76	0.0000			
枝下高	组内	13.5911	19	0.7153	2.5515*	1.725	2.154
	组间	0.9138	4	0.2285	0.8149	2.492	3.577
	误差	21.3067	76	0.2804			
枝角	组内	3153.3900	19	165.968	1.3945	1.725	2.154
	组间	582.1400	4	145.535	1.2228	2.492	3.577
	误差	9045.0600	76	119.014			

表 6-26　永春优树子代林各性状遗传力估算

项目	心材率	胸径	树高	材积	枝下高	枝角
遗传力/%	11.39	60.12	72.24	71.84	-3.84	4.27

表 6-27　永春家系主要生长性状遗传增益估算

项目	心材率		胸径		树高	
	均值/%	遗传增益/%	均值/cm	遗传增益/%	均值/m	遗传增益/%
家系7	0.54	/	7.16	18.57	7.22	31.14
家系8	0.30	/	5.93	5.06	5.93	12.74
家系9	0	/	5.18	-3.19	5.33	4.15
家系10	0	/	5.10	-4.12	5.36	4.58
家系11	0	/	5.55	0.88	5.99	13.60

项目	材积		枝下高		枝角	
	均值/m³	遗传增益/%	均值/m	遗传增益%	均值/°	遗传增益/%
家系7	0.0182	75.25	1.02	-0.92	37	-0.29
家系8	0.0111	17.80	0.91	-0.42	37	0.29
家系9	0.0086	-2.81	0.82	0.01	39	2.38
家系10	0.0084	-3.91	0.81	0.05	33	-4.65
家系11	0.0103	11.38	0.74	0.37	40	3.49

表 6-28　永春优树子代林主要性状表现 Q 检验值

项目	心材率	胸径	树高	材积	枝下高	枝角
$D_{(0.01)}$ 值	/	2.33	1.65	0.0083	/	/
$D_{(0.05)}$ 值	/	1.79	1.26	0.0063	/	/

注：$R_{0.01}(4, 76) = 4.01$，$R_{0.05}(4, 76) = 3.07$。

表 6-29　永春家系主要生长性状 Q 检验表

胸径	均值/cm	$X_1 - X_j$	$X_2 - X_j$	$X_3 - X_j$	$X_4 - X_j$	$X_5 - X_j$
家系 7	7.16	0				
家系 8	5.93	1.23	0.00			
家系 11	5.55	1.61	0.38	0.00		
CK$_2$	5.47	1.69	0.46	0.08	0.00	
家系 9	5.18	1.98 *	0.75	0.37	0.29	0.00
家系 10	5.10	2.07 *	0.84	0.46	0.38	0.09
树高	**均值/m**	$X_1 - X_j$	$X_2 - X_j$	$X_3 - X_j$	$X_4 - X_j$	$X_5 - X_j$
家系 7	7.22	0				
家系 11	5.99	1.23	0.00			
家系 8	5.93	1.29 *	0.06	0.00		
家系 10	5.36	1.86 **	0.63	0.57	0.00	
家系 9	5.33	1.89 **	0.66	0.60	0.03	0.00
CK$_2$	5.04	2.18 **	0.95	0.89	0.32	0.29
材积	**均值/m³**	$X_1 - X_j$	$X_2 - X_j$	$X_3 - X_j$	$X_4 - X_j$	$X_5 - X_j$
家系 7	0.0182	0.0000				
家系 8	0.0111	0.0071	0.0000			
家系 11	0.0103	0.0079	0.0008	0.0000		
CK$_2$	0.0089	0.0093 **	0.0022	0.0014	0.0000	
家系 9	0.0086	0.0097 **	0.0026	0.0018	0.0003	0.0000
家系 10	0.0084	0.0098 **	0.0027	0.0019	0.0005	0.0001

6.3.5.3　延平红豆树家系遗传测定结果

延平试验点 4 个家系间的生长性状方差分析结果，分别为地径达极显著差异，胸径、枝角、枝粗系数达显著差异，树高、材积、枝下高的差异不显著（表 6-30、表 6-31）。4 个红豆树家系测定林的地径、胸径、树高、材积、枝下高、枝角、枝粗系数的平均值为 6.65cm、3.90cm、4.84m、0.0058m³、1.42m、31.6°、0.559，地径、胸径、树高、材积、枝下高、枝角、枝粗系数分别比对照（CK$_3$）增长 26.14%、23.11%、7.50%、57.97%、−7.79%、−13.19%、2.38%。其中，各家系的地径、胸径、树高、材积、枝下高、枝角、枝粗系数与 CK$_3$ 比较增长率分别为：1 号家系 44.78%、43.22%、23.33%、

114.05%、9.09%、－7.97%、－20.64%；2号家系－2.85%、0.63%、－5.11%、15.41%、7.14%、5.77%、1.25%；3号家系4.93%、0.95%、－2.22%、3.78%、－25.32%、－35.44%、2.62%；4号家系57.69%、47.63%、14.00%、98.65%、－22.08%、－14.84%、26.83%。

家系主要性状遗传力（表6-31）分别为地径51.94%、胸径37.46%、树高24.73%、材积28.6%、枝下高28.78%、枝角36.11%、枝粗系数33.20%。

4个家系主要性状平均遗传增益（表6-32）分别为地径13.58%、胸径8.66%、树高1.85%、材积16.58%、枝下高－2.24%、枝角－4.74%、枝粗系数0.83%。其中，各家系的地径、胸径、树高、材积、枝下高、枝角、枝粗系数的遗传增益分别为：1号家系23.26%、16.19%、5.77%、32.62%、2.62%、－2.88%、－6.85%；2号家系－1.48%、0.24%、－1.26%、4.41%、2.06%、2.08%、0.41%；3号家系2.56%、0.35%、－0.55%、1.08%、－7.29%、－12.80%、0.87%；4号家系29.96%、17.84%、3.46%、28.21%、－6.35%、－5.36%、8.91%。

虽然，方差分析表明家系间的地径、胸径、枝角、枝粗系数四个生长性状差异达显著或极显著水平，应用 Q 检验法对各家系性状差异达到显著或极显著的进行多重比较（表6-33～表6-35），各家系间仅地径 Q 检验达显著水平，胸径、枝角、枝粗系数则不显著。

表6-30　延平优树子代林（8a）主要性状生长表现

家系号	地径/cm	胸径/cm	树高/m	材积/m³	枝下高/m	枝角/°	枝粗系数
家系12	7.63	4.54	5.55	0.0079	1.68	33.5	0.433
家系13	5.12	3.19	4.27	0.0043	1.65	38.5	0.553
家系14	5.53	3.2	4.4	0.0038	1.15	23.5	0.560
家系15	8.31	4.68	5.13	0.0074	1.2	31	0.693
CK₃	5.27	3.17	4.5	0.0037	1.54	36.43	0.546

表6-31　延平优树子代林（8a）主要性状生长差异方差分析

性状	变差来源	离差平方和（ss）	自由度（df）	均方（MS）	F值	$F_{(0.05)}$	$F_{(0.01)}$
地径	组内	31.4523	9	3.4947	0.763	2.250	3.149
	组间	73.1128	3	24.3709	5.323 **	2.960	4.601
	误差	123.6148	27	4.5783			
胸径	组内	13.8023	9	1.5336	0.776	2.250	3.149
	组间	20.1208	3	6.7069	3.396 *	2.960	4.601
	误差	53.3268	27	1.9751			
树高	组内	14.0263	9	1.5585	0.978	2.250	3.149
	组间	11.0668	3	3.6889	2.314	2.960	4.601
	误差	43.0408	27	1.5941			
材积	组内	0.0002	9	0.00002	1.044	2.250	3.149
	组间	0.0001	3	0.00004	2.602	2.960	4.601
	误差	0.0005	27	0.00002			

（续）

性状	变差来源	离差平方和(ss)	自由度(df)	均方(MS)	F值	$F_{(0.05)}$	$F_{(0.01)}$
枝下高	组内	5.6490	9	0.6277	2.038	2.250	3.149
	组间	2.4180	3	0.8060	2.617	2.960	4.601
	误差	8.3170	27	0.3080			
枝角	组内	713.1250	9	79.2361	0.661	2.250	3.149
	组间	1171.8750	3	390.6250	3.261*	2.960	4.601
	误差	3234.3750	27	119.7917			
枝粗系数	组内	0.6169	9	0.0685	1.825	2.250	3.149
	组间	0.3366	3	0.1122	2.988*	2.960	4.601
	误差	1.0139	27	0.0376			

表6-32　延平优树子代林各性状遗传力估算

项目	地径/cm	胸径/cm	树高/m	材积/m³	枝下高/m	枝角/°	枝粗系数
遗传力/%	51.94	37.46	24.73	28.6	28.78	36.11	33.20

表6-33　延平家系(8a)主要生长性状遗传增益估算

项目	地径		胸径		树高		材积	
	均值/%	遗传增益/%	均值/cm	遗传增益/%	均值/m	遗传增益/%	均值/m³	遗传增益/%
家系12	7.63	23.26	4.54	16.19	5.55	5.77	0.0079	32.62
家系13	5.12	-1.48	3.19	0.24	4.27	-1.26	0.0043	4.41
家系14	5.53	2.56	3.2	0.35	4.4	-0.55	0.0038	1.08
家系15	8.31	29.96	4.68	17.84	5.13	3.46	0.0074	28.21

项目	枝下高		枝角		枝粗系数		心材率	
	均值/m	遗传增益%	均值/°	遗传增益/%	均值/m	遗传增益%	均值/m	遗传增益%
家系12	1.68	2.62	33.5	-2.88	0.433	-7.04	0	0
家系13	1.65	2.06	38.5	2.08	0.553	0.17	0	0
家系14	1.15	-7.29	23.5	-12.80	0.560	0.62	0	0
家系15	1.2	-6.35	31	-5.36	0.693	8.60	0	0

表6-34　延平优树子代林主要性状表现 Q 检验值

项目	地径	胸径	树高	材积	枝下高	枝角	枝粗系数
$D_{(0.01)}$值	3.99	2.62	/	/	/	20.41	0.361
$D_{(0.05)}$值	2.95	1.94	/	/	/	15.08	0.267

注：$R_{0.01}(3, 27) = 4.17$，$R_{0.05}(3, 27) = 3.08$

表 6-35　延平家系主要生长性状 Q 检验表

地径	均值/cm	X_1-X_j	X_2-X_j	X_3-X_j	枝角	均值/°	X_1-X_j	X_2-X_j	X_3-X_j
家系 15	8.31	0			家系 13	38.5	0		
家系 12	7.63	0.68	0		家系 12	33.5	5	0	
家系 14	5.53	2.78	2.1	0	家系 15	31	7.5	2.5	0
家系 13	5.12	3.19*	2.51	0.41	家系 14	23.5	15.0	10.0	7.5
胸径	均值/cm	X_1-X_j	X_2-X_j	X_3-X_j	枝粗系数	均值	X_1-X_j	X_2-X_j	X_3-X_j
家系 15	4.68	0			家系 15	0.6925	0		
家系 12	4.54	0.14	0		家系 14	0.5603	0.1322	0.00	
家系 14	3.2	1.48	1.34	0	家系 13	0.5528	0.1397	0.0075	0.00
家系 13	3.19	1.49	1.35	0.01	家系 12	0.4333	0.2592	0.1270	0.1195

6.3.6　优树及种源材料的苗期生长测定

6.3.6.1　红豆树优树的选择效应分析

（1）地径生长效应

12 个红豆树优树子代的 1 年生苗木地径生长量平均值为 0.63cm（表 6-36～表 6-41），生长差异达显著水平，总平均值比 CK 增长 6.8%。各家系的地径生长量增长率次序为，优树 E＞优树 H＞优树 D＞优树 I＞优树 F＞优树 L＞优树 C＞优树 K＞优树 M＞优树 A。优树 E 的地径生长量选择差最大，比 CK 增长 20.3%，其它优树子代与 CK 相比的增长率分别为 18.6%、15.3%、11.9%、8.5%、8.5%、6.8%、5.1%、3.4%、1.7%。

（2）苗高生长效应

苗高的平均值为 21.8cm，生长差异达极显著水平，总平均值比 CK 增长 15.3%。各家系的苗高的生长量增长率次序为，优树 E＞优树 D＞优树 H＞优树 K＞优树 M＞优树 L＞优树 C＞优树 I＞优树 F。优树 E 的苗高生长量选择差最大，比 CK 增长 62.1%，其它优良单株与 CK 相比的增长率分别为 34.7%、30.7%、24.2%、20.7%、19.3%、16.9%、8.5%、7.0%。由于地径的生长分化较苗高小，故以苗高增长率为评价指标，对所选择优树子代的苗期生长情况进行分析，即生长表现较突出的优良单株子代依次为优树 E、优树 D、优树 H、优树 K、优树 M、优树 L、优树 C、优树 I、优树 F。

（3）冠幅生长效应

冠幅在一定程度上代表着林木生长的地上营养空间结构，在红豆树林分性状分析中，林木冠幅与胸径的相关系数为 0.8297，林木冠幅与树高的相关系数为 0.5654。红豆树 12 个家系的冠幅与地径、苗高的相关系数分别为 0.8292、0.7557，显示冠幅与地径和苗高生长具有较密切的相关关系。12 个红豆树优良单株的 1 年生苗木冠幅平均值为 25cm，生长差异达极显著水平，总平均值比 CK 增长 10.1%。

（4）枝角效应

红豆树天然林分中初选的全部优良单株的枝角平均值为 51°，其中参加子代测定的 12

个优良单株的苗木分枝角度除 6 号单株尚未产生分枝外，其它各个优良单株的分枝角度都不大于 39.4°，平均分枝角度为 33°，比红豆树天然林分立木的平均角度小 18°，与 12 个优良单株母本植株的平均枝度 44°较接近。表明优良单株子代在分枝角度的表型特征上也具有遗传作用，当所选择的优良单株的枝角较小时，其子代的分枝角度也就较小。其中 5 号家系、12 号家系以及 2 号家系枝角小的特点最突出。

（5）苗期主干分权的株数比率

红豆树主干分权性强，1 年生苗木主干分权株数的平均比率为 25.7%，但是主干分权在不同家系间出现较明显分化，如优树 H 的子代在苗期没有出现主干分权，各优树子代的苗期主干分权株数比率详见表 6-36。

表 6-36 红豆树优树苗期子代的生长效应

项目	优树编号												
	A	C	D	E	F	H	I	K	G	L	M	P	CK
地径	0.6	0.63	0.68	0.71	0.64	0.7	0.66	0.62	0.58	0.64	0.52	0.61	0.59
苗高	18.8	22.1	25.5	30.6	20.2	24.7	20.5	23.5	17.2	22.6	16.0	22.8	18.9
冠幅	24.0	27.1	25.5	30.8	25.6	27.9	24.2	24.6	23.9	22.5	19.2	21.3	22.7
枝角	37.1	31.6	36.7	35.8	19.2	/	39.4	33.8	38.9	33.0	38.1	26.5	30
分权株数比率	32.9	47.4	45.8	29.4	20.0	0.0	35.0	17.6	13.8	26.0	16.0	48.0	2.0

6.3.6.2 红豆树优树子代的遗传参数估计

红豆树优树子代的 1 年生苗木地径生长量广义遗传力为 8.9%，苗高广义遗传为 20.0%，冠幅广义遗传力 34.9%，枝角广义遗传力 13.9%。由于育苗地为新开垦的旱地，土壤贫瘠，植株生长的营养元素较缺乏，造成苗木总体生长效果不佳，优树子代的生长能力差异未能表达出来，即性状遗传变异没有得到充分表达（曾瑞金 . 2007）。

表 6-37 红豆树家系或优良单株子代的苗期性状遗传参数

项目	均值	自由度	均方	机误	F 值	广义遗传力/%	F crit
地径	0.63	12	0.0139	0.0061	2.2743*	8.9	$F_{0.05(12,26)} = 2.15$
苗高	21.80	12	45.0903	10.5905	4.2576**	20	$F_{0.01(12,26)} = 2.96$
冠幅	25	12	26.8920	3.3702	7.9794**	34.9	$F_{0.05(11,24)} = 2.22$
枝角	33	11	105.3567	35.8852	2.9359**	13.9	$F_{0.01(11,24)} = 3.09$

表 6-38 红豆树家系或优良单株子代的苗期性状初步效应

项目	家系												
	A	C	D	E	F	H	I	K	G	L	M	P	CK
地径选择差/cm	0.01	0.04	0.09	0.12	0.05	0.11	0.07	0.03	-0.01	0.05	-0.07	0.02	/
地径比增/%	1.7	6.8	15.3	20.3	8.5	18.6	11.9	5.1	-1.7	8.5	-11.9	3.4	/
苗高选择差/cm	-0.06	3.20	6.56	11.73	1.33	5.80	1.60	4.58	-1.67	3.65	-2.94	3.91	/
苗高比增/%	-0.3	16.9	34.7	62.1	7.0	30.7	8.5	24.2	-8.8	19.3	-15.6	20.7	/

6.3.6.3 红豆树种源效应初步分析

在福建地理中有两条山系，一是雄峙在福建西部边境的武夷山脉，对北方冷空气南下与东进，起到一定的屏障作用；二是鹫峰山脉、戴云山脉、博平岭山脉斜贯福建中部，使福建的地形呈"两高两低"之势，由此形成较为明显的气候差异及不同的植被类型，多样性的地理气候必然有其多样化的植物种源变异。为探讨这种地理气候变化可能给红豆树林木带来生长发育的种源差异，课题研究人员采集到五个红豆树种源材料进行试验观察，其中柘荣、德化、浦城为天然林分混合种子，屏南、古田为人工林混合种子。5 个种源的苗期地径、苗高生长量分别达显著和极显著差异，初步显示不同区域的红豆树后代生长分化达显著程度。五个种源的后代苗期地径与苗高的平均值为 0.54cm、16.7cm，所表现的广义遗传力分别为 47.7% 和 72.9%。

表 6-39 红豆树不同种源的苗期性状遗传参数

项目	柘荣	德化	浦城	屏南	古田	F 值	F crit
地径/cm	0.59	0.51	0.48	0.57	0.55	5.57 *	$F_{0.05(4,10)} = 3.48$
苗高/cm	18.94	13.76	17.63	18.67	15.23	14.44 **	$F_{0.01(4,10)} = 5.99$

表 6-40 红豆树种源苗期性状遗传参数估算

项目	均值	自由度	均方	机误	F 值	广义遗传力/%	F crit
地径	0.54	4	0.00583	0.00105	3.48 *	47.7	$F_{0.05(4,10)} = 3.48$
苗高	16.7	4	15.3249	1.06114	14.4 **	72.9	$F_{0.01(4,10)} = 5.99$

红豆树种源的苗期性状差异分析，是以 5 个种源地径、苗高的平均值为比较参照，其生长量结果是，柘荣种源 > 屏南种源 > 古田种源 > 浦城种源 > 德化种源。

表 6-41 红豆树种源选择的苗期性状效应

项目	种源				
	柘荣	德化	浦城	屏南	古田
地径选择差/cm	0.05	− 0.03	− 0.06	0.03	0.01
地径比增/%	8.64	− 6.17	− 11.11	4.94	2.47
苗高选择差/cm	2.24	− 2.94	0.93	1.97	− 1.47
苗高比增/%	13.41	− 17.60	5.55	11.78	− 8.78

6.4 小结与讨论

(1) 人工林优树选择

① 选择红豆树优树 22 株，平均胸径 41.5cm，平均树高 21.9m，平均枝下高 9m，通直度指数 0.89。胸径、树高、单株材积年平均生长量分别为 1.07cm、0.57m、0.0364m³。与全省红豆树胸径、树高、材积年平均生长量 0.5467cm、0.44m、0.0065m³ 相比，分别增

长了 95.7%、29.5%、400.6%，优树选择效果显著。

②精选的 8 株优树，平均胸径 46.3cm、平均树高 22.1m、通直度系数 0.98、单株材积 1.9094。胸径、树高、单株材积年平均生长量分别为 1.23cm、0.6m、0.0497m³。精选优树的胸径、树高、单株材积的年平均生长量与全省红豆树平均水平相比，分别增长了 125%、36.4%、664.6%；与优树均值相比分别增长了 15%、5.3%、36.5%。精选优树可用于近期开展组织培育和扦插等无性繁殖利用（郑天汉.2001）。

③以全省红豆树人工林林分的材积、胸径、树高年平均生长量为下限（胸径 0.56cm/a，树高 0.44m/a，材积 0.4398/m³/亩）选择优良林分 8 片计 306 亩，其胸径、树高、材积年平均生长量分别增长了 10.1%、11.4%、41.0%。

④在材用性优树改良目标中，以材积、胸径、树高、枝下高、通直系数 5 个性状指标为优树选择因子，以红豆树材积生长与其它各个性状的相关系数为权重系数，应用多目标决策和集对分析原理进行优树选择，选择效果良好且生产实用性强。

（2）天然林优树选择

①选择红豆树优树 55 株，各性状指标值与全省平均值比较为：胸高心材率比增 22.39%，枝下高系数比增 1.67%，树干通直度系数比增 14.61%，侧枝粗系数比降 17.55%，冠径系数比降 49.03%。

②精选天然林优树 19 株，优树号分别为 18、54、8、24、26、41、51、47、45、1、40、49、55、4、52、36、3、53、48。精选优树的性状指标值与全省平均水平比较结果为：18 号、54 号、8 号等 3 株一级优树，胸高心材率比增 35.00%，枝下高系数比增 41.18%，通直度系数比增 20.48%，侧枝粗系数比降 35.71%，冠径系数比降 55.88%；其他 16 株二级优树，胸高心材率比增 30.00%，枝下高系数比增 20.59%，通直度系数比增 20.48%，侧枝粗系数比降 25.00%，冠径系数比降 52.94%。精选优树可直接应用于无性快繁，为红豆树优良种质的近期利用提供基本材料。

③由于天然林红豆树的实际生长年龄无法直接测定，无法以数量化指标进行优树选择，本研究应用多目标决策和集对分析原理将红豆树优树评选转化为综合指数的量化评价方法，具有实用性。

（3）优树子代遗传测定

①红豆树优树子代遗传测定表明，家系间遗传响应在 8~9 年生时则有较突出体现，性状因子中的正向选择效应明显，家系间的心材率、胸径、树高、材积、枝下高等性状变异丰富，反映优树选择的有效性。按材积性状的遗传增益达 15% 进行筛选，选择了 7 株遗传增益较高优树，按遗传增益大小排序分别为 7 号优树（遗传增益 75.25%）、12 号优树（遗传增益 32.62%）、15 号优树（遗传增益 28.21%）、1 号优树（遗传增益 21.99%）、8 号优树（遗传增益 17.80%）、3 优树（遗传增益 17.38%）、6 号优树（遗传增益 17.35%）。

②红豆树 12 个优树子代的苗期表现情况为地径平均值比 CK 增长 6.8%、苗高平均增长 15.3%。其中，优树 E 的地径与苗高生长量选择差分别比 CK 增长 20.3% 和 62.1%。优树子代的地径、苗高、幅度宽度、枝角的广义遗传力分别为 8.9%、20.0%、34.9%、13.9%。5 个种源的苗期地径、苗高生长量分别达显著和极显著差异，广义遗传力为 47.7% 和 72.9%。5 个种源的苗期性状差异为柘荣种源 > 屏南种源 > 古田种源 > 浦城种源 > 德化种源。

7

红豆树古树资源调查与保护

7.1 古树选择方法

一是根据《福建省古树名木保护管理办法》(闽林[2003]15号)第四条"古树分为国家一、二、三级。国家一级古树树龄在500年以上；国家二级古树树龄在300~499年；国家三级古树树龄在100~299年"。二是根据古墓等碑刻铭文的年份记录，以及两个间隔期的古树胸径实测值之差除以年份间隔期，得出近期年均生长量，进行古树年龄测算。例如，福州晋安寿山乡日溪村两株红豆树古树，是利用古墓主人后代所立的明万历己亥年古墓碑文年份和年均生长量进行树龄估测；又如福安古墓乾隆二十一年碑文及其古树年均生长量进行估测。三是根据县志记载、古寺庙、古书院、名人碑匾年份记载，以及年均生长量测算。如古田平湖钱板村、吉巷北土当村、杉洋镇宝桥村、松吉乡下洋村佛殿边的红豆树古树年龄测算。四是根据古树所处立地质量、实测年均生长量以及不同生长阶段生长量差异等进行估测。

7.2 古树选择结果

根据古树评选方法，福建省域共确定红豆树古树174株(表7-1)。其中，国家一级为19株，平均树龄584年，平均树高19m，平均胸径146cm；国家二级53株，平均树龄358年，平均树高21m，平均胸径117cm；国家三级102株，平均树龄162年，平均树高17m，平均胸径76cm。分布在福建省的28个县(市、区)98个行政村，分别为晋安区、连江县、永泰县、涵江区、仙游县、城厢区、永春县、德化县、集美区、同安区、浦城县、光泽县、松溪县、政和县、武夷山市、建瓯市、建阳市、延平区、屏南县、周宁县、福安市、福鼎市、古田县、霞浦县、柘荣县、漳平市、尤溪县、泰宁县。这些古树是十分珍贵的种质资源，应根据《福建省古树名木保护管理办法》、《林木种质资源管理办法》(2007年国家林业局令第22号)等法规给予有效保护。

表 7-1　福建省红豆树古树资源

古树序号	估测树龄/年	树高/m	胸径/cm	冠幅/m	生长分布地点		
					县市	乡镇	具体位置
1	517	18	150.2	13	晋安区	日溪乡	日溪村
2	414	12	120.1	14	晋安区	日溪乡	日溪村
3	414	16	120.1	10	晋安区	日溪乡	日溪村湖里组
4	414	18	120.4	18	晋安区	日溪乡	汶洋村学校
5	220	22	79.6	14	晋安区	日溪乡	汶洋村学校
6	382	18	114.6	12	晋安区	寿山乡	红寮村溪尾
7	100	10	95.5	12	晋安区	寿山乡	红寮村溪尾
8	478	19	143.3	16	晋安区	寿山乡	红寮村溪尾
9	344	22	103.2	5	晋安区	寿山乡	九峰村
10	470	25	149.7	14	连江县	丹阳镇	镇政府院内
11	130	18	80.9	14	连江县	丹阳镇	虎山村村部
12	130	18	87.3	16	连江县	丹阳镇	虎山村村部
13	150	22	70.1	10	连江县	小沧乡	七里村大岗
14	150	20	73.2	7	连江县	小沧乡	七里村大岗
15	500	23	175.1	17×13	永泰县	清凉镇	小田村
16	204	14.5	126.7	12×11	涵江区	白沙镇	沃东村
17	604	23	127.3	12×10	涵江区	庄边镇	西音村新亭桥
18	730	20	145.8	25×19	仙游县	游洋镇	桥光大坵后
19	370	12	111.5	14	城厢区	郊尾镇	郊尾村
20	370	22	111.5	20	城厢区	华亭镇	郊尾村下厝埕
21	218	15	96.4	6×8	永春县	横口乡	福德村溪边
22	218	7	71.9	5×7	永春县	横口乡	福德村溪边
23	218	11	82.1	4×6	永春县	横口乡	福德村溪边
24	218	15	80.2	11×11	永春县	横口乡	福德村溪边
25	218	20	67.5	5×7	永春县	横口乡	福德村溪边
26	109	20	68.4	14.5×15.5	德化县	龙门滩镇	朱地村墓林贡
27	109	20	57.3	10×14	德化县	龙门滩镇	朱地村墓林贡
28	554	14	81.2	8×7	德化县	龙门滩镇	大溪村黄洋水尾
29	554	13	96.8	7×5	德化县	龙门滩镇	大溪村黄洋水尾
30	504	16	105.7	11×10	德化县	龙门滩镇	大溪村双坑水尾
31	504	15	82.8	10×10	德化县	龙门滩镇	大溪村双坑水尾
32	164	12	94.9	17×11	德化县	雷峰镇	溪美水坝边
33	354	22	121	18×16	德化县	雷峰镇	溪美大公崙尾
34	354	22	103.8	14×12	德化县	雷峰镇	格后大坪贡
35	354	24	134.3	15×11	德化县	雷峰镇	格后大坪贡

（续）

古树序号	估测树龄/年	树高/m	胸径/cm	冠幅/m	生长分布地点		
					县市	乡镇	具体位置
36	254	26	106.3	19×18.2	德化县	南埕镇	南埕村苦坑仔边
37	204	17	117.8	12×13	德化县	南埕镇	塔兜村漂流尾
38	204	20	90.7	15×14.3	德化县	水口镇	樟镜村其平祖厝后头
39	154	16	125.4	18×17	德化县	水口镇	场村洋尾溪边
40	114	13	111.4	12×11	德化县	水口镇	村场村洋尾溪边
41	114	15	95.5	14×15	德化县	水口镇	村场村洋尾溪边
42	104	13	85.9	17×17	德化县	水口镇	村场村洋尾溪边
43	104	7	103.5	7.6×10.2	德化县	水口镇	村场村洋尾溪边
44	204	17	101.9	20×18	德化县	水口镇	丘坂村牛鼻腔
45	154	15	79.6	18×17.3	德化县	水口镇	丘坂村牛鼻腔
46	154	14	71.6	17×15	德化县	水口镇	丘坂村牛鼻腔
47	164	15	53.8	12×11	德化县	春美乡	双翰桂地
48	150	16	136.9	16.5	集美区	灌口镇	田头村杜清海厝边
49	420	20	146.5	19	同安区	莲花镇	美埔村张厝社34号
50	201	18	103.1	15×17	浦城县	富岭镇	双田鱼山背
51	111	14	44.6	14×13	浦城县	富岭镇	双田鱼山背
52	161	20	62.1	17×17	浦城县	富岭镇	双田鱼山背
53	161	15	74.8	16×18	浦城县	富岭镇	双田鱼山背
54	211	7	62.1	9×17	浦城县	富岭镇	双田寺前
55	211	11	65.3	15×22	浦城县	富岭镇	双田寺前
56	251	24	100.3	17×18	浦城县	富岭镇	大水口枫树岗
57	251	19	69.4	7×14	浦城县	富岭镇	大水口枫树岗
58	101	16	37.6	9×9	浦城县	富岭镇	圳边村头竹山
59	101	18	40.4	9×10	浦城县	富岭镇	圳边村头竹山
60	501	13	140.1	18×14	浦城县	富岭镇	山路洋头
61	151	14	83.4	13×15	浦城县	富岭镇	长滩大溜口
62	201	18	90.4	17×16	浦城县	石陂镇	北林北林桥
63	301	23	100.3	14×15	浦城县	临江镇	井栏丰岭社公
64	501	24	155.3	20×22	浦城县	临江镇	井栏南山
65	101	24	50.3	17×15	浦城县	永兴镇	珠山宝珠山
66	101	25	56.3	17×16	浦城县	永兴镇	珠山宝珠山
67	101	14	60.5	7×5	浦城县	莲塘镇	吕处坞松树奈
68	102	19	39.8	8×7	浦城县	濠村乡	后濠对门垅
69	102	17	35	8×12	浦城县	濠村乡	后濠后濠篷龙
70	301	19	92.3	19×21	浦城县	濠村乡	溪口中村

（续）

古树序号	估测树龄/年	树高/m	胸径/cm	冠幅/m	县市	乡镇	具体位置
71	242	21	79.3	14×15	光泽县	寨里镇	大青村水口山
72	447	37	141.6	21×16	光泽县	寨里镇	桥亭村水口山
73	252	15	87.5	17×16.5	光泽县	寨里镇	梅溪村庙门前
74	422	17	133.7	16×21.5	光泽县	寨里镇	梅溪村庙门前
75	171	20	85.6	14×14	光泽县	鸾凤乡	武林村闽源锦秀
76	352	23	117.1	17×19	光泽县	鸾凤乡	饶坪村蛇山
77	372	25	122.5	14×21	光泽县	鸾凤乡	饶坪村蛇山
78	332	21.5	109.8	17×18	光泽县	鸾凤乡	饶坪村蛇山
79	352	23.5	116.2	19×19	光泽县	鸾凤乡	饶坪村蛇山
80	352	24	121	9×12	光泽县	崇仁乡	洋塘村庄下
81	182	19	89.1	9×10.6	光泽县	崇仁乡	汉溪村城下山上
82	302	24	96.1	11×9	光泽县	崇仁乡	砂坪村兰坤
83	422	24	146.4	14.4×12	光泽县	李坊乡	上观村桂家
84	151	20	79.3	14×16	光泽县	华桥乡	石壁窟村山寺水口桥
85	200	15	33.8	18×17	松溪	花桥镇	九蓬村溪边
86	124	16	57.3	14×16	政和县	铁山镇	大岭村游坪
87	100	18	35.7	6.4×7	武夷山市	景区管委会	天心村大王峰
88	100	17	66.5	11×12.5	武夷山市	景区管委会	天心村大王峰
89	100	18	54.7	12×10.2	武夷山市	景区管委会	天心村大王峰
90	100	17	52.5	10.6×9	武夷山市	景区管委会	会天心村武夷书院
91	101	11	50.9	7×7	建瓯市	迪口镇	龙北溪村石粉厂边
92	151	11	99.6	6×6	建瓯市	迪口镇	霞溪村小桔厝桥下
93	101	9	30.6	5×5	建瓯市	迪口镇	霞溪村小桔厝桥头
94	211	22	83.7	19×18	建瓯市	东峰镇	坪林道班路下
95	211	22	76.4	18×17	建瓯市	东峰镇	坪林道班路下
96	211	22	61.8	18×18	建瓯市	东峰镇	坪林道班路下
97	211	19	64.3	11×14	建瓯市	东峰镇	坪林道班路下
98	131	17	64.9	8×8	建瓯市	龙村乡	汴地村际头自然村水尾林
99	184	18	101.9	12.4×16.8	建阳市	童游街道	七姑后际桥边
100	124	18	73.5	11.8×11.5	建阳市	徐市镇	南槎盖布
101	114	23	54.1	8×10	建阳市	莒口镇	东山村头
102	104	13	76.4	13×14	建阳市	水吉镇	双溪村桥头
103	304	20	82.8	10×9	建阳市	小湖镇	秦溪村双狮历
104	494	25	133.7	10×14	建阳市	小湖镇	秦溪村双狮历吉水桥头
105	334	20	114.6	14×18	建阳市	小湖镇	东鲁村溪南岩子后

（续）

古树序号	估测树龄/年	树高/m	胸径/cm	冠幅/m	生长分布地点		
					县市	乡镇	具体位置
106	314	24	103.1	18×14	建阳市	小湖镇	东鲁村溪南下枝
107	204	11	73.2	2×4	建阳市	崇雒乡	崇雒村五陡自然村
108	204	10	82.8	4×5	建阳市	崇雒乡	崇雒村五陡自然村
109	204	16	76.4	4×8	建阳市	崇雒乡	崇雒村五陡自然村
110	104	14.5	50.9	7×6	屏南县	长桥镇	岑洋村碓坑
111	530	18	108.2	18×16	屏南县	长桥镇	远坵村公路上
112	370	12	79.6	10.5×9.5	屏南县	长桥镇	里高溪村上佛堂
113	370	23	95.5	17×15	屏南县	长桥镇	里高溪村上佛堂
114	360	16	82.8	11×9	屏南县	长桥镇	里高溪村上佛堂
115	330	11	85.9	10×8	屏南县	长桥镇	里高溪村下佛殿
116	244	17	76.4	12×10	屏南县	长桥镇	里高溪村坂墩坪
117	314	19	89.1	12.5×11.5	屏南县	长桥镇	里高溪村坂垱坪
118	214	16	70	14×12	屏南县	长桥镇	里高溪村坂垱坪
119	264	9	89.1	7×7	屏南县	长桥镇	长桥村坑里拱桥头
120	524	14	168.7	12×14	屏南县	长桥镇	长桥村江如婆殿
121	360	18	73.5	9×8	屏南县	长桥镇	官洋村土主殿后门山
122	114	13.5	47.7	6×8	屏南县	长桥镇	新桥村街下溪坂
123	560	18	105	2×2	屏南县	长桥镇	新桥村街下溪坂
124	390	18	76.4	11×11	屏南县	长桥镇	新桥村后门山
125	810	16	241	6×4	屏南县	长桥镇	新桥村后门山
126	560	18	140.1	11×11	屏南县	长桥镇	新桥村后门山
127	314	17	76.4	13×11	屏南县	长桥镇	新桥村后门山
128	354	23	95.5	11×8	屏南县	长桥镇	新桥村后门山
129	654	25	211.7	15×15	屏南县	屏城乡	下地村大神坪
130	124	21	55.7	11×8	屏南县	屏城乡	前汾溪村桥下溪坂
131	304	16	108.2	10×5	屏南县	屏城乡	里汾溪村铜锣铺地
132	354	9	159.8	10×8	屏南县	棠口乡	上培村上培土主殿
133	184	16	83.1	14×14	屏南县	棠口乡	上培村上培土主殿
134	184	18	112	14×14	屏南县	棠口乡	上培村上培土主殿
135	154	16	69.1	9×9	屏南县	寿山乡	白凌村龙山
136	200	24	98	23×17	周宁县	咸村镇	梅山村下路
137	300	29	136.2	28×32	周宁县	咸村镇	芹村厝下
138	600	30	207.9	27×33	周宁县	咸村镇	芹村财转
139	300	31	164.9	25×31	周宁县	咸村镇	芹村财转
140	200	20	113.6	15×19	周宁县	咸村镇	芹村财转

（续）

古树序号	估测树龄/年	树高/m	胸径/cm	冠幅/m	生长分布地点		
					县市	乡镇	具体位置
141	300	27	87.9	11×15	周宁县	咸村镇	芹村财转
142	400	29	137.5	22×32	周宁县	咸村镇	芹村门前兜
143	200	25	93.9	18×20	周宁县	咸村镇	芹村门前兜
144	258	15	101.5	30×20	福安市	溪柄镇	山下村狮峰山
145	843	22	241.9	32×26	福安市	溪柄镇	山下村狮峰山
146	148	14	58.3	12×15	福安市	溪柄镇	山下村狮峰山
147	120	15	61.1	10	福鼎市	桐山镇	古岭村薛厝
148	400	15	111.5	19	福鼎市	桐山街道	古岭村马槽奄
149	300	18	90.1	22	古田县	大甲乡	大甲乡际下村水尾
150	450	40	219.7	10	古田县	杉洋镇	宝桥村桥东
151	350	15	115.9	14	古田县	吉巷乡	崎坑村下古院自然村
152	400	25	150	19	古田县	吉巷乡	北土当村
153	150	20	57.3	12	古田县	吉巷乡	岭边村
154	150	21	73.2	13	古田县	吉巷乡	岭边村
155	130	15	51	5	古田县	平湖镇	官州村
156	130	15	70.1	7	古田县	平湖镇	官州村
157	300	17	101.9	7	古田县	平湖镇	下嵩州村
158	300	15	140.1	11	古田县	松吉乡	下洋村佛殿
159	100	13	52.5	10	古田县	松吉乡	下洋村佛殿
160	130	19	79	14	古田县	黄田镇	汶洋村佛殿角
161	125	17	73.2	20	古田县	平湖镇	钱坂村溪尾栏
162	505	14	93.9	15	霞浦县	盐田乡	北洋村
163	201	16	98.7	13×11	霞浦县	盐田乡	村里村左头自然村桥下
164	200	20.5	78	11×10	柘荣县	富溪镇	霞洋村杜坑
165	200	17	68.5	8×8	柘荣县	富溪镇	霞洋村杜坑
166	200	19	63	8×10	柘荣县	富溪镇	霞洋村杜坑
167	300	18	96.2	8×11	柘荣县	富溪镇	霞洋村杜坑
168	390	22	112.9	18×12	柘荣县	富溪镇	前宅村陈溪坪土地宫
169	200	19	71.6	12×12	柘荣县	楮坪乡	洪坑村桥头
170	180	14	61	8×10	柘荣县	宅中乡	赤岩村门首下
171	180	23	74.8	6×8	柘荣县	宅中乡	坪坑村边
172	150	17	52.9	7×15	柘荣县	富溪镇	赤岩村门首下
173	100	20	46	15×8	柘荣县	富溪镇	赤岩村门首下
174	350	28	180	24×20	漳平市	象湖镇	灶头村

备注：缺三明市和龙岩市部分县（市、区）调查资料。

8

红豆树野生种群质量评价与保护技术

国家二级保护树种红豆树，天然林资源已十分匮乏，开展红豆树群落及其种质资源保育极其重要。由于红豆树生物生态学特征，决定了红豆树自然分布在江河湖泊等狭窄地带，明显呈非连续性的零散小块状、小面积状态，客观上没有设立红豆树自然保护区的条件。因此，开展小块状珍贵树种的群落资源质量评价和保护十分必要，但是，目前相关文献尚未见类似红豆树小块状群落的定量评价指标的研究报道。在此，希冀依托已开展的相关红豆树群落相对密度、相对优势度、相对频度、相对高度、盖度比、频度比、密度比、重要值、总优势比、丰富度、多样性、优势度、生态度宽度、生态位重叠度、群间联结性、聚集度、生态位相似比例、多度分布格局等基础信息，尝试对红豆树群落保存现状作出综合定量评价。

8.1 评价指标选择

评价指标选择是解决野生种群质量评价的关键。本文把珍贵树种小块状群落视为自然保护区的缩影，自然保护区的相关评价指标，对红豆树群落的评价便具有指导意义。参考中国国家标准《自然保护区类型与级别划分原则》(GB/T14529—93)、中国东北濒危植物优先保护的定量评价、中国特有植物银杉的濒危原因及保护对策、福建三明格氏栲自然保护区评价、珲春自然保护区生态评价、我国自然保护区生态评价指标和评价标准研究结果等研究成果，结合红豆树群落特点，本文以丰富度指数、多样性指数、均匀度指数、优势度指数、生态位宽度、重要值、总优势比、密度等 14 个因子作为红豆树群落定量评价的候选指标。14 个因子可以分为两组，第一组为群落多样性评价指标，即丰富度指数、多样性指数、均匀度指数、优势度指数，它们直接反映了群落演替的自然性、多样性、代表性、稀有性、稳定性以及群落发育成熟程度，各特征值也隐含人类行为对群落的威胁程度；第二组为目标树种评价指标，即红豆树的生态位宽度、重要值、总优势比、密度，生态位宽度直接反映目标树种的生态环境竞争能力（即红豆树生境是否脆弱），重要值综合反映红豆树在水平空间上竞争能力，总优势比包含红豆树垂直空间竞争能力，密度即直接反映了目标树种红豆树实际存量及世代繁衍更替能力，该组指标也隐含了人类行为对红豆树群落的干扰与威胁程度；另外，将灌木层各生态特征值同时作为定量评价指标，既体现林下种群的保存状态，也体现群落在时间空间上的演变趋势，评价效果必然更全面翔实。可见，两组评价指标，能够综合、全面客观地评价各生态位的群落质量状况和保护现状。

为简化评价指标计算量以及克服生态特征值之间负向相关可能造成评价效果的相互抵消，根据红豆树群落多样性指标间的相关矩阵（表4-8）测算结果，群落乔木层、灌木层的丰富度指数与多样性相关值都达 0.7626** 和 0.7704** 的极显著正相关，评价指标可两者取其一即具代表性；乔木层优势度指数与均匀度指数相关系数为 -0.8698^{**}；灌木层优势度指数与多样性指数相关系数为 -0.8739、优势度指数与均匀度指数相关系数为 -0.8788^{**}，评价指标也同样二者取其一即具代表性。因此，确定多样性指数、优势度指数、红豆树生态位宽度、乔木层红豆树重要值、灌木层红豆树密度等 7 项作为群落综合评价指标。各资源位红豆树群落生态特征实测值详见表 8-1。

表 8-1　各资源位红豆树群落生态特征单项指标实测值

资源位	多样性指数		优势度指数		红豆树生态位宽度	红豆树乔木层重要值/%	红豆树灌木层密度指数/株·亩$^{-1}$
	乔木层	灌木层	乔木层	灌木层			
永泰	2.3754	2.9753	0.1451	0.1046	0.7422	54.93	14
古田	1.9947	2.5236	0.16	0.1065	0.6964	13.84	178
富溪	2.4935	2.648	0.1146	0.1227	0.7099	27.14	121
宅中	2.2997	2.8607	0.0882	0.0852	0.301	21.79	296
楮坪	1.9475	3.1787	0.2303	0.0746	0.8345	44.72	250
东源	2.4547	2.1801	0.1386	0.1911	0.712	26.71	300
周宁	2.0374	2.5914	0.1966	0.1178	0.2837	48.53	257
屏南	2.2533	2.3519	0.127	0.1216	0.6434	18.94	125
连江	2.2687	2.7085	0.111	0.0604	0.494	25.72	306
松溪	2.2218	1.6814	0.1183	0.3905	0.454	14.16	33
福安	1.4892	2.0325	0.367	0.2506	0.8338	51.22	167

8.2　结果与分析

8.2.1　生态特征值数量转化

以生态特征量单项指标实测最大值为基数（表8-2），对各资源位生态特征值进行相对应的数量转化。单项指标实测最大值组合，具有最优群落的含义，即可以理解为受到最优保护状态下的理想林分生态特征值；对各资源位生态特征值进行相对应的数量转化，即各资源位的群落特征量与最优群落特征量的比值，从而得到具有可比性的量化数据（也是各评价指标的权重）。

表 8-2　群落生态特征量单项指标实测最大值

评价项目	多样性		优势度		红豆树生态 位宽度	红豆树乔木 层重要值/%	红豆树灌木层幼 树密度/株·亩$^{-1}$
	乔木层	灌木层	乔木层	灌木层			
W_i	2.7581	3.18	0.3670	0.3905	0.8345	54.93	306

8.2.2　综合评价指数计算结果

综合评价结果由综合评价指数 K_{ij} 反映出来，综合评价指数由下式计算：

$$K_{ij} = \frac{1}{n} * \sum_{i=1}^{n} (I_i * w_i^{-1})$$

式中：K_{ij} 为综合评价指数，n 为评价项目数，j 为资源位，I_i 为单项指标实测值，W_i 为单项指标实测最大值。

K_{ij} 具有域值 [0, 1]，综合评价指数可作为评判群落保护现况与生态质量的依据，全省各资源位的红豆树群落综合评价指数计算结果详见表 8-3，各资源位红豆树群落的良好程度，依次排序为：柘荣楮坪＞福安＞永泰＞柘荣富溪＞柘荣东源＞屏南＞柘荣＞周宁＞松溪＞柘荣宅中＞古田＞连江。

表 8-3　各资源位红豆树群落保护现状综合评价结果

资源位	多样性指数		优势度指数		红豆树生态 位宽度	红豆树乔木 层重要值	红豆树灌木 层密度指数	综合评价 指数
	乔木层	灌木层	乔木层	灌木层				
永泰	0.8612	0.9356	0.3954	0.2679	0.8894	1	0.5817	0.7045
古田	0.7232	0.7936	0.4360	0.2727	0.8345	0.2519	0.5000	0.5446
富溪	0.9041	0.8327	0.3123	0.3142	0.8507	0.4940	0.9673	0.6679
宅中	0.8338	0.8996	0.2403	0.2182	0.3607	0.3968	0.8170	0.5381
楮坪	0.7061	0.9996	0.6275	0.1910	1	0.8143	0.9804	0.7598
东源	0.8900	0.6856	0.3777	0.4894	0.8532	0.4863	0.8399	0.6603
周宁	0.7387	0.8149	0.5357	0.3017	0.3400	0.8835	0.4085	0.5747
屏南	0.8170	0.7396	0.3460	0.3114	0.7710	0.3448	1	0.6186
连江	0.8226	0.8517	0.3025	0.1547	0.5920	0.4683	0.1078	0.4714
松溪	0.8056	0.5287	0.3223	1	0.5440	0.2578	0.5458	0.5720
福安	0.5399	0.6392	1	0.6417	0.9992	0.9325	0.1961	0.7069

8.2.3　红豆树种群萎缩原因

8.2.3.1　红豆树种群萎缩情况

红豆树的地理分布范围虽然广泛，然而由于长期以来过度采伐，资源日渐枯竭，自然种群呈现进一步萎缩与退化特征：一是数量少而分散。全省各地残存红豆树群落均呈小尺度分布、间断状孤岛、面积都很小、个体数量少，多数以零星孤立木存在，30 亩以上规

模的红豆树种群就极为罕见，而且它们能够得以幸存的重要原因是被村民视为风水林和
"神木"，村民历来有保护风尚，相沿成习，自觉遵守。现存的小面积红豆树群落，基本已
经失去通过自然演替实现向外扩展的条件，有些群落的自然演替实际上已经终止。二是群
落内红豆树种群常见聚集分布，种群演替趋势表现出不同程度的衰退。三是乱砍滥伐等人
为因素影响了红豆树群落分布格局，导致一些高龄级个体由聚集分布转向均匀分布或随机
分布。四是红豆树年龄结构上，群落向老龄化趋势发展，长期无新增个体补充且伴随古树
的老化死亡，老树、大树、名木古树个体随着时间推移不增反减，中、小径级个体的林木
也相当有限。

8.2.3.2 红豆树种群萎缩的主要原因

（1）红豆树只生长在水湿条件优良的特定生态环境中

虽然红豆树在地域上的分布跨度大，但是均以小种群聚生在水源充足的溪流河谷与江
河沿岸、村落风水树，或孤立木零星散生在房前屋后，自然分布多呈小面积的狭窄状间断
带、间断小斑块，不仅种群数量十分有限，且种群内的个体数量很有限。

（2）红豆树生殖能力不稳定

红豆树开花结籽不稳定，母树开花结果间隔期长，一般短则 5 ~ 7 年，长则可达
24 年。

（3）红豆树种子传播扩散能力低

主是原因是红豆树革质荚果厚且坚硬，果实成熟后半开裂或不开裂，荚果会宿存于树
冠上部 1 ~ 3 年。种子颗粒大，当荚果开裂的裂隙较小，仍会将种子宿存于荚果中，不开
裂的荚果在风力和重力作用下掉落后，仍然不会开裂，荚果中种子或霉烂、或被虫蛀食、
或被老鼠咬食。当荚果开裂的缝隙足够让种子脱落时，也会因为种子颗粒较重，掉落范围
也仅局限在树冠下部，传播范围仅局限在原生区域内，难以传播扩散开来，而青冈栎、绒
冬青、米槠等其他适生能力更强的树种则有机会不断入侵，造成红豆树群落逐渐萎缩。另
外，由于红豆树群落自然分布主要在溪流河谷与江河沿岸，树冠自然向水面扩展，部分红
豆树荚果和种子成熟后则掉入溪河水域。

（4）红豆树种子自然萌发困难

红豆树种皮致密且坚硬，种子无法吸收水分形成生殖生理胁迫，致使种子长期处于机
械休眠状态。所以林冠下虽然常见较多荚果，但是红豆树幼苗幼树仍然不多。

（5）间断小斑块分布造成遗传多样性的瓶颈效应

由于红豆树自然分布呈狭窄状间断带或间断小斑块，特别是零星分布的个体，生境隔
离现象突出，造成遗传多样性的瓶颈效应，形成种群基因交流障碍，从而导致红豆树遗传
多样性水平的低下，以及种群遗传异质性的缺失，使适应环境能力进一步下降。

（6）林冠下红豆树幼苗成活率不高

幼苗幼树只有当形成林窗时，林下低龄级个体才有机会生长起来，占领林窗，得到生
长的生存空间、光照和养分，否则，现存幼苗幼树也会被其他耐荫的植物取替而消失。调
查中发现，红豆树都自然生长于水湿条件良好的区域，林冠层和林下植物盖度都极大，种
群内和种群间竞争激烈，种群自疏和它疏作用强烈，青冈栎、绒冬青、米槠、刨花楠、栲

树等强耐荫性树种蓬勃发展，致使红豆树幼苗、幼树个体发育受到抑制，种群的分布格局发生变化。

（7）人类活动干扰挤占压缩红豆树生态空间

目前，人为因素对红豆树生境的挤占和破坏仍然严重，乱砍滥伐仍然突出，引起红豆树种群进一步萎缩和生境破碎化，加剧对红豆树群落稳定性的破坏，使本已更新能力不足的红豆树，进一步向衰退型种群转化。特别是盗伐后挖取树兜和滥挖天然林中幼树的行为，这种斩草除根式的人为破坏，直接扼杀了红豆树种群的萌蘖繁殖能力，截断了红豆树实现世代更新途径，使红豆树更趋濒危。

（8）现有群落并未演替成顶极群落，种间竞争仍然激烈

红豆树种群生物学和生态学特性研究表明，红豆树自然繁衍除了自身生理因素的限制以外，与红豆树呈种间极显著负向联结的虎皮楠、山乌桕、赤皮青冈、榕叶冬青、枫香等树种，在群落中具有极强竞争力，它们在群落重要性、总优势比、生态位宽度、生态位重叠度、共存几率等方面也表现为对红豆树生态环境具有较强排斥性的竞争作用，各资源位的红豆树群落明显处于动态演替进程中。

8.2.4　红豆树种群保护技术

基于红豆树群落的现状与特点，提出如下几项保护技术措施：

（1）设立红豆树种群保育小区，就地保育现存资源

研究显示，现存红豆树群落虽然遭受不同程度的人为干扰，然而各群落至今仍有至少12个乔木树种的丰富度，群落种间仍具有较好的多样性，就地保存具有很高的科考价值、森林文化价值、种质保存价值、环境质量指示价值、发展利用价值。例如，古田钱板村和福安溪柄村红豆树群落，自清乾隆繁衍至今，保存完整而茂盛，已成稀世珍品；它们不但种间关系相对稳定，目标树种红豆树的株数较多，立木层次结构齐全，长势好，而且林下一定数量的幼苗幼树，红豆树种群稳定，是群落中旺盛发展的种群，只要不遭破坏，就能生生不息，长期维持正向自然演替状态。具体的封育保护措施：一是建立林木种质资源保护档案。二是设立保护小区进行就地保育，应予划定红豆树封禁保育范围，包括划定一定范围的保护缓冲地带。适宜设立红豆树群落保护小区的主要为：福安市溪柄镇水田村后门山，古田县平湖镇钱板村，柘荣县富溪镇前宅村、宅中乡赤岩村和坪坑村、东源乡宝聚洋村和洪坑村，屏南县棠口乡上培村、长桥镇里高溪村，周宁县咸村镇芹村、永泰县盖洋乡赤岭村，松溪县花桥镇九蓬村，浦城县富岭镇双田村，延平区来舟镇游地村，德化县雷峰镇格后村和龙门滩镇大溪村，漳平市象湖镇金吉村等。三是制定详细的保护规则。四是设立封禁告示牌。五是加强森林巡护管理。

（2）保护红豆树群落种间的多样性、稳定性和协调性

珍贵树种红豆树的保护，应避免周围生境的破坏，尽可能地保持其原生性状态。在群落原生性保护中，原生环境中的其他气候、土壤等自然因子人类无法改变，只有维护群落物种的多样性、稳定性和协调性，则是最直接、最有效、最可行的办法。而且，保持合理的种间关系结构，在人工混交林规划设计或现有林保育，具有同等重要意义。本文对全省红豆树群落的重要值、种群结构、生态位宽度、生态位重叠度、种群多样性特征、种间联

结等研究结果，则为维护红豆树群落种间多样性、稳定性、协调性提供了技术依据。一是群落丰富度方面，以不少于目前红豆树天然残存林分最少物种丰富度水平，即 12 个乔木树种。对现存零星分散的红豆树，以人工补植办法增加群落多样性，促进共生群落的形成。二是群落稳定性方面，通过科学组合互利共生型树种和搭配适量的竞争性树种，以增强群落的稳定性。根据红豆树群落的种间联结性与种组划分结果，与红豆树种间联结关系为正向联结的 23 个树种，可以作为红豆树人工造林进行种间搭配的基本群体；第 I 种组的 7 个树种，它们与红豆树具有相同或相似生态习性，与红豆树互利共生的正向联结明显，可以为种间搭配提供优选群体；第 II 种组的 7 个树种，与红豆树呈现较强竞争性的负向联结，为竞争性树种配置提供依据。三是树种组成比例的协调性方面，可参照红豆树群落重要值比例，制定各树种组合的合理密度结构。

（3）适度人为措施，促进红豆树群落正向演替

福建建瓯万木林禁封 600 多年，自然演替过程中群落的物种多样性相对较高，但是区内珍稀植物群落的老化问题十分严重，随着自然演替的发展，珍稀植物种群最终将被新种群所替代。因此，从生物保护角度来讲，单纯地依靠封禁手段不能有效地保护珍稀植物，应加以人工辅助促进其种群及时更新，设计合理的混交树种，改善其所处环境条件，才能对珍贵树种起到保护和促进可持续发展。在福建亚热带森林生态系统中，物种多样性较高的特点普遍存在，对处于萎缩态势的红豆树种群，采取适当的疏伐方式，减少部分处于拥挤状态的负向联结树种，有利于乔木层红豆树扩展，也可利用林窗促进林下红豆树幼树生长，促进林分向有利于红豆树群落发育的方向演替。

（4）扩展现存红豆树群落发展空间

红豆树濒危主要表现在分布区域狭窄、生长区域不断收缩、年龄结构多为衰退型、空间分布呈聚集型、种间竞争处不利地位、种群数量与个体不断减少等。这些特征，红豆树群落都比较明显，必须采取综合性措施来抑制种群的衰败趋势。首先，要加强原地保护，保存现有资源；其次，在现有群落的外围补植套种一定数量的红豆树，以人工干预手段拓展群体空间，改善红豆树自我繁衍扩大种群规模的能力不足，扭转红豆树生长区域逐渐收缩局面。

（5）促进红豆树回归复种

根据调查访问，处于孤立木状态的红豆树，它们在未被破坏之前，多数是以小群落存在。实施红豆树保护，可以通过回归复种方式，以人工繁育的后代补充野生种群，实现种群重建。种群重建时应选择联结性较强树种进行组合搭配；而红豆树尽可能选择不同年龄段的苗木造林，以便形成层次差异的种群年龄结构，增强重建种群扩张能力；同时，适当考虑红豆树苗木种源的多样性，也能改善种群的遗传结构。

（6）抓紧红豆树人工林资源培育

红豆树优良种质资源应以原地保护为基础，将 174 株红豆树名木古树，作为珍贵种质资源切实加以保护；切实保护和科学利用科研人员精心筛选的 55 株天然红豆树优树（以及 22 株人工林优树），采取新建优良种质收集区和抓紧无性系繁殖，为发展红豆树人工商品林提供可靠的种苗保障。根据红豆树特性，将红豆树造林搭配结合到生态茶园、观光茶园、观光果园的建设，结合到竹林混交、山坡低劣荒弃茶园改造、山地马蹄型低洼地造

林、抛荒坡耕地的植被恢复，以及村旁、水旁、路旁、屋旁、乡村社区等的造林绿化，积极培育珍贵树种后备资源。

8.3 小结与讨论

现存红豆树种群萎缩仍在继续，孤立木存在形式普遍。广泛调查了福建省域内红豆树野生群落表明，目前发现仅 11 片群落保存情况较良好，但受人为活动影响也较显著，种群萎缩仍在继续；特别是 174 株红豆树古树，多数以孤立木形式存在，分散生长在福建省 28 个县(市、区)98 个行政村，这些古树是十分珍贵的种质资源，应根据《福建省古树名木保护管理办法》、《林木种质资源管理办法》(2007 年国家林业局令第 22 号)等法规给予有效保护。

应用多样性指数、优势度指数、红豆树生态位宽度、乔木层红豆树重要值、灌木层红豆树密度等 7 项群落综合评价指标，综合评价了现存 11 个主要红豆树群落保护的良好程度，依次排序为：柘荣楮坪 > 福安 > 永泰 > 柘荣富溪 > 柘荣东源 > 屏南 > 周宁 > 松溪 > 柘荣宅中 > 古田 > 连江。

红豆树生物学、生理学特性是形成种群萎缩的主要原因。红豆树喜湿特性形成生长区域局限性；红豆树生殖能力不稳定，母树开花结果间隔期长，一般短则 5~7 年，长则可达 24 年；红豆树种皮致密且坚硬，种子无法吸收水分形成生殖生理胁迫，导致萌发困难；红豆树种子传播扩散能力低，且种子易霉烂、或被虫蛀食、或被老鼠咬食；种子颗粒较重，难以传播扩散开来，且红豆树大多生长在溪流河谷与江河沿岸，荚果和种子常掉入水域等原因，造成红豆树群落逐渐萎缩；红豆树遗传多样性低下，出现种群基因交流障碍，导致种群遗传异质性的缺失和环境适应能力下降；此外，人类活动干扰挤占压缩红豆树生长空间，使红豆树更趋濒危。

科学制定红豆树种质资源保育措施。设立红豆树种群保育小区，就地保育现存资源；保护红豆树群落种间的多样性、稳定性和协调性；适度人为措施，促进红豆树群落正向演替；对红豆树孤立木采取回归复种办法，以人工繁育的后代补充野生种群数量，实现种群重建；扩展现存红豆树群落发展空间。

9

红豆树苗期施肥效应试验

9.1　施肥试验设计

9.1.1　田间施肥 $L_9(3^4)$ 试验设计

红豆树苗木(NPK)复合肥的田间试验采用 $L_9(3^4)$ 正交设计方案(洪伟.1993)，试验方案见表9-1、表9-2、表9-3。其中，尿素的有效含 N 量为46.5%、氯化钾的有效含 K 量60%、钙镁磷肥的 P_2O_5 含量为12%。试验种子采集于2005年11月，种源为柘荣县宅中乡，2006年2月16日进行种子处理和播种。

表9-1　红豆树苗木(NPK)复合肥田间试验正交设计表　　　　　　　g/小区

水平 \ 因素	尿素(A)	钙镁磷肥(B)	氯化钾(C)
1	50	40	50
2	100	80	100
3	150	120	150

注：CK采用公共对照，施肥量参考杉木试验最佳设计。

表9-2　红豆树苗木(NPK)复合肥田间试验正交设计方案 $L_9(3^4)$　　　　g/小区

条件号 \ 列号	N	P	K	小计
1	50	40	150	240
2	100	40	50	190
3	150	40	100	290
4	50	80	100	230
5	100	80	150	330
6	150	80	50	280
7	50	120	50	220

（续）

条件号 \ 列号	N	P	K	小计
8	100	120	100	320
9	150	120	150	420

注：9 个小区，每个小区面积 2m²，苗床上各小区间用木板隔离，防止小区间窜肥。各小区安排在苗床第 11～13 床，每小区调查 30 株以上。分 6 次以水溶液施肥，每小区每次施肥量按各个条件号相对应的 N、P、K 数量总和的 10%、10%、15%、20%、25%、20% 称取后混合于密封塑料袋中备用，编号分别为 NPK，No.1 号 06.4，1 号 06.5，…；NPK，No.2 号 06.4，1 号 06.5，…。

表 9-3 红豆树田间试验（NPK）复合肥各条件号的施用量安排表

条件号	NPK 配合水平/g									
	CK	$N_1P_1K_3$	$N_2P_1K_1$	$N_3P_1K_2$	$N_1P_2K_2$	$N_1P_2K_3$	$N_3P_2K_1$	$N_1P_3K_1$	$N_2P_3K_2$	$N_3P_3K_3$
合计	0	240	190	290	230	330	280	220	320	420
06.4.25	0	5+4+15	10+4+5	15+4+10	5+8+10	10+8+15	15+8+5	5+12+5	10+12+10	15+12+15
06.5.25	0	5+4+15	10+4+5	15+4+10	5+8+10	10+8+15	15+8+5	5+12+5	10+12+10	15+12+15
06.6.25	0	7.5+6+22.5	15+6+7.5	22.5+6+15	7.5+12+15	15+12+22.5	22.5+12+7.5	7.5+18+7.5	15+18+15	22+18+22.5
06.7.25	0	10+8+30	20+8+10	30+8+20	10+16+20	20+16+30	30+16+10	10+24+10	20+24+20	30+24+30
06.8.15	0	7.5+1+37.5	25+10+12.5	37.5+10+25	12.5+20+25	25+20+37.5	37.5+20+13	13+30+12.5	25+30+25	38+30+37
06.9.15	0	10+8+30	20+8+10	30+8+20	10+16+20	20+16+30	30+16+10	10+24+10	20+24+20	30+24+30

注：CK 为统一对照。

9.1.2 其他配合施肥试验设计

为取得更多施肥试验信息，施肥试验在延平区溪后国有林场设置 N 单肥控制试验、盆栽控制施肥试验（盆栽试验没有效应），在建阳国有林业苗圃和连江国有林业苗圃同步设置配合试验。试验所用肥料为同一包肥料，A——尿素的有效含 N 量为 46.5%、B——KCl 的有效含 K 量为 60%、C——钙镁磷肥的 P_2O_5 含量为 12%。

9.1.2.1 氮单肥配合试验方案

N 施肥试验在木箱中进行，种子于 2006 年 2 月 16 日播种，3 月 13 日芽苗移植，每个箱移植芽苗 36 个，4 月 26 日调查每箱芽苗移植成活率为 100%。采用基质以红壤心土 40kg + 钙镁磷肥 0.25 斤 kg/箱。N 施肥设计详见表 9-4，各处理分别在 4～9 月 6 次追肥，各次施肥比例分别为 10%、10%、15%、20%、25%、20%，其它育苗技术措施与田间施肥试验相同。

表 9-4   红豆树盆栽试验(N)氮素水平设计

选用肥料	施肥量	营养水平					
	水平	CK	1	2	3	4	5
尿素(%)	纯 N 量(g/箱)	0	1.2	2.4	3.6	4.8	6.0
	尿素用量(g/箱)	0	2.6	5.2	7.7	10.3	12.9

9.1.2.2 配合施肥试验方案

配合施肥试验设置在飞石国有林业苗圃,设 15 个面积 2m² 的试验小区。在 4~9 月 6 次追肥,各次施肥比例分别为 10%、10%、15%、20%、25%、20%。设五处理、三重复,具体安排详见表 9-5。

表 9-5   连江配合田间施肥处理设计

处理	N+P+K	N+P	N+K	P+K	P
施肥量(g)	80+110+60	70+115	70+64.6	126+64.6	126

9.2 研究方法

(1)生长量调查

①定期调查。4~11 月,每月每处理全查地径、苗高、叶面积三个生长量项目。从 5~11 月的每月 20 日左右以及处于休眠期的 1 月 20 日,每月每处理分别挖取 3~5 株完整的平均苗,分别调查苗木的地径、根量、叶面积、分枝数、分枝长度、根瘤数量与形成时间、根蘖数等因子,并对检测样株进行根、茎、叶的鲜、干重测定,每月每处理测定叶绿素、呼吸速率等。

②1 年生苗调查。1 年生苗调查苗高、地径、根量、叶面积、分枝数、分枝长度、根瘤数量与形成时间、根蘖数等;测定标准样株的根、茎、叶的干、湿重;苗木根、茎、叶各器官的 NPK 养分含量测定。

③地上部分按试验小区全面调查。地下部分,每月每处理选取 3~5 株完整的平均植株做地下部分的相关指标测定。地径用游标卡尺测量,精度为 0.01cm;苗高用钢尺测量,精度为 0.01cm;叶面积用镶嵌求积法,精度为 0.01cm²;根系按各分级标准分别测定,长度测量精度为 0.01cm。

(2)生物量调查

每月每处理调查 3~5 株完整的平均样株,各器官生物量用电子天平测量,精度为 0.001g。苗木烘干设置在 60℃的恒温条件下,在 105℃的自动烘干箱中烘干至恒重。

(3)营养成分测定

对每月每处理调查的平均样株进行全 N、全 P、全 K、全 C 含量测定。采集的植物样品经烘干、磨碎和过筛后,用湿式灰化法制备 N、P、K、C 等元素的待测样品,P 用日立 U-3210 紫外可见分光光度计测定,K 用日立 Z-6100 原子吸收分光光度计测定,N、C

用岛津 GC－8A 全自动炭氮分析仪测定。测定土壤的碱解氮、有效磷、速效钾、全氮含量、有机质、pH 值等指标（张万儒 . 1987）。其中：全氮——扩散吸收法（LY/T1228）1999），全磷——酸熔－钼锑抗比色法（LY/T1232）1999），速效钾——1N 醋酸氨浸提原子吸收光度法（LY/T1236）1999），有效磷——氟化氨盐酸浸提钼锑抗比色法（LY/T1233）1999），碱解氮——碱解扩散法（LY/T1229）1999），有机质——重铬酸钾氧化法，pH值——日立 pH 计测定。

（4）生理活性测定方法

供试材料为 5 月份以后的红豆树实生苗叶片，在 5～10 月共 6 个月每月 20 日左右采集，当天进行呼吸速率测定及叶绿素的提取试验。

①呼吸速率的测定方法：呼吸速率的测定用小篮子法进行测定。

②叶绿体色素的提取与含量的测定方法：按乙醇、丙酮、水为 4.5：4.5：1 的比例，配制混合液，放入棕色瓶中，用打孔器切取 10 个圆叶片，称其鲜重，放入混合液中，置暗处浸泡 10 小时，当叶圆片发白时，摇匀，并定容，提取液稀释后供测定。提取液用 721型分光光度计分别在波长 645、663、652nm 处读取光密度，以混合液为空白对照，根据测得的光密度 D_{663}、D_{645} 代入公式计算溶液叶绿素 a、b 及总叶绿素含量（阮淑明 . 2007；潘瑞炽 . 2004；裴保华 . 2003；Santos C，Azevedo H，Caldeira G. 2001；Santos C. 2004；Chen LZ，Li DH，Song LR. Hu CX，Wang GH，Liu YD. 2006；Truernit E. 2001；Chung DW，Pruzinska A，Hortensteiner S，Ort DR. 2006；Scheumann V，Schoch S，Rtidiger W. 1999）。

9.3 结果与分析

9.3.1 试验效应的正交分析

红豆树苗木氮磷钾复合肥的田间 $L_9(3^4)$ 正交试验，9 次试验对红豆树苗木的地径、苗高、植株鲜重及根茎叶生物量等 6 个因子具有一定的影响，其结果详见表 9-6～表 9-8。

由表 9-9 的分析结果表明，N 肥、P 肥、K 肥 3 个正交试验因子对红豆树苗木的苗高、植株鲜重、茎鲜重、叶鲜重等 4 个生长因子的重要性次序都为 B→A→C。影响红豆树苗木地径生长的营养元素重要性次序为：C→B→A；影响红豆树苗木根系生长的营养元素重要性次序为：B→C→A。在本次红豆树苗木试验的土壤中，P 元素是影响红豆树苗木生长的主要因素，N 元素次之，K 元素再次之，这与福建省的山地土壤普遍缺乏 P 元素和 N 元素的基本情况相一致，适量补充 P 肥和 N 肥有利于促进红豆树植株的生长发育。

由表 9-9 的分析结果表明，N 肥、P 肥、K 肥三个因子的 3 个施肥数量水平中，对苗木地径生长影响的水平次序为：在 N 肥因子的 3 个水平中，以 A_2 最优、且 $A_2 > A_1 > A_3$，说明在该试验地的立地质量中，培育红豆树苗木的 N 施用量以 A_1 水平用量偏少，A_3 水平偏多，以 A_2 水平较适中；在 P 肥因子的 3 个水平中，以 B_2 最优、且 $B_2 > B_1 > B_3$，说明以 B_2 的水平最适中；在 K 肥因子的 3 个水平中，以 C_1 最优、且 $C_1 > C_2 > C_3$，说明以 K 肥用量较少的 C_1 水平较适中。因此，促进苗木地径生长的各因子和水平的最优组合应为 $A_2 B_2 C_1$。9 次施肥实验中，2 号实验（$A_2 B_1 C_1$）对红豆树苗木地径的生长促进作用最大，说明增加 P 肥用量至 B_2 水平时仍能进一步提高红豆树苗木地径值。施肥对红豆树其它生长因子的影响，与地径类同（郑天汉 . 2007）。

　　N 肥、P 肥、K 肥 3 个正交试验因子对红豆树苗木的地径、苗高、植株鲜重、根鲜重、茎鲜重、叶鲜重等 6 个生长因子的效应具有较高一致性，N、P、K 3 种植物生长元素的最优组合中，除苗高一项外，其他 5 项都为 $A_2 + B_1 + C_1$。

表 9-6　（NPK）田间施肥试验的地径、苗高生长效应分析

红豆树地径生长量的正交试验结果					红豆树苗高生长量的正交试验结果				
实验号	处理			总生物量	实验号	处理			苗高
	A	B	C	xi		A	B	C	xi
1	1	1	3	0.48	1	1	1	3	19.54
2	2	1	1	0.68	2	2	1	1	29.32
3	3	1	2	0.46	3	3	1	2	18.58
4	1	2	2	0.45	4	1	2	2	19.40
5	2	2	3	0.47	5	2	2	3	21.93
6	3	2	1	0.51	6	3	2	1	20.77
7	1	3	1	0.51	7	1	3	1	14.27
8	2	3	2	0.44	8	2	3	2	13.58
9	3	3	3	0.39	9	3	3	3	12.13
K1	1.44	1.61	1.70		K1	53.22	67.44	64.37	
K2	1.59	1.44	1.36		K2	64.84	62.11	51.56	
K3	1.36	1.34	1.34		K3	51.48	39.99	53.60	
k1	0.48	0.54	0.57		k1	17.74	22.48	21.46	
k2	0.53	0.48	0.45		k2	21.61	20.70	17.19	
k3	0.45	0.45	0.45		k3	17.16	13.33	17.87	
R	0.08	0.09	0.12		R	4.45	9.15	4.27	

表 9-7　（NPK）田间施肥试验的植株总生物、根系生物量生长效应分析

红豆树植株总生物量的正交试验结果					红豆树根系鲜重的正交试验结果				
实验号	处理			总生物量	实验号	处理			根生物量
	A	B	C	xi		A	B	C	xi
1	1	1	3	12.10	1	1	1	3	3.600
2	2	1	1	21.35	2	2	1	1	5.314
3	3	1	2	11.98	3	3	1	2	3.692
4	1	2	2	9.23	4	1	2	2	2.819
5	2	2	3	7.82	5	2	2	3	1.885
6	3	2	1	5.99	6	3	2	1	1.552
7	1	3	1	7.88	7	1	3	1	4.472
8	2	3	2	7.63	8	2	3	2	3.373

（续）

红豆树植株总生物量的正交试验结果				红豆树根系鲜重的正交试验结果			
实验号	处理		总生物量	实验号	处理		根生物量
	A	B	C	x_i		A	B	C	x_i
9	3	3	3	2.48	9	3	3	3	1.242
K1	29.21	45.43	35.22		K1	10.89	12.61	11.34	
K2	36.81	23.04	28.84		K2	10.57	6.26	9.88	
K3	20.45	17.99	22.41		K3	6.49	9.09	6.73	
k1	9.74	15.14	11.74		k1	3.63	4.20	3.78	
k2	12.27	7.68	9.61		k2	3.52	2.09	3.29	
k3	6.82	6.00	7.47		k3	2.16	3.03	2.24	
R	5.45	9.15	4.27		R	1.47	2.12	1.54	

表 9-8　（NPK）田间施肥试验的茎、叶生物量生长效应分析

红豆树茎鲜重的正交试验结果				红豆树叶鲜重的正交试验结果			
实验号	处理		茎生物量	实验号	处理		叶生物量
	A	B	C	x_i		A	B	C	x_i
1	1	1	3	2.95	1	1	1	3	5.55
2	2	1	1	6.23	2	2	1	1	9.8
3	3	1	2	3.39	3	3	1	2	4.89
4	1	2	2	2.64	4	1	2	2	3.78
5	2	2	3	2.28	5	2	2	3	3.66
6	3	2	1	1.56	6	3	2	1	2.88
7	1	3	1	1.31	7	1	3	1	2.1
8	2	3	2	1.72	8	2	3	2	2.54
9	3	3	3	0.64	9	3	3	3	0.6
K1	6.90	12.57	9.10		K1	11.43	20.24	14.78	
K2	10.23	6.48	7.75		K2	16.00	10.32	11.21	
K3	5.59	3.67	5.87		K3	8.37	5.24	9.81	
k1	2.30	4.19	3.03		k1	3.81	6.75	4.93	
k2	3.41	2.16	2.58		k2	5.33	3.44	3.74	
k3	1.86	1.22	1.96		k3	2.79	1.75	3.27	
R	1.55	2.97	1.08		R	2.54	5.00	1.66	

表 9-9　红豆树主要生长因子的氮磷钾施肥试验效应比较表

序号	项目	因子主次	水平次序	最优组合
1	地径	C→B→A	$A_2 > A_1 > A_3$ $B_1 > B_2 > B_3$ $C_1 > C_2 > C_3$	$A_2 + B_1 + C_1$

（续）

序号	项目	因子主次	水平次序	最优组合
2	苗高	B→A→C	$A_2 > A_3 > A_1$ $B_2 > B_1 > B_3$ $C_1 > C_2 > C_3$	$A_2 + B_2 + C_1$
3	植株鲜重	B→A→C	$A_2 > A_1 > A_3$ $B_1 > B_2 > B_3$ $C_1 > C_2 > C_3$	$A_2 + B_1 + C_1$
4	根鲜重	B→C→A	$A_1 > A_2 > A_3$ $B_1 > B_3 > B_2$ $C_1 > C_2 > C_3$	$A_2 + B_1 + C_1$
5	茎鲜重	B→A→C	$A_2 > A_1 > A_3$ $B_1 > B_2 > B_3$ $C_1 > C_2 > C_3$	$A_2 + B_1 + C_1$
6	叶鲜重	B→A→C	$A_2 > A_1 > A_3$ $B_1 > B_2 > B_3$ $C_1 > C_2 > C_3$	$A_2 + B_1 + C_1$

9.3.2 试验效应的方差分析与多重比较

9.3.2.1 方差分析与 Q 检验

表9-10 红豆树苗木田间施肥试验的生长指标方差检验

项目	地径	苗高	植株鲜重	根鲜重	茎鲜重	叶鲜重	根幅	主根长	总根长	叶面积	冠长
F	5.01**	15.21**	307.5**	59.8**	99.2**	223.4**	2.46	2.47	2.47	19.56**	7.41**
S_e^2	0.0034	5.13	4.95	0.98	1.07	3.54	13.3	6.76	2313	4362	4.13
$D_{0.05}$	0.113	4.403	4.325	1.924	2.011	3.657	7.087	5.054	93.491	128.388	3.951
$D_{0.01}$	0.150	5.836	5.733	2.551	2.665	4.848	9.394	6.699	123.92	170.180	5.237

$F_{0.01}(9, 20) = 4.665$；$F_{0.05}(9, 20) = 2.871$；$q_{0.05}(9, 20) = 3.367$；$q_{0.01}(9, 20) = 4.463$。

不同处理的方差分析达到极显著水平，可以进行差异显著性检验。

差异显著性采用 Q 检验（Newman – Keuls 检验）方法。

$$D_\alpha = q_{\alpha(a, dfe)} (S_e / n)^{0.5}$$

式中：α 可靠性指标值，a 为处理数，df_e 为组内自由度，n 为重复次数。

9.3.2.2 各处理间的苗木生长量多重比较

表9-11～表9-16各因素的多重比较结果显示，处理2的效果最优，地径、苗高、植株总鲜重、根鲜重、茎鲜重、叶鲜重等因子比其它各处理都有显著或极显著的差异。处理2与CK相比较，地径增长率51.1%、苗高增长率113.4%、植株总鲜重增长率217.7%、根

鲜重增长率 75.8%、茎鲜重增长率 462.1%、叶鲜重增长率 278.4%。

各处理的地径生长差异比较中，处理 2 的施肥效果最佳，比 CK 增长 51.1%，处理 2（$N_{100g} + P_{40g} + K_{50g}$）与其他处理比较均达极显著水平。其他处理间的比较，除处理 6（$N_{150g} + P_{80g} + K_{50g}$）与处理 9（$N_{150g} + P_{120g} + K_{150g}$）、处理 7（$N_{50g} + P_{120g} + K_{50g}$）与处理 9 达显著水平以外，均未达显著水平。

各处理的苗高生长量比较中，除处理 2 达极显著水平以外，还有处理 1（$N_{50g} + P_{40g} + K_{150g}$）、处理 3（$N_{150g} + P_{40g} + K_{100g}$）、处理 4（$N_{50g} + P_{80g} + K_{100g}$）、处理 5（$N_{100g} + P_{80g} + K_{150g}$）都显著或极著地大于处理 7、处理 8（$N_{100g} + P_{120g} + K_{100g}$）、处理 9 及 CK，而处理 1、处理 3、处理 4、处理 5 等 4 个处理间的差异却未达显著水平，处理 7、处理 8、处理 9 及 CK 4 个处理间的差异未达显著水平。由此可初步判断，该圃地质量条件下磷营养元素的 120g 施用量已经超量，使红豆树苗木施肥效应不明显。

各处理的生物量差异比较中，除处理 2 外，各生长性状间未有比较明显的施肥正向促进效应。处理 8 和处理 9 出现负向效应。

表 9-11　红豆树田间施肥试验的地径多重比较

地径	平均	处理 1	处理 2	处理 3	处理 4	处理 5	处理 6	处理 7	处理 8	处理 9
处理 1	0.48	0.00								
处理 2	0.68	− 0.20	0.00							
处理 3	0.46	0.02	0.22 **	0.00						
处理 4	0.45	0.03	0.23 **	0.01	0.00					
处理 5	0.47	0.01	0.21 **	− 0.01	− 0.02	0.00				
处理 6	0.51	− 0.03	0.17 **	− 0.05	− 0.06	− 0.04	0.00			
处理 7	0.51	− 0.03	0.17 **	− 0.05	− 0.06	− 0.04	0.00	0.00		
处理 8	0.44	0.04	0.24 **	0.02	0.01	0.03	0.07	0.07	0.00	
处理 9	0.39	0.09	0.29 **	0.07	0.06	0.08	0.12 *	0.12 *	0.05	0.00
CK	0.45	0.03	0.23 **	0.01	0.00	0.02	0.06	0.06	− 0.01	− 0.06

表 9-12　红豆树田间施肥试验的苗高多重比较

苗高	平均	处理 1	处理 2	处理 3	处理 4	处理 5	处理 6	处理 7	处理 8	处理 9
处理 1	19.54	0.00								
处理 2	29.32	− 9.78	0.00							
处理 3	18.58	0.97	10.75 **	0.00						
处理 4	19.40	0.14	9.92 **	− 0.82	0.00					
处理 5	21.93	− 2.39	7.39 **	− 3.35	− 2.53	0.00				
处理 6	20.77	− 1.23	8.55 **	− 2.19	− 1.37	1.16	0.00			
处理 7	14.27	5.27 *	15.05 **	4.31	5.13 *	7.66 **	6.50 **	0.00		
处理 8	13.58	5.96 **	15.74 **	5.00 *	5.82 **	8.35 **	7.19 **	0.69	0.00	
处理 9	12.13	7.41 **	17.19 **	6.45 **	7.27 **	9.80 **	8.64 **	2.14	1.45	0.00
CK	13.74	5.8 **	15.6 **	4.84 *	5.66 *	8.19 **	7.03 **	0.53	− 0.16	− 1.61

表 9-13　红豆树田间施肥试验的植株鲜重多重比较

项目	平均	处理1	处理2	处理3	处理4	处理5	处理6	处理7	处理8	处理9
处理1	12.10	0.00								
处理2	21.35	−9.25	0.00							
处理3	11.98	0.12	9.37**	0.00						
处理4	9.23	2.87	12.12**	2.75	0.00					
处理5	7.82	4.28	13.53**	4.16	1.41	0.00				
处理6	5.99	6.11**	15.36**	5.99**	3.24	1.83	0.00			
处理7	7.88	4.22	13.48**	4.10	1.35	−0.06	−1.89			
处理8	7.63	4.47	13.72**	4.35	1.60	0.19	−1.64	0.25		
处理9	2.48	9.62**	18.87**	9.49**	6.75**	5.34*	3.51	5.40*	5.15*	
CK	6.72	5.38*	14.63**	5.26*	2.51	1.10	−0.73	1.16	0.91	−4.24

表 9-14　红豆树田间施肥试验的根系鲜重多重比较

根鲜重	平均	处理1	处理2	处理3	处理4	处理5	处理6	处理7	处理8	处理9
处理1	3.60	0.00								
处理2	5.31	−1.71	0.00							
处理3	3.69	−0.09	1.62	0.00						
处理4	2.82	0.78	2.49*	0.87	0.00					
处理5	1.88	1.72	3.43**	1.81	0.94	0.00				
处理6	1.55	2.05*	3.76**	2.14*	1.27	0.33	0.00			
处理7	4.47	−0.87	0.84	−0.78	−1.65	−2.59	−2.92	0.00		
处理8	3.37	0.23	1.94*	0.32	−0.55	−1.49	−1.82	1.10	0.00	
处理9	1.24	2.36*	4.07**	2.45*	1.58	0.64	0.31	3.23**	2.13*	0
CK	3.02	0.58	2.29**	0.67	−0.20	−1.14	−1.47	1.45**	0.35	−1.78

表 9-15　红豆树田间施肥试验的茎鲜重多重比较

茎鲜重	平均	处理1	处理2	处理3	处理4	处理5	处理6	处理7	处理8	处理9
处理1	2.948	0.00								
处理2	6.234	−3.29	0.00							
处理3	3.392	−0.44	2.84**	0.00						
处理4	2.635	0.31	3.60**	0.76	0.00					
处理5	2.279	0.67	3.96**	1.11	0.36	0.00				
处理6	1.562	1.39	4.67**	1.83	1.07	0.72	0.00			
处理7	1.306	1.64	4.93**	2.09*	1.33	0.97	0.26	0.00		
处理8	1.719	1.23	4.51**	1.67	0.92	0.56	−0.16	−0.41	0.00	
处理9	0.639	2.31*	5.60**	2.75**	2.00	1.64	0.92	0.67	1.08	0.00
CK	1.109	1.84	5.13**	2.28*	1.53	1.17	0.45	0.20	0.61*	−0.47

表 9-16　红豆树田间施肥试验的叶鲜重多重比较

叶鲜重	平均	处理1	处理2	处理3	处理4	处理5	处理6	处理7	处理8	处理9
处理1	5.55	0.00								
处理2	9.80	-4.25	0.00							
处理3	4.89	0.66	4.91**	0.00						
处理4	3.78	1.78	6.03**	1.12	0.00					
处理5	3.66	1.89	6.14**	1.23	0.12	0.00				
处理6	2.88	2.67	6.92**	2.01	0.90	0.78	0.00			
处理7	2.10	3.45	7.70**	2.79	1.68	1.56	0.78	0.00		
处理8	2.54	3.01	7.26**	2.35	1.24	1.12	0.34	-0.44	0.00	
处理9	0.60	4.95*	9.20**	4.29*	3.18	3.06	2.28	1.50	1.94	0.00
CK	2.59	2.96	7.21**	2.30	1.19	1.07	0.29	-0.49	-0.05	-1.99

9.3.2.3　各处理间的苗木器官含水率变化

测定红豆树苗木各营养器官含水率，并以试验对照的苗木含水率为参照量计算离差值，表 9-17 结果显示，9 种施肥处理的根、茎及植株含水率均小于对照，施肥量较大的处理 9、处理 8、处理 5 的器官含水率明显比对照低。施肥对苗木生长促进效应最显著的处理 2 植株总含水率分别比处理 9、处理 8、处理 5 的总含水率大 11.45%、2.21%、2.83%；处理 2 根含水率分别比处理 9、处理 8、处理 5 的根含水率大 6.84%、-1.79%、6.62%；处理 2 茎含水率分别比处理 9、处理 8、处理 5 的茎含水率大 6.11%、3.44%、0.8%；处理 2 叶含水率分别比处理 9、处理 8、处理 5 的叶含水率大 19.45%、3.88%、3.84%。处理 9 的根、茎、叶、全株含水率最低，分别比试验对照低 16.51%、13.72%、23.48%、18.2%，植株表现出脱水现象，部分叶片脱落，苗木须根锐减，侧根密布根瘤，使根系发生不正常的变异，有少部分的苗木叶片有肥害灼伤，叶缘卷起和焦枯症状，少部分苗木死亡。处理 8 的苗木，也有少量叶片焦枯的肥害迹象。

红豆树苗木的 9 种施肥处理的苗木生长表现，除处理 2 具有极显著的正向促进效果外，其他处理却没有达到预期的正向促进生长的效果，处理 8 与处理 9 反而出现抑制效应。对不同的施肥量水平、施肥试验效应与苗木各器官含水率的综合分析可见，处理 5、处理 8、处理 9 等 3 个施肥量大的苗木含水率明显降低，苗木生长量也明显偏小。这说明在红豆树施肥试验中，水分对红豆树植株营养的吸收利用与植株的生长具有十分重要的作用。水分是矿质养分溶解的介质和矿质养分迁移的载体，对促进土壤中有机物的矿质养分的质流和扩散过程、增加根系和土壤颗粒之间的接触有着重要作用。红豆树的施肥效应，同宋海星等人研究水、氮供应和土壤空间对玉米所引起的根系生理特性变化情况极为相似，在水分胁迫严重的情况下施肥，会增加土壤中养分浓度，降低土壤水势，进一步加剧水分胁迫（宋海星、李生秀，2003）。最终使作物根系吸收水分更加困难。

红豆树植株大小、同一植株不同器官以及苗木不同生长阶段的含水率有明显的差异。例如，建瓯苗木平均地径 1.01cm、平均苗高 49.5cm；2006 年 12 月底调查的全株、根、茎、叶的含水率分别为 46.4%、38.9%、37.4%、55.8%。屏南苗木平均地径 0.84cm、平均苗高 41.9cm；2006 年底调查的根、茎含水率分别为 47.1%、46.2%。永安苗木平均地径 0.66cm、平均苗高 23.3cm；2006 年 12 月底调查的全株、根、茎、叶的含水率分别为 57.0%、58.9%、46.5%、59.9%。延平区苗木 2006 年底调查的平均地径 0.48cm、平均苗高 18.3cm；全株、根、茎、叶含水率分别为 49.2%、49.4%、44.7%、50.3%。即苗木植株越大，各器官的含水率就下降；根、茎、叶三部分营养器官的含水率分别为叶 > 根 > 茎；生长初期的含水率最高，进入生长休眠期的含水率最低。红豆树休眠期的含水率下降与苗木营养元素的迅速积累有关。掌握红豆树苗木含水率的变化规律，可以利用叶片水分测定仪测定苗木对水分的需求情况，进而采取相应的技术措施。

表 9-17　不同施肥处理的红豆树苗木各营养器官含水率差异

项目	施肥量	根含水率		茎含水率		叶含水率		总含水率	
	g	实际值	离差	实际值	离差	实际值	离差	实际值	离差
处理 1	240	51.58	3.49	45.43	6.01	58.73	− 1.05	53.36	2.12
处理 2	190	45.4	9.67	43.84	7.6	53.65	4.03	48.73	6.75
处理 3	290	48.5	6.57	46.33	5.11	57.71	− 0.03	51.65	3.83
处理 4	230	47.02	8.05	47.18	4.26	51.16	6.52	48.76	6.72
处理 5	330	41.78	13.29	43.04	8.4	49.81	7.87	45.9	9.58
处理 6	280	48.49	6.58	45.83	5.61	52.27	5.41	49.61	5.87
处理 7	220	53.38	1.69	44.76	6.68	45.39	12.29	49.82	5.66
处理 8	320	47.19	7.88	40.4	11.04	49.77	7.91	46.52	8.96
处理 9	420	38.56	16.51	37.72	13.72	34.2	23.48	37.28	18.2
CK	0	55.07	0	51.44	0	57.68	0	55.48	0

9.3.3　红豆树苗木田间施肥试验的月份间生长动态

9.3.3.1　地径、苗高月份间生长量的动态

红豆树各处理的地径、苗高、高径比等因子的方差分析结果，除 5 月份不显著外，其他各月份的生长量因子均达极显著差异，说明红豆树苗木各性状因子间的生长分化是出现在 5 月份以后，即 6 月份起红豆树苗木施肥效应开始显现。但红豆树苗木地径、苗高在月份间的生长量差异（图 9-1、表 9-18），并未出现类似杉木的明显单峰曲线形态（俞新妥，1997）。施肥处理对苗木生长正向促进效果最显著的为处理 2，在 5、6 月份的生长量仍然与处理 7、处理 8、处理 9 以及 CK 基本一致，甚至还低于处理 7 的生长量，说明经过 4、5、6 月份 3 次施肥后，P 元素施肥量较大的处理 7、处理 8、处理 9 仍然对红豆树苗木地径生长表现出正向促进作用。经过 4~6 月份 3 次的施肥积累，P 元素施肥量较大的处理 7、处理 8、处理 9 尚未产生过量效应。同时，没有施肥的 CK 与处理 2、处理 8、处理 9 的地径生长量基本相等，由此可以初步判断育苗圃地土壤中的 P 元素加上 4 月份、5 月份、6 月份 3 个月的施肥量，是红豆树苗木生长的适宜和有效需求量。至 8 月份，P 元素施肥量

较大的处理7、处理8、处理9的地径生长量开始出现分化。至1年生苗时，10种不同的施肥试验中，只有处理2的地径总生长量为0.68cm(苗高总生长量为32.3cm)，平均苗木质量达到二级标准(表9-19)。

各施肥处理中，苗高生长量的月份间差异比地径生长量的月份间差异相对较为平稳，没有类似地径生长量在8月份明显降低的现象，也没有出现较为突出的月份间的生长量波动。红豆树苗木1年生苗中，处理1至处理6的苗高总生长量达到三级苗木质量标准，其中处理2达到二级苗质量标准(图9-2、表9-20、表9-21)。

高径比是评价苗木质量水平时常用的指标，由红豆树施肥试验各处理的苗木高径比曲线图(图9-3、表9-22)可见，11月份的曲线就是1年生苗木的高径比值，其变化趋势是处理1至处理6的高径比值较CK大，其中处理4、处理5、处理6较突出；处理7、处理8、处理9与CK4个处理的比值低。即P元素施肥量较大的3个处理的高径比值较小，这个结果同其他树种的磷肥试验效果相一致，P元素促进苗木生长呈"矮壮"状态。处理2至处理6的氮素施用量较大，其苗木的高径比值较大，即说明氮营养元素对促进红豆树苗高生长具有更大的功效。

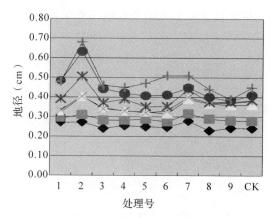

图9-1 田间施肥试验的地径生长分化情况

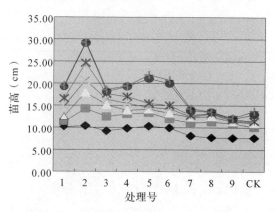

图9-2 田间施肥试验的苗高生长分化情况

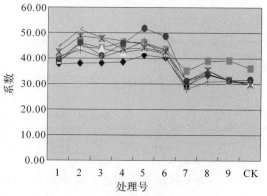

图9-3 田间施肥试验的高径比情况

(注：—◆—5月 —■—6月 —△—7月 —✕—8月 —✳—9月 —●—10月)

9.3.3.2 苗木各器官月份间的生长率动态

红豆树各种施肥处理的苗木地径生长率在总体上的表现，为"M型"的双峰曲线(图9-4)。7月份地径生长出现第一次高峰值，8月份地径生长率最小，10月份地径出现第二次生长高峰，11月份生长量渐次下降最终进入越冬休眠。在各个施肥试验中，6月份时，地径生长率比CK大的处理依次为处理1、处理9、处理3；另6种施肥处理所产生的效果比CK

差，说明经过 4 月和 5 月 2 次施肥后，两次施肥量对红豆树地径生长效应尚未表达。9 月份和 10 月份的地径生长率表明，各施肥处理的地径生长率都高于没有施肥处理的 CK，表明红豆树施肥后的营养物质产生积淀作用，当水分和气温等外部环境适宜时，施肥对苗木生长的正向促进作用的潜能就发挥出来，苗高生长率(图 9-5 和表 9-21)以及根、茎、叶的生物量增长率也有类似的特征。

红豆树植株总生物量生长率、根系生物量增长率、茎生物量增长率、叶生物量增长率(表 9-23 ~ 表 9-26 和图 9-6 ~ 图 9-9)4 个因子在各月份的生长动态比较中(横向时间上的比较)，11 月份较一致地呈现出迅速增长趋势，这与前述未施肥处理的红豆树苗木月生长动态规律相一致。在红豆树植株总鲜重增长率中，10 月份和 11 月份出现迅速增长现象，而以 11 月份的增长率最大。通过对 10 月份的地径、苗高、生物量 3 个因子的生长率比较，三者间的增长率基本呈现同步增长趋势，说明 10 月份的生物量增长是来源于地径与苗高的增长。但 11 月份的地径、苗高、生物量 3 个因子的生长率比较，三者间的增长率是不协调的，如处理 1 的生物量增长率为 43.3%，但地径与苗高的增长率分别为 0 与 3.35%，其他各处理的情况与此类似。而且，11 月份的总干物质增长率比总鲜重增长率更大，根、茎、叶也有相似的结果。从不同处理的根系生物量生长率表中可见，10 ~ 11 月是红豆树根系生长的最重要时期，如处理 1 至处理 6，2 个月的根系鲜重生长率分别占根系总生物量的 70.6%、70.3%、75.9%、75.2%、64.7%、44.5%。处理 1 至处理 6，2 个月的根系干物质生长率约占根系总干物质的 80.4%、83%、91.2%、84.6%、77.1%、66.1%。10 月份既是红豆树苗木地径、苗高的速生期，也是植株生物量的重要积累期。至 11 月份时，红豆树苗木的地径与苗高已基本停止生长，但却是苗木根系的快速生长期。可见，11 月份红豆树苗木生长并未停止，而是由地上部分生长转为地下部分的根系快速生长，而 5 ~ 9 月份是红豆树苗木地径与苗高的生长期。

对各处理间的根、茎、叶生物量增长率变化趋势进行比较(纵向处理间的比较)，结果为苗木生长量越大，生物量增长率也越大。另外，红豆树在 11 月份的生物量增长率中，施肥处理的生物量增长率明显大于 CK，说明施肥促进的潜在作用。

表 9-18　田间施肥试验的地径月份间生长变化

因子	处理 1	处理 2	处理 3	处理 4	处理 5	处理 6	处理 7	处理 8	处理 9	CK	F
5 月	0.27	0.27	0.24	0.25	0.25	0.25	0.28	0.23	0.24	0.24	2.25
6 月	0.29	0.31	0.28	0.28	0.29	0.27	0.32	0.29	0.28	0.28	11.5**
7 月	0.32	0.40	0.34	0.33	0.32	0.32	0.39	0.37	0.36	0.36	12**
8 月	0.33	0.40	0.34	0.33	0.32	0.33	0.40	0.37	0.37	0.38	2.45
9 月	0.39	0.51	0.37	0.39	0.35	0.35	0.44	0.37	0.38	0.38	14.8**
10 月	0.48	0.63	0.44	0.42	0.41	0.41	0.45	0.40	0.38	0.38	8.95**
11 月	0.48	0.68	0.46	0.45	0.47	0.51	0.51	0.44	0.39	0.45	12.5**

注：$F_{0.05}(9, 20) = 2.39$；$F_{0.01}(9, 20) = 3.46$。

表 9-19　红豆树田间施肥试验不同处理的地径生长率

因子	处理 1	处理 2	处理 3	处理 4	处理 5	处理 6	处理 7	处理 8	处理 9	CK
6 月	4.50	5.45	8.95	6.13	8.17	5.53	7.25	13.44	9.64	8.41
7 月	6.55	13.52	13.60	10.13	7.62	7.97	14.61	17.60	20.48	18.2
8 月	2.38	0.34	0.00	0.52	0.00	2.89	1.96	0.87	2.56	4.44
9 月	12.12	14.96	6.52	13.21	6.38	4.27	7.84	0.89	1.29	0.76
10 月	19.46	18.51	15.61	6.75	12.12	11.64	1.46	6.10	1.27	0.00
11 月	0.00	7.08	3.95	7.38	13.41	0.00	12.27	8.92	2.56	15.0

表 9-20　红豆树田间施肥试验的苗高月份间生长变化趋势

因子	处理 1	处理 2	处理 3	处理 4	处理 5	处理 6	处理 7	处理 8	处理 9	CK	F
5 月	10.11	10.40	9.21	9.80	10.31	9.94	8.12	7.77	7.63	7.63	2.16
6 月	11.20	14.26	12.44	13.05	13.30	11.95	11.08	11.26	10.98	10.05	9.88 **
7 月	12.50	17.87	15.10	13.85	14.11	13.21	12.36	12.46	11.34	11.00	9.85 **
8 月	14.81	20.67	16.33	15.45	14.54	14.23	12.46	13.10	11.51	11.30	20.62 **
9 月	16.58	24.62	17.67	16.98	15.44	14.97	12.79	13.24	11.85	11.44	24.37 **
10 月	19.19	28.81	20.30	19.99	18.02	16.62	13.22	13.49	11.96	11.65	28.29 **
11 月	19.85	32.28	21.74	21.23	18.76	16.92	13.33	13.68	11.96	11.68	5.73 **

注：$F_{0.05}(9, 20) = 2.39$；$F_{0.01}(9, 20) = 3.46$。

表 9-21　红豆树田间施肥试验不同处理的苗高生长率

因子	处理 1	处理 2	处理 3	处理 4	处理 5	处理 6	处理 7	处理 8	处理 9	CK
6 月	5.47	11.96	14.86	15.33	15.96	11.85	22.22	25.53	27.97	20.75
7 月	6.54	11.20	12.26	3.74	4.34	7.46	9.62	8.78	3.03	8.14
8 月	11.65	8.67	5.63	7.56	2.28	6.03	0.75	4.65	1.42	2.57
9 月	8.94	12.24	6.15	7.20	4.77	4.40	2.48	1.07	2.88	1.22
10 月	13.12	12.97	12.10	14.16	13.78	9.74	3.23	1.78	0.88	1.78
11 月	3.35	10.76	6.65	5.85	3.94	1.77	0.83	1.42	0.01	0.25

表 9-22　红豆树田间施肥试验 H/D 的月份间生长变化趋势

H/D	处理 1	处理 2	处理 3	处理 4	处理 5	处理 6	处理 7	处理 8	处理 9	CK	F
5 月	37.67	38.09	38.21	38.62	41.30	40.35	29.14	33.84	31.47	31.73	2.17
6 月	38.61	45.99	44.08	46.36	46.19	43.51	35.11	39.00	39.19	36.12	8.02 **
7 月	38.87	44.47	43.81	42.27	43.59	41.90	31.69	34.03	31.50	30.56	11.21 **
8 月	44.49	51.14	48.02	46.82	45.44	43.12	31.15	35.40	31.11	29.74	14.73 **
9 月	42.40	48.67	47.75	43.54	44.10	42.56	29.07	35.42	31.61	29.84	58.40 **
10 月	39.60	46.06	40.97	45.88	51.75	48.60	31.09	33.66	31.47	31.66	26.66 **
11 月	40.71	43.12	40.39	43.11	46.66	40.73	27.98	30.86	31.10	30.53	15.26 **
平均	35.50	40.43	39.76	39.48	38.73	36.38	27.36	31.31	29.50	30.63	

注：$F_{0.05}(9, 20) = 2.39$；$F_{0.01}(9, 20) = 3.46$。

表 9-23 红豆树田间施肥试验不同处理的植株生物量生长率

项目	处理	6月	7月	8月	9月	10月	12月	项目	处理	6月	7月	8月	9月	10月	12月
		测定时间								测定时间					
总鲜重	1	2.7	7.0	4.0	15.7	20.4	43.3	总干重	1	1.9	7.3	2.8	9.2	15.9	59.4
	2	1.7	13.1	3.8	9.0	30.8	37.1		2	1.3	6.8	3.5	5.5	30.1	48.3
	3	2.5	2.3	2.7	9.2	20.0	54.4		3	3.8	1.0	4.3	3.5	11.8	69.2
	4	6.1	4.1	10.8	11.4	13.6	43.2		4	9.8	1.0	4.4	8.9	13.6	57.8
	5	3.2	4.2	18.3	6.0	8.8	47.6		5	5.0	5.0	5.8	2.7	5.2	68.1
	6	2.7	5.3	14.3	11.9	23.0	22.8		6	7.3	2.7	22.0	8.8	20.8	28.7
	7	3.1	12.8	9.1	20.3	13.0	29.5		7	5.1	9.2	4.7	13.3	34.4	23.9
	8	4.3	10.7	28.1	13.3	7.2	20.1		8	3.3	2.4	18.0	22.8	21.1	23.2
	9	3.8	15.9	18.1	10.4	8.7	21.9		9	6.5	9.1	16.7	10.4	19.8	27.0
	CK	3.6	9.0	24.8	14.2	14.0	13.9		CK	6.6	5.4	22.0	4.6	21.6	25.3

表 9-24 红豆树田间施肥试验不同处理的根系生物量生长率

项目	处理	6月	7月	8月	9月	10月	12月	项目	处理	6月	7月	8月	9月	10月	12月
		测定时间								测定时间					
根鲜重	1	6.7	6.8	3.0	12.9	24.0	46.6	根干重	1	2.1	1.7	2.6	9.7	0.4	80.0
	2	3.2	16.4	1.0	7.8	41.1	29.2		2	1.5	4.4	3.4	3.8	38.1	44.9
	3	2.1	5.0	3.6	8.3	29.4	46.5		3	2.1	0.3	0.7	1.0	10.7	80.5
	4	5.5	3.8	2.9	4.8	28.0	47.2		4	8.7	0.9	0.3	2.1	20.9	63.7
	5	6.5	5.8	15.4	2.4	4.1	60.6		5	4.4	6.8	1.5	3.6	3.9	73.2
	6	1.6	9.5	15.4	9.2	23.4	21.1		6	4.1	1.8	12.9	4.6	32.8	33.3
	7	0.7	4.9	16.5	8.1	6.7	55.1		7	5.5	5.7	3.3	6.1	34.7	40.0
	8	3.9	14.7	12.7	3.7	13.2	41.9		8	5.3	1.1	12.9	31.8	3.5	38.7
	9	4.5	17.5	35.5	5.6	1.0	18.4		9	9.7	7.6	28.3	0.8	33.7	8.4
	CK	6.9	13.2	19.3	18.9	18.0	20.5		CK	4.5	5.0	25.3	5.4	20.3	30.3

表 9-25 红豆树田间施肥试验不同处理的茎生物量生长率

项目	处理	6月	7月	8月	9月	10月	12月	项目	处理	6月	7月	8月	9月	10月	12月
		测定时间								测定时间					
茎鲜重	1	2.6	8.6	2.6	10.8	20.5	45.1	茎干重	1	2.1	8.5	1.2	6.1	17.5	61.0
	2	0.1	10.6	6.0	6.4	32.3	39.2		2	1.4	6.1	2.9	5.6	27.4	53.7
	3	1.5	3.5	2.3	7.4	9.5	66.7		3	2.7	1.0	6.2	7.0	21.0	57.2
	4	0.9	4.4	1.0	16.5	9.6	55.0		4	3.6	1.6	2.3	8.7	12.9	64.1
	5	0.9	0.2	21.0	3.3	19.5	39.7		5	5.0	3.1	3.3	5.3	6.3	69.8
	6	0.3	4.2	2.0	1.8	50.6	16.8		6	2.7	5.0	24.3	10.2	21.9	23.4
	7	6.2	17.0	15.3	5.7	25.2	13.3		7	7.9	11.5	14.4	11.0	38.1	3.8
	8	1.6	7.9	27.7	38.2	2.0	3.3		8	5.5	1.4	16.8	19.4	35.2	12.9
	9	8.6	14.9	20.2	13.8	0.6	13.7		9	3.1	5.5	12.4	9.2	11.4	49.2
	CK	2.7	13.0	22.7	11.4	18.4	0.3		CK	8.4	6.1	21.2	0.9	41.0	1.9

表 9-26　红豆树田间施肥试验不同处理的叶生物量生长率

项目	处理	测定时间						项目	处理	测定时间					
		6 月	7 月	8 月	9 月	10 月	12 月			6 月	7 月	8 月	9 月	10 月	12 月
叶鲜重	1	0.2	10.6	5.5	20.2	18.0	40.1	叶干重	1	1.6	10.6	4.1	11.1	26.7	42.5
	2	1.9	14.6	4.0	11.2	24.2	40.0		2	1.0	8.8	4.0	6.4	27.2	46.5
	3	3.5	1.1	2.2	11.2	20.3	52.0		3	6.3	1.8	5.9	2.6	4.7	69.4
	4	10.1	8.2	23.6	12.8	5.7	32.0		4	15.4	0.8	9.2	14.5	8.2	48.3
	5	2.9	9.3	18.2	9.4	4.5	45.9		5	5.3	5.3	10.2	0.2	5.2	64.0
	6	4.6	4.6	20.5	18.8	7.8	27.1		6	11.9	1.8	25.8	10.5	13.3	29.3
	7	4.1	18.9	0.1	36.9	14.0	12.8		7	3.7	11.8	2.9	21.1	32.9	14.9
	8	6.7	12.7	48.9	7.0	3.0	3.9		8	0.5	4.1	23.2	16.4	29.8	14.5
	9	1.4	18.4	4.2	12.7	17.8	27.9		9	6.7	12.9	11.7	18.3	16.1	23.7
	CK	0.2	10.4	32.2	9.9	7.4	12.1		CK	7.9	5.5	19.1	5.2	15.3	29.5

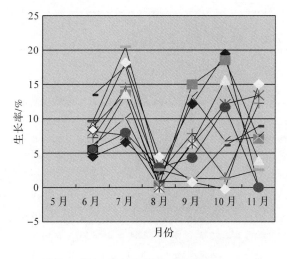

图 9-4　红豆树苗木田间施肥试验地径生长率

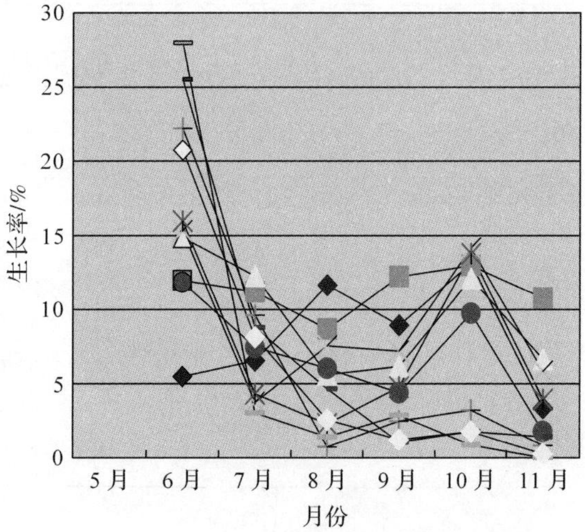

图 9-5　红豆树苗木田间施肥试验苗高生长率

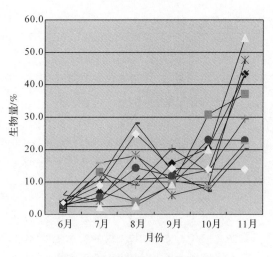

图 9-6　红豆树植株总生物量生长率

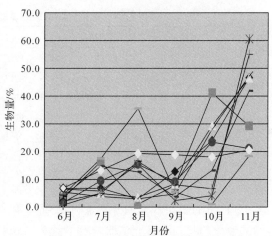

图 9-7　红豆树苗木田间施肥试验根系生物量增长率

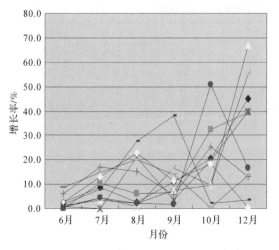

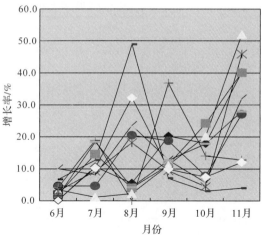

图 9-8　红豆树苗木田间施肥试验茎生物量增长率　　**图 9-9　红豆树田间施肥试验叶生物量增长率**

（注：◆ 处理1 ■ 处理2 △ 处理3 ✕ 处理4 ✳ 处理5 ● 处理6 ＋ 处理7 ━ 处理8 ━ 处理9 ◇ CK）

9.3.3.3　各处理间的苗木器官含水率动态

以红豆树 9 个施肥处理及 1 个对照的每月样株含水量测定值为基础，按月份计算含水率的算术平均值，结果详见表 9-27。红豆树苗木平均含水率在月份间的变化表现为速生阶段含水率高，进入休眠阶段含水率则低，这种变化在各施肥处理的含水率总平均值中得以较明显体现，如表 9-27 的红豆树苗木植株、根、茎、叶在 5～9 月含水率明显比 10～12 月高。

表 9-27　红豆树田间施肥试验的苗木各器官月份间的含水率变化

项　目	5 月	6 月	7 月	8 月	9 月	10 月	12 月
植株	67.789	59.712	62.871	62.115	62.913	57.673	49.167
根	70.623	64.402	64.471	66.724	64.844	59.383	49.397
茎	72.403	63.454	64.272	59.834	58.294	54.144	44.744
叶	61.54	53.29	60.265	59.361	62.357	57.221	50.263

但是，相同月份而不同施肥处理间的红豆树苗木含水率却有明显差异，经方差分析 F 值为 7.53，达极显著差异；而相同处理不同月份间的苗木含水率方差分析 F 值为 0.8719，差异不显著。表明红豆树苗木不同的施肥处理试验对含水率的影响达到极显著水平。

红豆树苗木施肥处理含水率在月份间的变化趋势详见表 9-28。从中可看出，在 9～10 月 2 个苗木生长重要时期，处理 6 至处理 9 的含水率明显偏低。处理 6 至处理 9 在 9 月份与 10 月份的平均含水率分别为 56.1%、49.6%，较 5～8 月明显降低。红豆树含水率月份间的变化趋势与各施肥试验处理的地径、苗高、高径比的生长趋势相一致，也与各处理的地径、苗高、根、茎、叶的生长率变化趋势相一致。说明处理 6 至处理 9 的施肥降低植株的含水率，从而影响植株生长。

表 9-28　红豆树苗木施肥处理含水率在月份间的变化　　　　　%

处理	5 月	6 月	7 月	8 月	9 月	10 月	12 月
1	76.5	74.0	64.5	65.1	68.4	66.6	53.4
2	48.3	52.2	66.6	64.4	65.6	57.9	48.7
3	64.5	56.1	60.0	53.8	63.9	67.3	51.6
4	78.8	56.5	62.5	68.2	66.1	62.0	48.8
5	62.9	53.0	49.2	65.5	66.9	67.1	45.9
6	75.4	62.2	64.6	50.4	53.1	53.5	49.6
7	66.4	58.8	63.3	66.7	58.4	52.9	56.4
8	65.9	63.0	71.0	66.2	53.2	41.3	38.9
9	74.0	64.3	66.4	61.8	59.6	50.7	47.3
CK	65.1	57.0	60.7	58.9	63.9	57.5	51.0
平均	67.8	59.7	62.9	62.1	62.9	57.7	49.2

表 9-29　红豆树苗木最佳施肥处理与最差施肥处理的含水率变化动态　　　%

处理	器官	5 月	6 月	7 月	8 月	9 月	10 月	12 月
处理2	植株	48.3	52.2	66.6	64.4	65.6	57.9	48.7
	根	51.5	61.3	74.1	66.8	68.6	57.5	45.4
	茎	69.1	55.2	63.5	65.9	62.6	57.2	43.8
	叶	28.7	43.9	63.9	62.3	65.8	58.6	53.7
处理8	植株	65.9	63	71	66.2	53.2	41.3	38.9
	根	73.9	64	75.6	66.6	32	44.3	47.2
	茎	75.4	63.3	70.8	69.3	70.7	51.9	46.6
	叶	49.8	61.9	66.3	64.5	53.4	30.8	22.2
处理9	植株	74	64.3	66.4	61.8	59.6	50.7	47.3
	根	77.1	64.7	67.7	66.2	68.1	50.2	55.6
	茎	72.3	71.6	70.9	64.6	61.2	50.3	15.6
	叶	72.3	58.2	62.9	53.7	49	51.4	54

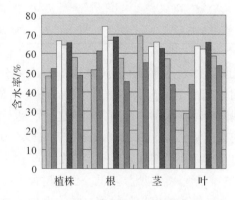

图 9-10　施肥处理 2 的植株各器官含水率

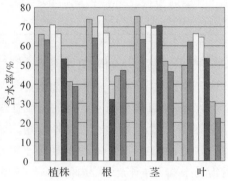

图 9-11　施肥处理 8 的植株各器官含水率

由表9-29及各器官的月份间含水率变化动态柱状图（图9-10~9-12）可见，处理2的植株各器官含水率在月份间变化趋势基本呈两边低中间高的正态分布曲线态势。这与植物生长季节动态、生理活动动态、生长发育规律动态、福建省的降水量和气温季节变化相一致。但是，处理8和处理9的植株器官含水率却偏离常态，更多的趋势呈现为单边下降趋势。如处理8的全株、根、茎各月份间的含水率变化；处理9的全株、根、茎、叶随生长月份的增加而含水率呈单边下降趋势。这种趋势表明，5~9月每月施肥并没有被红豆树苗木全部吸收，而产生营养成分的逐月积

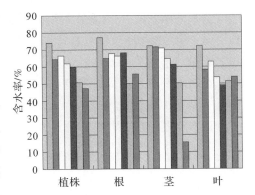

图9-12　施肥处理9的植株各器官含水率

（注：■5月 ■6月 □7月 □8月 ■9月 ■10月 ■11月）

淀，使土壤中的N、P、K浓度逐月加大，从而降低了红豆树苗木细胞的水势，使苗木处于缺水状态，破坏了苗木生理平衡，影响了苗木对营养物质的吸收利用与苗木生长。

9.3.4　红豆树苗木田间施肥试验的主要成分变化趋势

$L_9(3^4)$田间正交试验表明，不同N、P、K施肥水平对红豆树苗木的生长呈显著或极显著差异，且N、P、K最佳配比为100∶80∶50。本研究通过不同处理间苗木主要成分测定，探索红豆树苗期的主要成分变化动态，根据$L_9(3^4)$处理间的显著性Q检验和多重比较结果，选取处理2（极显著正向效应）、处理4（中等效应）、处理9（极显著负向效应）3个处理进行N、P、K成分的动态变化趋势分析。3个处理的植株P、K、N、含水率变化趋势如图9-13~图9-15，根、茎、叶3个器官的主要成分测定值详见表9-30。植株、根、茎、叶的成分变化趋势方差分析结果详见表9-31，差异情况如下。

植株间P、K、N含量在月份间差异显著，处理间差异不显著。P含量的变化与苗木生长阶段特点有关，6、7月份为苗木根部生长旺盛期，P含量较高，这与地径生长率基本一致。总体上P含量在月份间呈递减趋势，至11月份不同处理的植株磷含量趋向基本一致，这与K、N的含量变化趋势一致。植株K含量在6、7月份基本一致，但在8~10月份植株生物量生长较快阶段则出现明显变化，生长发育旺盛期K含量较高，至11月份不同处理的K含量则同时趋向某一稳定值。植株全N含量呈"M"型变化，其形态与红豆树植株总生物量生长率变化趋势类似，N含量较明显地影响植株生物量生长。

苗木器官的主要成分含量的差异较明显（表9-31），各器官差异如下。

苗木根中：P、K、N、C含量在月份间呈显著或极显著差异（处理间差异不显著），根中P含量随月份增大递降趋势特别明显，如7月份根中全P含量均值为3.592g/kg，9月份为2.333 g/kg，11月份为1.482g/kg。K含量为9月份最高（均值为20.281 g/kg），生长初期和后期明显较低（7月份均值14.696g/kg、11月后均值10.332g/kg）。N含量为9月份2.404%，生长初期和后期明显较低（7月份均值1.983%、11月份均值1.805%）。C含量在7月份的生长初期和11月份后的生长后期较高，7月份平均含量为44.890%，9月份为41.3%，11月份为44.556%。

苗木茎中：P、K 含量在月份间呈显著或极显著差异（处理间及其他成分间的差异都不显著）。茎中 P 含量与根中 P 含量变化趋势一致，随月份增大而递降趋势特别明显，7 月份 P 含量均值为 2.747g/kg，9 月份为 2.248g/kg，11 月后为 1.493g/kg。K 含量在茎中的积累也随月份增大而呈递降趋势，7 月份 K 含量均值为 15.008g/kg，9 月份为 13.6g/kg，11 月份为 8.103g/kg。

苗木叶中：有机质和 C 含量在月份间呈显著差异，而处理间差异不显著。N、有机质、C 则在处理间呈显著或极显著差异，而月份间差异不显著。其他因子差异都不显著。叶片中有机质含量 7 月份均值为 79.146%，9 月份均值为 76.848%，11 月底均值为 80.077%，产生月份间显著差异的原因不明显。叶片为有机质的合成和存贮车间，二者含量变化情况类同，C 含量 7 月份为 45.908%，9 月份为 44.575%，11 月底为 46.449%，产生月份间显著差异的原因不明显。叶中 N 含量与施肥量直接相关，处理 4、处理 2、处理 9 的叶中 N 含量分别为 2.745%、2.982%、3.167%，叶中全 N 含量随着试验施肥量 50g（处理 4）、100g（处理 2）、150g（处理 9）增加而提高，在试验土壤基质的 N 素明显欠缺的情况下，施肥效应更为突出。叶中有机质和全 C 含量在处理间的显著差异，这是施肥产生 N 元素含量的增加，从而提高叶片光合作用和合成有机质的能力。处理 2、处理 4、处理 9 的叶片有机质含量分别为 81.94%、79.05%、75.08%，处理 2、处理 4、处理 9 的叶片全 C 含量分别为 47.53%、45.85%、43.55%。处理间叶片中有机质和全 C 的含量高低与苗木实际生长量一致，说明合理施肥不仅需要考虑合理的施肥量，也要考虑合理的成分比例。

$L_9(3^4)$ 田间施肥试验土壤基质的主要营养成分为：速效钾含量 255.4mg/kg、有效磷含量 17.34mg/kg、全 P 含量 0.039g/kg、全 K 含量 79.64g/kg、水解性氮 43.05mg/kg、pH 值 4.9、全 C 含量 0.471%、全 N 含量 0.072%、有机质含量 0.812%，即土壤基质中 K 元素充足，有效磷、水解性氮、有机质却明显匮乏，显然需要补充 P、N 元素和有机质。$L_9(3^4)$ 试验中的处理 2 施肥量为尿素 100g + 钙镁磷 40g + 氯化钾 50g，由于氮肥和磷肥得到及时有效补充，因此处理 2 十分显著地促进了红豆树苗木生长。$L_9(3^4)$ 正交试验的 N、P、K 最佳配

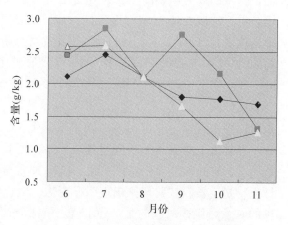

图 9-13 苗木田间施肥试验全 P 变化趋势

（注：◆处理2 ■处理4 △处理9）

比为 100：80：50，这与试验土壤基质 P、N 元素的严重匮乏相一致，表明 N、P、K 平衡施肥极其重要，过量施肥在土壤中会形成积淀或流失，不会对苗木生长产生促进作用。

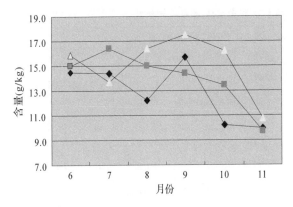

图 9-14　苗木田间施肥试验全 K 变化趋势

（注：◆—处理2　■—处理4　△—处理9）

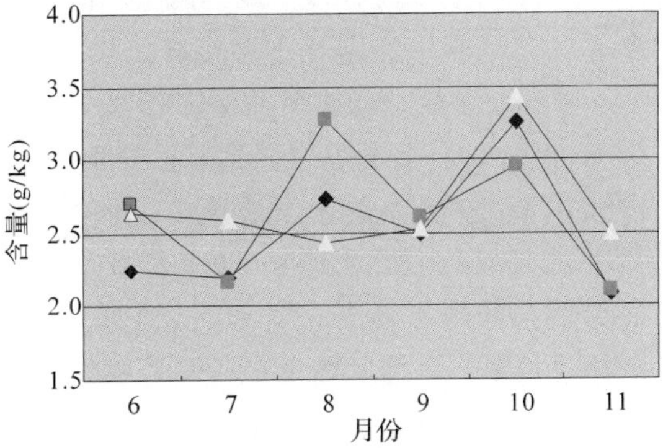

图 9-15　苗木田间施肥试验全 N 变化趋势

（注：◆—处理2　■—处理4　△—处理9）

表 9-30　红豆树田间施肥试验苗木的各器官主要成分测定值

材料	处理号	月份	全 P g/kg	全 K g/kg	全 N %	有机质 %	全 C %
根	2	7	3.158	14.970	1.671	77.816	45.137
		9	2.462	21.240	2.120	72.942	42.310
		12	1.846	10.499	1.655	77.306	44.841
	4	7	3.862	16.648	1.844	75.942	44.050
		9	3.878	16.393	2.420	81.042	42.310
		12	1.227	9.999	1.700	77.902	45.187
	9	7	3.757	12.469	2.433	78.413	45.483
		9	1.660	23.210	2.672	67.718	39.280
		12	1.374	10.498	2.061	75.237	43.641
	根平均		2.580	15.103	2.064	76.035	43.582
茎	2	7	2.411	14.134	2.057	78.268	45.399
		9	1.644	13.329	2.227	78.551	45.563
		12	1.740	9.000	1.650	80.334	46.597
	4	7	3.198	16.630	1.874	78.396	45.473
		9	2.687	14.985	1.438	76.634	44.451
		12	1.391	7.500	1.904	76.146	44.168
	9	7	2.633	14.259	2.137	77.698	45.069
		9	2.412	12.488	1.807	75.290	43.672
		12	1.347	7.811	2.232	76.313	44.265
	茎平均		2.163	12.237	1.925	77.514	44.962
叶	2	7	1.754	13.994	2.850	82.197	47.678
		9	1.309	12.499	3.158	80.676	46.796
		12	1.480	10.500	2.936	82.954	48.117
	4	7	1.473	15.828	2.799	78.897	45.764
		9	1.676	11.786	2.721	77.676	45.055
		12	1.328	11.498	2.716	80.564	46.731
	9	7	1.384	14.278	3.223	76.344	44.283
		9	0.922	16.862	3.103	72.191	41.874
		12	1.100	13.997	3.176	76.714	44.497
	叶平均		1.381	13.471	2.965	78.690	45.644

表9-31 溪后红豆树田间施肥试验苗木的主要成分方差分析结果

项目		全P g/kg	全K g/kg	全N %	有机质 %	全C %	备注
植株	月份间	5.375*	5.604*	5.433*	—	—	$F_{0.05}(5, 10) = 3.326$
	处理间	2.110	3.375	0.788	—	—	$F_{0.05}(2, 10) = 4.103$
根	月份间	13.109*	9.627*	21.934**	0.628	8.250*	
	处理间	0.450	0.169	20.094**	0.910	0.991	
茎	月份间	7.515*	32.291**	0.335	0.898	0.898	$F_{0.05}(2, 4) = 6.944$
	处理间	1.162	1.412	0.945	3.946	3.946	$F_{0.01}(2, 4) = 18.00$
叶	月份间	1.373	1.927	0.142	11.324*	11.324*	
	处理间	3.380	2.044	9.282*	48.587**	48.587**	

9.3.5 红豆树田间施肥试验的苗木生理效应分析

植物的呼吸作用和光合作用是植物最重要的新陈代谢过程，是生物界所有物质代谢和能量代谢的基础。呼吸作用为植物的生命活动提供必需的能量和许多重要的中间产物，并能提高植物抵御病原菌的能力，所以呼吸作用就成为代谢的中心（潘瑞炽.2004），呼吸作用的强度（呼吸速率）代表了植物生长的旺盛程度。光合作用的直接产物是碳水化合物，光合强度（或光合速率）的大小直接决定了植物的产量和质量。叶绿体色素尤其叶绿素是植物光合作用的物质基础，大部分的叶绿素a和所有的叶绿素b及类胡萝卜素承担着光能的吸收与传递功能，少数具有光化学活性的叶绿素a还具有将光能转化为电能的功能，为碳水化合物的合成提供必不可少的能量（赵立红，黄学跃，许美玲.2004）。许多实验证明，叶绿素含量与光合速率之间呈显著正相关（潘瑞炽.2004；裴保华.2003）。矿质元素（如Mg）是叶绿素的组成元素，而其他元素（如K、Fe等）在叶绿素的形成过程中起着重要的作用，本实验测定了不同施肥方案及对照中红豆树的呼吸速率、叶绿素a、叶绿素b、总叶绿素水平的含量，探讨了不同施肥方案对四者含量的影响。

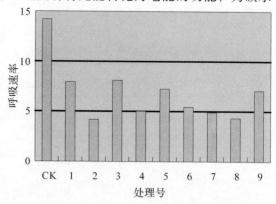

图9-16 红豆树不同处理施肥试验的呼吸速率比较

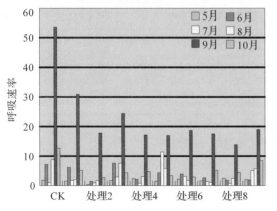

图 9-17　红豆树不同处理施肥试验的月份间
平均呼吸速度

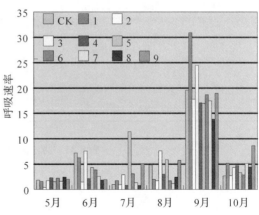

图 9-18　红豆树不同施肥处理间的呼吸速率

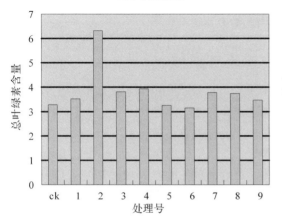

图 9-19　红豆树不同施肥处理的总叶绿素含量比较

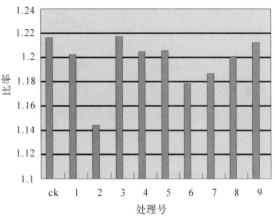

图 9-20　红豆树不同施肥处理的叶绿素 a 与
叶绿素 b 的比率

9.3.5.1　不同施肥处理总叶绿素的差异

表 9-32　不同施肥处理的总叶绿素含量差异　　　　　　　　　　mg/g 鲜重

项目	5 月	6 月	7 月	8 月	9 月	10 月	平均
ck	3.9636	4.8511	3.6067	2.4684	2.1085	2.7357	3.2890
1	3.2994	4.1147	4.2282	2.3500	4.1340	2.9931	3.5199
2	4.4292	2.7809	5.9351	8.9899	7.8102	7.9728	6.3197
3	4.1968	3.9980	3.9725	2.6123	3.8965	4.1753	3.8086
4	3.3649	4.7973	4.5258	3.9316	5.0054	1.9840	3.9348
5	3.8345	2.7840	4.0431	3.3996	3.0866	2.3766	3.2541
6	3.1064	2.7003	3.1883	3.7190	3.6658	2.5434	3.1539
7	4.1274	3.6378	3.7802	5.0896	4.0081	2.0508	3.7823
8	3.2982	5.1885	3.3413	4.9446	3.5809	2.0983	3.7420
9	3.7738	4.1552	4.7321	3.6567	2.9478	1.5734	3.4732
平均	3.7394	3.9008	4.1353	4.1162	4.0244	3.0503	3.8277

表 9-33　处理间总叶绿素差异的方差分析

差异源	SS	df	MS	F	P－value	Fcrit
组间	45. 14984	9	5. 016649	3. 827947	0. 00098	2. 0733495
组内	65. 52663	50	1. 310533			
总计	110. 6765	59				

表 9-34　月份间总叶绿素差异的方差分析

差异源	SS	df	MS	F	P－value	F crit
组间	8. 339568	5	1. 667914	0. 880106	0. 50076	2. 386066
组内	102. 3369	54	1. 895128			
总计	110. 6765	59				

表 9-35　总叶绿素差异的 LSD 比较

I	J	I－J	I	J	I－J	I	J	I－J	I	J	I－J	I	J	I－J
	1	－0. 2256	ck	0. 2256		ck	2. 5894		ck	0. 3356		ck	0. 9253
	2	－2. 5894		3	－2. 3638		2	2. 3638		2	0. 1100		2	0. 6997
	3	－0. 3356		4	－0. 1100		4	2. 2538		3	－2. 2538		3	－1. 6641
	4	－0. 9253		5	－0. 6997		5	1. 6641		5	－0. 5898		4	0. 5898
ck	5	－0. 0299	1	6	0. 1957	2	6	2. 5595	3	6	0. 3057	4	6	0. 8954
	6	0. 1237		7	0. 3493		7	2. 7131		7	0. 4593		7	1. 0490
	7	－0. 7290		8	－0. 5034		8	1. 8604		8	－0. 3934		8	0. 1964
	8	－0. 6710		9	－0. 4454		9	1. 9184		9	－0. 3355		9	0. 2543
	9	－0. 4535		10	－0. 2279		10	2. 1359		10	－0. 1179		10	0. 4719
I	J	I－J	I	J	I－J	I	J	I－J	I	J	I－J	I	J	I－J
	ck	0. 0299		ck	－0. 1237		ck	0. 7290		ck	0. 6710		ck	0. 4535
	2	－0. 1957		2	－0. 3493		2	0. 5034		2	0. 4454		2	0. 2279
	3	－2. 5595		3	－2. 7131		3	－1. 8604		3	－1. 9184		3	－2. 1359
	4	－0. 3057		4	－0. 4593		4	0. 3934		4	0. 3355		4	0. 1179
5	5	－0. 8954	6	5	－1. 0490	7	5	－0. 1964	8	5	－0. 2543	9	5	－0. 4719
	7	0. 1536		6	－0. 1536		6	0. 6991		6	0. 6411		6	0. 4236
	8	－0. 6991		8	－0. 8527		7	0. 8527		7	0. 7947		7	0. 5772
	9	－0. 6411		9	－0. 7947		9	0. 0579		8	－0. 0579		8	－0. 2755
	10	－0. 4236		10	－0. 5772		10	0. 2755		10	0. 2176		9	－0. 2176

注：I、J 分别为组别，即处理号。$LDS_{0.05} = 0.5853$，$LDS_{0.01} = 0.8421$。

9.3.5.2 不同施肥处理的叶绿素 a 的差异

表 9-36 不同施肥处理的叶绿素 a 含量差异 mg/g 鲜重

项目	5 月	6 月	7 月	8 月	9 月	10 月	平均
ck	2.2394	2.7163	1.9932	1.2935	1.1469	1.4407	1.8050
1	1.7810	2.3514	2.3728	1.2296	2.2147	1.5807	1.9217
2	2.4993	1.5884	3.3356	4.5054	4.0842	4.2204	3.3722
3	2.3572	2.2755	2.2038	1.3474	2.0123	2.3482	2.0907
4	1.8229	2.7521	2.5261	2.0417	2.6290	1.1287	2.1501
5	2.1299	1.6001	2.2085	1.7887	1.5856	1.3593	1.7787
6	1.6689	1.5413	1.7427	1.9528	1.8737	1.4565	1.7060
7	2.2870	2.0869	2.0925	2.6029	2.0767	1.1688	2.0525
8	1.7776	2.9651	1.8963	2.5412	1.8693	1.1999	2.0416
9	2.0780	2.3882	2.6466	1.8525	1.5421	0.9119	1.9032
平均	2.0641	2.2265	2.3018	2.1156	2.1035	1.6815	2.0822

表 9-37 处理间叶绿素 a 差异的方差分析

差异源	SS	df	MS	F	P - value	F crit
组间	12.2379	9	1.3598	3.8181	0.0010	2.0733
组内	17.8070	50	0.3561			
总计	30.0450	59				

表 9-38 月份间叶绿素 a 差异的方差分析表

差异源	SS	df	MS	F	P - value	F crit
组间	2.31504	5	0.46301	0.90164	0.48686	2.38607
组内	27.72994	54	0.51352			
总计	30.04498	59				

9.3.5.3 不同施肥处理的叶绿素 b 的差异

表 9-39 不同施肥处理的叶绿素 b 含量差异 mg/g 鲜重

项目	5 月	6 月	7 月	8 月	9 月	10 月	平均
ck	1.7242	2.1348	1.6135	1.1749	0.9616	1.2950	1.4840
1	1.5184	1.7633	1.8554	1.1204	1.9193	1.4124	1.5982
2	1.9299	1.1925	2.5995	4.4845	3.7260	3.7524	2.9475
3	1.8396	1.7225	1.7687	1.2649	1.8842	1.8271	1.7178
4	1.5420	2.0452	1.9997	1.8899	2.3764	0.8554	1.7848
5	1.7046	1.1839	1.8346	1.6109	1.5010	1.0172	1.4754

（续）

项目	5 月	6 月	7 月	8 月	9 月	10 月	平均
6	1.4375	1.1590	1.4456	1.7662	1.7921	1.0869	1.4479
7	1.8404	1.5509	1.6877	2.4867	1.9314	0.8821	1.7299
8	1.5206	2.2234	1.4450	2.4034	1.7116	0.8984	1.7004
9	1.6958	1.7670	2.0855	1.8042	1.4057	0.6615	1.5700
平均	1.6753	1.6743	1.8335	2.0006	1.9209	1.3688	1.7456

表 9-40　处理间叶绿素 b 差异的方差分析

差异源	SS	df	MS	F	P − value	F crit
组间	10.3905	9	1.1545	3.6250	0.0015	2.0733
组内	15.9243	50	0.3185			
总计	26.3148	59				

表 9-41　月份间叶绿素 b 差异的方差分析

差异源	SS	df	MS	F	P − value	F crit
组间	2.5548	5	0.5110	1.1613	0.3402	2.3861
组内	23.7601	54	0.4400			
总计	26.3148	59				

表 9-42　处理间叶绿素 b 差异的方差分析

差异源	SS	df	MS	F	F crit
组间	2208.36	9	245.37	4.5218	2.0733
组内	2713.22	50	54.26		
总计	4921.58	59			

表 9-43　月份间叶绿素 b 差异的方差分析

差异源	SS	df	MS	F	P − value	F crit
组间	759.04	5	152	1.969	0.1	2.38607
组内	4162.54	54	77.1			
总计	4921.58	59				

9.3.5.4　不同施肥处理的呼吸速率的差异

表 9-44　不同处理下各个月份红豆树的呼吸速率　　　$mgCO_2/100FW \cdot h$

处理	月份					
	5 月	6 月	7 月	8 月	9 月	10 月
ck	1.8306	7.2346	0.9727	8.8538	53.622	12.7318
1	1.5743	6.2671	1.7494	1.9931	30.9034	5.1841

（续）

处理	月份					
	5 月	6 月	7 月	8 月	9 月	10 月
2	0.4143	1.459	0.9254	1.7199	17.8139	2.7476
3	1.7486	7.6154	2.9452	7.6265	24.4518	4.3496
4	2.3242	2.1361	0.8217	3.0556	17.1073	4.7267
5	1.5332	4.3319	11.3937	5.8851	16.99	3.3717
6	2.2396	3.8943	3.1493	1.6987	18.6883	2.9075
7	1.6126	2.6429	1.3371	1.1523	17.484	5.1688
8	2.4669	1.863	0.7802	2.4607	13.8797	4.453
9	2.0152	1.9472	5.0875	5.7669	18.9732	8.6382

表 9-45　施肥对红豆树呼吸速率、总叶绿素、叶绿素 a/叶绿素 b 的影响

指标	呼吸速率	叶绿素 a	叶绿素 b	叶绿素 a 与	叶绿素总量
处理	$mgCO_2/100FW \cdot h$	mg/g 鲜重	mg/g 鲜重	叶绿素 b 比值	mg/g 鲜重
ck	14.2076	1.805	1.484	1.2163	3.289
1	7.9452	1.9217	1.5982	1.2024	3.5199
2	4.18	3.3722	2.9475	1.144	6.3197
3	8.1229	2.0907	1.7178	1.2171	3.8086
4	5.0286	2.1501	1.7848	1.2047	3.9348
5	7.2509	1.7787	1.4754	1.2056	3.2541
6	5.4296	1.706	1.4479	1.1783	3.1539
7	4.8996	2.0525	1.7299	1.1865	3.7823
8	4.3172	2.0416	1.7004	1.2007	3.742
9	7.0714	1.9032	1.57	1.2122	3.4732

9.3.5.5　不同施肥处理试验的生理效应分析

植物之所以能不断的生长和本身的生理活动新陈代谢有关，而光合作用是地球上一切生命存在、繁衍和发展的根本源泉，是制约森林生产力的最主要的生理过程。叶绿素是植物光合作用的物质基础，具有不可替代的作用，叶绿素因其分子结构中具有庞大的共轭双键系统，从而能够吸收光能，其中有少量的叶绿素 a 分子是作用中心色素，具有将吸收的光能转变为电能即光化学反应的能力，所以叶绿素含量的多少决定了光合作用的强弱。叶绿素 a 与叶绿素 b 的比值与叶绿素 a 的状态有关，不同状态下的叶绿素 a 有不同的光化学活性，叶绿素 a 的状态与电子传递系统有密切关系，叶绿素 a 与叶绿素 b 比值升高对光合作用具有不利的影响，叶绿素 a 与叶绿素 b 的比值高，可能造成其光合作用减弱（冯玉龙，刘利刚，王文章等，1996；伍泽堂，张刚元，1999；张明生，谈锋，2001）。植物的呼吸作用是植物物质代谢和能量代谢的中心，体现了植物的生长旺盛程度，但呼吸速率高物质的消耗也大，一定程度上影响了物质的积累，若能提高光合速率、降低呼吸速率则使物质的积累将更多，从而促进生长，提高林木产量。从表 9-32 和图 9-19 可看出，除处理 5、6

外，其他处理的总叶绿素含量均高于无肥对照组，其中处理2的总叶绿素含量明显高于其他处理，可推断处理2的光合速率即制造有机物质的能力最强，处理2的氮素供给处于较高水平，这主要是由于氮素是叶绿素的组成元素，施肥提高了叶片氮含量从而提高了光合速率。由于该圃地磷营养元素的施用量已经超量，所以磷元素的增加并未对叶绿素含量有显著影响。依次是处理4、3、7的总叶绿素含量也处于较高水平，而无肥对照组及处理5、6均处于较低的叶绿素水平。

林木的生长依赖于其体内干物质的积累，即植物光合作用制造的有机物大于呼吸作用消耗的有机物后，植物体就处于生长发育阶段；当光合作用不大于呼吸作用的消耗时，林木就停止生长。前人研究表明，高叶绿素含量是植物生长发育的基本条件，但如果叶绿素a与叶绿素b比值处于较高水平时呼吸作用加强，而光合作用可能受抑制（李社荣，马惠平，谷宏志等，2001）。在10种不同水平的施肥试验中，叶绿素含量以及a、b两种叶绿素的比值有明显的差异，这种差异对苗木生长的影响，表现为叶绿素含量高且a、b两种叶绿素的比值低时，苗木生长状态良好，反之效果不良。施肥试验中，处理2的叶绿素含量高且叶绿素a与叶绿素b比值较低时，红豆树苗木生长处于"高光合作用积累能量、低呼吸作用少消耗能量"状态，干物质积累更多，从而有效地促进了红豆树苗木的生长，表明处理2的施肥方案（$N_{100}P_{40}K_{50}$）最有利于植物生长。而有着高水平叶绿素的处理3，其叶绿素a与叶绿素b比值远高于其他，同时呼吸速率也处于第二，所以总的干物质积累不多，生长不好。对比处理2与3，说明同样磷水平下，氮、钾的含量不宜过高。处理4、7有较高的叶绿素水平，较小的叶绿素a与叶绿素b比值，呼吸消耗也不大，所以是较好的方案。特别明显的是处理9、处理5及无肥对照，总叶绿素水平处于较低状态，而有较高的叶绿素a与叶绿素b比值，从而抑制了光合作用，同时又具有高强度的呼吸作用，所以严重影响了干物质的积累，甚至出现负效应现象，说明无肥水平与浓度过高的氮、磷、钾肥量均不适于植物的生长。而处理1、6、8在叶绿素水平和呼吸速率、叶绿素a与叶绿素b比值方面均有不协调的表现，从而干物质积累受影响，生长与产量平平，未出现显著差异。

综合以上结果，在不同的施肥方案下，红豆树的呼吸速率有明显差异，同时，红豆树叶子内的叶绿素a、叶绿素b及总叶绿素含量均表现出明显差异，说明不同的施肥方案引起红豆树光合作用强度不同，引起其生长状况也有不同，从而生物量有明显差异。从氮、磷、钾对红豆树生长的综合效应考虑，处理2、4、7是较适合的施肥方案，其中以处理2为最佳方案。

9.3.6 氮单肥配合试验效应

9.3.6.1 不同氮素营养水平的红豆树生长差异 F 值检验

在红豆树苗木主要生长量指标中，不同氮素营养水平对苗高、地径、总根长度、须根长度的生长量影响达到显著或极显著水平，主根、冠幅、叶面积的生长量未达到显著水平；在生物量因子中，全株生物量、叶生物量和绝对含水量达到显著水平，根与茎的生物量未达到显著水平；在植株干物质积累中，全株、根、茎、叶的生物量均达到显著水平；在苗木营养器官的比较参数中，根系生物量与全苗生物量比值、叶生物量与全苗生物量比值达显著水平，高径比、地上部分与地下部分比、茎生物量与全苗生物量比未达到显著水平。

9.3.6.2 不同氮素营养水平的红豆树各器官生长趋势

根系是最活跃的养分和水分吸收器官，而叶是最重要的合成器官，茎是养分贮存器官。根系依赖茎叶供应碳水化合物、生长调节剂和维生素等，茎叶依靠根系供应水分和养分，健壮根系和健壮茎叶在维持植株的健壮生长方面有着同等重要的功能，但健壮根系才是健壮茎叶生长的基础。不同施氮水平试验使苗高生长呈显著差异，而冠幅宽度、叶面积则不显著；地径、须根长呈极显著差异，总根长呈显著差异，说明氮肥对植株地下部分生长的影响大于地上部分。

表9-46可见，从处理1至处理5的苗高、地径、生物量、总根长、须根、冠幅、叶面积等生长量指标，基本随施氮量的增加而递增，且各项生长因子的递增趋势基本一致；处理4施氮量水平的生长量达到最大，表明红豆树苗木培育中的最佳氮素需求量就在附近；处理1与处理2同对照的生长量基本相等，表明处理1和处理2的氮素施用量偏低，没能促进红豆树苗木生长。其它各器官的生物量指标中，也基本随施氮量的增加而增加，根、茎、叶、全株鲜重以及根、茎、叶、全株的干物质积累均出现在处理4或处理5中，由此可以判断处理4和处理5的土壤含氮量水平是适宜和有效的。

红豆树苗木氮元素单肥试验与 N:P:K = 100:40:50 的试验差异极显著。但是，6种氮元素施肥效应中，生长量最好的处理4，苗木地径为0.53cm、苗高为18.13cm；而 N:P:K = 100:40:50 的复合施肥试验中，苗木地径为0.68cm、苗高为29.32cm；复合施肥的地径增长率28.4%、苗高增长率为56.2%；表明复合肥对1年生苗木生长促进作用大于氮单肥。

表9-46 不同施N水平对红豆树苗木生长的影响

类型	项目	处理1	处理2	处理3	处理4	处理5	ck	F值
生长量	苗高/cm	13.73	13.75	16.96	18.13	16.55	13.80	3.55*
	地径/cm	0.433	0.417	0.507	0.533	0.510	0.397	6.65**
	总根长/cm	112.25	119.84	149.21	161.59	203.23	119.91	3.44*
	主根长/cm	22.96	30.09	29.34	29.09	31.88	30.11	2.07
	须根长/cm	93.62	123.92	89.71	276.17	129.65	88.21	9.80**
	冠幅/cm	6.95	8.47	8.65	9.69	10.96	8.28	1.49
	叶面积/cm²	213.37	201.12	238.64	325.70	261.21	277.67	1.76
鲜物质重	全株	8.47	8.70	12.92	14.08	15.96	10.36	3.12*
	根	3.87	3.46	4.94	4.34	7.67	5.40	2.82
	茎	1.25	1.49	2.49	2.53	2.30	1.84	3.17*
	叶	3.35	3.75	5.49	7.21	5.98	3.15	3.89*
	含水量	2.82	2.90	4.31	4.69	5.32	3.46	3.18*

（续）

类型	项目	处理1	处理2	处理3	处理4	处理5	ck	F 值
干物质质重	全株	3.52	3.90	5.75	6.31	7.13	4.98	4.20*
	根	1.58	1.64	2.23	2.21	3.13	2.48	3.32*
	茎	0.65	0.79	1.32	1.36	1.43	0.97	3.15*
	叶	1.29	1.48	2.20	2.74	2.24	1.59	3.70*
比较系数	H/D	31.45	32.85	34.07	33.49	32.43	33.65	0.55
	T/G	1.22	1.56	2.23	1.66	1.13	1.05	2.98
	根/全苗	0.47	0.41	0.31	0.39	0.48	0.54	3.55*
	茎/全苗	0.15	0.17	0.18	0.19	0.14	0.18	2.79
	叶/全苗	0.39	0.42	0.51	0.43	0.38	0.31	3.83*

注：$F_{0.01}(5, 17) = 5.0644$；$F_{0.05}(5, 17) = 3.1059$；H/D 为高径比系数；T/G 为地上部分鲜重与地下部分鲜重比。

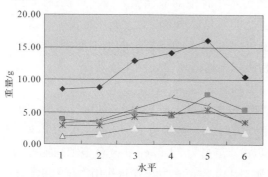

图 9-21　红豆树不同氮营养水平的植株鲜重

（注：◆—全株　■—根　△—茎　✕—叶　✱—含水量）

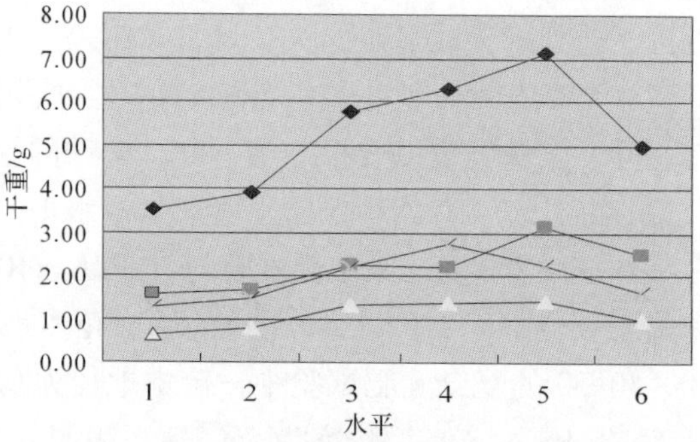

图 9-22　红豆树不同氮营养水平的植株干重

（注：◆—全株　■—根　△—茎　✕—叶）

9.3.6.3　不同氮素营养水平的红豆树各器官绝对含水量趋势

作为吸收器官，根系对水分和矿质养分的吸收，一方面取决于其接触的土壤所含的营养及其营养空间，另一方面取决于根系的生理活性和吸收能力，对水分亏缺的旱地更为重要。试验已经证明，适宜的水肥条件可促进根系发育，提高根系活力。本试验中，红豆树苗木在不同施氮处理的植株绝对含水量的趋势是随着施氮量的增加而增加，且含水量的增加同植株根、茎、叶的干物质积累相一致。一方面表明，红豆树生长中，氮营养施肥量有效促进苗木的生长；另一方面表明，水分的供给与氮营养元素的供给同样是至关重要的。这与红豆树田间施肥试验的结果也相一致，说明实施红豆树施肥促进生长措施的同时，应增加苗木生长水分的供给。否则，不仅不能促进植株生长，反而可能抑制植株生长。

9.3.7　连江配合施肥试验效应

9.3.7.1　连江配合施肥试验效应与植株主要养分含量变化

连江配合施肥试验中，红豆树苗木地径、苗高、植株全 P、植株全 K 呈显著差异，植株全 N、植株全 C 的含量差异不显著(表9-47)。分析其变化原因,主要是由于连江土壤基质的主要营养成分(速效钾含量 73.9mg/kg、有效磷含量 65.56mg/kg、全磷含量 0.318g/kg、全钾含量 54.918g/kg、水解性氮含量 102.55mg/kg、全 C 含量 1.019%、全 N 含量 0.112%、有机质含量 1.757%、pH 值 4.81)中,钾含量明显偏低,有效磷、水解性氮、有机质含量为中等偏少,处理 1 和处理 3 及时补充了土壤欠缺元素 K,养分欠缺得到缓和,使该处理的苗木生长量显著大于其他处理;植株全 P 的差异分析中,处理 5 的 P 含量明显大于其他处理,然而地径和苗高生长量却与对照相近,说明在 P 元素不欠缺时,追施 P 肥没有形成养分的平衡和促进苗木生长;根据表9-47 的土壤与植株主要成分相关性研究结果,水解 N 与全 C 呈较明显的正相关,即 N 元素有利于苗木全 C 和有机质生长积累,但是 5 种试验中虽然明显地追加了 N 营养元素,然而由于土壤基质的 N 元素已能满足苗木生长需要,故没有对苗木生长形成促进作用,施肥只是增加了 N 元素在土壤中的积累。

表 9-47 连江配合施肥试验显著性检验

项目	施肥处理类型					F 值
	处理1:NPK	处理2:NP	处理3:NK	处理4:PK	处理5:P	
地径	0.77	0.69	0.95	0.67	0.63	7.449*
苗高	25.7	25.38	31.50	21.25	18.0	5.710*
植株全 P(g/kg)	1.570	1.625	1.665	2.200	2.246	7.449*
植株全 K(g/kg)	8.637	7.748	8.748	10.598	8.001	5.710*
植株全 N(%)	2.006	1.994	1.959	1.725	1.868	0.915
植株全 C(%)	45.960	44.604	42.499	43.270	44.693	1.363

备注:$F_{0.05}(4, 10) = 3.478$

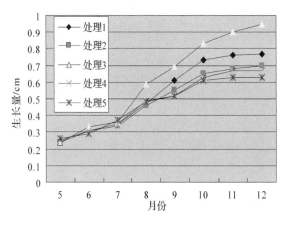

图 9-23 连江配合施肥试验地径生长量

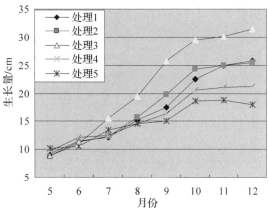

图 9-24 连江配合施肥试验苗高生长量

9.3.7.2 不同处理苗木器官主要养分变化

对不同施肥处理苗木的器官中主要养分含量差异,采用无重复双因素方差分析法进行分析。由表9-48 可见:全 P、全 K、全 N、全 C 的含量,在根、茎、叶器官中呈现显著差异，在处理间差异不显著，这与其他试验点相一致。红豆树苗木器官中养分含量差异显著，全 P 在根中含量最高、在茎中含量次之、在叶中含量最低；全 K 在根和茎中含量较高、叶中含量较低；全 N 含量在根中较低、在茎中次之、在叶中最高；全 C 含量通常在根中较低、在茎中次之、在叶中最高。根据红豆树苗木根、茎、叶生长阶段特征，P 肥对苗木早期发育的作用大，P 肥宜作基肥，若以根外追肥补充时，应在苗木生长早期施入；K 肥宜在 8～10 月份施肥；N 肥应在苗木休眠前的整个生长期充足供给，这对苗木生长十分重要。

表 9-48　苗木器官主要养分含量测定值

项目	全 P		全 K		全 N		全 C	
	均值/g/kg	F 值	均值/g/kg	F 值	均值/%	F 值	均值/%	F 值
根	1.876		9.030		1.975		45.123	
茎	1.642	8.295*	9.398	5.022*	2.150	5.428*	45.714	4.958*
叶	1.145		6.986		2.604		48.442	
处理1：NPK	1.473		7.554		2.582		47.179	
处理2：NP	1.310		8.248		1.943		45.694	
处理3：NK	1.527	1.764	9.143	0.662	2.060	1.929	46.701	0.482
处理4：PK	1.916		8.831		2.320		46.916	
处理5：P	1.546		8.582		2.311		45.643	

备注：$F_{0.05}(2, 8) = 4.459$，$F_{0.05}(4, 8) = 3.838$。

9.3.8　试验土壤与红豆树植株主要成分间的关系

为探索不同土壤成分与对植株营养成分含量的影响情况，测定了参加试验的 22 个土壤样本，以及相对应的植株全 P、全 K、全 N、有机质等值，将 2 组数据进行相关性分析（表 9-49）得到比较一致的相关信息：一是土壤中速效钾含量与植株全 K 含量成正相关，与植株的全 P、全 K、全 C、全 N、有机质、苗高、地径、生物量等呈负相关；二是土壤有效磷含量与植株相关含量基本呈正相关关系，与植株全 C 含量正相关值较大，即土壤有效磷含量对植株全 C 具有促进作用；三是土壤中全 K 含量与植株的全 C、全 N 负相关极显著，则过量的 K 含量直接影响了土壤的理化性质，进而不利植株生长；四是土壤水解氮含量对植株的全 C、全 N、有机质、苗高、地径、生物量等普遍存在正相关；五是土壤 pH 值与植株生长量值呈负相关，说明红豆树更适宜酸性土壤生长；六是土壤中全 C（有机质）含量与植株中全 K 含量正相关极显著，即土壤的有机质等物质在微生物分解作用下，除了直接供给苗木养分外，还改善土壤微生物环境和增加土壤吸附水分能力，从而促进苗木生长和 K 元素的吸收利用；土壤中全 N 的含量与植株各因子的相关性，同土壤水解氮的情况相似，较高的 N 含量对植株苗高、地径等的生长具有显著或极显著正向促进作用。

表 9-49　土壤与植株主要成分相关性分析

植株＼土壤	速效钾	有效磷	全磷	全钾	水解氮	pH 值	全 C	全 N
全 P	− 0. 3286	0. 0155	0. 1416	− 0. 3587	− 0. 1575	0. 1829	− 0. 3200	− 0. 2737
全 K	0. 4285	− 0. 0466	0. 4290	0. 2877	− 0. 1492	0. 3600	0. 5919	0. 2661
全 C	− 0. 2852	0. 5026	− 0. 0916	− 0. 7302	0. 1663	− 0. 1368	0. 0145	0. 3157
全 N	− 0. 5674	0. 0287	− 0. 3009	− 0. 8532	0. 1343	− 0. 3834	− 0. 1433	0. 3538
有机质	− 0. 5866	0. 2390	− 0. 4848	− 0. 5413	0. 1923	− 0. 5306	− 0. 4811	− 0. 1515
苗高	− 0. 2691	0. 2483	− 0. 3206	− 0. 4483	0. 3175	− 0. 4218	0. 1351	0. 4916
地径	− 0. 2913	0. 1671	− 0. 2660	− 0. 4857	0. 2465	− 0. 3969	0. 1130	0. 4730
H/*D*	− 0. 1948	0. 1820	− 0. 3835	− 0. 2223	0. 2932	− 0. 3703	0. 0742	0. 2930
生物量	− 0. 3293	− 0. 2801	0. 0575	− 0. 4759	0. 3404	− 0. 4968	− 0. 1192	0. 1525

注：相关系数临界值 $P_{0.05}(41) = 0.2875$，$P_{0.01}(41) = 0.3721$。

9.3.9　红豆树苗木的营养元素供给

9.3.9.1　1 年生红豆树苗木主要养分消耗量

对红豆树 1 年生苗 137 个样本的主要养分含量进行检测，其平均含量详见表 9-50。根据红豆树苗木密度结构、苗木生物量实测值、苗木主要成分测定值，1 年生红豆树苗木主要养分的消耗量测算值详见表 9-51，即 1 年生红豆树苗木全 P、全 K、全 N 总平均消耗量为 0.40kg/亩、2.44 kg/亩、5.36 kg/亩。

表 9-50　红豆树苗木主要成分测定值

项目	全 P/g/kg	全 K/g/kg	全 C/%	全 N/%	含水率/%
植株	1. 717	10. 498	46. 257	2. 301	49. 2
根	1. 849	8. 664	44. 703	1. 917	49. 4
茎	1. 764	6. 561	45. 645	2. 191	44. 7
叶	1. 070	9. 686	48. 202	2. 759	50. 3

注：表中实测数据的材料为红豆树 1 年生苗木，起苗时间 12 月 21 日。

表 9-51　红豆树苗木各试验点的主要营养元素消耗量

项目	产苗量 株/亩	生物量 g/株	总生物量 kg/亩	全 P kg/亩	全 K kg/亩	全 C kg/亩	全 N kg/亩
平均	20716	13. 40	232. 76	0. 40	2. 44	107. 67	5. 36
建瓯	9665	42. 21	407. 98	0. 7	4. 28	188. 72	9. 39
屏南	19330	21. 75	420. 37	0. 72	4. 41	194. 45	9. 67
金山	18489	15. 69	290. 1	0. 5	3. 05	134. 19	6. 68
永安	32062	8. 64	276. 96	0. 48	2. 91	128. 11	6. 37
连江 1	23406	10. 53	246. 52	0. 42	2. 59	114. 03	5. 67

（续）

项目	产苗量 株/亩	生物量 g/株	总生物量 kg/亩	全P kg/亩	全K kg/亩	全C kg/亩	全N kg/亩
连江2	22145	11.44	253.25	0.43	2.66	117.14	5.83
建阳	27440	2.01	55.24	0.09	0.58	25.55	1.27
芗城	15422	3.34	51.54	0.09	0.54	23.84	1.19
南平	18489	5.03	92.92	0.16	0.98	42.98	2.14

9.3.9.2 红豆树苗木培育的土壤养分补给

养分供给是红豆树苗木生长发育的物质基础，其稳定生长需要树体营养元素的浓度保持一定的水平与适当的比例。表9-52为红豆树施肥试验中涉及的部分土壤质量实测值，不同土壤基质的养分水平呈极显著差异，造成苗木生长的极显著差异，在一级圃地土壤上培育的红豆树苗木，由于土壤中营养元素较丰富且营养类型平衡供给，致使苗木生长好；三级圃地土壤的营养元素贫瘠，致使苗木生长差；南平育苗点土壤的速效钾含量255.4m/kg，但是其他营养元素很低，养分供给失调，致使苗木生长差。测定了22个红豆树苗木培育的土壤基质，表9-52中一级圃地土壤N、P、K等元素的含量水平对红豆树苗木培育和林木栽培具有指导性作用，可以为红豆树培育的测土配方施肥提供依据。林木生长需要耗损土壤中大量的营养物质，只有被耗损的物质得到及时补充且达到盈亏平衡时，土壤肥力水平才不致下降，也才能保持苗木或林木生长发育的可持续。红豆树苗木全P、全K、全N的平均消耗量实测值0.40kg/亩、2.44 kg/亩、5.36 kg/亩，若以磷肥、钾肥、氮肥的利用率25.1%、40.2%、33.1%和钙镁磷肥的P_2O_5含量为12%、KCl的有效含K量为60%、尿素的有效含N量为46.5%等测算（刘金山，胡承孝，2011），一年生红豆树苗木消耗的N、P、K养分如果以施用化肥补充，施肥量应为钙镁磷肥13.28kg/亩、氯化钾肥10.12kg/亩、尿素34.82kg/亩。土壤养分含量的测定，可以用土壤肥料养分速测仪测定土样的pH值及有机质、速效磷、速效钾等含量。施肥量可以用养分平衡法（需肥量与土壤供肥量之差）定量计算：施肥量（kg）=［需要量－土壤养分含量（ug/ml）×0.15×校正系数］÷［肥料养分含量（%）×当季利用系数（%）］，校正系数=［空白（缺素）区产量×作物单位产量对该元素养分的吸收量］÷［空白（缺素）区该养分的测定值×0.15］（张良友. 2005）。

表9-52　土壤基质主要营养元素测定值

项目		速效钾 mg/kg	有效磷 mg/kg	全磷 g/kg	全钾 g/kg	水解氮 mg/kg	pH值	全C %	全N %
圃地 土壤	一级	87.7	116.27	0.668	24.988	120.05	6.15	1.206	0.118
	二级	73.9	65.56	0.318	54.918	102.55	4.81	1.019	0.112
	三级	53.4	55.95	0.137	70.000	54.23	4.72	0.704	0.087
山地土壤	南平	255.4	17.34	0.039	79.642	43.05	4.9	0.471	0.072
	连江	32.1	21.24	0.048	64.935	62.65	4.7	0.634	0.076

9.4　小结与讨论

红豆树苗木的地径、苗高、植株总生物量等 6 项生长量因子的多重比较表明，施肥试验处理 2 最有利于苗木生长，与其它处理相比较均达到极显著水平。处理 2 (施肥量 190g、N∶P∶K = 100∶40∶50) 与其它 9 个处理的地径生长差异均达极显著水平，处理 2 与处理 1、处理 3、处理 4、处理 5、处理 6、处理 7、处理 8、处理 9、ck 的地径增长率分别为 33.8%、32.4%、33.8%、30.9%、25%、25%、35.3%、42.6%、33.8%；其它各处理中，除处理 6 与处理 9、处理 7 与处理 9 的生长量差值达显著水平外，均不显著。在该立地条件下，处理 2 的施肥量水平有效地促进红豆树苗木生长，随着施肥量的增加，苗木生长没有随之递增，特别是处理 8 (施肥量 320g、N∶P∶K = 100∶120∶100) 和处理 9 (施肥量 420g、N∶P∶K = 150∶120∶150) 的施肥量，红豆树苗木生长量反而比其它处理更小，说明施肥量已对苗木生长造成伤害。

氮、磷、钾 3 种元素的最优组合为 $A_2 + B_1 + C_1$，即 100g 氮肥 + 40g 磷肥 + 50g 钾肥的施肥效果最优，结合红豆树各生长因子的多重比较结果，处理 1、处理 3、处理 4、处理 8 的施肥量与试验对照的红豆树苗木地径生长量基本持平，可以判断在该立地条件下施肥量达至 240g 时，已不能促进红豆树苗木的生长，即能促进红豆树苗木生长的有效施肥量区间值约为 190 ~ 240g。除地径生长量以外的其它 5 项生长量因子的多重比较分析，其施肥生长效应同地径基本一致，从而进一步印证了对有效施肥量区间的判断。

氮肥、磷肥、钾肥 3 个正交试验因子对红豆树苗木根系生长的营养元素重要性次序为 B→C→A，结合红豆树 6 个主要生长因子的多重比较可见，处理 7 (施肥量为 220g、N∶P∶K = 50∶120∶50) 的根系鲜重与处理 2 的根系鲜重最接近，这是红豆树植株的 6 个生长量因子差异多重比较中最为突出的差异，同时，处理 7 的根系生物量比处理 1、处理 3、处理 4、处理 5、处理 6 都大，其根系生物量增长率分别为 19.5%、17.4%、36.9%、57.9%、65.3%；而且处理 7 的苗高生长量、植株总生物量、茎生物量、叶生物量明显小于处理 1、处理 3、处理 4、处理 5、处理 6，且多数指标差值达到显著或极显著差异，说明磷肥在促进红豆树根系生长发育中发挥了主要作用。

9 个不同水平的施肥试验和试验对照的红豆树苗木含水率情况可见，过量施肥对红豆树苗木含水率有明显负向影响。施肥量最大的处理 9 (施肥量 420g)，植株根、茎、叶营养器官及植株总生物量的含水量分别比试验对照低 16.51%、13.72%、23.48%、18.2%。同样，施肥量较大的处理 8 (施肥量 320g) 和处理 5 (施肥量 330g) 的各器官含水率也较低。而且，施肥量较大的处理 9、处理 8 和处理 5 中，苗木生长不良，而施肥量较少的处理 2 的苗木生长情况却最好。在试验环境处于播种同期、种批同质、一致的土壤质地以及相同的水肥管理等条件下，说明水分不足是影响红豆树育苗施肥试验效果的重要因素。由于施肥试验地设置在相对贫瘠的旱地，当施肥试验的营养元素过量时，产生营养元素在土壤中累积，导致红豆树器官的水势进一步下降，使植株含水量降低，产生植物缺水的生理效应，影响植物光合作用和有机质合成，从而影响红豆树苗木的生长。红豆树喜湿特点十分突出，苗木同样喜潮湿、忌干旱。2006 年建瓯红豆树育苗试验中，水涝后的红豆树苗木生长良好，而杉木、马尾松、木荷等树种的生长明显受到影响，此现象侧面辅证了红豆树喜潮湿的生理特性。

红豆树不同施肥处理的生理效应明显。在 10 个施肥处理试验中，除处理 5、6 外，其他处理的总叶绿素含量均高于无肥对照，其中处理 2 的总叶绿素含量明显高于其他处理，可推断处理 2 的光合速率即制造有机物质的能力最强，处理 2 的氮素供给处于较高水平，这主要是由于氮素是叶绿素的组成元素，施肥提高了叶片氮含量从而提高了光合速率。施肥试验中，处理 2 的施肥量及营养元素比例，使红豆树苗木生长处于"高光合作用积累能量、低呼吸作用少消耗能量"状态，有效地促进了红豆树苗木的生长，该施肥方案（$N_{100}P_{40}K_{50}$）最有利于植物生长。

红豆树苗木氮元素单肥试验与 N∶P∶K = 100∶40∶50 的试验差异极显著。6 种氮元素施肥效应中，生长量最好的处理，苗木地径为 0.53cm、苗高为 18.13cm；而 N∶P∶K = 100∶40∶50 的复合施肥试验中，苗木地径为 0.68cm、苗高为 29.32cm；复合施肥的地径增长率为 28.4%、苗高增长率为 56.2%。

红豆树多点位施肥育苗试验结果显示，由于试验土壤基质营养含量的显著差异，直接形成苗木生长量的明显差别，及时施入土壤基质较为欠缺的营养元素，可以有效缓解缺肥对苗木生长的不利影响。苗木或林木培育应根据红豆树植株养分检测和土壤基质营养成分测定的结果，测算施肥总量和不同生长阶段的施肥类型与数量。适宜红豆树苗木培育的圃地土壤基质主要养分含量为速效钾 87.7mg/kg、有效磷 116.27mg/kg、全磷 0.668g/kg、全钾 24.988g/kg、水解氮 120.05mg/kg、全碳 1.206%、全氮 0.118%、PH 值 6.15。一年生红豆树苗木全 P、全 K、全 N 的平均消耗量实测值 0.40kg/亩、2.44 kg/亩、5.36 kg/亩，若以磷肥、钾肥、氮肥的利用率 25.1%、40.2%、33.1% 和钙镁磷肥的 P_2O_5 含量为 12%、KCl 的有效含 K 量 60%、尿素的有效含 N 量为 46.5% 等折算，应予土壤补充的施肥量为钙镁磷肥 13.28kg/亩、氯化钾肥 10.12kg/亩、尿素 34.82kg/亩。

不同施肥处理对植株主要养分含量的影响。$L_9(3^4)$ 田间正交试验对植株主要养分含量的影响，表现为植株磷、钾、氮含量在月份间差异显著，处理间差异不显著。植株磷含量在 6、7 月份为苗木根系生长旺盛期的磷含量高，与地径生长率趋势基本一致，总体上磷含量在月份间呈递减趋势，至 11 月份不同处理的植株磷含量趋向基本一致，这与钾、氮的含量变化趋势一样；植株钾含量在 6、7 月份基本一致，但 8~10 月植株生物量生长较快阶段则出现明显变化，生长发育旺盛期钾含量较高，至 11 月份不同处理的钾含量则同时趋向某一稳定值；植株全氮含量呈"M"型变化，其形态与红豆树植株总生物量生长率变化趋势相似，表明氮含量显著影响植株生物量生长。苗木磷、钾、氮含量差异，更突出地表现在根、茎、叶器官中，根系中，P 含量随月份增大递减趋势特别明显，7 月份根中全 P 含量均值为 3.592g/kg、9 月份为 2.333 g/kg、12 月份为 1.482g/kg；K 含量为 9 月份最高（均值为 20.281 g/kg）、生长初期和后期明显较低（7 月份均值为 14.696g/kg、11 月后均值 10.332g/kg）；N 含量为生长旺盛期的 9 月份含量最高，为 2.404%，生长初期和后期明显较低（7 月份 1.983%、12 月份 1.805%）；C 含量在 7 月份的生长初期和 11 月后的生长后期较高，7 月份平均含量为 44.890%、9 月份为 41.3%、11 月后为 44.556%。苗木茎中，P 含量与根中 P 含量变化趋势一致，随月份增大而递减，7 月份 P 含量均值为 2.747g/kg、9 月份为 2.248g/kg、12 月份为 1.493g/kg；K 含量在茎中的积累也随月份增大而呈递减趋势，7 月份 K 含量均值为 15.008g/kg、9 月份为 13.6g/kg、12 月份为 8.103g/kg。苗木叶中，全 N、有机质、全 C 则在处理间呈显著或极显著差异（月份间差异不显著），叶片中有机质含量 7 月份均值为 79.146%、9 月份均值为 76.848%、12 月份均值为 80.077%，叶中 N 含量与施肥量直接相关，其全 N 含量随着试验施肥量 50g（处理 4）、100g（处理 2）、150g（处理 9）增加而提高，在土壤氮素明显欠缺下施氮肥效应尤其突出。叶中有机质和全 C 含量在处理间的差异显著，这是施肥产生 N 元素含量增加，从而提高叶片光合作用和合成有机质的能力，处理间叶片中有机质和全 C 的含量高低与苗木实际生长量一致，说明合理施肥不仅需要考虑合理的施肥量、也要考虑合理的成分比例。在连江苗圃 N+P+K、N+P、N+K、P+K、P 单肥的配合施肥试验中，不同施肥处理对红豆树苗木地径、苗高、植株全 P、植株全 K 的影响达显著差异，植株全 N、植株全 C 的含量差异不显著。在该圃地土壤钾含量明显偏低，有效磷、水解性氮、有机质含量中等偏少情况下，N+P+K 和 N+P 两个处理及时补充了土壤欠缺元素 K，养分欠缺得到缓解，使该处理的苗木生长量显著大于其他处理；植株全 P 含量差异分析中，P 单肥施肥试验造成植株 P 含量明显大于其他处理，然而地径和苗高生长量却与对照相近，说明在 P 元素不欠缺的情况下，追施 P 肥没有形成养分的平衡和促进苗木生长；5 种试验中虽然明显地追加了 N 营养元素，然而由于土壤基质的 N 元素已能满足苗木生长需要，没有对苗木生长形成促进作用，施肥只是增加了 N 元素在土壤中的积累。虽然现有技术设备完全具备对珍贵树种红豆树的栽培营养学作系统和深入研究，然而由于受客观条件限制，没能成功测定红豆树苗木在不同生长发育阶段肥料吸收利用率、水分蒸腾速率。NPK 定量施肥最优饱和设计试验也失败了，养分平衡法所计算的土壤供肥量必然欠缺精确。

配合施肥试验中，12 月份红豆树苗木各器官养分含量差异显著，全 P 在根中含量最高，在茎中含量次之，在叶中含量最低；全 K 在根和茎中含量较高，叶中含量较低；全 N 含量在根中较低，在茎中次之，在叶中最高；全 C 含量通常在根中较低，在茎中次之，在叶中最高。参照红豆树苗木根、茎、叶生长发育的阶段特征，P 肥对苗木早期发育的作用大，宜作基肥或早春施肥，以利于根系吸收和促进生长；K 肥、N 肥宜在早春和初夏施肥，以保证苗木在休眠前的整个生长期得到充足的养分供给。土壤与植株主要成分相关性分析，表明土壤有效磷含量与植株相关含量具有较明显的正相关，特别对植株有机质含量影响大；土壤水解氮含量对植株的全 C、全 N、有机质、苗高、地径、生物量等普遍存在正相关，红豆树更适宜酸性土壤生长；土壤中全 C（有机质）含量与植株中全 K 含量正相关极显著，土壤有机质在微生物分解作用下，除了直接供给苗木养分外，还改善土壤微生物环境和增加土壤吸附水分能力，从而促进苗木对 K 元素的吸收利用。

10

红豆树苗木培育配套技术

10.1 材料来源

（1）种子来源

红豆树苗木的生长分化主要来源于种子遗传品质、种子播种品质、圃地土壤质量、培育技术等因素，以保障参加育苗试验的红豆树种子遗传品质和播种品质的相对一致，试验采用 2005 年采集于福建柘荣县的同一种批种子。

（2）育苗试验地

育苗地点布设考虑了区域代表性和不同类型圃地立地质量，以保证制定苗木质量标准的合理性和适用范围；在 2004 年建瓯育苗预试验和 2005 年华安育苗预试验的基础上，2006 年分别于延平区、建瓯市、武夷山市、永安市、屏南县、古田县、连江县、芗城区、华安县等 17 个试验点，系统设置育苗试验。

10.2 研究方法

（1）发芽促进处理试验方法

在福建省 13 县（市、区）的红豆树育苗试验点，分别设置试验小区，研究各个育苗点红豆树苗木生长发育节律及其生长差异。另外，单独设置始温80℃、60℃、40℃及冷水等 4 种处理、每处理 4 次重复的催芽处理试验。发芽处理根据《林木种子检验规程》（GB - 2772 - 1999）。

（2）种子萌发基本节律观察方法

红豆树苗木的圃地萌发期划分为初始期、盛期、末期 3 个阶段。种子萌动出土达5%，即为初始期；种子出土达 50%，即为盛期；种子出土达 75%，即为末期。在 13 个育苗试验点的试验小区分别观察记录。发育期的观察间距以 5d 一次（即每月 5、10、15、20、25、月末），在预期种子发芽即将进入某发育期时，即 2d 观察 1 次。对每个试验小区进行全面调查，分别计算圃地种子发芽率。

（3）红豆树苗木培育的合理播种量研究方法

苗木性状间关系采取线性逐步回归方法。

红豆树合理播种量计算公式：

$$G = N \times 667/\beta_1/\beta_2/\beta_3/\beta_4/P$$

式中：G——为每亩播种量；

N——收获苗的合理密度；

β_1——为种子发芽率；

β_2——成苗率；

β_3——种子净度；

β_4——圃地利用率；

P——种子千粒重。

（4）红豆树育苗圃地选择

水稻田地、旱作农地、山地红壤三类圃地。

（5）合理育苗密度试验

采取随机区组试验设计。

（6）截根处理方式

为控制主根生长，使红豆树苗木的地上部分和地下部分更为协调，苗木更健壮，本试验开展大田育苗的截根处理、大田育苗的未截根处理和塑料薄膜容器袋播种育苗的三种对比试验，试验种子来源于福建屏南一中的同一种批种子。2006 年 3 月 13 日播种育苗，12 月 9 日调查。截根处理采取 6cm、9cm、12cm、10.5cm 四种水平简单对比试验，每个水平截根处理 30 株，2006 年 6 月 10 日截根后移入口径 15cm、高 20cm、下底径 10cm 的塑料杯中，且移置于 60% 遮光网的大棚中培育。未截根处理的对照苗木，在苗床中设置 5 个具有代表性的区段，分别调查每个区段平均苗 30 株，计算平均值。

（7）红豆树苗木根瘤研究方法

根瘤研究分别在延平区溪后国有林业采育场、连江二个育苗点进行定点定期观察与调查记载，以其它育苗点为补充。结合每月红豆树苗木的生物量测定，开展根瘤相关研究内容的观察测定。2006 年 5 ~ 12 月，每月挖取红豆树苗木完整株植 30 株进行根瘤调查。

（8）容器苗培育的试验

容器苗培育试验以 2006 年盘栽试验（南平溪后）和口径 8cm 塑料薄膜容器袋（芗城、华安）试验为基础，2007 ~ 2010 年在华安、永春持续进行生产性培育与试验相结合。塑料薄膜容器试验设计采用三因素四水平的交互试验，塑料薄膜容器袋规格设置 3 个因素 D1 为 6cm×10cm，D2 为 8cm×10cm，D3 为 8cm×12cm；黄心土基质 4 个配比（E1 为 N：P：K = 1%：2%：1%，E2 为 P：K = 2%：1%，E3 为 P 单肥 3%，E4 为对照 CK（黄心土 90% + 10% 菌根土））。轻型基质容器采用二因素四水平的交互试验，轻型基质容器（F）为厦门市江平生物基质技术有限公司生产的无纺布轻型基质，D4 为 4.5cm×8cm，D5 为 5.5cm×8cm；轻型容器采用 4 个水平追肥，G1 为 N：P：K = 1%：2%：1%，G2 为 P：K = 2%：1%，G3 P 单肥 3%，G4 为对照 CK（椰粉、泥炭、珍珠岩），追肥为 5 ~ 10 月每月水溶液施肥。各试验重复 3 次，每重复的试验处理 60 袋，种子机械破皮催芽处理后芽苗移植，每容器袋播种 1 个芽苗,容器袋每 20 袋一行平行排列于苗床,其他措施同一般生产性育苗。地径用游标卡尺检测,苗高用钢圈尺调查,侧根测算为侧根 0.5~1mm 和侧根 <0.5mm 的根数之和。试验化肥为尿素(有效含 N 量 46.5%)、KCl(有效含 K 量 60%)、钙镁磷肥(P_2O_5 含量 12%),追肥次数为 5 月和 10 月各 1 次,6 月 2 次,7~9 月每月 3 次。

(9)扦插试验

采用 $L_{18}(3^7 \times 2^1)$ 正交试验方案,激素类型为 ABT 生根粉,浓度水平为 100%、150%、200%,穗条浸泡时间为 8h、16h、24h,穗条长度为 8cm、12cm、15cm。穗条直插法插入土中 2/3,扦插基质为红心土和细砂 1:1,冬季以塑料薄膜拱棚保温。穗条扦插后以 0.01% 尿素和 0.03% 磷酸二氢钾追肥,每隔 10 天 1 次。

10.3 结果与分析

10.3.1 红豆树种子催芽促进试验及其基本规律

10.3.1.1 红豆树种子催芽促进处理的发芽率

各试验点的播种时间和催芽处理方式虽然不同,但至 5 月底各个试验点的红豆树种子萌发基本已经结束。因此,5 月 28~30 日即对红豆树的各个育苗点进行发芽率调查统计,其结果详见表 10-1。

表 10-1 红豆树种子催芽促进的试验结果

处理/重复	I	II	III	IV	平均值	组内方差	变异系数
机械破皮	85.7	92.0	94.7	77.7	87.5	57.1	8.6
80℃浸种 1d	81.0	81.7	77.6	82.3	80.7	4.2	2.5
60℃浸种 1d	51.7	50.7	46.2	55.8	51.1	15.5	7.7
40℃浸种 1d	43.7	36.4	40.1	34.9	38.8	15.6	10.3
冷水浸种 1d	15.7	22.0	26.0	17.4	20.3	21.6	22.9
不处理	0	0	5.1	3.4	2.1	6.5	121.0

10.3.1.2 红豆树种子催芽促进处理的发芽率差异检验

上述 6 组催芽处理的发芽率方差分析结果,F 值为 222.01,$F_{0.01}(5,18)$ 为 4.2479、$F_{0.05}(5,18)$ 为 2.7729,即 6 种不同催芽促进处理方法分析达到极显著水平,可以进行差异显著性检验。Q 检验(Newman - Keuls 检验)的 D 值计算:

$$D_{0.01} = q_{0.01}(6,18)(S_e/n)^{0.5} = 5.38 \times (20.1/4)^{0.5} = 12.1$$
$$D_{0.05} = q_{0.05}(6,18)(S_e/n)^{0.5} = 4.49 \times (20.1/4)^{0.5} = 10.1$$

10.3.1.3 红豆树种子催芽促进处理效果分析

方差分析和显著性检验的结果为,除机械处理与始温 80℃温水浸种至自然冷却 1d 的圃地发芽率差异不显著外，其他处理的发芽试验差异程度均达到极显著水平。6 种不同处理的圃地发芽率差值依次为：机械破皮 > 始温 80℃温水浸种 1d > 始温 60℃温水浸种 1d > 始温 40℃温水浸种 1d > 冷水浸种 1d > 不浸种，详见表 10-2。红豆树发芽试验结果表明，红豆树种子播种前必须进行种子催芽促进处理。60℃以下的温水浸种处理效果不佳，而人工机械破皮和始温 80℃温水浸种 1d 效果最佳；同时，不必担心始温 80℃温水浸种处理会烫伤红豆树种子而影响种子发芽率（郑天汉，汤文彪，陈清根. 2006）。

红豆树种子 6 种催芽处理中，机械破皮的圃地发芽率最高可达 94.7%、最低为 77.7%，平均圃地发芽率为 87.5%，发芽率变异系数也较大，说明种子不同的"机械伤损程度"对红豆树发芽的影响大。其影响因素：一是机械破皮时对红豆树子叶的损伤程度；二是机械破皮时损伤红豆树种胚；三是机械破皮引起切口的病菌感染而产生烂种；四是机械破皮的处理后，红豆树子叶迅速吸水膨胀和萌动，没有及时播种造成霉烂。

始温 80℃温水自然冷却浸种 1d 的催芽处理方式简单方便且效果显著，最高发芽率可达 85% 以上。该种催芽处理方法的重复试验结果显示，其发芽率变异系数最小，这是由于同一种批的种子其干湿度基本一致，在催芽时又处于一致的温水处理环境中，即处理内的环境误差小。所以，经此处理后的红豆树种子发芽率高且发芽时间也较一致，方便后期的苗木培育与管理。为克服机械破皮容易造成子叶、种胚损伤以及病菌感染烂种，提高种子利用率，科研人员根据不同水温浸种催芽经验开展后续试验，以 80℃、60℃、40℃三次变温催芽后砂藏处理试验，发现种子变温浸种结合湿砂催芽效果最优，圃地发芽率可达 90.3%，种子利用率提高 8.7%，圃地和容器苗芽苗移植的成活率可达到 99.2%。

本试验于 3 月 13 日对红豆树种子在室内以冷水浸泡，以便观察种子吸水膨胀情况及自然萌发时间，但至 4 月 5 日红豆树种子仍未萌动。2006 年 5 月 12 日野外调查红豆树种子在天然条件下的萌动情况，在流动的水沟中收集了 1600 多粒种子，均未见明显膨大的种子，也未见腐烂种子，而在同一株母树上所采集的种批发芽已经基本结束。

红豆树催芽处理与播种时间对种子发芽也有一定的影响。机械破皮后，红豆树种子迅速吸水膨胀而萌动，应及时播种。机械破皮后若遇雨季不适宜播种时，应以湿砂保存，5d 以内田间播种发芽率仍达 92%。2006 年 2 月 8 日机械破皮后湿砂贮藏，2 月 16 日出现种皮腐烂黏结成团，13 个种批的种子平均发芽率仅 34.5%，而没有烂种的圃地发芽率为 91.0%。另外，经催芽处理的红豆树种子播种后应防止早春霜冻导致吸水膨大后的种子冻害。2006 年 2 月 21 日播种的种批，在该月 24 日 -4℃气温下出现种子冻害，该种批发芽率仅 22.2%。根据福建省的气候特点，春季田间播种育苗时，可在 3 月中旬以后进行，以防止刚刚萌动的红豆树种子受到冻害。

不同贮藏方法的催芽处理对红豆树种子发芽也有影响。红豆树种子从成熟采集至 3 月份播种，有至少近 3 个月的存放时间，用湿砂或木材锯屑保存的种子，通常种子吸水膨大，种皮有所软化，不宜用开水烫种催芽，宜用始温 80℃以下热水自然冷却浸种处理 1d，此时，红豆树种子明显膨大且种皮由红色转为暗红色即可，对仍未膨大和种皮仍未转为暗红色的，可用 40℃温水再浸种 1 ~ 2d，发芽率可达 85% 以上。对自然存放于网状编织袋中的种子，种皮坚硬致密，可用开水烫种后继而用 40 ~ 60℃温水催芽 1 ~ 2d，发芽率仍可达到 85%。陈年的红豆树种子进行催芽处理，可以用温水多次浸泡直至种子明显膨大和种皮变为深红或暗红色即已达到效果。

10.3.1.4　红豆树种子发芽规律

红豆树的多点位育苗试验，基本能代表福建省多种区域的气候特点，红豆树种子萌动发芽节律的观察结果表明：机械破皮的种子发芽持续时间约15d，发芽高峰期持续时间约7d，种子发芽时间较整齐，4月中旬发芽基本结束；种子温水发芽促进处理的发芽持续时间约为一个半月，发芽持续时间较长，发芽高峰期持续时间也是7d左右，但温水发芽促进处理的种子萌发时间可持续至6月底，7月份以后未发芽的种子留土不再萌发，留土未发芽的种子约占播种粒数的5.1%。以木材锯屑湿藏90d的红豆树种子，于3月13日未经催芽处理直接播入营养袋育苗，5月29日的调查发芽率仅5.1%，然而此时经机械破皮或温水浸种处理的同种批种子发芽已经结束，苗木的平均高已达8.8cm。

红豆树种子颗粒大，子叶吸水膨胀后种子长度可达2cm、宽度可达1.5cm，适宜芽苗点播育苗，成活率可达到99.2%，播种时可掌握在种子催芽处理后种子露白即播种。若是种胚已经生长出来的芽苗，播种时应注意胚根朝下植入播种穴中，需要进行截根处理时，以芽苗播种时为最佳时机，截根处理所引起的个别红豆树幼苗烂根现象，却能促进侧根的生长而不致枯萎死亡。红豆树幼苗移植也极易成活，在6月底红豆树幼苗多数已长出6~9片小叶，种子发芽已经稳定，便可实施移植处理，调节苗木密度结构。

红豆树种子萌动发芽的节律观察结果可以为合理确定红豆树播种时机提供依据，同时为红豆树育苗的动态管理措施提供依据。在播种时间上，为防止倒春寒天气，造成对机械破皮发芽促进处理的红豆树芽苗形成寒害，对处在闽东、闽北个别区域的冬季与早春较寒冷的播种地，宜于3月中旬以后播种，最迟可至5月底或6月上旬；处在闽南、闽中、闽西等区域的播种地，地温低于0℃的极端气温较为罕见，在5月份以前播种均可，不影响红豆树苗木生长。2006年在福建境内的多点育苗试验中，以温水浸种发芽促进处理的种子均未出现寒害，说明在2月底播种是可行的，但播种的最迟时间宜在3月份以前，因为红豆树播种后约需要20d时间在土壤中吸水膨胀与萌动。当红豆树种子萌动发芽进入初始期至末期时，应保持土壤潮湿，以利种子发芽整齐。当种子萌动发芽进入盛期时，应及时揭掉用以保持土壤温湿度的覆草，以便实施后期的苗木管理。

表10-2　红豆树种子催芽促进处理的萌动发芽规律

地点	种子处理	播种时间	萌芽期 始期	萌芽期 盛期	萌芽期 末期	持续时间	出苗率%	备注
延平	机械破皮	2月16日	3月24日	4月10日	4月10日	16	85.7	
建阳	机械破皮	3月25日	4月4日	4月8日	4月19日	16	94.7	5月29日，苗高10cm
建瓯	80℃温水浸种1d	2月28日	3月10日	3月25日	4月5日	36	78.1	/
武夷山	80℃热水浸种1d	3月25日	4月12日	4月25日	5月25日	44	82.3	每10d以0.2%复合肥水溶液追肥

（续）

地点	种子处理	播种时间	萌芽期 始期	萌芽期 盛期	萌芽期 末期	持续时间	出苗率 %	备 注
永安	40℃温水浸种2d	3月22日	4月5日	4月23日	5月25日	50	82.6	连续两次浸种
屏南	机械破皮	2月21日	3月11日	3月27日	4月20日	40	22.2	播种后遇冻害烂种
永春	沙藏直播容器袋	3月13日				76	5.1	5月29日调查
芗城	80℃温水浸种1d	3月13日	4月27日	5月10日	5月15日	18	81.7	施钙镁磷肥30kg
连江	80℃热水浸种48h后，沙藏5d	3月28日	4月22日	5月9日	5月18日	26	81.0	4月29日出苗1/3，苗高8.8cm
华安	机械破皮	3月30日	4月9日	4月16日	4月18日	10	92.0	容器袋芽苗移植
华安	不处理	3月10日				33	0	至4月3日无发芽

10.3.2　红豆树苗木培育的圃地选择

10.3.2.1　不同圃地土壤条件的红豆树苗木生长效应

不同圃地土壤条件的红豆树苗木生长效应十分显著，2006年红豆树苗木培育的圃地土壤条件可按质量等次划分为三种类型（土壤主要成分测定值详见表10-3），一类圃地为肥沃的水稻田地，二类圃地为旱作农地，三类圃地为山地土壤中的Ⅲ类立地质量。三种圃地类型的红豆树种子采用同一种批种子，水肥管理措施也基本一致。采用统一的苗木调查方法，在下述9个红豆树育苗试验点中，每个育苗点选择3个以上调查点，且各个调查点的苗木质量水平能够代表该试验点的总体平均水平，每个调查点设置1m²的样方，对样方内的苗木植株进行全面调查。对不同圃地质量的红豆树苗木生长效应进行方差分析，结果详见表10-4，不同圃地质量的红豆树苗木的地径、苗高、合格苗率等指标均达到极显著差异。苗木质量等级划分标准引用上述的红豆树苗木 D、H 双指标评价标准，不同圃地立地条件的红豆树苗木生长效应如下。

一类圃地：红豆树苗木地径平均值为0.91cm，接近于Ⅰ级的地径标准值；苗高平均值为47.7cm，已达到Ⅰ级苗高标准；合格苗率90.2%，其中Ⅰ、Ⅱ级苗占68.9%，Ⅲ级苗率12%，Ⅳ级苗率9.8%，可见在一类圃地上培育的苗木普遍都是合格苗，而且苗木健壮、质量高。

二类圃地：红豆树苗木地径平均值为0.67cm，刚好达到Ⅱ级苗木的地径标准值；苗高平均值为22.1cm，恰好等于Ⅱ级苗木的苗高标准；合格苗率为74.5%，合格苗率比一类圃地低15.7%；其中，Ⅰ级苗率仅5.2%，比一类圃地减少20.6%，Ⅱ级苗率与一类圃地的苗木基本相等，Ⅲ级苗率比一类圃地的苗木高出14.1%，不合格的Ⅳ级苗率为25.5%，比一类圃地高出25.5%。

三类圃地：红豆树苗木地径平均值为0.50cm，低于Ⅲ级苗的地径标准值；苗高平均值为20.8cm，达到Ⅲ级苗的苗高标准；合格苗率为27.3%，合格苗率远远低于一类圃地和二类圃地的合格苗率，分别少 62.9% 和 47.2%；其中，Ⅰ级苗率仅 1.0%，Ⅱ级苗率也仅有 8.8%，Ⅲ级苗率 17.4%，不合格的Ⅳ级苗率却高达 73.7%，比一类圃地和二类圃地高出 63.9% 与 48.2%。

表 10-3　三种类型圃地土壤主要成分的含量测定值

项目	速效钾 mg/kg	有效磷 mg/kg	全磷 g/kg	全钾 g/kg	水解氮 mg/kg	pH 值	全 C %	全 N %
一类圃地	87.700	116.270	0.668	24.988	120.050	6.150	1.206	0.118
二类圃地	73.900	65.560	0.318	54.918	102.550	4.810	1.019	0.112
三类圃地	53.400	55.950	0.137	70.000	54.230	4.720	0.704	0.087

表 10-4　不同圃地立地条件的红豆树苗木生长效应差异情况表

项目	一类圃地 均值	建瓯	屏南	金山	二类圃地 均值	永安	连江 1	连江 2	三类圃地 均值	建阳	芗城	南平	F 值
地径/cm	0.91	1.01	0.81	0.90	0.67	0.64	0.70	0.66	0.50	0.39	0.62	0.46	31.7**
苗高/cm	47.70	50.00	42.10	51.00	22.10	22.50	22.90	20.80	16.60	12.40	18.20	19.20	118.9**
一级苗率/%	25.80	53.70	19.60	32.00	5.20	3.70	3.50	6.80	1.00	0	0	3.10	56.3**
二级苗率/%	43.10	43.60	47.20	38.50	43.70	41.10	55.00	35.10	8.80	0.80	22.90	2.70	22.7**
三级苗率/%	12.00	2.70	24.00	9.40	26.10	18.60	25.20	34.50	17.40	4.40	33.90	14.00	15.6**
四级苗率/%	9.80	0	9.20	20.10	25.50	36.70	16.30	23.60	73.70	94.70	43.20	83.30	62.2**
合格苗率/%	90.20	100.00	90.80	79.90	74.50	63.30	83.70	76.40	27.30	5.20	56.80	19.90	11.0**

注：$F_{0.05}(8,18)=2.5102$；$F_{0.01}(8,18)=3.7054$；$F_{0.05}(2,6)=5.1432$；$F_{0.01}(2,6)=10.9249$。

10.3.2.2　圃地质量选择

从上述红豆树苗木在三种不同的圃地质量类型中的生长表现可见，育苗地应选择在一类圃地和二类圃地上等水肥条件好的立地，不宜选在土壤贫瘠的三类圃地上育苗。若选择在三类圃地上育苗，应培育 2 年生苗木或是 1 年生苗木的移植苗。

10.3.3　红豆树苗木培育的合理密度结构

10.3.3.1　苗木不同密度结构的生长效应分析

为研究红豆树苗木的合理经营密度，在延平区溪后国有林业采育场的Ⅲ类圃地质量类型上设置 6 种不同密度的田间试验，试验设计方案详见表 10-5。2006 年年底进行调查与统计分析，其方差分析结果详见表 10-6，6 种不同密度处理的苗木生长差异不显著，这是由于苗木个体间尚未产生营养空间的竞争和生长分化。

表 10-5　红豆树 6 种不同密度的田间对比试验设计

序号	ck	1	2	3	4	5
密度类型	50/m²	30/m²	60/m²	90/m²	120/m²	150/m²
株行距	14×14cm	17×17cm	13×13cm	11×11cm	9×9cm	8×8cm

表 10-6　红豆树 6 种不同密度试验方差分析结果

指标	总鲜重/g	总干重/g	地径/cm	苗高/cm	主根长/cm	叶面积/cm²
均值	9.90	5.30	0.48	15.40	20.80	248.60
F 值	0.1889	0.2414	0.2898	1.1636	2.1404	0.6732

注：$F_{0.05(5,12)} = 3.1059$。

不同圃地质量类型的红豆树密度结构方差分析结果却达极显著，三种不同立地条件的圃地的密度显著性检验的 F 值为 15.3[**]，详见表 10-7。一类圃地中建瓯、屏南、金山等 3 处试验的红豆树苗木密度结构分别为 23 株/m²、46 株/m²、44 株/m²，方差显著性检验的 F 值为 13[**]，达极显著差异；二类圃地中，永安、连江 1、连江 2 等 3 处试验的红豆树苗木密度结构为 76.3 株/m²、55.7 株/m²、52.7 株/m²，方差显著性检验的 F 值为 7.8[*]，达显著差异；三类圃地中，建阳、芗城、南平等 3 处试验的红豆树密度结构分别是 65.3 株/m²、36.7 株/m²、44 株/m²，方差显著性检验的 F 值为 15.88[**]，达极显著差异。

表 10-7　不同立地条件圃地红豆树苗木的实际保留密度　　　　　　　　　株/m²

项目	一类圃地			二类圃地			三类圃地		
	建瓯	屏南	金山	永安	连江 1	连江 2	建阳	芗城	南平
小计	23.0	46.0	44.0	76.3	55.7	52.7	65.3	36.7	44
重复 1	19	46	37	67	51	60	63	41	42
重复 2	26	51	41	75	63	52	59	38	39
重复 3	23	40	54	87	53	46	74	31	51

注：$F_{0.05(2,6)} = 5.14$；$F_{0.01(2,6)} = 10.9$。

在一类圃地中，建瓯育苗点的密度最低，但苗木质量最好，Ⅰ、Ⅱ级苗率合计达 97.3%，并且合格苗率达 100%，每亩年产 1 年生合格苗 9665 株，而年产 1 年生的 Ⅰ、Ⅱ 级苗为 9400 株；屏南与金山育苗点的平均密度约为建瓯的 2 倍，Ⅰ、Ⅱ 级苗木分别为 66.8% 与 70.5%，合格苗率分别为 90.8% 与 74.5%，每亩年产 1 年生合格苗为 17551 株与 14773 株，每年产 1 年生 Ⅰ、Ⅱ 级苗分别为 12912 株与 13035 株。可见，同为一类圃地的 3 个不同密度结构中，单位面积年产合格苗从多到少的排序为屏南 > 金山 > 建瓯，单位面积年产 Ⅰ、Ⅱ 级壮苗从多到少排序为金山 > 屏南 > 建瓯，显然，建瓯的密度结构偏低。

在二类圃地中，永安育苗点单位面积年产合格苗 20295 株，其中，Ⅰ、Ⅱ级壮苗 14364 株；连江 1 的单位面积年产合格苗 19591 株，其中，Ⅰ、Ⅱ 级壮苗 13692 株；连江 2 的单位面积年产合格苗 16919 株，其中 Ⅰ、Ⅱ 级壮苗 9278 株。可见，二类圃地的 3 个不同密度结构中，单位面积年产合格苗从多到少的排序为永安 > 连江 1 > 连江 2，单位面积年产 Ⅰ、Ⅱ 级壮苗从多到少的排序为永安 > 连江 2 > 连江 1。

一类圃地与二类圃地中，六种密度结构的单位面积年产合格苗按从大到小排序为，永安(20295 株/亩) > 连江 1(19591 株/亩) > 屏南(17511 株/亩) > 连江 2(16919 株/亩) > 金山(14773 株/亩) > 建瓯(9665 株/亩)；单位面积年产 Ⅰ、Ⅱ 级壮苗的从大到小排序为，永安(14364 株/亩) > 连江 1(13692 株/亩) > 金山(13035 株/亩) > 屏南(12912 株/亩) >

建瓯(9400 株/亩) > 连江 2(9278 株/亩)。从六种密度结构的苗木质量情况可见，在一类圃地质量和二类圃地质量条件下，无论从合格苗产量或壮苗产量，红豆树最终保留株数应以永安的密度结构最为合理，最终保留株数为 2.8 万株/亩左右是比较合理的。在三类圃地上所培育的 1 年生红豆树苗木，其平均合格苗率仅为 27.3%，Ⅰ、Ⅱ级壮苗率仅 9.8%，即红豆树苗木培育不宜安排在土壤较为贫瘠的圃地上。

10.3.3.2 红豆树苗木培育的合理经营密度

当红豆树育苗的圃地立地条件好时，地下营养空间能够使苗木充分生长，地上营养空间相应也要求较大，如红豆树苗木的地上营养空间与地下营养空间的相关系数为 0.8747，即两者具有较高的相关性。说明地下营养空间与地上营养空间应相适应，才能最充分利用圃地资源，提供更多的红豆树合格苗木，实现红豆树苗木培育的经济效益最大化目标。

因此，影响苗木生长发育的因素可综合划分为地下营养空间和地上营养空间两大部分。由上述相关矩阵可见，红豆树地下营养空间与植株鲜重、地径、苗高、根鲜重、冠幅、地上器官鲜重的相关系数分别为 0.80、0.70、0.77、0.78、0.90、0.77；地上营养空间与植株鲜重、地径、苗高、地下生物量、根幅、根系总长、地上部分营养器官鲜重的相关系数分别为 0.8612、0.7672、0.8995、0.8136、0.7298、0.8002、0.8475；冠幅长度与植株鲜重、地径、苗高、地下部分鲜重、地上部分鲜重的相关系数分别为 0.5927、0.6407、0.6461、0.6038、0.5650；根幅长度与植株鲜重、地径、苗高、地下部分鲜重、地上部分鲜重的相关系数分别为 0.721、0.699、0.704、0.753、0.679。

相关系数较大，说明两者间的紧密程度较高，相关系数较低，说明两者间的紧密程度也较低，即地上营养空间比地下营养空间对植株生长的影响作用基本同等重要，但地上营养空间却稍大些，而冠幅长度(根幅宽度)与植株鲜重、地径、苗高、地下部分鲜重、地上部分鲜重的相关程度低些。

为研究营养空间与植株营养器官间的关系，进一步建立红豆树地上(地下)营养空间与苗木的地径、苗高、根幅长度、冠幅宽度的关系理论方程。根据全省红豆树苗木质量等级划分后的特征量(表 10-8)，由(1)、(2)方程估计红豆树Ⅰ、Ⅱ、Ⅲ各苗木质量等级的地上与地下营养空间，各苗木质量等级的营养空间理论值详见表 10-8。

$$X_{上}(地上营养空间) = -13717.5 - 8074.3 \times X_3 + 522.1 \times X_4 + 62.3 \times$$
$$X_{11} + 730.6 \times X_{15} \quad (R = 0.9656) \tag{1}$$

$$X_{下}(地下营养空间) = -3902.9 - 13930.8 \times X_3 + 220.6 \times X_4 +$$
$$1006.9 \times X_{11} - 65.3 \times X_{15} \quad (R = 0.9492) \tag{2}$$

红豆树苗木地上部分和地下部分的营养空间以圆柱体计算，并且苗木枝叶存在合理重叠系数，以屏南、永安、连江 3 个育苗点测定红豆树苗木枝叶的重叠系数，其值 k = 1.38。根据(3)~(8)的数据转化公式，将苗木的营养空间转化为直观的苗木株行间距离和合理密度，结果详见表 10-9。

Ⅰ级苗的地上营养空间值：$CX_{上Ⅰ} = 2k^{-1} \times (X_{上Ⅰ}/X_{4Ⅰ}/\text{Л})^{0.5}$ \quad (3)

Ⅱ级苗的地上营养空间值：$CX_{上Ⅱ} = 2k^{-1} \times (X_{上Ⅱ}/X_{4Ⅱ}/\text{Л})^{0.5}$ \quad (4)

Ⅲ级苗的地上营养空间值：$CX_{上Ⅲ} = 2k^{-1} \times (X_{上Ⅲ}/X_{4Ⅲ}/\text{Л})^{0.5}$ \quad (5)

Ⅰ级苗的地下营养空间值：$CX_{下Ⅰ} = 2k^{-1} \times (X_{下Ⅰ}/X_{12Ⅰ}/\pi)^{\wedge}0.5$ （6）

Ⅱ级苗的地下营养空间值：$CX_{下Ⅱ} = 2k^{-1} \times (X_{下Ⅱ}/X_{12Ⅱ}/\pi)^{\wedge}0.5$ （7）

Ⅲ级苗的地下营养空间值：$CX_{下Ⅲ} = 2k^{-1} \times (X_{下Ⅲ}/X_{12Ⅲ}/\pi)^{\wedge}0.5$ （8）

式中：Ⅰ、Ⅱ、Ⅲ——苗木质量等级；

$\quad\quad CX_{上}$——苗木地上营养空间株行距；

$\quad\quad CX_{下}$——苗木地下根幅营养空间距离；

$\quad\quad k$——重叠系数；

$\quad\quad X_4$——各苗木质量等级的样本平均苗高；

$\quad\quad X_{12}$——各苗木质量等级的样本平均主根长。

表 10-8 红豆树苗木各质量等级的主要特征值   cm

项目	地径（X_3）	苗高（X_4）	根幅（X_{11}）	主根长（X_{12}）	冠幅长（X_{15}）
Ⅰ级苗	0.98	42.99	23.6	28.0	23.8
Ⅱ级苗	0.67	23.18	16.7	25.8	19.5
Ⅲ级苗	0.57	16.86	14.7	23.9	16.6

表 10-9   红豆树苗木合理密度计算结果

项目	$X_{上}$			$X_{下}$		
	Ⅰ级苗	Ⅱ级苗	Ⅲ级苗	Ⅰ级苗	Ⅱ级苗	Ⅲ级苗
营养空间/cm³	19673.3	8265.1	3492.0	14137.2	7429.5	5562.6
株间距/cm	17.5	15.4	11.8	18.4	13.9	12.5
合理密度/株·m²	33	42	72	30	52	64

注：平均圃地的利用率为63%。

表 10-9 的合理密度计算结果表明，地上（地下）营养空间测算的合理密度基本一致，本文取地上营养空间 $X_{上}$ 的计算值为合理密度指标。

由于Ⅲ级以上的质量等级即为合格苗木，因此，可以以Ⅲ级质量等级的苗木所占营养空间为上限，以Ⅰ级苗木质量等级为营养空间的下限，来确定红豆树苗木培育的合理株行距或合理密度。即红豆树苗木培育中，最低保留密度为33株/m²、最高保留密度为72株，株行距最大值为17.5cm、最小值为11.8cm；当红豆树苗木培育目标是以Ⅰ级苗为主时，合理密度应≤33株/m²，株行距≥17.5cm；当培育目标是以Ⅱ级苗为主时，合理密度区间是[33株/m²，42株/m²]，株行距为[15.4cm，17.5cm]；当培育目标是以Ⅲ级苗为主时，合理密度区间是[42株/m²，72株/m²]，合理株行距的区间为[11.8cm，15.4cm]。

10.3.4   红豆树苗木培育的合理播种量

合理播种量计算公式：$G = N \times 667/\beta_1/\beta_2/\beta_3/\beta_4/P$

红豆树种子经80℃温水处理时，其平均发芽率为80.7%、种子平均千粒重为843g、苗木的平均成苗率为94.2%，育苗圃地上未萌发的红豆种子占4.7%，平均圃地利用率为63%，根据上述红豆树合理保留密度和播种量计算公式，将 N——收获苗的合理密度、

β_1——种子发芽率、β_2——为成苗率、β_3——种子净度、β_4——圃地利用率、P——种子千粒重等指标值代入红豆树理论播种量计算公式，结果见表10-10。

表10-10　红豆树苗木培育的播种量与出苗量测算表

项　　目	苗木培育目标		
	I 级苗	II 级苗	III 级苗
理论密度/株/m²	≤33	33 ~ 42	42 ~ 72
播种量/kg/667m²	≤21.6	21.6 ~ 27.5	27.5 ~ 47.2
平均播种量/kg/667m²	21.6	24.6	37.4
出苗量/株/667m²	≤13867	13867 ~ 17649	17649 ~ 30255

红豆树种子颗粒大，种皮机械破皮或温水浸种催芽处理后子叶迅速吸水膨胀，因此，红豆树苗木培育特别适宜于苗床点播或芽苗移植。影响红豆树种子发芽的主要因素是坚硬的种皮阻碍红豆树种子萌芽，使红豆树种子处于机械休眠状态，当采取机械破皮或温水浸种处理后，红豆树的发芽率高且较为稳定。另外，红豆树多点育苗试验的结果也表明，它具有较高且稳定的成苗率。红豆树为大粒种子，容易去杂，种子净度高而且稳定，通常净度都接近100%，本处计算时视为100%。但是，不同采种母树的红豆树种子千粒重差异大，因此，影响红豆树育苗播种量的两个主要因素，一是种子千粒重，二是种子发芽促进处理方式。

综合分析2006年度红豆树多点育苗试验的苗木生长情况，建瓯产苗量23株/m²，虽然合格苗率达100%，但每亩实际生产合格苗株数只有连江育苗点平均值的52.9%；永安育苗点平均产苗量达76.3株/m²，但合格苗率只有63.3%，合格苗率明显下降，说明该密度偏大，苗木表现出明显的生长竞争与生长分化；屏南育苗点平均产苗量46株/m²、金山育苗点产苗量44株/m²、连江育苗点54.2株/m²，它们的合格苗率分别为90.8%、79.9%、80.0%，但单位面积合格苗产量分别比永安育苗点减少13.7%、27.2%、10.1%，说明永安育苗点的苗木密度仍在适宜的密度区间内。可见，上述测算的单位面积密度、平均密度、理论播种量区间、平均播种量、平均产苗量测算值等是合理可行的。

10.3.5　红豆树实生苗截根处理试验

在红豆树幼苗6cm、9cm、12cm及10.5cm的4种不同截根长度处理试验中，其地径生长量、苗高生长量及其根、茎、叶的生物量均较为稳定，说明4种不同水平的处理对苗木生长没有明显影响（表10-11）。截根处理后，红豆树苗木的主根长度平均值为9.4cm，为未截根处理的主根长度37cm的25.3%，即仅1/4，而截根处理后的苗木根系生物量仍占整个植株总生物量的43%，基本与未截根处理的苗木根系生物量比重（43.7%）持平。但是，截根处理的苗木根幅为13.6cm，为未截根处理的苗木根幅10.7cm的1.27倍，即红豆树苗木根系吸收营养的有效空间范围扩大了27%。1~2mm的侧根条数增加1.5条/株、该粗度级的侧根平均总长度达47.3cm/株，为未截根处理的25.7cm/株的1.84倍，即该粗度级的侧根增加量增加了84%。截根处理后，侧根横切面面积小于1mm的须根平均条数为75条/株、未截根处理的平均须根条数为33条/株，即主要发挥吸收水分和土壤中

表10-11 2006年红豆树苗木不同培育方式的苗木生长差异

处理	重复	地径 cm	苗高 cm	总生物量	根瘤重 个数	根瘤重 鲜重/g	根鲜重 g	茎鲜重 g	叶鲜重 g	根幅 cm	主根长	侧根 1~2mm 均长/cm	侧根 1~2mm 条数	侧根 1~2mm 总长	侧根 <1mm 均长/cm	侧根 <1mm 条数	侧根 <1mm 总长
截根	1	0.56	12.8	5.90	17.0	0.30	2.85	1.000	1.80	14.0	6.00	9.50	4.0	38.0	2.30	80	184.0
	2	0.57	13.0	7.90	8.0	0.40	3.30	1.100	3.10	13.0	9.00	7.50	7.0	52.5	4.20	72	302.4
	3	0.56	16.0	8.00	11.0	0.40	3.50	1.500	2.60	12.5	12.00	9.50	5.0	47.5	3.00	45	135.0
	4	0.61	15.0	10.90	32.0	0.60	4.40	1.900	4.00	15.0	10.50	9.50	5.0	47.5	3.00	95	285.0
	平均	0.58	14.2	8.16	17.0	0.40	3.51	1.380	2.88	13.6	9.37	9.00	5.3	47.3	3.13	73	228.1
未截根	1	0.60	18.5	12.90	—	0	6.20	2.700	4.00	8.0	40.00	7.20	1.0	7.2	2.60	30	78.0
	2	0.58	17.0	10.90	—	0	5.10	2.100	3.70	12.0	28.00	10.20	7.0	71.4	2.60	21	54.6
	3	0.52	15.0	9.80	—	0	4.80	1.600	3.40	11.5	32.00	13.00	1.0	13.0	3.20	47	150.4
	4	0.71	21.5	21.50	—	0	7.80	4.700	9.00	15.0	30.00	11.00	2.0	22.0	2.50	22	55.0
	5	0.67	18.0	18.60	—	0	8.30	3.600	6.70	7.0	55.00	4.50	3.0	13.5	4.70	43	202.1
	平均	0.62	18.0	14.70	—	0	6.44	2.940	5.36	10.7	37.00	9.18	2.8	25.7	3.12	33	101.7
容器袋点播	1	0.40	13.0	4.04	4.0	0.20	1.30	0.900	1.64	12.0	12.00	5.50	4.0	22.0	3.20	52	166.4
	2	0.46	16.0	6.05	7.0	0.25	2.20	1.300	2.30	15.0	7.00	8.50	6.0	51.0	1.90	75	142.5
	3	0.50	20.0	6.95	6.0	0.35	2.30	1.700	2.60	13.5	16.00	5.50	5.0	27.5	1.50	29	43.5
	平均	0.45	16.3	5.68	5.7	0.17	2.09	1.367	1.71	13.5	11.67	6.50	5.0	33.5	2.20	52	117.47

矿物质元素的肉质须根大大增加，其中截根处理的须根平均总长度为228cm/株、未截根处理的为101cm/株，二者比值为2.243倍，即截根处理后，红豆树苗木须根增加了124.3%。截根处理后的侧根系总长度为275.4cm/株，是未截根处理侧根总长度127.4cm/株的2.16倍，苗木侧根增幅达116%。可见，截根处理后，大大改善了红豆树苗木生长的营养空间和增强根系吸收水分和营养物质的能力，这种营养吸收能力的改善对幼树后期的生长将起重要作用，并显示出有利植株生长的功能。

此外，截根处理增大红豆树苗木的径高比值，使苗木更加粗壮。截根处理试验中，有截根的苗木径高比为4.08%、未截根处理的苗木径高比为3.44%、容器苗的径高比为2.76%，径高比分别提高18.6%和47.8%。截根处理也促进苗木根瘤的形成和发育，截根处理的苗木根瘤个数平均多达17个/株，最多的为32个/株，根瘤鲜重平均0.4g/株，占全株苗木总生物量的4.9%。未截根的红豆树苗木尚未出现根瘤。容器苗的根瘤个数平均5.7个/株，根瘤鲜重平均0.17g/株，仅为截根处理苗木的42.5%。

截根处理后，红豆树苗木的地径平均生长量为0.58cm、是未截根处量的苗木地径生长量0.62cm的93%，截根后红豆树苗高平均生长量为14.2cm、是未截根处理的苗木地径平均生长量18cm的79%，这是由于大强度的截根处理和苗木移植需要一定时间形成愈伤组织和生长恢复期，从而影响了苗木的生长量，截根处理后，若加强水肥管理即可有力促进苗木生长。

综上所述，实生苗截根处理比未截根所培育的苗木质量更优。红豆树苗木为直根系类型，主根十分发达，在1年生的红豆树苗木中，通常其地下部分的长度为地上部分长度的1~2倍，地下部分的生物量占全部生物量的43.7%。红豆树主根发达，垂直向下伸展，导致苗木营养成分过多地集中在主根上，却抑制了侧根的生长发育，特别是在圃地水肥条件较差的育苗地尤其明显。红豆树苗高18cm时，因主根可达37cm，因主根太长，植树造林时必须挖大穴而增加造林成本，并且容易形成窝根影响幼树生长发育。试验表明：红豆树截根处理有利于侧根生长，形成主根、侧根、须根三者协调的发达根团，苗木地上部分和地下部分二者结构协调。

10.3.6 红豆树根瘤及其对苗木生长的影响

10.3.6.1 红豆树根瘤发育特点

红豆树根系具有发达的根瘤，其固氮功效能有效促进红豆树苗木植株的生长。在延平区育苗点，开展红豆树根瘤菌接种与无接种的对比试验，接种根瘤菌的苗木根系被感染的时间提早3个月，即于5月份就有根瘤着生在幼苗根系上、平均每株着生2个根瘤，被根瘤菌感染的株数约占20%，6~10月被根瘤菌感染的植株基本稳定在60%左右，但随着苗木的生长发育，株植根瘤数量逐渐增多；没接种根瘤菌的苗木根系也会产生丰富的根瘤，感染植株比率为53%，比接种根瘤菌的植株（78.4%）略低，每株平均着生9.3个根瘤，比接种根瘤菌的植株（13.5个）略低，详见表10-12。在连江育苗点，播种时没有接种根瘤菌，苗木根系产生根瘤的时间出现在8月份，当月感染比率为24.7%，当月平均每株着生根瘤4个，自9~12月根瘤菌感染植株稳定在40%左右，每株的根瘤个数呈现出随时间而不断增多的趋势。由此可见，红豆树苗木培育中接种根瘤菌，苗木菌根化可提早 3 个月。红豆树苗木丰富的根瘤，表明它可作为森林培育中促进目标树种生长的伴生种、改善林地地力退化的混交树种。

表 10-12　红豆树苗木的根瘤菌接种试验效应

地点	项　目	月份							
		5 月	6 月	7 月	8 月	9 月	10 月	11 月	12 月
未接根瘤菌	比　率(%)	0	0	0	25.0	41.7	41.7	50.0	53.0
	根瘤量(个/株)	/	/	/	4.3	6.8	12.8	6.8	9.3
接种根瘤菌	比　率(%)	20.0	60.0	70.0	60.0	60.0	60.0	67.4	78.4
	根瘤量(个/株)	2.0	7.0	10.6	18.5	19.5	37.5	18.5	13.5

表 10-13　不同圃地土壤条件的红豆树收获苗菌根化比率

项　目	Ⅰ类圃地				Ⅱ类圃地				Ⅲ类圃地			
	均值	建瓯	屏南	金山	均值	永安	连江1	连江2	均值	建阳	芗城	溪后CK
地径/cm	0.9	1.0	0.8	0.9	0.7	0.6	0.7	0.7	0.5	0.4		0.5
苗高/cm	47.7	50	42.1	51	22.1	22.5	22.9	20.8	16.6	12.4	18.2	19.2
根瘤比率/%	4			12	67.0	66.7	64.7	69.6	79.9	71.4	68.3	100

在其它地点的红豆树育苗试验中，发现红豆树苗木在生长发育过程中，具有对营养元素吸收利用的自我调节功能，暂称为"自肥机制"。在红豆树育苗试验的 9 种不同圃地类型中，红豆树的这种"自肥机制"十分明显，在圃地土壤条件差、氮肥缺乏的土壤中，红豆树根瘤形成时间早，数量多；在圃地土壤条件优良、氮营养元素丰富的土壤中，根瘤产生的数量少甚至不产生，详见表 10-13。这种"自肥机制"，使红豆树能在石隙中、陡坡土层浅薄的地上、岩岸边成长为参天大树，表现出极强的生命力和适应环境的能力。红豆树苗木丰富的根瘤，表明它可作为森林培育中促进目标树种生长的伴生种、改善林地地力退化的混交树种等。

10.3.6.2　红豆树根瘤固氮作用的效果

根据 2004 年建瓯红豆树育苗的预试验和 2005 年华安育苗点的预试验，基本确定红豆树根瘤对苗木生长具有较显著的促进作用。2006 年继而在各个育苗试验点开展根瘤作用试验。2007 年 1 月对连江试验点的 1 年生红豆树苗木进行根瘤作用取样调查，取样时以该地红豆树苗木总体平均值为标准，在生长均匀地段上确定 $1m^2$ 样方，对样方内的苗木挖取完整根系，用水冲洗出完整植株，自然晾干后测量与称重。表 10-14 可见，根瘤对红豆树苗木有较显著的促进作用，根瘤对苗木主要器官生长作用的效应值(即生长量增长率)依次为：根干重(46%) > 根鲜重(41.9%) > 茎干重(40.3%) > 总干重(35.0%) > 总鲜重(22.4%)。显然，根瘤促进了植株根、茎的干物质的形成与积累，除苗木冠幅宽度外，其它各项指标均有不同程度的增长，说明根瘤吸收和转化氮营养元素后，有效促进植株各个器官的协调发展，尤其对苗木根系的促进作用最突出。

但是，根瘤的形成时间和根瘤的数量与圃地土壤的条件有关，在土壤水肥条件好的环境中，一年生苗木中的根瘤少见，且根瘤个体极小；在土壤较贫瘠的圃地中，红豆树根瘤十分发达，数量多且形成时间早。

表 10-14　红豆树根瘤对苗木生长的影响效果

项目	苗高 /cm	地径 /cm	总鲜重 /g	总干重 /g	干物比率	根瘤重		根		茎	
						个数/条	鲜重/g	鲜重/g	干重/g	鲜重/g	干重/g
无根瘤	23.7	0.72	20.14	9.52	47.8	—	—	7.74	4.06	5.24	2.56
有根瘤	26.2	0.79	24.66	12.85	51.8	16.9	0.75	10.99	5.93	6.15	3.59
增长率	10.7	9.1	22.4	35.0	8.4	—	—	41.9	46.0	17.4	40.3

项目	叶		根幅宽度	主根长度	1~2mm 根系		须根总长		冠幅宽度
	鲜重	干重			长度	条数	长度	条数	
无根瘤	7.16	2.90	15.3	24.8	8.3	7.9	3.2	33.7	19.6
有根瘤	7.51	3.33	17.1	27.7	10.0	9.7	3.6	36.3	19.4
增长率	4.9	14.8	12.0	11.6	20.3	22.1	14.9	7.8	-0.9

10.3.7　红豆树苗木培育的其它管理技术

于初冬深翻圃地后细致整地，保证土壤精细，无大土块。水肥条件好的一类圃地质量的土壤，不必施基肥；二类圃地类型应施好基肥，每亩施钙镁磷肥 100 kg；三类圃地应以有机肥改土后方可启用。作高床，床面宽 1~1.2 m，床高 10~20 cm，步道宽 30 cm 左右，四周开好排水沟，中沟浅、边沟深，做到雨停沟内不积水。播种前 20 d 用丁草胺对圃地进行化学除草，丁草胺喷施后用塑料薄膜覆盖一周，抑制杂草生长的效果极佳，有效期可长达 2 个月。红豆树种子芽苗移植或截根处理，在播种前采用多菌灵对圃地进行灭菌消毒。

采取机械破皮发芽促进处理的种子，浸种膨大后可直接播种，采取温水发芽促进处理的种子，可以用湿砂进一步催芽，一般在 7d 以内播种。种子发芽促进处理后，砂藏不宜超过 15 天。在大部分种子的种皮已经膨胀开裂或已长出胚根时应及时播种，播种时应注意胚根朝下，否则长出的苗木基茎呈 N 字型或呈逗号形状的扭曲。

红豆树播种时间宜在 3 月中旬至 4 月中旬，机械破皮处理的时间最迟可至 5 月底。红豆树播种以开沟条播和芽苗点播为主，播种量和种子间距可根据上述圃地质量类型和苗木培育目标确定。种子播种后覆土总厚度把握在 4~5cm，表层土为 2cm 左右的干净红心土，苗床上再均匀覆盖 1 层薄稻草以避免雨水冲刷使红豆树种子暴露，同时保持土壤的温湿度。一般在 40 d 以内，通过发芽促进处理的种子可出土发芽，发芽率可达 80% 以上。

2006 年红豆树育苗试验时，遇春雨连绵的梅雨天气，5~6 月份期间各育苗点的红豆树幼苗均出现不同程度的黄化病，造成一些幼苗死亡，在 6 月 25~28 日对全省各育苗点调查，苗木叶片出现黄化现象占 4.3%~10%，局部特别严重的达 21%。采取喷洒波尔多液的预防措施，一部分苗木逐渐恢复绿色而成活下来，一部分苗木的嫩叶从叶尖开始干枯并有腐烂，其后整株苗木枯萎死亡。红豆树苗木出土若遇黄化病，可用50%的遮光网遮荫，一般到8月底即无需遮荫，应及时去除遮荫。

5～7月份是决定红豆树幼苗能否成活保存的关键时期，应特别注意做好雨天清沟排水和干燥天气的浇水保湿工作，除草、松土并适量施肥，每月施0.2%尿素或磷酸二氢胺复合肥溶液1次。7～10月红豆树苗木进入生长盛期，10月下旬至11月苗木进入生长后期，每隔15 d喷施1次0.2%～0.5%的磷酸二氢钾溶液，以促进苗木木质化，以便安全越冬。

通常，颗粒较大的种子不耐贮藏，自然存放容易失水使种子失去活力，而湿砂贮藏时没有经常翻动，种子容易腐烂变质。但是红豆树种子在自然条件下存放3年，仍然具有较高的发芽率。课题组人员收集到宿存于红豆树树冠3年的种子81粒，该种批种子已严重失水成干瘪状，千粒重仅383g，是通常种子平均千粒重834g的1/2.2，然而该种批的田间发芽率仍达46.9%，表现出极强的生命力。同时，试验人员做红豆树湿砂贮藏，没有定期翻动种子导致种子腐烂变质，种皮腐烂使种子黏结成团，裹住红豆树肥大的子叶使种子窒息霉烂。同时，解剖3年红豆树陈种，有活力种子仍为100%。有鉴于此，红豆树种子的隔年存放可置于编织袋中。

红豆树病虫害较少，主要是在高温高湿的条件下易发生角斑病，可用50%多菌灵可湿性粉剂600倍溶液或70%甲基托布津可湿性粉剂800倍溶液防治。对食叶害虫，用50%甲胺磷乳油1200～1500倍溶液防治。

10.3.8 红豆树实生苗生长的基本规律与动态特征

10.3.8.1 红豆树苗木生长分化情况

红豆树苗木样本调查中，苗高精度 $P_H = 95.65\%$，地径精度 $P_D = 96.23\%$，符合统计精度要求。红豆树实生苗的18个生长因子的分化程度指标详见表10-15，变异系数次序分别为：茎干重＞叶干重＞叶鲜重＞地下营养空间＞地上鲜重＞侧根长＞总干物质＞茎鲜重＞总生物量＞根干重＞总根长＞根鲜重＞根幅＞苗高＞地径＞冠幅宽＞高径比＞主根长，即生物量因子变异幅度大，苗高、地径、高径比、主根长等常规苗木质量评价因子的变异幅度相对较小。变异系数越大，说明该项指标的分化程度越高，进行苗木质量分级和质量评价的意义也越高，同时也表明红豆树苗木质量分级和质量评价十分重要。

表10-15 红豆树苗木生长因子的生长分化参数指标

项目	总生物量	总干物质	地径	苗高	根鲜重	根干重	茎鲜重	茎干重	叶鲜重
代号	X_1	X_2	X_3	X_4	X_5	X_6	X_7	X_8	X_9
均值	21.918	10.737	0.671	23.958	8.377	4.273	5.068	2.865	8.473
标准差	18.167	10.263	0.179	10.549	5.477	3.439	4.722	3.188	8.724
变异系数	0.8289	0.9559	0.266	0.44	0.6538	0.805	0.932	1.113	1.0296
变异排序	9	7	15	14	12	10	8	1	3

（续）

项目	叶干重	根幅	主根长	侧根长	总根长	冠幅宽	H/D	地上鲜重	地下营养空间
代号	X_{10}	X_{11}	X_{12}	X_{13}	X_{14}	X_{15}	X_{16}	X_{17}	X_{18}
均值	3.599	14.971	25.55	65.051	110.388	18.26	34.944	13.541	2267.14
标准差	3.952	7.221	4.7	63.085	82.196	4.613	7.42	13.265	2313.41
变异系数	1.098	0.4823	0.184	0.97	0.7446	0.253	0.212	0.98	1.02
变异排序	2	13	18	6	11	16	17	5	4

10.3.8.2　红豆树苗木各指标间的相关矩阵

在现实苗木质量评价中，所采用的质量评价指标必须简便直观，具有较高的生产实用性和可操作性，因此需要根据各指标间的相关关系及其程度，对上述的 18 个指标进行优化筛选。从红豆树的 18 个指标的生长分化情况可见，各个单一指标的生长差异十分显著，为进一步掌握各指标间的相关性情况，对 18 个指标值进行两两间的相关程度分析，各指标间的相关程度详见相关矩阵表 10-16。

由表 10-16 的相关矩阵中可以明显看出，18 个指标中最突出的相关是植株总生物量指标（X_1），X_1 与 X_2、X_5、X_6、X_7、X_8、X_9、X_{10}、X_{17} 的相关系数依次为 0.989、0.933、0.949、0.971、0.968、0.971、0.966、0.989，说明植株总生物量指标 X_1 可以综合反映总干重、根、茎、叶等其它 8 项生物量指标。因此，苗木全株鲜重是红豆树苗木的相关中心，此项指标最能体现苗木的质量水平。这说明苗木生物量越大，积累的干物质越多，其质量就越好。因此，用全株鲜重来评价红豆树苗木的质量是最好的方法。

从相关矩阵表 10-16 可见，除其它生物量指标外，红豆树苗高与 X_1 的相关程度最高，为 0.905；同时，红豆树苗高指标与 X_5、X_6、X_7、X_8、X_9、X_{10} 等 6 项生物量指标也具有较高的相关性，其相关系数分别为 0.852、0.847、0.902、0.910、0.862、0.870，苗高与其它 6 项生物量指标的相关系数均值为 0.881；说明用苗高指标反映植株生物量指标也具有较高的可靠性。红豆树苗木地径与 X_1、X_2、X_5、X_6、X_7、X_8、X_9、X_{10} 等 8 项生物量指标的相关系数分别为 0.819、0.802、0.847、0.823、0.824、0.797、0.728，地径指标与 8 项生物量指标的相关系数均值为 0.796，即地径与生物量的相关程度也较高，仅次于苗高。

红豆树 18 个指标相关分析中，主根长度与其它指标的相关程度最低，系数值一般在 0.3 左右；冠幅宽度与其它指标的相关程度为次低；说明红豆树苗木地下的主根在圃地中的分布深度和地面上的苗木冠幅宽度不是影响苗木生长的主要因子。反映红豆树根系水平的根幅、侧根长、总根长、高径比以及地下营养空间等 5 个指标与其它指标的相关程度处于中等水平，其相关系数通常在 0.75 左右。红豆树主根长度与圃地质量有明显关系，当圃地水肥条件好，主根长度较短；当圃地土壤贫瘠时，红豆树主根往土壤深处生长，苗高与主根比值明显偏小，植株高径比即提高，但通常由于圃地土壤贫瘠而苗木生长不良。

表 10-16　红豆树苗木各指标间的相关矩阵

序号	总鲜重 g X_1	总干重 g X_2	地径 cm X_3	苗高 cm X_4	根 鲜重/g X_5	根 干重/g X_6	茎 鲜重/g X_7	茎 干重/g X_8	叶 鲜重/g X_9	叶 干重/g X_{10}	根幅 X_{11}	主根长 X_{12}	侧根长 cm X_{13}	总根长 cm X_{14}	冠幅长 X_{15}	H/D X_{16}	地上鲜重 g X_{17}	地下营养空间 X_{18}
X_1	1	0.9889	0.8192	0.9054	0.9332	0.9493	0.9710	0.9676	0.9711	0.9660	0.7206	0.3549	0.7374	0.7859	0.5927	0.5906	0.9888	0.7947
X_2	0.9889	1	0.8018	0.8998	0.9170	0.9631	0.9640	0.9812	0.9619	0.9718	0.6869	0.3535	0.7166	0.7677	0.5756	0.5945	0.9803	0.7800
X_3	0.8192	0.8018	1	0.8553	0.8471	0.8225	0.8240	0.7974	0.7281	0.7266	0.6986	0.2647	0.6977	0.7118	0.6405	0.3873	0.7757	0.7015
X_4	0.9054	0.8998	0.8553	1	0.8523	0.8468	0.9021	0.9098	0.8620	0.8697	0.7035	0.3216	0.7180	0.7535	0.6348	0.7835	0.8922	0.7660
X_5	0.9332	0.9170	0.8471	0.8523	1	0.9641	0.8904	0.8845	0.8335	0.8327	0.7530	0.3983	0.7554	0.7807	0.6038	0.4934	0.8692	0.7770
X_6	0.9493	0.9631	0.8225	0.8468	0.9641	1	0.9220	0.9279	0.8726	0.8863	0.7109	0.4029	0.7370	0.7663	0.5720	0.4966	0.9063	0.7687
X_7	0.9710	0.9640	0.8240	0.9021	0.8904	0.9220	1	0.9771	0.9217	0.9171	0.6757	0.3115	0.7072	0.7465	0.5597	0.5810	0.9666	0.7591
X_8	0.9676	0.9812	0.7974	0.9098	0.8845	0.9279	0.9771	1	0.9308	0.9383	0.6479	0.3035	0.6733	0.7214	0.5525	0.6079	0.9644	0.7396
X_9	0.9711	0.9619	0.7281	0.8620	0.8335	0.8726	0.9217	0.9308	1	0.9924	0.6621	0.3203	0.6786	0.7425	0.5523	0.6057	0.9903	0.7563
X_{10}	0.9660	0.9718	0.7266	0.8697	0.8327	0.8863	0.9171	0.9383	0.9924	1	0.6455	0.3241	0.6795	0.7483	0.5540	0.6243	0.9837	0.7636
X_{11}	0.7206	0.6869	0.6986	0.7035	0.7530	0.7109	0.6757	0.6479	0.6621	0.6455	1	0.3431	0.8058	0.7628	0.6367	0.4242	0.6791	0.7549
X_{12}	0.3549	0.3535	0.2647	0.3216	0.3983	0.4029	0.3115	0.3035	0.3203	0.3241	0.3431	1	0.3207	0.3092	0.2992	0.2831	0.3230	0.2955
X_{13}	0.7374	0.7166	0.6977	0.7180	0.7554	0.7370	0.7072	0.6733	0.6786	0.6795	0.8058	0.3207	1	0.9456	0.6230	0.4705	0.7013	0.9001
X_{14}	0.7859	0.7677	0.7118	0.7535	0.7807	0.7663	0.7465	0.7214	0.7425	0.7483	0.7628	0.3092	0.9456	1	0.6693	0.5038	0.7575	0.9774
X_{15}	0.5927	0.5756	0.6405	0.6348	0.6038	0.5720	0.5597	0.5525	0.5523	0.5540	0.6367	0.2992	0.6230	0.6693	1	0.4195	0.5650	0.7490
X_{16}	0.5906	0.5945	0.3873	0.7835	0.4934	0.4966	0.5810	0.6079	0.6057	0.6243	0.4242	0.2831	0.4705	0.5038	0.4195	1	0.6079	0.5243
X_{17}	0.9888	0.9803	0.7757	0.8922	0.8692	0.9063	0.9666	0.9644	0.9903	0.9837	0.6791	0.3230	0.7013	0.7575	0.5650	0.6079	1	0.7712
X_{18}	0.7947	0.7800	0.7015	0.7660	0.7770	0.7687	0.7591	0.7396	0.7563	0.7636	0.7549	0.2955	0.9001	0.9774	0.7490	0.5243	0.7712	1

10.3.8.3 红豆树苗木主要生长指标的月生长动态与分析

红豆树生长发育具有明显的物候季相特征，在红豆树 1 年生苗木生长期中，同样表现出极强的生长发育季节动态及其基本规律，植物生长动态特征主要取决于其遗传特性，红豆树苗木生长发育的动态变化与基本规律，反映了红豆树的自身遗传特性与生长环境的有机融合。把握红豆树的月生长动态及其基本规律，掌握苗木培育主要技术参数，便可针对红豆树苗木发育的不同阶段特点制定科学的培育与管护措施。

红豆树种子萌发期于 5 月份基本结束，真叶已经形成。种子破皮萌发时的营养来源于其肥大的子叶，种子子叶不出土，2006 年 5 月 25 日取苗进行生物量测定时，子叶仍然附存于幼苗植株上，持续至 6 月上旬至中旬，当子叶的营养成分被吸收转化为初生根、茎和真叶后，残余物自然腐烂分解。由此可见，5~6 月份是红豆树幼苗器官形成的重要阶段，是初生幼苗的营养供给从子叶转至自体供给的过渡期，也是种子萌发成苗的关键期。

表 10-17 红豆树实生苗营养器官的各月份生长动态

项　目		5 月	6 月	7 月	8 月	9 月	10 月	11 月
地径/cm	均值	0.2	0.3	0.4	0.5	0.6	0.7	0.8
	月生长率	/	9.1	5.3	15.8	18.4	15.8	3.9
苗高/cm	均值	9.2	11.5	12.2	15.2	17.5	22.5	24.6
	月生长率	/	9.4	2.8	12.1	9.6	20.2	8.6
植株鲜重/g	均值	1.4	2.9	3.7	7.5	13.4	19.5	28.1
	月生长率	/	5.3	2.8	13.5	21.0	21.7	30.6
根鲜重/g	均值	0.3	0.9	1.3	2.1	5.0	6.5	9.4
	月生长率	/	6.4	4.3	8.5	30.9	16.0	30.9
茎鲜重/g	均值	0.6	0.7	0.8	2.0	2.6	4.9	7.4
	月生长率	/	1.4	1.4	16.2	8.1	31.1	33.8
叶鲜重/g	均值	0.5	1.3	1.6	3.4	5.8	8.1	11.3
	月生长率	/	7.1	2.7	15.9	21.2	20.4	28.3

7 月份是全年的气温最高时期，高温、干旱，红豆树幼苗 7 月份的各器官生长比 6 月份略为下降，从红豆树苗木器官的月份生长动态表及地径、苗高、生物量生长量曲线图可见，6 月份、7 月份、11 月份的地径、苗高生长量较其它月份的生长量趋于平缓，但 11 月份的植株鲜重却出现明显的加速生长现象，详见表 10-17。

红豆树地径、苗高生长主要集中在 8~10 月，3 个月生长量之和占总生长量的 50% 左右；生物量的生长主要集中在 9~11 月，3 个月生长量之和占总生长量的 73.3%。

地径、苗高生长率都近似单峰曲线，其基本表现详见红豆树器官的各月份生长率曲线（图 10-1~图 10-5）。地径生长率于 9 月份达至最大值，较树高生长率高峰期出现时间早，10 月和 11 月份出现快速下降；苗高生长率峰值出现在 10 月，较地径生长率峰值出现的时间迟；生物量生长率峰值出现时间最迟，在 11 月份。值得注意的是，红豆树苗木各生长量

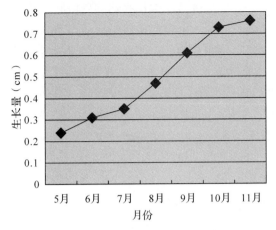

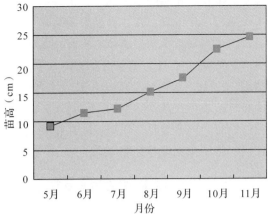

图 10-1　红豆树苗木各月份地径生长量曲线　**图 10-2　红豆树苗木各月份高生长量曲线**

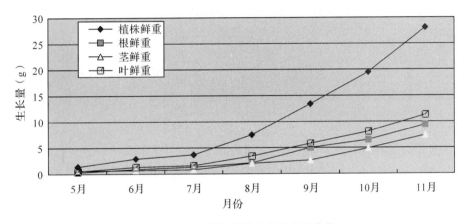

图 10-3　红豆树各月份生物量生长曲线

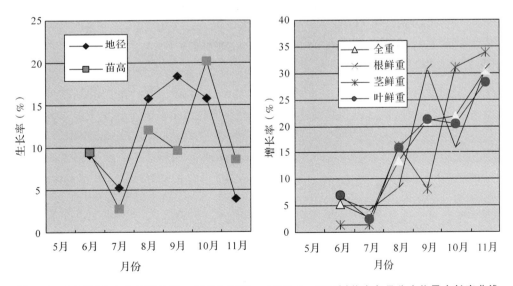

图 10-4　红豆树苗木各月份地径、苗高生长率　**图 10-5　红豆树苗木各月分生物量生长率曲线**

因子的生长率在时间上不同步，出现阶段性特征，如9月份地径生长率达到峰值时，苗高生长率却出现下降；在9月的生物量生长率中，根系与茎的生长率相似于地径与苗高的生长情况，当根系生物量迅速生长时，茎生物量生长速度则放缓，9月为地下部分的生物量快速增长期，10月为茎生物量的快速增长期。红豆树苗木的地径与苗高生长于11月基本结束，12月上旬已完全停止生长，开始出现小叶渐次脱落，进入冬季休眠期。但是，在地径与苗高生长基本结束的11月，却是植株生长量的快速增长期，说明大量的营养物质在这段时间内被吸收转化和存贮在植株的根茎芽等器官中，叶片在凋落前也有大量的光合作用产物转移到根茎芽等器官。

10.3.9 红豆树容器苗培育

10.3.9.1 塑料薄膜容器袋规格对红豆树苗木生长的影响

对3种规格的塑料薄膜容器与4种基质营养配比试验，采用双因素方差分析结果（表10-18、表10-19）。3种塑料薄膜容器袋规格方差分析表明，容器规格对1年生红豆树苗木地径生长影响的差异极显著，对苗高和侧根数影响不显著。$D1(6\ cm \times 10cm)$容器规格的地径0.53cm、苗高18.8cm、侧根数36.0条，$D2(8cm \times 10cm)$容器规格的地径0.67cm、苗高24.1cm、侧根数32.8条，$D3(8cm \times 12cm)$地径、苗高、侧根数为0.67cm、22.6cm、43.0条。$D3$和$D2$的地径生长量明显大于$D1$，提高26.4%。

10.3.9.2 塑料薄膜容器与基质对红豆树苗木生长的影响

4种黄心土的营养基质配比的方差分析表明，红豆树苗木的地径呈极显著差异、苗高呈显著差异、侧根数差异不显著。$E1(N:P:K=1\%:2\%:1\%)$营养配比的红豆树苗木地径生长量最大，为0.72cm；$P:K=2\%:1\%$配比的地径次之，为0.64cm；P单肥3%的地径为0.63cm；对照最小，为0.52cm；苗高生长量为$E1 > E2 > E3 > CK$。

表 10-18 不同塑料薄膜容器规格与基质养分配比的苗木平均生长量

项目	观测数	平均生长量			方差		
		地径/cm	苗高/cm	侧根数/个	地径	苗高	侧根数
$D1$	4	0.53	18.8	36.0	0.0094	9.123	43.3
$D2$	4	0.67	24.1	32.8	0.0095	23.403	138.9
$D3$	4	0.67	22.6	43.0	0.0045	33.262	144.7
$E1$	3	0.72	25.7	36.0	0.0057	41.823	64.0
$E2$	3	0.64	24.5	41.7	0.0039	3.010	25.3
$E3$	3	0.63	20.7	40.3	0.0104	6.043	390.3
CK	3	0.52	16.6	31.0	0.0103	1.830	16.0

表 10-19 不同塑料薄膜容器规格与基质养分配比的苗木生长量双因素方差分析

表 10-19 不同塑料薄膜容器规格与基质养分配比的苗木生长量双因素方差分析

差异来源	df	F(地径)	F(苗高)	F(侧根数)	$F_{0.05}$	$F_{0.01}$
D	2	13.2437**	3.9189	0.8532	5.1433	10.9248
E	3	10.5126**	6.6360*	0.5414	4.7571	9.7795

10.3.9.3 轻型基质容器与追肥对苗木生长的影响

$D4$ 和 $D5$ 两种规格的轻型基质容器红豆树苗木地径、苗高、侧根数进行单因素方差分析（表 10-20），结果为差异不显著。但是，不同追肥水平的地径生长量差异显著 G1（N∶P∶K = 1%∶2%∶1%）为 0.65cm、G2（P∶K = 2%∶1%）为 0.57cm、G3 为（P 单肥 3%）0.54cm、CK 为 0.38cm。轻型基质容器苗木生长所需要的养分主要由基质中的启动肥和后期追肥获得，G1 处理由于追肥中的氮、磷、钾肥较充足，苗木生长良好；G2 和 G3 虽然缺氮肥，由于磷肥的有效供给，红豆树苗木根系发育良好，根系中的根瘤菌固氮作用一定程度上补充了氮肥的不足，所以苗木生长仍然较好；CK 虽然也有较丰富根瘤，可能由于其他营养元素欠缺而生长差。

表 10-20 轻型基质容器不同追肥处理的苗木地径单因素方差分析

差异源	SS	df	MS	F	$P-value$	$F_{0.05}$	$F_{0.01}$
组间	0.2573	3	0.0858	19.4260	3.84E-06	3.0984	4.9382
组内	0.0883	20	0.0044				
总计	0.3457	23					

10.3.9.4 不同红豆树容器苗培育比较

红豆树容器苗 20 个不同处理生长量结果详见表 10-21，采用无重复双因素方差分析（表 10-22），结果为容器苗类型与施肥处理均呈显著或极显著差异。黄心土基质、轻型基质的育苗试验表明：①D2 × E1 配合效果最佳，地径、苗高、侧根数分别为 0.77cm、29.5cm、44 条；②D3 × E1 配合效果次之，地径、苗高、侧根数分别为 0.75cm、29.3cm、36 条；③轻型基质容器苗以 D4 × G1 配合较好，地径、苗高、侧根数分别为 0.68cm、27.0cm、63 条；④黄心土容器苗的地径、苗高生长量总体好于轻型基质苗木，但侧根数较轻型基质少，即根系发育稍逊；⑤黄心土与轻型基质比较，由于黄心土的养分更丰富多样，而且水分保持能力更好，有利于红豆树苗木生长，这个情况与多年来各地开展的生产性苗木培育的情况相似。⑥轻型基质容器苗置于盘架空时，虽然具有空气自然切根效果，但由于容器小且基质保水能力低，造成苗木水分供给不足，对苗木生长发育的影响明显。

2011 年周志春等在《珍贵用材树种轻基质网袋容器育苗方案优选》以及胡根长等在《红豆树轻基质容器育苗试验》报道，对基质配比、容器规格、缓释肥施用量及空气切根 4 因素对 1 年红豆树轻基质网袋容器苗的试验得出，培育红豆树容器苗的泥炭与谷糠最佳配比为 5∶5。容器规格大小对红豆树苗高和高径比的影响不显著，但苗木在 4.5cm × 12cm 规格的网袋容器中地径生长要明显地大于 4.5cm × 8cm 规格的容器苗，分别较 4.5cm × 8cm 和

4.5cm×10cm 规格容器苗提高 4.16% 和 1.67%。培育红豆树容器苗时缓释肥施用量可设计为 2.0kg/m³；红豆树网袋容器苗经空气切根后平均苗高和地径分别比未切根处理提高 10.0% 和 9.3%，但高径比基本不受空气切根的影响（周志春，刘青华，胡根长等. 2010；胡根长，周红敏，刘荣松等. 2011）。2011 年刘荣松等在"废菌棒复合基质对 3 种阔叶树容器苗生长的影响"试验中指出，对于生产上常用的 60% 泥炭 + 40% 谷壳的配比基质（CK），红豆树芽苗移栽成活率可达 97%。而配比废菌棒则降低了芽苗移栽成活率，如配比基质中废香菇菌棒的比例从 20% 增至 60%，红豆树芽苗移栽成活率从 82% 降至 79%，地径生长量降低 10.7%，苗高生长量降低 12.6%（刘荣松，胡根长，叶庭旺等. 2011）。

表 10-21　不同处理红豆树容器苗（1 年生）平均生长差异

处理	地径/cm	苗高/cm	侧根数/个	处理	地径/cm	苗高 cm	侧根数/个
D1 × E1	0.63	18.2	28	D4 × G1	0.68	27.0	63
D1 × E2	0.59	22.5	37	D4 × G2	0.59	19.5	82
D1 × E3	0.51	19.4	44	D4 × G3	0.61	23.5	58
D1 × CK	0.41	15.2	35	D4 × CK	0.34	14.1	33
D2 × E1	0.77	29.5	44	D5 × G1	0.64	23.2	70
D2 × E2	0.71	25.6	41	D5 × G2	0.6	22.5	52
D2 × E3	0.67	23.5	19	D5 × G3	0.58	19.3	39
D2 × CK	0.54	17.9	27	D5 × CK	0.31	13.6	27
D3 × E1	0.75	29.3	36				
D3 × E2	0.62	25.4	47				
D3 × E3	0.7	19.1	58				
D3 × CK	0.61	16.7	31				

注：表中 D1~D3 为塑料薄膜容器袋，E 为黄心土基质配比；D4~D5 轻型容器基质，G 为追肥配比。

表 10-22　不同容器和追肥措施的双因素方差分析

差异来源	df	F（地径）	F（苗高）	F（侧根数）	$F_{0.05}$	$F_{0.01}$
E	3	20.950 **	14.1886 *	2.6620	3.490295	5.952545
D	4	7.596 **	2.933	2.6345	3.259167	5.411951

10.3.10　红豆树组培技术

2012 年范辉华等以红豆树优树根蘖苗移栽促萌形成枝条为外植体，进行带芽茎段组织培养试验研究，结果表明：最佳外植体为半木质化嫩枝顶端的带芽茎段；最适诱导培养基为 MS + BA0.5 mg/L + NAA 0.05 mg/L，平均诱导率达 52.05%；增殖培养阶段最适不定芽诱导培养基为 MS + BA 2.0mg/L + NAA 0.1 mg/L。红豆树的生根培养基、移苗种植及后期苗圃的管理还有待进一步的研究和完善（范辉华，李朝晖，张蕊等. 2011）。具有重要借鉴价值的，是 2007 年中国科学院武汉植物园的姚军等人对红豆树的同属树种花榈木（*Ormosia henryi*）组织培养试验报道，种子萌发培养基：①MS + 6 - BA 1.0mg/L（单位下同）+ NAA 0.05。增殖培养基：②MS + 6 - BA 2.5 + NAA 1.0 + 10% CaCL 2；③MS + 6 -

BA 2.0 + NAA 0.25 + 10% CaCL 2。生根培养基：④1/2 WPM + IBA 0.5 + NAA 0.05 + 活性炭（AC）0.4 g/L；⑤1/2MS + IBA 1.0 + NAA 0.05；⑥1/2MS + IBA 1.0。上述各培养基除生根培养基附加 1.5% 蔗糖外均加入 3% 蔗糖和 0.5% 琼脂，pH 值 5.8。培养温度为（26 ±2）℃，光照时间为 12 h/d，光强为 40mmol/（m² · s）左右。根培养基④~⑥上，均能生根。其中，培养基④上，约 7 d 即开始从茎段基部长出白色不定根，28 d 时生根率达到95%，平均每苗 3~4 条根，平均根长 1~2 cm；培养基⑤和⑥上，14 d 开始长根，培养基⑤中的苗基部先长愈伤组织，再从愈伤组织中生根，根较粗壮，30 d 时生根率达到90%，平均每苗 1~2 条根，平均根长 0.8~1 cm；培养基⑥中的苗直接从茎段基部生根，根细弱，30 d 时生根率达到85%，平均每苗 2~3 条根，平均根长 1~1.5cm（姚军、李洪林、杨波.2007）。

10.3.11 红豆树扦插培育技术

以红豆树种质资源保存为目标开展多次扦插试验，其中 2006 年秋季（9 月份）在福建将乐国有林场利用大树截干移植的当年生萌条进行的 ABT6 号生根粉扦插试验，成苗率达17.4%（表 10-23），该处理组合为 ABT6 号生根粉浓度 200%、穗条浸泡 24h、穗条长度15cm。2006 年 11 月 10 日调查秋季扦插穗条的成活情况，扦穗长度 15cm 的平均成活率66.2%，12cm 穗条的平均成活率58.8%，8cm 穗条的平均成活率49.4%（表 10-23），

表 10-23 40 年生红豆树的 1 生嫩枝秋季扦插试验效应

条件号	扦穗总数/条	11 月 10 日调查		3 月 12 日调查	处理
		活株/株	成活率/%	成苗率/%	
113	63	49	77.8	0.0	100%，8h，15cm
211	63	23	36.5	5.4	150%，8h，8cm
312	60	31	51.7	9.3	200%，8h，12cm
122	75	51	68.0	0.0	50%，16h，12cm
223	60	39	65.0	2.4	150%，16h，15cm
321	57	45	78.9	8.9	200%，16h，15cm
131	65	27	41.5	1.5	50%，24h，8cm
232	60	25	41.7	3.3	150%，24h，12cm
333	62	31	50.0	17.4	200%，24h，15cm
111	63	39	61.9	0.0	50%，8h，8cm
213	104	54	52.0	0.0	150%，8h，15cm
313	117	63	53.8	6.0	200%，8h，15cm
123	100	64	64.0	0.0	150%，16h，15cm
221	48	35	73.0	0.0	150%，16h，8cm
322	90	70	77.8	8.9	200%，16h，12cm
132	63	25	39.7	0.0	100%，24h，12cm
233	65	40	62.0	6.2	150%，24h，15cm
331	65	35	54.0	8.4	200%，24h，8cm
CK	135	100	74.0	0.0	清水，16h，12cm

说明穗条长度以 12～15cm 为宜。利用生根粉 ABT1、ABT2、ABT3 开展的春季扦插（3 月份）、夏季扦插（5 月份）都没有生根成苗植株，说明 ABT1、ABT2、ABT3 生根粉对促进穗条生根的作用不良，ABT6 号生根粉对红豆树幼枝扦插生根具有较明显的促进作用。陆孝建红豆树扦插试验认为，影响红豆树扦插育苗的最大要素是 ABT 生根粉的浓度，以 ABT6 号生根粉 50mg/L 浓度、插穗浸泡时间 0.5h、基质类型以新鲜细黄心土掺细砂（2∶1）处理的扦插成活率及生根情况良好。影响红豆树扦插效果的另一个重要因素为扦插深度，以 3cm 为宜（陆孝建．2012）。

10.4　小结与讨论

红豆树 6 种催芽促进处理的圃地发芽率依次为：机械破皮 ＞ 始温 80℃温水浸种 1d ＞ 始温 60℃温水浸种 1d ＞始温 40℃温水浸种 1d ＞冷水浸种 1d ＞不浸种。其中，机械破皮的圃地发芽率最高可达 94.7%、最低 77.7%，平均圃地发芽率 87.5%；始温 80℃温水浸种至自然冷却 1d 的催芽促进处理，方式简便且效果显著，最高发芽率可达 85% 以上。根据不同水温浸种催芽经验，采取 80℃、60℃、40℃三次变温催芽后砂藏试验发现，变温浸种结合湿砂催芽效果最优，圃地发芽率可达 90.3%，种子利用率提高 8.7%，圃地和容器苗芽苗移植的成活率可达到 99.2%。在闽东、闽北的个别区域的冬季与早春较寒冷的播种地，宜于 3 月中旬以后播种，最迟可至 5 月底或 6 月上旬；在闽南、闽中、闽西等区域的播种地，5 月份以前播种均可。红豆树种子宜干藏。

红豆树苗木培育适宜选择在水肥条件较好的一、二类型圃地质量，在一、二类圃地上培育的苗木合格苗率高，苗木健壮、质量高，如水稻田轮作地；不宜选择在水肥条件差的旱地等三级圃地质量类型中育苗。

红豆树裸根苗培育应根据培育目标和圃地类型，制定相应的田间播种密度、保存苗密度、适宜的播种量等措施，才能充分发挥圃地生产力，提高育苗的经济效益。红豆树苗木的地上营养空间与地下营养空间的相关系数为 0.8747，两者具有较高的相关性，即地下营养空间能够使苗木充分生长，地上营养空间要求与之相适应，才能最充分利用圃地资源，生产更多的红豆树合格苗木。最低保留密度为 33 株/m^2、最高保留密度为 72 株/㎡，株行距最大值为 17.5cm、最小值为 11.8cm；当红豆树苗木培育目标是以Ⅰ级苗为主时，合理密度应≤33 株/m^2，株行距≥17.5cm；当培育目标是以Ⅱ级苗为主时，合理密度区间是［33 株/m^2，42 株/m^2］，株行距为［15.4cm，17.5cm］；当培育目标是以Ⅲ级苗为主时，合理密度区间是［42 株/m^2，72 株/m^2］，合理株行距的区间为［11.8cm，15.4cm］。

影响红豆树育苗播种量的 2 个主要因素，一是种子千粒重，二是种子发芽促进处理方式。以培育红豆树Ⅰ级苗为主时，适宜播种量应不大于 21.6kg/667m^2；培育Ⅱ级为主时，适宜播种量为 21.6～27.5kg/667m^2；以培育Ⅲ级合格苗为主时，适宜的播种量为 27.5～47.2kg/667m^2。

截根处理后，红豆树苗木根系吸收营养的有效空间范围扩大了 27%；1～2mm 的侧根条数增加 1.5 条/株、该粗度级的侧根总长度增长了 84%；苗木侧根总长度增幅达 116%；

苗木须根增加了 124.3%。截根处理后，大大改善了红豆树苗木生长的营养空间和增强根系吸收水分和营养物质的能力，营养吸收能力的改善对幼树后期的生长将起重要作用，有利植株生长。此外，截根处理增大红豆树苗木的径高比值，使苗木更加粗壮，径高比提高18.6%。截根处理也促进苗木根瘤的形成和发育。但是截根处理后，红豆树苗木的地径平均生长量为 0.58cm，是未截根处理的苗木地径生长量 0.62cm 的 93%，截根后红豆树苗高平均生长量为 14.2cm，是未截根处理的苗木地径平均生长量 18cm 的 79%，这是由于大强度的截根处理和苗木移植需要一定时间形成愈伤组织和生长恢复期，从而影响了苗木的生长量，截根处理后，若加强水肥管理即可有力促进苗木生长。

根瘤对红豆树苗木有较明显的促进作用，根瘤对苗木主要器官生长作用的效应值（即生长量增长率）依次为：根干重（46%）>根鲜重（41.9%）>茎干重（40.3%）>总干重（35.0%）>总鲜重（22.4%）。显然根瘤促进了植株根、茎的干物质的形成与积累，除苗木冠幅宽度外，其它各项指标均有不同程度的增长，说明根瘤吸收和转化氮营养元素后，有效促进植株各个器官的协调发展，尤其对苗木根系的促进作用最突出。但是根瘤的形成时间和根瘤的数量与圃地土壤的质量有关，在土壤水肥条件好的环境中，一年生苗木中的根瘤少见，且根瘤个体极小；在土壤较贫瘠的圃地中，红豆树根瘤十分发达，数量多且形成时间早（郑天汉，2008）。

红豆树苗木生长过程中，5~6 月是红豆树幼苗器官形成的重要阶段，是初生幼苗的营养供给从子叶转至自体供给的过渡期，也是种子萌发成苗的关键期；红豆树地径、苗高生长主要集中在 8~10 月，3 个月的生长量之和占总生长量的 50% 左右，生物量的生长主要集中在 9~11 月，3 个月的生长量之和占总生长量的 73.3%。地径生长率于 9 月达至最大值，较树高生长率高峰期出现时间早；苗高生长率峰值出现在 10 月；生物量生长率峰值出现时间最迟，在 11 月。值得注意的是红豆树苗木生长率在时间上不同步，出现阶段性特征：红豆树苗木的地径与苗高生长于 11 月基本结束，12 月上旬已完全停止生长，开始出现小叶渐次脱落，进入冬季休眠期。但是在地径与苗高生长基本结束的 11 月份，却是植株生长量的快速增长期，说明大量的营养物质在这段时间内被吸收转化和存贮到植株的根茎芽等器官中，叶片在凋落前也有大量的光合作用产物转移到根、茎、芽等器官中。

容器袋育苗成苗率达 96.3%，成苗率高且有利侧根生长，苗木地上部分和地下部分二者关系较协调。黄心土基质的塑料薄膜容器苗，以 8cm×10cm 或 8cm×12cm 容器袋规格，配合 N:P:K=1%:2%:1% 黄心土基质养分配比的效果最佳，其地径、苗高、侧根数分别为 0.77cm、29.5cm、44 条。轻型基质容器以 5.5cm×10cm 规格，配合 N:P:K=1%:2%:1% 追肥效果较好，其地径、苗高、侧根数分别为 0.68cm、27.0cm、63 条。黄心土容器苗的地径、苗高生长量总体好于轻型基质苗木，但侧根数较轻型基质少，即根系发育稍逊；黄心土与轻型基质比较，由于黄心土的养分丰富多样，而且水分保持能力更好，有利于红豆树苗木生长；轻型基质容器苗置于盘架空时，虽然具有空气自然切根效果，但由于容器小且基质保水能力低，造成苗木水分供给不足，对苗木生长发育的影响明显。追肥次数为 5月、6 月宜薄量多施，7~9 月，每月追肥次数应不少于 3 次，10 月可根据苗木营养情况追肥 1 次或不施肥。红豆树苗木生长对水分要求高，苗木含水率在不同生长阶段差异较大，5 月植株含水率 67.8%，7~9 月平均含水率 63%，10 月含水率 57.7%，至 12 月苗木停止生长时的含水率 49.2% ；当土壤含水率在 20% 左右，红豆树苗木生长处于停滞状态，苗木正常生长的土壤含水率 25% ~30% ，土壤含水率饱和状态时的苗木生长迅速。

红豆树裸根苗的 18 个性状的分化程度十分显著，性状间相关分析表明，18 个指标中最突出的相关是植株总生物量指标(W1)，W1 与总干重、根鲜重、根干重、茎鲜重、茎干重、叶鲜重、叶干重、地上鲜重的相关系数依次为 0.989、0.933、0.949、0.971、0.968、0.971、0.966、0.989，说明植株总生物量指标 W1 可以综合反映总干重、根、茎、叶等其它 8 项生物量指标。苗木全株鲜重是红豆树苗木的相关中心，此项指标最能体现苗木的质量水平，苗木重量越大，积累的干物质越多，其质量就越好。因此，用全株鲜重来评价红豆树苗木的质量是最好的方法。

红豆树苗高与 W1 的相关程度最高，为 0.905；同时，红豆树苗高指标与总干重、根鲜重、根干重、茎鲜重、茎干重、叶鲜重、叶干重、地上鲜重等生物量指标也具有较高的相关性，其相关系数分别为 0.8998、0.8468、0.9021、0.9098、0.8620、0.8697，苗高与其它 6 项生物量指标的相关系数均值为 0.881；说明用苗高指标反映植株生物量指标也具有较高的可靠性。

红豆树苗木地径与总鲜重、总干重、根鲜重、根干重、茎鲜重、茎干重、叶鲜重、叶干重、地上鲜重等生物量指标的相关系数分别为 0.8192、0.8018、0.8471、0.8225、0.8240、0.7974、0.7281、0.7266、0.7757，地径指标与其它 7 项生物量指标的相关系数均值为 0.5860，即地径与生物量的相关程度也较高，仅次于苗高。

红豆树主根长度与其它指标的相关程度最低，系数值一般在 0.3 左右；冠幅宽度与其它指标的相关程度为次低；说明红豆树苗木地下的主根在圃地中的分布深度和地面上的苗木冠幅宽度不是影响苗木生长的主要因子。反映红豆树根系水平的根幅、侧根长、总根长、高径比以及地下营养空间等 5 个指标与其它指标的相关程度处于中等水平，其相关系数通常在 0.75 左右。红豆树主根长度与圃地质量有明显关系，当圃地水肥条件好，主根长度较短；当圃地土壤贫瘠时，红豆树主根往土壤深处生长，苗高与主根比值明显偏小，植株高径比提高，苗木质量下降。

根据红豆树裸根苗 18 个性状指标相关分析、逐步回归、主分量分析结果表明，其他各项因子与苗木全株鲜重相关的紧密度最高，地径、苗高不仅与苗木鲜重的关系密切，与其他因素的相关性也较强，这两项因素所显示的指标直观，在生产实践中又较易测量，与植株总鲜重的幂函数方程关系密切。因此，确定以红豆树总生物量、地径、苗高三个指标为红豆树苗木质量评价与质量分级的依据。

红豆树扦插育苗适宜在秋季，穗条长度 12 ~15cm 为宜，应使用 ABT6 号生根粉且浓度 200% 以上。

苗期主要病虫害有白化病、角斑病、膏药病、堆砂蛀蛾。

11

红豆树苗木质量评价技术研究

11.1 研究方法

对各试验点的红豆树苗木进行调查，以完全随机抽样方法布设 30cm×30cm 的调查样方，调查内容为苗木地径、苗高、密度三项指标。从每个育苗试验点中，选取苗木生长状况较均匀的样方，从中随机挖取 10 株完整植株进行生物量因子测定。苗木地径用游标卡尺测量，精度为 0.01cm；苗高用钢圈尺调查，精度为 0.1cm；生物量用 TG300 型电子天平测量，精度为 0.001g。

（1）红豆树苗木质量评价技术指标

以主分量分析法确定苗木质量评价因子，以多项式回归方法研究各生长性状间的关系。

（2）红豆树苗木类型划分方法

采用逐步聚类法计算参数以及进行苗木质量等级划分，其主要计算公式如下。

标准化转换公式：

$$Z_{ij} = \frac{X_{ij} - X_{i(\min)}}{X_{i(\min)} - X_{i(\max)}} \tag{11-1}$$

式中：Z_{ij}—标准化值；

i—苗高、地径或生物量因子；

J—所观测的样苗号（1，2，3，……，109）；

$X_{i(\min)}$、$X_{i(\max)}$—所观测的总体样本中的苗高或地径的最大值和最小值。

欧氏距离计算公式：

$$d_{ij} = \sqrt{(H_i - \bar{H}_i)^2 + (D_i - \bar{D}_i)^2 + (W_i - \bar{W}_i)^2} \tag{11-2}$$

式中：d_{ij}—欧氏距离；

i—苗高、地径或生物量因子；

j—所观测的样苗号（1，2，……，109）。

临界值 λ_i 的计算公式：

$$\lambda_i = \sqrt{KS_H^2 + S_D^2 + S_W^2} \tag{11-3}$$

式中：S_H、S_D、S_W，分别为各级苗中苗高、地径、总鲜重标准化值的标准差；

i—苗木分级的级次；

K——调整系数，可根据实际情况而定，本处以 $K=1$ 计算。

11.2 苗木质量的主要评价指标选择

(1) 红豆树苗木主分量分析

在苗木质量评价与分级中，共调查了 18 项指标，但是从收集资料的角度看，多指标分析可以避免重要信息的遗漏，然而指标太多，由于指标间往往互有影响，因而表现为数据反映信息上的重迭，同时还会混杂进一些不太重要的或依赖于其它指标变化的指标。应用主分量分析方法，对影响红豆树苗木生长的重要质量指标进行筛选，从中确定 3 个主分量作为红豆树苗木质量的评价指标。

红豆树苗木主分量分析以相关系数 r 出发建立矩阵和计算主分量，红豆树主分量分析结果见表 11-1。Y4 的累计贡献率达 91.5%，所以取前 4 个主分量。由主分量分析表可见，

表 11-1　红豆树主分量分析表

主分量 项目 指标	y1		y2		y3		y4	
	特征向量 β_{1j}	因子负荷量 $\rho(y1, Wj)$	特征向量 β_{2j}	因子负荷量 $\rho(y2, Wj)$	特征向量 β_{3j}	因子负荷量 $\rho(y3, Wj)$	特征向量 $\beta 4_j$	因子负荷量 $\rho(y4, Wj)$
X_1	0.2654	0.9797	0.1495	0.1649	0.0163	0.0153	0.0848	0.0734
X_2	0.2633	0.9716	0.1824	0.2011	0.0062	0.0059	0.0808	0.0699
X_3	0.2308	0.8520	-0.0599	-0.0661	0.1426	0.1343	0.2413	0.2088
X_4	0.2538	0.9369	0.0902	0.0995	-0.0187	-0.0176	-0.2371	-0.2051
X_5	0.2530	0.9337	0.0019	0.0021	-0.0172	-0.0162	0.2345	0.2029
X_6	0.2558	0.9441	0.0839	0.0925	-0.0262	-0.0247	0.2428	0.2101
X_7	0.2582	0.9528	0.1834	0.2023	0.0524	0.0494	0.0764	0.0661
X_8	0.2571	0.9487	0.2315	0.2553	0.0390	0.0367	0.0396	0.0342
X_9	0.2542	0.9382	0.2109	0.2326	0.0163	0.0154	-0.0119	-0.0103
X_10	0.2549	0.9406	0.2148	0.2369	0.0076	0.0072	-0.0335	-0.0290
X_11	0.2140	0.7900	-0.3388	-0.3736	0.0169	0.0159	0.0776	0.0671
X_12	0.1056	0.3898	-0.1484	-0.1637	-0.9361	-0.8813	0.2199	0.1903
X_13	0.2242	0.8276	-0.3958	-0.4365	0.0907	0.0854	-0.0372	-0.0322
X_14	0.2350	0.8672	-0.3473	-0.3830	0.1147	0.1080	-0.0806	-0.0698
X_15	0.1859	0.6863	-0.3987	-0.4396	0.0074	0.0069	-0.1496	-0.1294
X_16	0.1725	0.6368	0.1435	0.1582	-0.2452	-0.2309	-0.8052	-0.6967
X_17	0.2603	0.9606	0.2050	0.2261	0.0295	0.0278	0.0194	0.0168
X_18	0.2372	0.8753	-0.3348	-0.3692	0.1202	0.1131	-0.1262	-0.1092
特征根	13.6220		1.2162		0.8864		0.7487	
贡献率/%	75.6779		6.7568		4.9246		4.1593	
累计贡献率/%	75.6779		82.4346		87.3592		91.5185	

在第一主分量的指标特征向量值中，$X1 > X2 > X7 > X8 > X6 > X10 > X9 > X4 > X5 > X3$，由于 $X1$、$X2$、$X5 - X10$ 及 $X17$ 都是反映生物量的指标，而且 $X1$ 的特征向量值最大，说明植株鲜生物量可以作为红豆树苗木质量评价的主要指标，$X1$ 也能代表其它生物量指标；特征向量值次之的为苗高和地径两个指标。因此，红豆树苗木的 18 个性状的主分量分析结果表明，植株生物量鲜重、苗高、地径三个因子最能反映红豆树苗木质量水平。

（2）红豆树苗木主要指标的拟合方程

根据苗木的主分量分析结果，确定以红豆树苗木的生物量因子（总鲜重、总干物质、根鲜重、根干重、茎鲜重、茎干重、叶鲜重、叶干重）、地径、苗高等三个主要指标为因变量，以其它因子为自变量进行线性逐步回归，建立苗木质量主要指标因子与其它因子间的多元回归方程。

生物量因子与 $X3$、$X4$、$X11$、$X12$、$X13$、$X14$、$X15$、$X16$、$X18$ 等 9 个变量的多元回归方程，地径与 $X11$、$X12$、$X13$、$X14$、$X15$、$X18$ 等 6 个变量的多元回归方程，苗高与 $X11$、$X12$、$X13$、$X14$、$X15$、$X18$ 等 6 个变量的多元回归方程，分别如下：

总鲜重$(X1) = 45.3306 - 72.5671 \times X3 + 3.4090 \times X4 + 0.29859 \times X12 + 3.9886 \times 10^{-2}$
$\times X14 - 1.9579 \times X16$　$(r = 0.9517)$ ①

总干重$(X2) = 27.6380 - 47.0096 \times X3 + 2.0748 \times X4 + 0.1765 \times X12 + 0.01889 \times X14 -$
$1.1921 \times X16$　$(r = 0.9469)$ ②

根鲜重$(X5) = 1.3516 + 0.50343 \times X4 + 0.1601 \times X12 + 0.0145 \times X14 - 0.3069 \times X16$
$(r = 0.9195)$ ③

根干重$(X6) = 5.1628 - 5.9246 \times X3 + 0.4679 \times X4 + 0.1193 \times X12 - 8.7573 \times 10^{-2} \times$
$X15 - 0.2993 \times X16 + 3.91 \times 10^{-4} \times X18$　$(r = 0.9180)$ ④

茎鲜重$(X7) = 12.0832 - 17.3032 \times X3 + 0.8956 \times X4 + 5.7324 \times 10^{-3} \times X14 - 0.5006 \times$
$X16$　$(r = 0.9406)$ ⑤

茎干重$(X8) = 10.7326 - 16.7533 \times X3 + 0.7448 \times X4 - 0.4141 \times X16$　$(r = 0.9541)$ ⑥

叶鲜重$(X9) = 29.4108 - 46.5902 \times X3 + 1.8174 \times X4 - 0.9958 \times X16 + 6.9853 \times 10^{-4} \times$
$X18(r = 0.9101)$ ⑦

叶干重$(X10) = 12.3040 - 20.5915 \times X3 + 0.7992 \times X4 - 0.4232 \times X16 + 3.3252 \times 10^{-4} \times$
$X18(r = 0.9149)$ ⑧

地径$(X3) = 0.2156 + 7.0193 \times 10^{-3} \times X11 + 2.0011 \times 10^{-3} \times X14 + 1.3517 \times 10^{-2} \times X15$
$- 5.1794 \times 10^{-5} \times X18$　$(r = 0.7770)$ ⑨

苗高$(X4) = 11.8868 + 0.4274 \times X11 + 2.5019 \times 10^{-3} \times X18(r = 0.7895)$ ⑩

上述 10 个方程中，显示了各苗木质量评价因子与其它测定因子间的相关数学模型。从拟合的数学模型可以看出，以植株总生物量作为红豆树苗木质量评价指标之一，与总干重、根茎叶的生物量等 7 个指标相比较，既能较充分地体现苗木的总体质量水平，实际测量中，也较为可行，即实际测定时可直接测定苗木的地径、苗高、根长，再利用方程①的数学模型求算总生物量（郑天汉，江希钿，庄玉辉.2007）。

为进一步简化实际测定工作，拟通过研究红豆树苗木的生物量(W_r)与苗高、地径 2 个指标的关系，寻找相关函数方程，以便提高对红豆树苗木质量评价效率。红豆树苗木的生物量、地径、苗高等 3 个主要指标间的关系：苗木的生物量增长是各部分器官(根、茎、叶)生长积累的过程，参照前人对杉木的研究结果(蔡克孝，1981)，认为苗木各器官的生物量(W_r)和苗高(H)与地径平方的积(HD^2)之间存在着 $\mathrm{Log}W_T = a\mathrm{Log}D^2H - b$ 的幂函数关系，据此对红豆树的生物量与 HD^2 进行回归分析，得知红豆树苗木各器官的生物量与 HD^2 相关关系紧密，相关系数都在 0.9 左右，其回归方程式及相关系数(r)详见表 11-2。

由此可见，若采取总鲜重与苗高、地径的幂函数方程，三者所建立的数学模型可达 0.91 的较高相关程度，实际工作中通过测定苗高和地径即可推算苗木的理论生物量。若需要进一步提高生物量的精确度，可实测一些苗木植株后进行精度修正。

表 11-2　红豆树苗木的生物量(W_T)与苗高、地径的拟合幂函数方程

项目	总鲜重	总干重	根鲜重	根干重	茎鲜重	茎干重	叶鲜重	叶干重
a	1.40	0.51	0.66	−0.22	−0.39	−1.20	0.33	−0.63
b	0.66	0.72	0.58	0.65	0.77	0.86	0.68	0.71
r	0.91	0.93	0.86	0.90	0.89	0.95	0.82	0.82
F	540.60	734.19	308.24	431.55	424.47	1032.19	211.87	220.88

(3)苗木质量主要评价指标的确定

根据红豆树苗木 18 个指标间关系的分析结果(表 10-16)，以及指标间的逐步回归数学模型、主分量分析结果等可以看出，其他各项因子与苗木全株鲜重相关的紧密度最高，地径、苗高不仅与苗木鲜重的关系密切，与其他因素的相关性也较强，这两项因素所显示的指标直观，在生产实践中又较易测量，与植株总鲜重的幂函数方程关系密切。因此，确定以红豆树总生物量、地径、苗高三个指标为红豆树苗木质量评价与质量分级的依据。

11.3　质量指标的计算与分析

(1)指标数据的标准化

为了使观测数据值能够在同一水平上进行比较和计算分析，先将所有红豆树苗木的观测数据按以下公式进行标准化换算。

$$Z_{ij} = \frac{X_{ij} - X_{i(\min)}}{X_{i(\min)} - X_{i(\max)}} \tag{11-4}$$

式中：Z_{ij}为标准化值，i 为苗高、地径或生物量因子，j 为所观测的样苗号(1，2，3，……，109)，$X_i(\min)$、$X_i(\max)$为所观测的总体样本中的苗高或地径的最大值和最小值。利用 Z_{ij}式计算求得各样本的苗高、地径、生物量的标准化值(Z_w、Z_d、Z_h)。

(2)质量指标的初始分级

从上述红豆树的 18 个相关矩阵结果以及三个主分量的多元回归结果说明，红豆树苗木的总鲜重、苗高与地径三者呈明显的正相关。表明总鲜重越大，苗木的苗高和地径越大，苗木越高其地径就越粗；反之亦然。当然，当苗木密度处于极端时，也会由于苗木的空间竞争与生长分化使苗木产生高而细、粗而矮的情况，但在全省 17 个县的红豆树育苗试验中，均未出现苗木高径比明显偏离正常值现象。根据红豆树苗木分化情况的研究结果，在 18 个分析指标中，总生物量、苗高、地径的变异系数分别为 0.8289、0.44、0.26，3 个主要指标的变异程度按 18 个指标的分化程度从大到小排序后，分别位第 9、14、15 位，由于总生物量的变异程度较大，所以将苗木分级定为四级，即划分为 4 个等级的苗木群团。

对红豆树苗木质量指标的标准化值进行初始分级。首先按 $\sum_{\text{标}i}$（$\sum_{\text{标}i} = Z_w + Z_d + Z_h$）的大小对苗木样株排序，结果详见表 11-3。绘制红豆树样株 $\sum_{\text{标}}$ 的一维坐标排序的结果，在小群距离较明显的地方，按照正态分布规律，并参照各级中苗木数量的多少进行苗木样本的群团划分，以此完成苗木的初始分级。

表 11-3　红豆树苗木标准化值排序及初始分级结果

样株	Zw	Zd	Zh	$\sum_{\text{标}i}$	样株	Zw	Zd	Zh	$\sum_{\text{标}}$	样株	Zw	Zd	Zh	$\sum_{\text{标}}$
一级	0.3773	0.6522	0.4567		二级	0.1558	0.4409	0.2575		四级	0.0392	0.1260	0.0831	
104	0.9470	0.9770	1.0000	2.9240	36	0.2133	0.4828	0.2560	0.9521	6	0.0113	0.1839	0.1723	0.3676
103	1.0000	1.0000	0.8800	2.8800	81	0.1606	0.4483	0.3200	0.9289	22	0.0456	0.1839	0.1354	0.3649
⋮	⋮	⋮	⋮	⋮	⋮	⋮	⋮	⋮	⋮	13	0.0585	0.1724	0.1328	0.3637
88	0.2628	0.5862	0.3440	1.1930	32	0.1667	0.4023	0.1920	0.7610	⋮	⋮	⋮	⋮	⋮
74	0.2391	0.6092	0.2720	1.1203	60	0.1503	0.4023	0.2080	0.7606	8	0.0263	0.1034	0.0573	0.1871
42	0.3202	0.4943	0.2880	1.1025	三级	0.1074	0.3315	0.1577		17	0.0406	0.0920	0.0520	0.1846
105	0.3047	0.4713	0.3200	1.0960	69	0.1028	0.4943	0.1600	0.7570	82	0.0295	0.1149	0.0400	0.1845
51	0.2344	0.6667	0.1760	1.0770	⋮	⋮	⋮	⋮	⋮	26	0.0491	0.0575	0.0581	0.1646
31	0.1914	0.5402	0.3360	1.0676	66	0.0745	0.2874	0.1440	0.5058	86	0.0018	0.0805	0.0000	0.0823
55	0.1722	0.6092	0.2720	1.0534	24	0.1417	0.2184	0.1277	0.4878	11	0.0007	0.0345	0.0384	0.0736
33	0.1594	0.5632	0.3200	1.0427	18	0.0917	0.2184	0.1243	0.4344	10	0.0000	0.0345	0.0158	0.0503
37	0.2051	0.4368	0.3200	0.9619	20	0.0966	0.1954	0.1000	0.3920	15	0.0132	0.0000	0.0110	0.0243

（3）苗木分级的调整与修改

为了避免苗木初始分级中人为的错误，必须利用数学方法对其进行修正，详见表 11-4。分别以初始分级的四个级别的分级结果为凝聚中心，计算临界样苗到相邻中心的欧氏距离 d，即 d_{ij} 公式变换成下式 d_{ij}，计算并比较 d'_{ij} 的大小，进行苗木分级的调整与修改。

$$d_{ij} = \sqrt{(H_i - \bar{H}_i)^2 + (D_i - \bar{D}_i)^2 + (W_i - \bar{W}_i)^2} \tag{11-5}$$

第一次修改分级的凝聚中心为 X_{I}^{1}（0.3773，0.6522，0.4567），X_{II}^{1}（0.1558，0.4409，0.2575），X_{III}^{1}（0.1074，0.3315，0.1577），X_{IV}^{1}（0.0392，0.1260，0.0831）。括号内的数据分别是该级（初始分级）的苗高、地径、总鲜重的标准化平均值。根据 d_{ij} 的计算结果，第 74、42、105、51、31、55、33 和 37 号苗木与 I 级苗凝聚中心的距离 d 为 0.2347、0.2380、0.2381、0.3153、0.2483、0.2793、0.2722、0.3078，与 II 级苗凝聚中心的距离 d 为 0.1883、0.1755、0.1643、0.2526、0.1315、0.1697、0.1374、0.0797，其 d_{II} 都小于 d_{I}，因此，第 74、42、105、51、31、55、33 和 37 号苗木应由原来的 I 级苗改为 II 级苗；第 100、18、20 号苗木与 III 级苗凝聚中心的距离 d 为 0.2104、0.119 和 0.1482，与 IV 级苗凝聚中心的距离 d 为 0.1694、0.114、0.0916，其 d_{IV} 都小于 d_{III}，因此，第 100、18、20 号

表 11-4　红豆树苗木质量分级欧氏距离修改表

第 1 次 Dij 修改

样株	A1	B1	C1	D1	原级	变动
104	0.8516	1.2103			一级	一级
103	0.8294	1.1886			一级	一级
....					....	....
....					....	....
88	0.1737	0.2001			一级	一级
74	0.2347	0.1883			一级	二级
42	0.2380	0.1755			一级	二级
105	0.2381	0.1643			二级	二级
51	0.3153	0.2526			一级	二级
31	0.2483	0.1315			一级	二级
55	0.2793	0.1697			一级	二级
33	0.2722	0.1374			一级	二级
37	0.3078	0.0797			一级	二级
36			0.0712	0.2092	二级	一级
81			0.0631	0.2069	二级	一级
....					....	....
....					....	....
32			0.0768	0.0985	二级	二级
60			0.0630	0.0969	二级	二级
87			0.1149	0.3382	三级	三级
69			0.1628	0.3815	三级	三级
....					....	....

第 2 次 Dij 修改

样株	A1	B1	C1	D1	原级	变动
104	0.8516	1.2103			一级	一级
103	0.8294	1.1886			一级	一级
....					....	....
....					....	....
63	0.1852	0.2155			一级	一级
88	0.1737	0.2001			一级	一级
74			0.1568	0.3145	二级	二级
42			0.1512	0.2889	二级	二级
....					....	....
....					....	....
47			0.0871	0.1270	二级	二级
61			0.1197	0.1497	二级	二级
32			0.0978	0.0873	二级	二级
60			0.0893	0.0856	二级	一级
87			0.1026	0.3319	三级	三级
69			0.1476	0.3760	三级	三级
....					....	....
80			0.1022	0.1410	三级	三级
83			0.1032	0.1584	三级	三级
100			0.2245	0.1631	四级	四级
18			0.1338	0.1066	四级	四级

第 3 次 Dij 修改

样株	A1	B1	C1	D1	原级	变动
104	0.8516	1.2103			一级	一级
103	0.8294	1.1886			一级	一级
....					....	....
63	0.1852	0.2155			一级	一级
88	0.1737	0.2001			一级	一级
74		0.1524	0.3092		二级	二级
42		0.1489	0.2835		二级	二级
47		0.0907	0.1229		二级	二级
61		0.1222	0.1465		二级	二级
32			0.0819	0.3161	三级	三级
60			0.0801	0.3160	三级	三级
....					....	....
80			0.1075	0.1410	三级	三级
83			0.1085	0.1584	三级	三级
100			0.2270	0.1631	四级	四级
18			0.1384	0.1066	四级	四级
....					....	....

（续）

样株	第1次 Dij 修改 A1	B1	C1	D1	判别 原级	变动	样株	第2次 Dij 修改 A1	B1	C1	D1	判别 原级	变动	样株	第3次 Dij 修改 A1	B1	C1	D1	判别 原级	变动
24			0.1220	0.1450	……	……														
19			0.0934	0.1422	……	三级														
100			0.2104	0.1694	三级	四级														
80			0.0896	0.1464	三级	三级														
83			0.0944	0.1630	三级	三级														
18			0.1190	0.1140	三级	四级														
20			0.1482	0.0916	三级	四级														
6			0.1767	0.1100	四级	四级														
22			0.1616	0.0783	四级	四级														
……					……	……	……					……	……							
……							……					……	……							
10			0.3462	0.1202	四级	四级	10			0.3599	0.1275	四级	四级	10			0.3651	0.1275	四级	四级
15			0.3745	0.1475	四级	四级	15			0.3885	0.1539	四级	四级	15			0.3935	0.1539	四级	四级

苗木应由原来的Ⅲ级苗改为Ⅳ级苗。

利用第一次修改分级的结果，计算出第二次修改分级的凝聚中心，它们分别是 X_I^2 （0.4568，0.7073，0.5467），X_{II}^2（0.1733，0.4671，0.2649），X_{III}^2（0.1085，0.3468，0.1580），X_{IV}^2（0.0456，0.1298，0.0871）。由计算结果可见，红豆树样株中第32、60号苗与Ⅱ级苗凝聚中心的距离 d 为0.0978、0.0893，与Ⅲ级苗凝聚中心的距离 d 为0.0873、0.0856，其 d_{III} 小于 d_{II}。因此，第32、60号苗木应由原来的Ⅱ级苗改划入Ⅲ级苗，而其他样苗没有变动。

利用第二次修改分级的结果，计算出第三次修改分级的凝聚中心，其分别是 X_I^3 （0.4568，0.7073，0.5467），X_{II}^3（0.1743，0.4713，0.2691），X_{III}^3（0.1117，0.3504，0.1607），X_{IV}^3（0.0456，0.1298，0.0871）。经计算，各级苗木均无再变动，聚类分级结束。红豆树苗木的最终分级结果表11-5和表11-6。

（4）临界值的确定

逐步聚类分级的结果是：红豆树各级苗木的聚集，要落入以该级最终凝聚中心为圆心，以 λ_i 为半径的圆内。因此，只要求出Ⅰ、Ⅱ、Ⅲ级苗的下限，就可以较准确地划出红豆树苗木4个等级的临界值。通常苗木临界值的确定是从多个评价指标最后降为2个指标，根据欧氏距离公式求出各个苗木级次的 d 值，在二维坐标系中求出各级次下限坐标值，再代回标准化转换公式求算各个级次苗木临界值。在对红豆树质量等级划分中，以阿丁枫苗木分级研究采用的公式求算 λ_i（曾郁珉等.2006），以 λ_i 值为临界点的标准化值直接代回标准化转化公式11-2，得出各等级的分级标准。

λ_i 的计算公式：

$$\lambda_i = \sqrt{KS_H^2 + S_D^2 + S_W^2} \qquad (11-6)$$

式中：S_H、S_D、S_W，分别为各级苗中苗高、地径、总鲜重标准化值的标准差，i 为苗木分级的级次，K 为调整系数，可根据实际情况而定，本处以 $K=1$ 计算。

W、D、H 3个指标评价标准与 D、H 2个指标评价标准的质量评价结果比较（郑天汉.2007）：

①W、D、H 3指标综合质量评价标准。红豆树苗木各级次的质量等级标准详见表11-5，Ⅰ级苗的临界值为：总鲜重≥56.9g，地径≥0.98cm，苗高≥43.0cm；Ⅱ级苗的临界值为：56.9g>总鲜重≥17.1g，0.98 cm>地径≥0.67 cm，43.0cm>苗高≥23.2cm；Ⅲ级苗的临界值为：17.1g>总鲜重≥11.9g，0.67 cm>地径≥0.56 cm，23.2cm>苗高≥16.9cm；Ⅳ级苗的临界值为：总鲜重<11.9g，地径<0.56 cm，苗高<16.9cm。凡其中1项不达标的、则苗木质量等级降低1个等级，2项不达标的、则降2个等级，Ⅳ级苗为不合格苗。

②D、H 双指标综合质量评价标准。红豆树苗木各级次的质量等级标准详见表11-6，Ⅰ级苗的临界值为：地径≥0.94cm，苗高≥44.2cm；Ⅱ级苗的临界值为：0.94 cm>地径≥0.67 cm，44.2cm>苗高≥22.1cm；Ⅲ级苗的临界值为：0.67 cm>地径≥0.57 cm，22.1cm>苗高≥16.3cm；Ⅳ级苗的临界值为：地径<0.57 cm，苗高<16.3cm。凡其中一项不达标的，则苗木质量等级降低1个等级，Ⅳ级苗为不合格苗。

从2个质量评价方案可见，方案①和方案②二者差异极小：合格苗率分别为70.6%和69.7%，一级苗率分别为13.8%和11.9%，二级苗率分别为28.4%、30.3%，三级苗率分别为28.4%、27.4%。方案①与方案②的一级苗率和二级苗率之和都为42.2%，且入选苗木样株编号一致；在三级苗率中，变动样株仅1株，从三级苗划入四级苗。由此可见，当红豆树播种密度适宜、苗木生长均匀时，3个指标评价与2个指标评价的效果是一致的，即用2个指标评价能正确划分出红豆树苗木的等次。

表 11-5　红豆树苗木 W、D、H 三指标综合质量评价标准

分类等级	临界点	极差			最小值			级别下限值			样本	
		总鲜重/g	地径/cm	苗高/cm	总鲜重/g	地径/cm	苗高/g	总鲜重/g	地径/cm	苗高/cm	株数	%
一级	0.3647	90.20	0.37	41.00	24.00	0.85	31.50	56.89	0.98	42.99	15	13.8
二级	0.1037	11.60	0.29	12.00	15.90	0.64	21.00	17.10	0.67	23.18	31	28.4
三级	0.0877	10.80	0.24	10.50	10.90	0.54	15.50	11.85	0.56	16.86	31	28.4

表 11-6　红豆树苗木 D、H 双指标评价标准

分类等级	临界点	极差		最小值		级别下限		样本	
		地径/cm	苗高/cm	地径/cm	苗高/cm	地径/cm	苗高/cm	株数	%
一级	0.2450	0.37	37.5	0.85	35	0.94	44.2	13	11.9
二级	0.0950	0.29	12.0	0.64	21	0.67	22.1	33	30.3
三级	0.0786	0.23	10.5	0.55	15.5	0.57	16.3	30	27.5

11.4　小结与讨论

当采用总鲜重、苗高和地径3个指标做质量评价时，1年生苗木质量标准为：Ⅰ级苗的临界值，总鲜重≥56.9g、地径≥0.98cm、苗高≥43.0cm；Ⅱ级苗的临界值，56.9g＞总鲜重≥17.1g、0.98 cm＞地径≥0.67 cm、43.0cm＞苗高≥23.2cm；Ⅲ级苗的临界值，17.1g＞总鲜重≥11.9g、0.67 cm＞地径≥0.56 cm、23.2cm＞苗高≥16.9cm；Ⅳ级苗的临界值，总鲜重＜11.9g、地径＜0.56 cm、苗高＜16.9cm。当采用 D、H 双指标综合质量评价为标准时，红豆树苗木各级次的质量等级标为：Ⅰ级苗的临界值，地径≥0.94cm、苗高≥44.2cm；Ⅱ级苗的临界值，0.94 cm＞地径≥0.67 cm、44.2cm＞苗高≥22.1cm；Ⅲ级苗的临界值，0.67 cm＞地径≥0.57 cm、22.1cm＞苗高≥16.3cm；Ⅳ级苗的临界值，地径＜0.57 cm、苗高＜16.3cm。

总鲜重、苗高、地径是反映苗木质量的重要指标，并且总鲜重、苗高、地径的相关程度高，在红豆树苗木质量评价中，当精度要求不高的情况下，可用总鲜重、地径、苗高3个因子之一进行苗木质量评价；当精度要求较高时，可用3个指标综合质量评价标准进行综合评价，也可用苗高和地径的双指标评价标准。上述红豆树苗木质量评价标准均能正确划分出红豆树苗木的质量等级。

12

红豆树栽培与经营技术

12.1　材料与方法

12.1.1　红豆树造林试验

红豆树种子来源于福建柘荣县天然林分的同一种批种子，造林试验采取就地或就近育苗造林。不同造林时间的成活率试验，以 2006 年红豆树造林试验为基础，对 2～5 月 4 个不同造林时间的成活率进行调查，分析红豆树造林时间对幼树成活率的影响。红豆树不同苗木类型的分级造林试验苗木，为 2005 年培育的裸根苗，平均高 51cm、平均地径 0.88cm，主根长 20.4cm，根冠长 21.3cm，将苗木划分为 4 种类型，立地环境一致，每处理造林 60 株的简单对比试验，造林株行距为 $2 \times 2m^2$，植穴规格 $60 \times 40 \times 40cm^3$，每穴施钙镁磷基肥 250g，造林时间为 2006 年 3 月 9 日。施肥试验分别在华安、永春、连江、延平、顺昌、三元、永安等地，华安、永春化肥基肥试验设置为 $L_9(3^4)$ 正交施肥试验，各小区单株基肥施用量组合按 $L_9(3^4)$ 正交表配置，A 为尿素（150g 、50g 、100g 三个水平），B 为钙镁磷肥（120g、40g、80g 三个水平），C 为氯化钾（90g 、30g、60g 三个水平），华安为连续三年追肥。连江有机基肥试验设置鸭粪 5 斤、鸭粪 3 斤、鸭粪 3 斤 + 磷肥 6 两、钙镁磷 6 两、无基肥五种处理，每处理三次重复。红豆树大树截干移植试验，来源于金山林场 1995 年营造的红豆树人工林和将乐林场 1966 年营造的红豆树与杉木混交林。

12.1.2　红豆树生长规律研究

对福建省现有 10～40 年生的红豆树人工林（主要是 1965～1966 年营造的红豆树试验林），设置 53 块 $20m \times 20m$ 标准地，分别调查样木的胸径、树高、冠幅、心材比率、通直度、侧枝粗度、分枝角度等，每块标准地选择平均 1～2 株进行树干解析。

（1）红豆树立木生长模型

应用江希钿提出的如下理论方程（江希钿，温素平，2000；江希钿，1994）和以红豆树解析木的树干解析资料，建立红豆树立木 V、D、H 生长模型：

$$Y = b_1 / (1 + b_2 \times \exp(-b_3 \times T))^{\wedge} b_4$$

y 为因变量，T 为生长年度，b_1、b_2、b_3、b_4 为变量系数。

（2）红豆树全林分生长动态研究

应用理查德（Richards）方程作为基本模型，构建红豆树人工林林分生长模型（江希钿，1994；孟宪宇，1995；杜纪山，唐守正，1997；曾伟生，唐守正，2011；李永慈，唐守正等，2004；曾伟生，于维莲，2011；许业洲等，2001）。方程形式如下：

$$Y = A \times [1 - \exp(-kt)]^c \tag{12-1}$$

式中：Y 为林分测树因子，t 为林分年龄，A、k、c 为参数。

（3）不同立地质量生长差异

按Ⅰ、Ⅱ、Ⅲ三种立地质量类型，分别设置标准地调查和统计分析。

12.1.3　红豆树林分合理经营密度研究

林分合理经营密度研究，共调查胸径和冠幅成对值的样株1862株，据此对红豆树林分经营密度进行研究。应用下列半峰公式确定合理经营密度（郑天汉，1996）。半峰宽计算公式如下：

$$P_2 = P_0 + PWH/2 \tag{12-2}$$

$$P_1 = P_0 - PWH/2 \tag{12-3}$$

式中：P_2、P_1 分别为经营密度的上、下限，P_0 为经营密度的平均值，PWH 为增峰宽（$PWH = 2.354 \times S$，S 为标准差）。

12.1.4　红豆树混交林试验

本研究中39年生的红豆树与杉木的混交林为1965年营造，混交林比例为1:1、2:1、3:1、1:2四种类型，采用株间混交，同树种呈行对齐方式配置，分别混交类型设置20m×20m标准地每木调查。2007年2月在永春建立红豆树与杉木次生混交试验林，混交比例分别为4:1、3:1、2:1、1:1，调查时间为2012年12月。

12.1.5　红豆树人工林经济成熟与效益评价

对于森林经济成熟，可以理解为人们从最佳经济效益角度对森林生长状态的经济属性所作的客观描述。计算森林经济成熟的公式有不少，其中被世界各国广泛采用的一种评价投资效果的方法是净现值法。它的特点是考虑了货币的时间价值，将森林经营期间各时间段的货币按贴现率换算为前价，再计算经营的盈利与亏损（丁凤梅，鲁法典，侯占勇等，2008）。计算公式如下：

$$PNW = \sum_{t=1}^{u} \frac{R_t - C_t}{(1+p)^{t-1}} \tag{12-4}$$

式中：PNW 为净现值，R_t 为 t 年时的货币收入，C_t 为 t 年时的货币支出，t 为年龄，n 为主伐年龄，P 为利率，也是贴现率。在12-4式中，当 PNW 大于0时，说明继续经营还能盈利；当 PNW 小于0时，继续经营则亏损，但经营初期除外；当 PNW 等于零时，是盈利与亏损临界，一般将它作为经济成熟的标准，但它常常不是单位面积林地年均经济收益最多的。森林资源经营是以林地为基础资本的，只有单位面积林地上平均每年收获的效益最多时，才能保证在持续经营情况下效益总量是最多的，才是经营者最希望得到的。因此，应取年均净现值最大时的年龄作为森林经济成熟龄，即

$$T* = \max\left\{\frac{PNW}{u}\right\} \tag{12-5}$$

式中：T^* 为森林经济成熟龄。

为分析测算方便，这里假设 2 个条件：其一是本次研究对象为红豆树单纯同龄人工林，实行皆伐作业；其二是分析结果仅反映主林木经济成熟。这样，森林经济成熟龄问题在这里转化为主伐时利润最大化问题，因此，需建立森林生长收获预估模型，估计在不同年龄主伐时所能得到的木材产量，据以求得相应的货币收获量。

为分析红豆树的经济效益和经济成熟，参照用材林林木资产评估的方法，以如下的技术经济指标进行分析与评价：①木材价格：规格材每立方米 550 元，非规格材每立方米 450 元，红心材每立方米 10000 元；②营林生产成本：第一年 2700 元/hm²，第二年 750 元/hm²，第三年 750 元/hm²，第四年 150 元/hm²，年平均管护费 60 元/hm²；③税费按木材起征价征收，育林费、维简费、社会事业发展费、森林植物检疫费等合计为：规格材每立方米 102 元，非规格材每立方米 51 元；④木材经营成本：伐区设计费按蓄积 9 元/m³，检尺费 9 元/m³，直接采伐成本 110 元/m³，短途运输成本 20 元/m³，道路维修养护费用 5 元/m³，销售费用为销售价的 1.5%，管理费为销售价的 5%，不可预见费为销售价的 1.5%；⑤经营利润率按直接采伐成本的 15% 计；⑥地租：根据现行政策规定，按主伐时木材生产的数量，依现行林价的 30% 作为本轮伐期内的地租，即山价；⑦利率：暂取 5% 为基础进行分析。

12.2 结果与分析

12.2.1 红豆树造林试验

12.2.1.1 不同造林时间的成活率效应

红豆树不同造林时间的成活率方差分析达极显著差异，其中，2～3 月份造林成活率可高达 95%，4 月上旬造林成活率开始出现明显下降，至 5 月份平均成活率仅 56.2%。根据红豆树苗木的物候规律和 2006～2007 年间福建省延平区气温的旬变化规律，红豆树苗木休眠起始时间在 12 下旬，此时的旬平均气温为 10.5℃；树液流动时间在 2 月下旬，此时的旬平均气温为 15.6℃；3 月中旬苗木开始萌芽抽梢，此时的旬平均气温为 13.4℃；此后气温稳步上升，4 月份的旬平均气温在 15℃ 以上，5 月份的旬平均气温已达到 20℃，即 4 月份以后林木已进入快速生长期。根据红豆树不同月份的造林成活率，苗木休眠期和发芽萌动规律、气温旬变化规律可见，红豆树最佳造林时间在 1～3 月上旬，尽可能避免推迟至 4 月上旬造林，5 月后不宜再实施红豆树人工造林。

表 12-1 红豆树不同造林时间的成活率效应 %

造林时间	平均	重复 1	重复 2	重复 3	重复 4
2 月 10 日	93.1	93.7	96.8	90.1	91.7
3 月 9 日	95.8	98.2	93.6	94.2	97.3
4 月 8 日	83.2	86.7	91.5	79.2	75.5
5 月 11 日	56.2	64.4	48.3	57.4	54.6

表 12-2 红豆树不同造林时间的成活率方差分析

差异源	SS	df	MS	F	F crit
组间	3928.78	3	1309.59	47.5510 **	5.9525
组内	330.49	12	27.54		
总计	4259.27	15			

12.2.1.2 红豆树苗木分级造林试验效应

红豆树苗木分级造林试验中，二级苗木造林效应最好，成活率达 98.5%，地径生长量达 0.95cm，幼树高生长量 45.7cm；三级苗造林成活率 95.8%，地径生长量为 0.85cm，幼树高生长量 54cm；一级苗木造林成活率 86.6%，地径生长量为 0.46cm，幼树高生长量 23.8cm；四级苗木造林成活率 88.2%，地径生长量为 0.69cm，幼树高生长量 33 cm。试验表明，二级至三级苗木造林效果最好，即地径 0.75～0.95cm，苗高 37～57cm 的苗木造林最容易成活；一级苗造林时苗木偏大，造林成活率下降，也不利幼树生长；四级苗木在育苗圃地里就处于被压制状态，苗木径高比低，苗木不粗壮，生命力较弱(表 12-3)。

表 12-3 红豆树苗木分类造林生长效应试验

项目	平均苗木质量指标/cm				1 年生幼树生长量因子		
	地径	苗高	主根长	根幅	成活率/%	地径/cm	树高/cm
一类苗木	1.14	64.75	24.00	21.15	86.6	1.6	88.5
二类苗木	0.95	57.52	21.81	21.14	98.5	1.9	103.2
三类苗木	0.75	37.38	19.71	18.29	95.8	1.6	101.4
四类苗木	0.41	29.81	16.38	16.52	88.2	1.1	62.8

12.2.1.3 红豆树人工林施肥试验效应

红豆树人工林施肥试验分别设置在福建华安、永春、连江、三元、永安、南平等地。根据红豆树天然林原生环境特点，施肥试验分为有机肥和化肥两类，有机肥试验的目标是希望改善土壤质量和增加土壤涵水能力，但是由于有机质受白蚁危害严重，造成有机肥试验点失败；而氮磷钾复合肥试验取得较好效应，地径、胸径生长差异达到极显著水平(表 12-4、表 12-5)，华安红豆树地径年平均生长量为 2.1cm，比永春和连江试验点增长 87.5%、153.0%，华安试验点红豆树胸径年平均生长量为 1.27cm，比永春和连江试验点增长 111.7% 、182.2% 。2006 ~ 2012 年的地径年均生长量分别为 0.58cm、2.07cm、1.39cm、1.77cm、1.55cm、1.77cm、1.93cm，2008 ~ 2012 年的胸径年平均生长量为 1.22cm、1.29cm、1.31cm、1.55cm、1.74cm。试验林的 1 年生幼树平均地径 1.47cm、平均高 87.5cm、平均抽梢 48cm，1 年生幼树个体的生长分化明显，幼树高最大值为 216cm，是幼树平均高的 2.5 倍；幼树的地径最大值为 2.7cm，是平均值的 1.8 倍；幼树抽梢最大值为 141cm，是平均值的 2.9 倍；红豆树幼树抽梢生长量与地径、幼树高的相关分析结果为 0.7367、0.3300，红豆树幼树抽高生长量与地径成密切正相关，抽梢生长量与幼树高的相关性低，即红豆树苗木地径对 1 年生幼树生长影响大。

表 12-4　华安、永春、连江红豆树施肥试验的地径、胸径年均生长量差异

项目	华安	永春	连江	F 值	$F_{0.05}$	$F_{0.01}$
地径/cm·年$^{-1}$	2.1	1.12	0.83	132.3		
胸径/cm·年$^{-1}$	1.27	0.6	0.45	84.2**	5.143	10.925

表 12-5　华安红豆树施肥试验年度生长效应

年份	2006 年	2007 年	2008 年	2009 年	2010 年	2011 年	2012 年
地径	1.47	3.54	4.93	6.7	8.25	10.02	12.13
胸径	—	1.71	2.93	4.22	5.53	7.08	8.82

根据红豆树苗期 $L_9(3^4)$ 正交施肥试验效应，在永春开展红豆树人工林 $L_9(3^4)$ 正交施肥的配合试验，2012 年 12 月对红豆树试验林进行调查，6 年生红豆树人工林施肥试验的胸径生长效应详见表 12-6，树高生长效应详见表 12-7。红豆树氮磷钾施肥试验表明：极差 R 值的磷元素最大、氮元素次之、钾元素最低，即追施氮磷钾复合肥对红豆树胸径和树高生长影响的主次关系为磷肥 > 氮肥 > 钾肥，这个试验结果与红豆树苗期 $L_9(3^4)$ 的氮磷钾正交施肥试验结果相一致；氮肥、磷肥、钾肥 3 个因子的 3 个施肥数量水平中，对红豆树幼树胸径生长影响的水平次序为：在氮元素追肥中，N_2 最优，且 $N_2 > N_1 > N_3$，说明在该试验地的立地质量中，N_2 施氮量短期内基本能满足红豆树幼树生长需要；在磷元素追肥的 3 个水平中，以 P_1 最优，且 $P_1 > P_2 > P_3$，说明该试验地中的 P 元素欠缺较明显；在钾元素的 3 个水平中，以 K_3 最适，且 $K_3 > K_2 > K_1$，说明以钾肥用量较少的 K3 水平较适宜。氮肥、磷肥、钾肥人工追肥措施对红豆树幼树树高生长的影响与胸径生长效应基本一致。红豆树施肥试验效应与试验地土壤中主要元素氮、磷、钾含量的缺乏状况相一致，即氮元素和钾元素相对富有的情况下，磷元素缺乏直接影响红豆树幼树生长，由于磷是林木生长最为重要的必需营养元素之一，磷以多种方式参与植物体内的代谢过程，追施磷肥改善了该试验地土壤供磷不足问题，进而有效地促进了红豆树林木生长。

在红豆树生长过程中，对氮磷钾需求量是一种动态变化的过程，某一种营养元素的欠缺必然直接影响林木生长发育；但是某一营养元素的过量施用，未必有助林木生长，相反会改变土壤化学性质，对林木生长产生负向作用。因此，合理施肥组合是科学施肥的重要内容。本研究的红豆树 $L_9(3^4)$ 正交施肥试验，初步探索了红豆树幼年期生长的氮磷钾合理配比，试验表明，氮磷钾配合施肥对红豆树胸径生长促进作用最大的为 N1P1K3 组合，其他施肥组合对胸径生长影响依次为 N2P1K1 > N3P1K2 > N2P2K3 > N1P2K2 > N2P3K2 > N3P2K1 > N1P3K1 > N3P3K3，以 N3P3K3 处理为比较参照，氮磷钾不同组合的施肥对红豆树胸径生长量增长比率的影响依次为 75.57%、67.43%、46.58%、45.28%、31.27%、29.64%、13.36%、2.28%。对红豆树树高生长促进作用的施肥组合分别为 N2P1K1 > N1P1K3 > N2P2K3 > N3P1K2 > N1P2K2 > N3P2K1 > N2P3K2 > N1P3K1 > N3P3K3，氮磷钾不同组合的施肥对红豆树树高生长量增长比率的影响依次为 43.52%、46.11%、28.24%、23.34%、36.60%、15.56%、7.78%、15.56%。

6 年生的红豆树 $L_9(3^4)$ 正交施肥试验中，对胸径、树高生长量影响的最佳组合为尿素 150g + 钙镁磷 120g + 氯酸钾 30g，说明 6 年生的红豆树生长发育过程中，林木对氮肥的需求量明显增加。红豆树 $L_9(3^4)$ 正交施肥试验对胸径和树高生长效应的方差分析结果不显著（表 12-8 和表 12-9），说明随着红豆树的较快生长，6 年生的每株红豆树的追肥量按"150g + 钙镁磷 120g + 氯酸钾 30g"已不能满足林木生长需要，应按比例追加氮磷钾的总施肥量（表 12-6 ~ 12-9）。

表 12-6　永春红豆树 $L_9(3^4)$ 正交施肥试验的胸径生长效应

条件号	N	P	K	空白	胸径
1	1	1	3	2	5.39
2	2	1	1	1	5.14
3	3	1	2	3	4.46
4	1	2	2	1	4.03
5	2	2	3	3	4.50
6	3	2	1	2	3.48
7	1	3	1	3	3.14
8	2	3	2	2	3.98
9	3	3	3	1	3.07
K1	12.56	14.99	11.76	12.24	
K2	13.62	12.01	12.47	12.85	
K3	11.01	10.19	12.96	12.10	
k1	4.19	5.00	3.92	4.08	$T = 37.19$
k2	4.54	4.00	4.16	4.28	
k3	3.67	3.40	4.32	4.03	
R	0.87	1.60	0.40	0.25	

表 12-7　永春红豆树 $L_9(3^4)$ 正交施肥试验的树高生长效应

条件号	N	P	K	空白	树高
1	1	1	3	2	4.98
2	2	1	1	1	5.07
3	3	1	2	3	4.45

（续）

条件号	N	P	K	空白	树高
4	1	2	2	1	4.28
5	2	2	3	3	4.74
6	3	2	1	2	4.01
7	1	3	1	3	3.74
8	2	3	2	2	4.01
9	3	3	3	1	3.47
K1	13.00	14.50	12.82	12.82	
K2	13.82	13.03	12.74	13.00	
K3	11.93	11.22	13.19	12.93	
k1	4.33	4.83	4.27	4.27	$T = 38.75$
k2	4.61	4.34	4.25	4.33	
k3	3.98	3.74	4.40	4.31	
R	0.63	1.09	0.12	0.02	

表 12-8　永春红豆树 $L_9(3^4)$ 正交施肥试验的胸径生长效应方差分析

变差来源	平方和	自由度	均方	F 值	$F_{0.05}$	$F_{0.01}$
N 肥	1.1487	5	0.2297	0.0058		
P 肥	3.9148	5	0.7830	0.0196		
K 肥	0.2427	5	0.0485	0.0012	5.05	10.97
e	0.1060	5	0.0212			
Σ	5.4122	20				

表 12-9　永春红豆树 $L_9(3^4)$ 正交施肥试验的树高生长效应方差分析

变差来源	平方和	自由度	均方	F 值	$F_{0.05}$	$F_{0.01}$
N	0.5988	5	0.1198	0.0030		
P	1.7995	5	0.3599	0.0090		
K	0.0384	5	0.0077	0.0002	5.05	10.97
e	0.0055	5	0.0011			
Σ	2.4422	20				

　　连江红豆树 5 个处理的施肥试验效应也不显著（表 12-10），由于施肥试验的用肥量不足，导致试验未达显著水平，这与华安试验地 $L_9(3^4)$ 正交施肥试验时当年生长量差异不显著的情况相似，华安试验地通过加大施肥量措施，从而显著地促进了红豆树的生长。

表 12-10　连江红豆树施肥试验效应

处理	鸭粪 5 斤	鸭粪 3 斤	鸭粪 3 斤 + 磷肥 6 两	钙镁磷 6 两	无基肥	F 值	$F_{0.05}$
地径	5.10	5.07	5.14	4.91	4.58	0.360	
胸径	2.88	2.86	2.80	2.50	2.49	1.370	3.478
树高	3.63	3.42	3.27	3.33	3.06	0.799	

12.2.1.4 不同立地质量等级的红豆树生长差异

福建全省红豆树人工林生长量调查结果详见表 12-11，39 年红豆树林分的总平均生长量为胸径 21.25cm、树高 15.7m、枝下高 7m、枝下高占立木全高比例 0.44、冠长总生长量 4.41m、平均单株材积总生长量 0.2237m³，胸径平均生长量 0.56cm/a、树高生长量 0.44m/a、材积生长量 0.4398m³/（a·亩[*]），总平均通直度指数 0.81、总平均胸高直径的心材比率 55.3%。各立地质量等级的红豆树人工林纯林生长量详见表 12-12，不同立地质量等级的红豆树生长量方差分析结果详见表 12-13。

表 12-11　福建省红豆树人工林总平均生长量表

林龄	林分密度 株/亩	胸径 cm	树高 m	枝下高 m	枝下高/ 树高	平均冠 长/m	平均木单 株材积/m³	通直 度	心材率 %	年平均生长量		
										胸径/cm	树高/m	材积/m³
39	64.3	21.25	15.7	7.03	0.44	4.41	0.2237	0.81	55.3	0.56	0.44	0.4398

表 12-12　红豆树人工纯林生长量表

样本号	立地等级	林龄	林分密度 株/亩	胸径/cm	树高/m	林分年平均生长量		
						胸径/cm	树高/m	材积/m³
1	I	38	83.4	26.1	17.9	0.69	0.47	1.1010
2	I	40	32.0	35.3	24.5	0.86	0.60	1.0872
3	I	39	78.0	23.0	20.0	0.59	0.51	1.0493
4	I	40	37.0	28.4	22.8	0.71	0.57	0.8119
5	II	33	140.0	15.6	14.4	0.46	0.42	0.6171
6	II	20	107.0	15.5	13.2	0.78	0.68	0.5901
7	II	31	107.0	16.4	13.6	0.53	0.44	0.5595
8	II	40	93.4	18.0	19.5	0.45	0.49	0.5327
9	II	38	60.0	21.4	18.9	0.56	0.50	0.4736
10	II	31	47.0	16.8	14.0	0.54	0.44	0.4334
11	II	40	67.0	17.9	16.0	0.45	0.40	0.4316
12	II	38	73.4	18.1	17.5	0.48	0.46	0.3915
13	III	40	53.4	18.4	19.4	0.46	0.48	0.3743
14	II	38	73.0	19.2	18.3	0.51	0.48	0.3701
15	II	38	64.5	19.1	17.6	0.50	0.46	0.3636
16	III	125	13.0	59.0	21.1	0.47	0.17	0.3398
17	II	33	64.0	19.7	16.0	0.60	0.47	0.3369
18	III	47	31.0	32.5	15.0	0.69	0.32	0.3365
19	III	17	192.0	9.9	7.0	0.58	0.41	0.3061
20	III	31	107.0	12.2	11.1	0.39	0.36	0.2704
21	II	26	40.0	17.5	13.3	0.67	0.51	0.2533

---

* 注：1 亩 = 667m²

（续）

样本号	立地等级	林龄	林分密度株/亩	胸径/cm	树高/m	林分年平均生长量		
						胸径/cm	树高/m	材积/m³
22	Ⅲ	38	35.0	24.9	13.9	0.66	0.35	0.2474
23	Ⅲ	40	38.4	16.9	17.4	0.42	0.44	0.2270
24	Ⅱ	33	64.0	18.1	13.1	0.55	0.53	0.2228
25	Ⅱ	10	42.0	8.3	7.9	0.83	0.79	0.2157
26	Ⅱ	40	39.0	27.7	16.6	0.69	0.42	0.2152

根据红豆树人工林的样地调查资料，按立地质量类型进行生长量分析评价，39 年生红豆树纯林的年平均生长量方差分析结果详见表 12-13，即不同立地类型的红豆树生长量差异达显著水平。红豆树在 Ⅰ、Ⅱ、Ⅲ类立地质量中的胸径年平均生长量分别为 0.66cm、0.57cm、0.48cm，Ⅰ类立地和 Ⅱ类立地的胸径年平均增长率分别比 Ⅲ类立地增加了 37.5% 和 18.8%；树高年平均生长量分别为 0.53m、0.45m、0.36m，Ⅰ类立地和 Ⅱ类立地的树高年平均增长率分别比 Ⅲ类立地增加了 47.2% 和 25%；立木蓄积年平均生长量分别为 0.9843m³、0.3781m³、0.2918m³，Ⅰ类立地和 Ⅱ类立地的立木蓄积年平均增长率分别比 Ⅲ类立地增加了 237.3% 和 29.6%。

根据不同立地质量等级的红豆树样地平均木的树干解析材料，对 Ⅰ、Ⅱ、Ⅲ 3 种立地类型进行生长量差异分析，其结果详见表 12-14 和表 12-15。2 类不同立地质量等级的林木中，经过 39 年生长，红豆树在 Ⅰ、Ⅱ 两级不同立地质量等级的单株立木的材积、胸径、树高的总生长量离差累积值分别达到 0.3649m³/亩、8.0cm、5.13m；Ⅰ、Ⅱ 两级立地条件下的平均生长量与连年生长量离差积累值变化情况同总生长量离差积累值变化规律一致。Ⅰ、Ⅲ 两级不同立地质量等级的单株立木的材积、胸径、树高的总生长量离差累积值分别达到 0.3989m³/亩、8.1cm、6.1m。红豆树人工栽培时选择最适生的立地环境十分重要，适地适树的措施是发展红豆树人工林的关键因素，人工造林应选择在 Ⅰ、Ⅱ 两种土壤立地质量条件。

福建全省调查中，红豆树人工林最优良林分为 1967 年营造，其胸径、树高、材积的年平均生长量分别为 0.86cm、0.6m、1.0867m³/亩，胸径、树高、材积年平均生长量为全省总平均值的 148%、128%、232%（福建省红豆树人工林的胸径、树高、材积总平均生长量分别为 0.58cm、0.47m、0.4676m³/亩）。

表 12-13　不同立地质量等级的红豆树生长量方差分析

因子	Ⅰ类立地	Ⅱ类立地	Ⅲ类立地	F 值	F crit
胸径/cm	0.66	0.57	0.48	3.94 *	$F_{0.05}(2, 14) = 3.8853$
树高/m	0.53	0.45	0.36	5.62 *	
材积/m³	0.9843	0.3781	0.2918	65.82 **	$F_{0.01}(2, 14) = 6.9265$

表 12-14　Ⅰ、Ⅱ类立地质量的红豆树总生长差异

年龄	总生长量离差值			年龄	总生长量离差值		
	胸径/cm	树高/m	材积/m³/亩		胸径/cm	树高/m	材积/m³/亩
6	1	0.2	0.0011	23	3.3	2.06	0.0692
7	1.2	0.24	0.0017	24	3.7	1.96	0.078
8	1.3	0.14	0.0026	25	4.1	1.96	0.0878
9	1.4	0.06	0.0033	26	4.5	2.15	0.0986
10	1.4	0.3	0.0045	27	4.8	2.25	0.1081
11	1.4	0.42	0.006	28	4.9	2.1	0.1176
12	1.4	0.72	0.0076	29	5	2.08	0.1267
13	1.4	1.14	0.0094	30	5.2	2.25	0.138
14	1.5	1.38	0.0125	31	5.3	2.2	0.146
15	1.4	1.42	0.0164	32	5.3	2.28	0.1556
16	1.6	1.7	0.0202	33	5.4	2.43	0.167
17	1.9	1.9	0.0245	34	7.2	2.77	0.2232
18	2	1.66	0.0302	35	7.4	2.43	0.2395
19	2.2	1.68	0.037	36	7.6	2.37	0.2545
20	2.4	1.78	0.0439	37	7.9	3.37	0.3014
21	2.7	1.84	0.0518	38	7.9	4.73	0.3508
22	3.1	1.92	0.0611	39	8	5.13	0.3649

表 12-15　Ⅰ、Ⅲ类立地质量的红豆树总生长差异

年龄	总生长量离差值			年龄	总生长量离差值		
	胸径/cm	树高/m	材积/m³/亩		胸径/cm	树高/m	材积/m³/亩
6	2.1	0.96	0.0022	23	3.7	3	0.0797
7	1.9	1.1	0.0028	24	4.2	2.83	0.0911
8	1.8	1.19	0.0039	25	4.6	2.6	0.1002
9	1.7	1.28	0.0047	26	4.8	2.6	0.1097
10	1.5	1.35	0.0056	27	5.2	2.74	0.1202
11	1.6	1.7	0.0076	28	5.3	2.6	0.1304
12	1.5	2	0.0092	29	5.4	2.5	0.1417
13	1.3	2.3	0.011	30	5.5	2.5	0.154
14	1.3	2.43	0.0143	31	5.6	2.35	0.1633
15	1	2.57	0.017	32	5.7	2.49	0.1753
16	1.3	2.75	0.0214	33	5.9	2.4	0.188
17	1.6	3.1	0.0267	34	7.3	2.9	0.2452
18	1.8	2.71	0.0333	35	7.7	2.93	0.266
19	2.1	2.8	0.0415	36	7.8	3.1	0.283
20	2.5	2.89	0.0496	37	8	4.3	0.3308
21	2.9	3.04	0.0595	38	8.1	5.59	0.3819
22	3.5	3.14	0.07	39	8.1	6.1	0.3989

12.2.1.5 红豆树人工林不同坡位的生长效应

红豆树林分在不同坡位的生长效应特别明显，表12-16为红豆树人工林在不同坡位的生长差异，林分的胸径、树高、材积平均增长率分别为21.3%、14.0%、41.6%。红豆树在山地下坡比上坡的胸径、树高、材积年平均生长量增加了45.45%、24.39%、76.07%，中坡比上坡的胸径、树高、材积年平均生长量增加了43.18%、19.51%、56.31%，下坡比中坡的胸径、树高、材积年平均生长量增加了1.59%、4.08%、12.64%。显然，红豆树对土壤的水分需求十分敏感，这同红豆树在溪河两岸生长特别迅速相似，红豆树造林地应选择在长坡中下部或短坡下坡等水湿条件比较好的造林地，甚至在低洼积水地造林的成活率也极高且生长速度更为突出。这个结果与永春6年生红豆树试验林效果相似（表12-17），红豆树在丘陵短坡杉木迹地上的坡位生长效应存在极显著差异，而相同坡位杉木采伐迹地上的杉木二代萌芽林的生长差异不显著，表明红豆树坡位效应比杉木更敏感。

表 12-16 红豆树在不同坡位条件下的生长差异

因子		林龄/a	胸径/cm	树高/m	年平均生长量		
					胸径/cm	树高/m	材积/m³
试验点1	下坡	38	21.4	18.9	0.56	0.50	0.4736
	上坡	38	18.1	17.5	0.48	0.46	0.3915
试验点2	下坡	33	19.7	16.0	0.60	0.48	0.3369
	中坡	33	18.1	13.1	0.55	0.40	0.2228
试验点3	下坡	40	35.3	24.5	0.86	0.60	1.0872
	中坡	40	28.4	22.8	0.71	0.57	0.8119
试验点4	下坡	31	16.8	14.0	0.54	0.44	0.4334
	上坡	31	12.2	11.1	0.39	0.36	0.2704
平均值	下坡	—	—	—	0.64	0.51	0.5828
	中坡	—	—	—	0.63	0.49	0.5174
	上坡	—	—	—	0.44	0.41	0.3310
比增/%	下坡/上坡	—	—	—	45.45	24.39	76.07
	中坡/上坡	—	—	—	43.18	19.51	56.31
	下坡/中坡	—	—	—	1.59	4.08	12.64

表 12-17 永春6年生红豆树试验林的坡位生长效应

因子		下部	中部	上部	F	Fcrit
红豆树	胸径/cm	5.0	4.0	2.89	20.0286 **	
	树高/m	4.83	4.34	3.44	13.7572 **	$F_{0.05}=5.143$
杉木	胸径/cm	7.9	9.3	7.5	4.8813	$F_{0.01}=10.925$
	树高/m	7.63	8.07	7.33	1.7486	

216

12.2.1.6 红豆树主要病虫害及其防治

红豆树病虫害较多，育苗和造林试验中，先后发生的主要病虫害有白叶病、角斑病、堆砂蛀蛾、红蜘蛛、吹绵蚧、鼠害、白蚂蚁、天牛幼虫、金龟子等。白叶病发生在苗木培育早期，可喷施多菌灵灭菌或用波尔多液防治；红豆树苗木角斑病，危害苗木叶片，可用50%多菌灵可湿性粉剂600倍稀释液或70%甲基托布津可湿性粉剂800倍稀释液防治；对一些食叶害虫，用50%甲胺磷乳油1200~1500倍稀释液防治。红豆树造林试验发生堆砂蛀蛾、红蜘蛛、吹绵蚧、天牛幼虫、金龟子。堆沙蛀蛾发生在红豆树造林后2~3年生幼树，主要危害嫩枝，幼虫钻蛀嫩梢，被害梢枯死。幼虫体长13mm左右，体淡黄褐色，头部棕褐色，前胸硬皮板棕褐色，中央有一黑色八字纹，胸部有许多黑灰色斑块（毛片），臀板黄褐色，上生六根刚毛，趾钩为二序环状。成虫产卵于新抽的嫩梢上，孵化后，幼虫蛀入新梢，蛀道长约5cm，蛀道上有一小孔口，幼虫将粪粒堆在洞口。防治方法是4月份喷洒40%乐果400~600倍稀释液，剪除枯梢，消灭其中幼虫。红蜘蛛发生于造林后第5年，32%植株有红蜘蛛，红蜘蛛沿树干织一层白色蜘蛛网，网下有黑色粒状分泌物，主要危害叶片，使之形成失绿斑块，呈苍白色，严重时引起落叶甚至死亡，需选用专用杀螨剂如阿维菌素进行喷雾。吹绵蚧发生于红豆树造林后第7年，繁殖能力强，一年发生多代，寄居在枝叶上，主要危害红豆树枝叶，造成叶片发黄、枝梢枯萎、树势衰退，且易诱发煤烟病；吹绵蚧抗药能力强，一般药剂难以进入体内，防治比较困难。在栽培红豆树的过程中，发现有个别枝条或叶片有吹绵蚧时，人工防治的方法可用软刷轻轻刷除，或结合修剪，剪去虫枝、虫叶，要刷净、剪净、集中烧毁，切勿乱扔。药剂防治应根据吹绵蚧发生时期采取措施，若虫盛期大多数若虫孵化不久，体表尚未分泌蜡质，介壳更未形成，用药剂喷雾仍易杀死，可用40%氧化乐果1000倍稀释液、50%马拉硫磷1500倍稀释液、255亚胺硫磷1000倍稀释液、50%敌敌畏1000倍稀释液、2.5%溴氰菊酯3000倍稀释液喷雾毒杀，每隔7~10天喷1次，连续2~3次；在树体上有卵的地方涂抹护树将军1000倍稀释液，可窒息性杀死虫卵。白蚂蚁发生在造林后1~3年，危害较严重，曾造成2007年营建于福建农林大学莘口教学林场和永安东坡国有林场的红豆树试验林失败，有机肥基肥和未炼山造林的红豆树幼树特别容易被白蚂蚁危害，防治方法参照桉树造林。红豆树大树移植试验中，发现有天牛幼虫、金龟子幼虫蛀食树干，树干可用石膏拌农药涂干防蛀。

12.2.2 红豆树大树移植试验

大树移植通常是指移植胸径在10cm以上，高度在4m以上，已经基本成林，并完成了发育阶段的乔木或灌木。大树移植是一种特殊的城市绿化手段，大树进城，立竿见影，是一条快速发展绿化的捷径，可在较短时间内优化城市绿地的植物配植和空间结构，满足重点或大型市政工程的绿化美化要求，促进人与自然的和谐。

为研究红豆树大树移植的技术方法，在华安和将乐两地开展红豆树截干移植栽培试验，同时，跟踪调查近四年福建省红豆树大树外迁浙江、江苏、上海等地的成活情况，及其迁地栽培的技术经验。红豆树大树移植试验结果显示，迁地造林成活率高，适宜城市园林绿化中的大树迁地种植，此外，红豆树优良种质资源也适宜迁地保存与利用。

12.2.2.1 红豆树裸根移植成活率

华安红豆树截干移植的时间为 2006 年 1 月，将乐截干移植时间是 2005 年 4 月，成活调查时间为 2006 年年底。红豆树移植试验总株数 263 株，成活 210 株，平均成活率 79.8%。华安红豆树移植试验时，在其移植穴中灌水搅拌成浆后种植，其成活率达 98.3%。红豆树移植试验各径级植株的成活率详见表 12-18。

表 12-18　红豆树大树移植成活率调查

径阶/cm	6	8	10	12	14	16	18	均值
样株数/株	34	38	56	67	36	26	6	263
活株数/株	34	30	55	56	27	6	2	210
成活率/%	100	78.9	98.2	83.6	75.0	23.1	33.3	79.8

12.2.2.2 红豆树移植成活能力的季节效应

12 月至翌年 2 月休眠期时的移植成活率为 96.7%，4 月中旬（即清明前后）植株开始抽梢萌动时的移植成活率为 75.2%，6～8 月红豆树处于生长发育盛期时的移植成活率仅 65%。从红豆树截干移植试验中，以及总结最近 4 年不同时期的红豆树截干移植的实践效果，表明大树移植最佳时期在树木休眠后至翌年发育萌动之前，即 12 月底至翌年 3 月份。红豆树林分的物候期观测结果也表明，福建省红豆树林分的休眠初始期的叶相变化开始于 10 月底，但 11 月仍是红豆树营养积累和植株生物量的迅速生长期，翌年清明节前后是红豆树的生长发育萌动期。这段时间里，雨水充沛、空气湿润、温度适宜，此时移植的树体有一段温湿度适宜的树木生长过渡期，移植成活率都在 90% 以上。而红豆树最佳移植时间是 2 月下旬至清明节前，这段时间树液开始流动，嫩梢开始发芽生长，而气温相对较低，土壤湿度大，蒸腾作用较弱，有利于损伤的根系愈合和再生，移植后，发根早，成活率高，且经过早春到晚冬的正常生长后，树木移植时受伤的部分已经复原。

12.2.2.3 胸径对截干移植成活的影响

在树高 4m 左右的截干后迁地移植的成活率趋势，是径级越大成活率越低（表 12-19），将乐、华安两地移植试验的平均迁地移植成活率是 79.8%，平均胸径 6cm 以下的成活率 100%、8～10cm 的平均成活率为 88.6%、胸径 12cm 的成活率为 83.6%、平均胸径达 16～18cm 时的移植株成活率较低。在红豆树迁地移植的生产实践中，截干高度通常在 2.5～6m。

表 12-19　红豆树大树移植成活率调查

径阶/cm	6	8	10	12	14	16	18	均值
样株数/株	34	38	56	67	36	26	6	263
活株数/株	34	30	55	56	27	6	2	210
成活率/%	100	78.9	98.2	83.6	75.0	23.1	33.3	79.8

12.2.2.4　红豆树移植大树的萌动与抽梢

迁地移植的 272 株红豆树按不同径级，统计分析其抽梢生长情况，萌条数与植株母株胸径大小呈正比例关系，相关系数为 0.4862，这可为红豆树采穗圃的营建提供参考依据。胸径与当年抽梢的萌条长度呈负相关，相关系数为 −0.253，表明胸径较大的红豆树截干处理后造成较大的外部损伤，愈伤与生长恢复比较慢，迁地移植需要保湿措施、带土球移栽或采取其它生根促进措施等（表 12-20、表 12-21）。

表 12-20　将乐红豆树截干移植试验

径阶/cm	6	8	10	12	14	16	18	均值
截干高/m	2.5	2.5	2.5	2.5	2.5	2.5	2.5	2.5
萌条数/条	9	9	12.3	10	12	12	9	10.5
1 年抽梢/cm	0.7	1.9	0.7	1.3	1.5	1.1	1.1	1.17

表 12-21　华安红豆树截干移植试验

径阶/cm	4	6	8	10	12	合计
截干高	1.6	2	2.1	2.2	2.5	2.08
萌条数/条	6	11	12	12	18	11.8
1 年抽梢/cm	50	62.4	76.9	69	71	65.86

12.2.2.5　提高红豆树大树移植成活的主要技术措施

红豆树树体高大，当红豆树林分胸径 10cm 以上时，植株树高通常大于 9m，在山地人工林分中自然整枝十分明显，平均树冠层高约为树体全高的 1/3。所以，胸径大于 10cm 的红豆树大树迁地移植时，经截干断根处理后，地上部分通常已没有带叶枝条；而地下部分经截根后，保留根幅直径约为胸径的 3～6 倍，主根截断后距植株基干部位约 1.2m 以内，已没有吸收根存在。这样的大树在迁地移植时进行包扎保湿等技术处理后，从福建长途迁运至浙江、江苏、上海等地种植，其平均成活率仍可达 85% 以上。

在红豆树移植试验中，由于移栽后缺乏有效的水肥管理，使胸径大于 16cm 的移植树成活率仅为 30% 左右。大径级红豆树移植成活率较低的主要原因有以下方面。首先，大树年龄大，阶段发育老，细胞的再生能力较弱，挖掘和栽植过程中损伤的根系恢复慢，而且新根萌发能力较弱，给成活造成困难。其次，树木生长过程中，根系扩展范围很大，不仅远远超过主枝伸展范围，而且扎入土层很深，使有效的吸收根处于深层和树冠投影附近。而移植所存土球不可能这么大，截根处理后现存的吸收根已极少，且很多已经木质化，极易造成树木移植后失水死亡。第三，大树截干断根后，造成巨大创伤，高位截干后又大部分失去树体原来的营养器官，难以尽快建立起地上、地下的水分与养分的供需平衡关系，导致树木失去水肥等营养来源而死亡。为促进红豆树大树移植的成功，可采取减少水分蒸发、促进生根和恢复生长的技术措施。根据红豆树大树移植试验，总结如下主要技术要点：

（1）红豆树截干断根技术

红豆树独立木的基干高度通常 2~4m，而在红豆树林分中的平均基干高度通常为 3~6m 间。因此，着生茂盛复叶的小枝在树冠上部，冠高约占立木全高的 1/3。但红豆树林分中的立木高大，胸径 18cm 径级、其树高约为 17~20m，红豆树移植树体的截高通常为 4m 左右。因此，红豆树大树截干后较少尚存着生复叶的枝条。红豆树高位截干后具有较高的移植成活率，在挖掘起树时，常用削枝保干的截干修枝方法。根据红豆树大树移植的景观造型需要，截干削枝时应保留一级侧枝，适当保留二级枝。红豆树为深根性树种，主根发达，根系庞大，大树挖掘起树的范围内很少有细根分布，通常有一条发达主根和 3~5 条粗壮侧根，断根时应以锯断根，不可用铁锹铲断，以免根口劈裂或脱皮。

（2）保持植株树体的湿润

裸根移植时应尽量缩短根部暴露时间，尽可能即挖即种。大树挖掘后，应修剪平整，保留主根长度 30~80cm 为宜，用黄泥浆水加钙镁磷肥及生根粉浇湿根部，使根部周围完全被黄泥浆黏附。蘸泥浆后用湿草包裹树桩和树干起保湿作用，或喷上保湿剂来保持根部湿润。带土球移植的，起树时尽可能地保证土球完好，包扎材料用草绳或塑料布，黏性土可直接用草绳包扎，壤土或砂土可先用塑料布把土球盖严后，用草绳捆扎牢固。带土球起树时，保留土球直径约为树干直径的 6 倍，栽植穴比根球的幅度和深度大 20~30cm。胸径 20~40cm 的红豆树外皮厚度通常仅 0.3~0.6cm，长途运输中必须用稻草类等软质包扎物包扎，以保护皮部和保湿润。

（3）伤口处理和生根促进措施

对截干后的大伤口应消毒、涂保护剂，防止伤口腐烂、促进愈合；伤口应用石蜡或油漆封口，用草绳把主干包扎缠好后浇透水，对主干伤口用双层塑料薄膜扎紧包严，以免感染病菌腐烂。红豆树截干或挖掘断根过程中，切口要求齐茬平整，不劈不裂，以使树木在栽植后易于愈合和生长新根。对大树根部施用 ABT 生根粉或萘乙酸等生根激素处理根部，促进根系的萌发，进而促进移植大树根系的萌发和植株生长势的恢复。

（4）移植后的管理与树体恢复技术

红豆树大树栽植后，根系极少，水肥吸收功能很差，尤其在盛夏气温极高，蒸腾作用强烈，树体因蒸腾作用而容易干枯。大树移植后的前期宜"小水勤浇"，配合每 10~15 天浇透水 1 次。树干包裹稻草保湿，减少水分蒸发，并适时对大树喷雾、滴灌保湿和设遮阳网，维持树体水分平衡。树基土兜覆盖稻草、薄膜，保温保湿。对树体地上部分搭支撑架、拉绳固定，以免被大风刮倒；保湿措施也可用喷施抗蒸腾剂的办法。

（5）红豆树移植后的复壮、抹芽与修枝整形技术

红豆树移植后适量补充树体养分，可有利促进新根生长，增强病虫害的抵抗能力。除在栽植前穴底施基肥外，在树体萌发新芽初期和新梢长出 10cm 左右时，应结合浇水进行根外追肥，薄施 1%~2% 的尿素或磷酸二氢氨，每株每次可施 100~150g。秋梢停止生长后，再实施以磷、钾肥为主的根外追肥 1 次，促进新梢木质化。浙江和苏州等地的个别红豆树育苗户对树体采用温室气温控制、自动喷雾保湿和直接将微肥水溶液以滴灌输液方式输入树体等方法，这种对移植大树树体的养分辅助供给方法虽然成本较高，但对提高大树

成活率作用显著。红豆树枝干的萌芽力强，在温度适宜的条件下侧芽在树干和截口上迅速萌发，每个树干截口会萌发出 10～20 枝萌条，这在移植树体未生根成活之前，会造成对移植树体的水分和养分的巨大耗损，所以抹芽、修枝对促进成活也十分重要。4～5 月是红豆树萌芽的高峰期，应根据造型需要、景观效果、环境配置要求等要素对移植树体进行抹芽与修枝。抹芽时，通常应全部抹除树体躯干上的不定芽、侧芽，主要侧枝上每枝保留5～10 个健壮顶芽。红豆树当年萌发的新生枝条生长量可达 1～2m，可根据景观造型需要进行疏剪、短剪、缩剪或嫩枝摘心等常规修剪方法。通过抹芽修枝处理，提高移植的成活率，优化景观造型、延迟物候期和增强生长势等方面的作用。

12.2.3 红豆树立木生长过程

12.2.3.1 红豆树材积生长基本规律

林木的生产潜力集中体现在材积生长水平上，红豆树材积平均总生长量为 0.4398m³/（a·亩），在珍稀名贵树种中属于材积生长量较快的。其造林后的前 5 年生长较慢；5～10 年生长量逐步回升；10 年后材积生长进入速生期。速生期持续时间可长达 30 余年。对福建省人工栽培的红豆树进行树干解析，结果为：自 10 年生起其材积生长量一直处于上升状态，至 38 年时仍处于快速生长期阶段，尚未达到材积生长的数量成熟阶段。在 39 年生红豆树的材积连年生长量值中，于第 22 年的材积生长量开始超过 38 年生的连年生长量平均值（0.0122），此时，材积生长量占总生长量的 69%；于第 32 年时的材积连年生长量超过其平均生长量的一倍标准差（0.0078）；在最适生的立地环境中，红豆树速生期提前 2～3 年，在 7 年生左右即已进入材积快速生长期；如生长在Ⅰ类立地质量等级（华安解析木）的红豆树连年材积生长量于第 20 年开始超过连年生长量的平均值，且 20～38 年期间的材积生长量占总生长量 86%。从红豆树人工林生长过程表和材积生长曲线可见，38 年生时其材积平均生长量仍处于上升过程中，材积平均生长量还未达到最大值；材积连年生长量峰值出现在第 33 年，30～38 年的生长期中，材积生长仍处快速增长之中；处在最适生环境（Ⅰ类立地）的红豆树林分，其材积连年生长量峰值出现在 34 年，在Ⅲ类立地质量等级中即出现在 31～32 年（图 12-1）。

12.2.3.2 红豆树胸径生长基本规律

红豆树胸径生长量比较稳定，基本稳定在 0.6cm/a。其胸径平均生长量和连年生长量已经相交，表明红豆树胸径生长量已达到数量成熟阶段。胸径数量成熟年龄约为 26 年，连年生长量最大值出现在 20 年生左右。在Ⅰ类立地质量下，红豆树林分胸径连年生长量出现两个快速生长阶段。第一阶段出现在第 15 至第 25 年的 11 年期间，连年生长量均在 0.9cm 以上；第二阶段出现在第 32～36 年的 5 年期间；最大值出现在第 34 年；在Ⅲ类立地质量等级中连年生长量最大值即出现在第 19 年，胸径生长阶段不明显。红豆树胸径生长量与集约经营水平相关程度极大。福建省莘口林场营造的红豆树试验林，1972 年至1989 年，每年对林地进行全锄和带状垦复，其间的胸径连年生长量均达到 0.8cm 以上，明显大于其它年份的胸径连年生长量（0.4～0.5cm/a）。

红豆树胸径的平均生长量与连年生长量出现 2~3 次相交，这与青钩栲、青冈栎、樟树、观光木、米槠等阔叶树生长情况相类似。其形成原因主要受降水等气候因子的影响。在降水量比较多且均匀的年份中，红豆树生长速度加快，这与红豆树为喜欢潮湿生境条件的树种特性相关。在潮湿的山谷凹地，红豆树于第 4 年时胸径生长就进入快速生长期。对10 年生红豆树树干解析发现，自第 4 年开始，其胸径生长量平均达 1.2cm/a，最大值达到1.8cm/a。福建泰宁国有林场，2 株生长在池塘边的 30 年生的红豆树，其胸径已达到68cm，即红豆在潮湿土壤条件中表现出极快速的生长特性(图 12-2)。

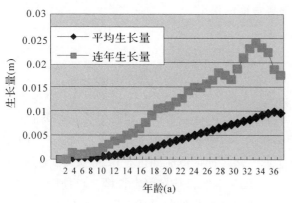

图 12-1　红豆树材积生长量曲线图　　　　图 12-2　红豆树胸径生长曲线图

12.2.3.3　红豆树树高生长基本规律

红豆树树干通常多分权、中上部的主干不明显、冠幅较其它树种为大。但是红豆树树高与胸径比值也较其它树种稍大。在现有红豆树中常见树高近 30m 的高大立木。由于红豆树树高较高，大树立木主干多数被雷电击断。这也反映出红豆树树高生长能"木出于林"。红豆树树高连年生长量也比较稳定，其生长量基本稳定在 0.5~0.6m/a，并近似以平均生长量为轴线上下波动，使树高生长量具有明显阶段性特征。其波动周期约为 4 年。红豆树的树高生长曲线出现多次相交现象。最早相交线出现在第 5 年，其后仍多次反复相交。然而，连年生长量最大值出现在第 24 年。平均生长量与连年生长量大概相交于 28 年。此后连年生长量迅速下降，表明红豆树树高生长量的数量成熟应确定在第 24 年。在Ⅰ类立地质量中(即最适生环境)，第 9~16 年出现第一次树高快速生长期，各年的连年生长量接近1.0m；第 21~26 年出现第二次快速生长期，树高连年生长量峰值出现在第 26 年。对同处最适生环境的 10 年红豆树的树高生长量进行分析，树高生长量基本稳定在 0.75m/a，并且胸径增长与树高增长呈同步态势。在Ⅲ类立地质量中，树高平均生长量峰值出现在第 24年、连年生长量峰值出现在第 21 年，树高生长阶段性不明显。

从红豆树人工林材积、胸径、树高 3 个数量性状的生长量情况看，红豆树生长量受外部生态环境的影响大。这表明，红豆树人工林的资源培育具有较大的可塑性。若在红豆树森林资源培育中辅以集约经营措施，可使红豆树林分生长量达到速生丰产目标(图 12-3、12-4)。

表 12-22　红豆树立木生长过程表

年龄	材积生长量/m³			胸径生长量/cm			树高生长量/m		
	平均	连年	总量	平均	连年	总量	平均	连年	总量
5	0.0004	0.001	0.0018				0.53	0.59	2.65
6	0.0004	0.0011	0.0022	0.39	0.34	2.31	0.54	0.57	3.24
7	0.0003	0.0015	0.0023	0.38	0.64	2.65	0.54	0.53	3.81
8	0.0004	0.0016	0.0036	0.41	0.72	3.29	0.54	0.50	4.34
9	0.0006	0.0024	0.005	0.45	0.64	4.01	0.54	0.66	4.84
10	0.0007	0.0031	0.0072	0.47	0.67	4.65	0.55	0.66	5.5
11	0.0009	0.0038	0.01	0.48	0.74	5.32	0.56	0.63	6.16
12	0.0011	0.0043	0.0136	0.51	0.72	6.06	0.57	0.52	6.79
13	0.0014	0.005	0.0176	0.52	0.62	6.78	0.56	0.54	7.31
14	0.0016	0.0054	0.0225	0.53	0.69	7.4	0.56	0.55	7.85
15	0.0019	0.0063	0.0283	0.54	0.81	8.09	0.56	0.61	8.4
16	0.0021	0.0076	0.0343	0.56	0.68	8.9	0.56	0.59	9.01
17	0.0024	0.009	0.0413	0.56	0.64	9.58	0.56	0.50	9.6
18	0.0028	0.0104	0.0501	0.57	0.71	10.2	0.56	0.40	10.1
19	0.0032	0.0106	0.0602	0.58	0.73	10.9	0.55	0.50	10.5
20	0.0035	0.011	0.0706	0.58	0.74	11.7	0.55	0.50	11
21	0.0039	0.0118	0.0816	0.59	0.70	12.4	0.55	0.70	11.5
22	0.0042	0.0126	0.093	0.60	0.61	13.1	0.55	0.50	12.2
23	0.0046	0.0142	0.1058	0.60	0.68	13.7	0.55	0.60	12.7
24	0.005	0.0149	0.1191	0.60	0.81	14.4	0.55	0.70	13.3
25	0.0054	0.0148	0.1341	0.61	0.84	15.2	0.56	0.60	14
26	0.0057	0.0156	0.1494	0.62	0.69	16	0.56	0.60	14.6
27	0.0061	0.0164	0.1644	0.62	0.64	16.7	0.56	0.50	15.2
28	0.0065	0.0179	0.1807	0.62	0.61	17.4	0.56	0.40	15.7
29	0.0068	0.0174	0.1981	0.62	0.57	18	0.56	0.60	16.1
30	0.0072	0.0165	0.2165	0.62	0.55	18.6	0.56	0.40	16.7
31	0.0075	0.0187	0.2328	0.62	0.53	19.1	0.55	0.50	17.1
32	0.0079	0.021	0.2516	0.61	0.55	19.6	0.55	0.40	17.6
33	0.0082	0.0229	0.2721	0.61	0.56	20.2	0.55	0.40	18
34	0.0087	0.024	0.2952	0.61	0.61	20.7	0.54	0.70	18.4
35	0.0091	0.0231	0.319	0.61	0.54	21.4	0.55	0.50	19.1
36	0.0095	0.0221	0.3419	0.61	0.52	21.9	0.54	0.50	19.6
37	0.0098	0.0186	0.3643	0.61	0.39	22.4	0.54	0.30	20.1
38	0.0096	0.0174	0.3665	0.60	0.40	22.8	0.54	0.30	20.4

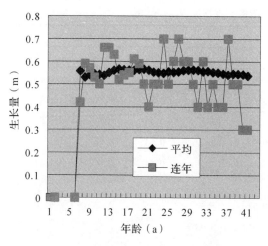

图 12-3　红豆树树高生长量曲线图

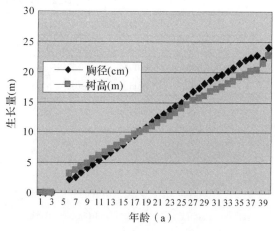

图 12-4　红豆树胸径、树高总生长量曲线图

12.2.3.4　红豆树立木材积、胸径、树高生长过程的理论方程

（1）生长过程的理论方程拟合

由红豆树人工林生长过程表及其生长曲线图可见，红豆树 40 年生时材积的平均生长量和连年生长量尚未相交，说明材积生长量尚未达到数量成熟阶段。为测算红豆树数量成熟年龄，以红豆树解析木的树干解析资料，应用江希钿提出的理论方程（江希钿，温素平，2000），建立红豆树立木 V、D、H 生长模型：

$$Y = b_1 / (1 + b_2 * \exp(-b_3 \times T))^{\wedge} b_4$$

Y 为因变量，T 为生长年度，b_1、b_2、b_3、b_4 为变量系数。

红豆树人工林生长量最佳理论方程拟合结果，详见表 12-23。

表 12-23　红豆树立木生长过程的最佳拟合方程

参数	材积	胸径	树高
b_1	1.0460	32.1182	25.0392
b_2	3.6662	4.6941	2.9534
b_3	0.0831	0.0925	0.0864
b_4	5.2331	1.7359	1.8520
相关指数	0.9772	0.9908	0.9875
相关系数	0.9885	0.9954	0.9937

（2）理论生长量计算结果

根据上述理论方程分别计算出材积、胸径、树高的理论生长量，详见表 12-24。由理论生长量表及其生长曲线表明，红豆树材积、胸径、树高的数量成熟年龄分别为 52 年、32 年、26 年（图 12-5 ~ 12-7）。

表 12-24　红豆树立木材积、胸径、树高的理论生长量

年龄	材积理论值			胸径理论值			树高理论值	
	总量	平均	连年	总量	平均	连年	总量	平均
14	0.0193	0.0014	0.0049	7.65	0.55	0.71	7.77	0.53
16	0.0301	0.0019	0.007	9.1	0.57	0.77	8.96	0.56
18	0.0454	0.0025	0.0096	10.7	0.59	0.82	10.2	0.57
20	0.066	0.0033	0.0125	12.3	0.62	0.85	11.5	0.57
22	0.0926	0.0042	0.0158	14	0.64	0.9	12.7	0.58
24	0.1258	0.0052	0.019	15.7	0.66	0.85	14	0.58
26	0.1654	0.0064	0.0221	17.4	0.67	0.82	15.1	0.6
28	0.211	0.0075	0.0248	19	0.68	0.78	16.3	0.58
30	0.2618	0.0087	0.0269	20.6	0.69	0.73	17.3	0.58
32	0.3165	0.0099	0.0284	22	0.7	0.68	18.3	0.57
34	0.3737	0.011	0.0291	23.3	0.69	0.61	19.1	0.56
36	0.4321	0.012	0.0291	24.5	0.68	0.55	19.9	0.55
38	0.4901	0.0129	0.0285	25.6	0.67	0.49	20.6	0.54
40	0.5467	0.0137	0.0274	26.6	0.66	0.43	21.2	0.53
42	0.6007	0.0143	0.0258	27.4	0.65	0.37	21.8	0.52
44	0.6515	0.0148	0.024	28.1	0.64	0.32	22.2	0.51
46	0.6986	0.0152	0.0221	28.7	0.62	0.28	22.7	0.49
48	0.7417	0.0155	0.02	29.3	0.61	0.24	23	0.48
50	0.7806	0.0156	0.018	29.7	0.59	0.2	23.3	0.47
52	0.8156	0.0157	0.016	30.1	0.58	0.17	23.6	0.45
54	0.8466	0.0157	0.0141	30.4	0.56	0.14	23.8	0.44
56	0.874	0.0156	0.0124	30.7	0.55	0.12	24	0.43
58	0.898	0.0155	0.0108	30.9	0.53	0.1	24.2	0.42
60	0.919	0.0153	0.0094	31.1	0.52	0.09	24.3	0.4

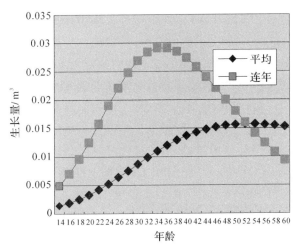

图 12-5　红豆树材积理论生长量曲线

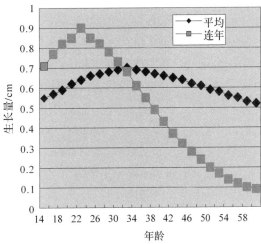

图 12-6　红豆树胸径理论生长量曲线

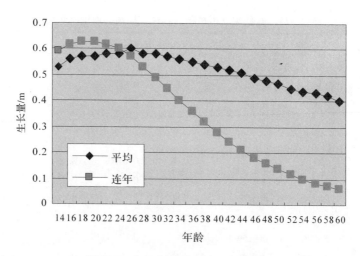

图 12-7　红豆树树高理论生长量曲线

12.2.4　红豆树全林分生长动态

如何科学高效地营造速生丰产林一直是国内外普遍关注的话题。而通过模型来指导林业的生产实践，一直是最主要的方法。以往的林业工作者对林分生长与收获模型做了大量的研究，取得了较显著的成果，而且建模的手段也日臻完善，为森林的科学经营起到了积极的指导作用。1987 年世界林分生长模型和模拟会议上提出林分生长模型和模拟的定义：林分生长模型是指一个或一组数学函数，它描述林分生长与林分状态和立地条件的关系；模拟是使用生长模型去估计林分在各种特定条件下的发展。林分生长的收获的模拟和预测工作，从 1795 年在德国对几个树种建立收获表开始，至今已有 200 多年的历史。由于林分生长和预估模型的理论价值和其在森林资源管理方面的实际应用价值，使其越来越受到各国林学家和森林资源管理者的重视。

Gehrhardt(1930)把 Schwappach(1890)和 Wiedemann(1904)的纯经验的工作方式上升为理论并将数学和统计方法引入收获模型的研究(Pretxsch H，1991)，建立了以数学为基础的正常收获表模型；Mackinney，Schumacher 和 Chaiken(1937)提出林分收获为林龄倒数的函数且最先加入林分密度因子来预测收获，建立了除年龄和立地以外的以密度为变量的第一个可变密度收获模型(Clutter J L，Fortsons J C，Pienaer G B et al，1983)，可以说，开辟了林分收获预估的近代方法。Kira(1953)等使用统计方法来研究植物密度竞争及收获问题(冯丰隆，杨荣启，1988)，提出最后收获一定和收获密度效应之规律，为研制林分密度管理图奠定了理论基础；Clutter(1963)提出生长与收获的相容性理论，并以此为基础建立了林分生长与收获预估模型(Clutter J L，1983)；Moser(1974)研制出了阔叶林的直径级模拟系统；Ek 和 Monserud (1974)研制出了与距离有关的单木模型 FOREST；Wykoff、Crkston 和 Stage (1982)研制出了与距离无关的单木模型 PROGNOSIS(Wykoff W R，Grookston N L and Stage A R，1982)；Heep(1987)研制出了林分模型 YIELD(Heep T E，1987)；Lemm (1991)研制出了林分动态经营模拟模型(Lemm R，1991)等等。

我国关于林分生长与收获预估模型的研究，在世界各国的影响下，亦不断进步。20

世纪 50～60 年代的法正林收获表研制，如林业部林业科学研究所森林经理室编制的杉木人工林生长过程表；70～80 年代的密管图编制如尹泰龙林分密度控制图的编制与应用（尹泰龙，1978）、刘景芳等编制杉木林分密度管理图研究报告等（刘景芳，1980），发展到 80～90 年代的可变密度收获表，如张少昂兴安落叶松天然林林分生长模型和可变密度收获表的研究（张少昂，1986）。唐守正于 1991 年提出了全林整体模型（Integrated Stand Growth Model）的理论及模型相容性原理（杜纪山，唐守正，1997；唐守正，1991）。他指出全林整体模型是描述林分主要数量因子及其相互关系生长过程的方程组，是把林分的几个主要指标：树高、直径、断面积和株数统一由它的年龄、密度指数和地位指数来描述的多指标模型，这种模型的各指标之间是相容的，模型参数之间有密切关系。全林整体模型为进一步研究人工林的优化控制提供了工具。许业洲、全龙在 2001 年提出了湖北省湿地松人工林整体生长模型（许业洲等，2001），他们根据湖北省湿地松人工林林分标准地调查材料，模拟了湖北省湿地松林分优势高生长模型，树高生长模型、株树密度估测模型、直径生长模型等一套完整的湿地松整体林分的生长模型。

国内外的林业工作者虽然对林分生长收获模型做了大量的研究，但迄今为止尚未见到有关红豆树生长模型的完整报道，基于此，我们对红豆树林分生长模型进行研究，以期对红豆树的科学经营提供理论依据。

12.2.4.1　生长方程选择

林分生长模型的研制方法主要有三种：第一为图解法，即采用随手绘曲线的方法确定各调查因子生长过程；第二为数式法，此法是选用适当的生长方程建立各调查因子生长模型，据以模拟林分的生长过程；第三为两者并用。为便于计算机模拟，本次采用数式法研制红豆树人工林生长模型，该法的关键是选择合适的生长方程，目前，描述林分各因子生长过程的方程较多，大量研究表明理查德（Richards）方程适应性强，准确性高，且方程中的参数有一定的生物学意义，在国内外生长收获预估中得到广泛应用，故本文选择理查德（Richards）方程作为基本模型，用于构建红豆树人工林林分生长模型。方程形式如下：

$$Y = A \times [1 - \exp(-kt)]^c \tag{12-7}$$

式中：Y—林分测树因子，t—林分年龄，A、k、c—参数。

12.2.4.2　生长模型的构建

按照 Murno（1974）的分类方法，林分生长收获预估模型可分为 3 大类：全林分模型、直径分布模型和单木生长模型。描述了全林分总量（如断面积、蓄积量）及平均单株木（如平均材积、平均胸径等）的生长过程，可以直接提供较准确的单位面积上林分收获量及整个林分的总收获量，因而得到广泛应用。本次构建的为全林分模型，基本模型包括平均材积模型、平均胸径模型、平均高模型和平均株数模型，其余的模型如总断面、蓄积量等则可由它们之间所存在的关系推导而出。

（1）平均材积模型

平均材积和蓄积量（平均材积与株数的乘积）是生长收获预估的最重要的预估因子，构建全林分平均材积模型，在确定了合适的生长方程后，还涉及 2 个至关重要的因素：其一是立地，反映了森林生长潜力；其二是密度，反映了林分生长空间的大小或密集程度。对于立地，目前林业生产上普遍采用立地质量类型，即按立地质量高低分为 4 种类型：1 类地、2 类地、3 类地、4 类地。故本次按此评定立地质量，在建模时将其分别取值为 4、3、2、1。对于林分密度，其指标很多，而最简单直观的为单位面积上的株数，为本研究所采用。考虑到每公顷株数的数量级较大，为便于建模，取平均每株树所占的林地面积（即 10000/每公顷株数）作为建模的指标。

用理查德方程作为红豆树林分平均单株材积生长模型，对某立地而言，方程中的渐近参数 A 反映了该立地上林分平均单株材积的最大值，取决于立地条件而与林分密度无关，故 a 为立地质量等级的函数，据研究可表达为：

$$A = b_1 SI_2^b \tag{12-8}$$

式中：SI—立地质量等级，b_1、b_2—待定参数。

理查德方程中的参数 k 反映了林木生长的速度，与林分密度有关，据研究同样可用幂函数表达：

$$k = b_3 SD^{b_4} \tag{12-9}$$

式中：SD—林分密度指标，即平均每株树所占的林地面积；b_3、b_4—待定参数。

至于理查德方程中的参数 c（为统一起见，记为 b_5），它反映了生长曲线的形状，根据以往生长模型的研究结果，对于不同立地和密度均取为同一常数，由此得到红豆树平均单株材积（V）的生长模型：

$$V = b_1 SI^{b_2} \left[1 - \exp(- b_3 SD^{b_4} t) \right]^{b_5} \tag{12-10}$$

根据标准地材料，以平均材积的残差平方和最小作为目标函数，采用改进单纯形法进行优化求解，获得平均材积模型：

$$V = 3.2396 SI^{0.7437} \left[1 - \exp(- 0.000158 SD^{0.9004} t) \right]^{1.1521} \quad R^2 = 0.9529 \tag{12-11}$$

拟合精度检验结果为：系统误差 $S = -0.87\%$，精度 $P = 97.23\%$，故模型拟合好，预估精度高。

（2）平均胸径及平均树高模型

平均胸径及平均树高是收获预估的基本内容，其生长过程据研究同样可用理查德 Richards 方程描述。为此，按照林分平均材积的建模原理和方法，利用样地材料构建了红豆树林分平均胸径 D 及平均树高 H 模型，具体模型如下。

平均胸径模型：

$$D = 59.3745 SI^{0.3158} \left[1 - \exp(- 0.00232 SD^{0.4161} t) \right]^{0.8945} \quad R^2 = 0.9395 \tag{12-12}$$

平均树高模型：

$$H = 14.4275 SI^{0.3372} \left[1 - \exp(- 0.008276 SD^{0.6221} t) \right]^{0.7573} \quad R^2 = 0.8842 \tag{12-13}$$

（3）株数模型

在具备现时林分实际观测值的基础上，应用生长收获模型预估未来林分任意时刻的林分调查因子，关键是掌握林分的密度动态。在我国的森林资源调查体系中，森林经理调查将林业基层单位的森林资源落实到小班，是作业设计调查和经营管理的基础材料。对于有人为经营（主要是指抚育间伐）活动的小班，资源数据的变化可由作业验收成果体现，其林分密度（单位面积上的林木株数）在经营期内可视为常数，在此期间内林分生长过程属于等株状态。但对于无人为干预的自然生长的林分而言，密度动态体现在林分的自然稀疏过程，其林分因子的动态变化需要人们根据林木的生长规律做出恰当的估计。因此，在林分生长收获预估体系中，往往需构建林分自然稀疏模型。

但是，林分自然稀疏规律是林业科学研究的一个难点，许多林业工作者对此做了大量的研究，并未取得完满的结果。为了方便应用，本次以年龄、立地为自变量，每公顷株数为因变量 N，选择理查德方程建立了平均密度的预估模型。

$$N = 261.5329SI^{0.3636}\left[1 - \exp(-0.01477t)\right]^{-1.1615} \quad R^2 = 0.8756 \quad (12-14)$$

（4）蓄积量及断面积模型

确定了林分平均材积、平均胸径和株数后，林分蓄积量 M 及断面积 G 按下式计算：

$$M = N \times V$$

$$G = 3.14/40000 \times D^2 \times N \quad (12-15)$$

应用上述模型，即可对红豆树林分生长动态做出估计。

12.2.4.3　红豆树林分生长动态研究结果

收获表在组织森林经营工作上有重要的作用，它可以用来判断林地的地位，作为森林经营及育林工作的指南，鉴定经营措施的效果，查定林分的生长量和蓄积量，预估今后的生长状态和收获量，确定森林成熟和伐期龄等。下面以一实例说明在具备小班现实测定值的基础上，应用全林分模型预测该小班林分因子的生长动态，以便为小班资源数据的动态更新提供科学依据。

某一红豆树人工林小班经调查年龄为 20 年，立地类型为 2 类地（ $SI=3$ ），平均树高 11.2m，平均胸径 10.7cm，平均单株材积 0.0607m³，林分密度 125 株/亩，蓄积量 7.5875 m³/亩，预测生长到 80 年时各龄阶（5 年为一个龄阶）的平均胸径、平均高、平均单株材积和每亩蓄积量。

将年龄、立地、密度代入全林分模型，得到该小班相应的林分因子理论值：平均胸径 9.6cm，平均高 9.9m，平均单株材积 0.0541m³，蓄积量 6.7811 m³/亩，此 4 个因子与该小班的现实林分因子存在一定差异，原因在于林分生长模型反映的是某一年龄、立地和密度时的平均水平的林分调查因子，现实林分因子并不可能完全等于模型求出的理论值，有可能比理论值大，也有可能比理论值小，这些都是正常现象。在实际应用时，需对这些差异进行修正。修正方法是以现实林分因子实际值为分子，理论值为分母，将其比值作为修正系数，对模型值进行修正，从而获得林分生长动态的预估值。具体计算过程如下。

平均胸径修正系数 $R_D = 10.7/9.6 = 1.1146$

平均树高修正系数 $R_H = 11.2/9.9 = 1.1313$

平均材积修正系数 $R_V = 0.0607/0.0541 = 1.122$

蓄积量修正系数 $R_M = 7.5875/6.7811 = 1.1189$

求出修正系数后，再用以下公式预估林分调查因子：

$$\hat{D}_t = R_d \times D_t$$

$$\hat{H}_t = R_N \times H_t$$

$$\hat{V}_t = R_N \times H_t$$

$$\hat{M}_t = R_M \times M_t$$

以上各式中，$\hat{H}_t$、$\hat{D}_t$、$\hat{M}_t$ 为 t 年时林分的平均高、平均胸径、平均材积、蓄积量的预估值，H_t、D_t、M_t 为 t 年时林分生长模型求出的平均胸径、平均高、平均材积、蓄积量，生长预测结果见表12-25。

表 12-25　红豆树林分生长动态预估值

年龄	平均胸径/cm	平均树高/m	平均材积/m³	蓄积量/m³
25	14	13.7	0.0981	9.8502
30	17.3	15.9	0.1439	12.1702
35	20.6	17.7	0.1976	14.5297
40	23.8	19.1	0.2583	16.9152
45	26.9	20.2	0.3255	19.3159
50	30	21.1	0.3983	21.7234
55	32.9	21.7	0.4761	24.1305
60	35.8	22.2	0.5582	26.5317
65	38.5	22.6	0.6439	28.9223
70	41.1	22.9	0.7326	31.2986
75	43.7	23.1	0.8239	33.6574
80	46.1	23.3	0.9172	35.9964

12.2.5　红豆树林分合理经营密度研究

为分析红豆树林分密度对其它生长因子的相关性，以红豆树林分密度为主因子分别与其它 10 项生长量指标进行相关性分析。其结果详见表12-26，对 33～40 年生长期的红豆树中龄林中，林分保留密度与胸径、树高、冠幅长度、单株材积、胸径年均生长量、树高年均生长量等因子为负相关，说明林分密度对胸径、树高、冠幅长度、单株材积、胸径年均生长量、树高年均生长量的影响，是密度越大这些因子的生长量就越小；表明目前的红豆树林分的密度普遍偏大，不利于红豆树林分培育。对当年 23 年生的红豆树不同密度结构的林分平均木器官生物量进行了测定，结果详见表12-27。当红豆树林分密度1329 株/hm² 时的平均木总生物量为 95.146kg/株，密度 960 株/hm² 时的平均木总生物量为 148.5kg/株，平均木生物量增长率56.1%，林分密度减少28%时每公顷总生物量增长了 12.8%。红豆树生物量增长量在树干、枝、叶、根等器官上的分配分别为 41.8%、29.7%、7.2%、21.3%。由此可见，合理经营密度对实现森林经营目标十分重要。

表 12-26　33～40 年生红豆树林分密度与其它生长量指标间的相关分析

胸径	树高	枝下高	枝高系数	冠长	单株材积	林分年平均生长量			冠幅重叠系数
						胸径	树高	材积	
-0.57	-0.36	0.293	0.58	-0.52	-0.438	-0.5469	-0.25	0.1769	0.4887

表 12-27　23 年生红豆树两种林分密度的生物量比较

项目	林龄/年	总生物量 kg/hm²	密度 株/hm²	平均木	树干 kg/株	枝 kg/株	叶 kg/株	根 kg/株
生物量	23	142590	960	148.5	75.3	35.0	6.8	31.4
生物量	23	126449	1329	95.1	53.0	19.1	3.0	20.1
增长率/%	/	12.8	−28%	56.1	42.2	82.9	129.4	56.6
器官增长量/kg	/	/	/	53.4	22.3	15.9	3.8	11.3
增长率/%	/	/	/	100.0	41.8	29.7	7.2	21.3

红豆树林分密度对枝下高、枝高系数、年均材积生长量、冠幅重叠系数等呈正相关，说明林分密度对这些因子的生长影响是随密度增加而递增；红豆树与枝下高相关系数 0.293、枝高系数 0.58，表明红豆树适当密植有利促进自然整枝，提高红豆树立木的枝下高。

红豆树林分密度高时立木胸径分化程度激烈，为培育大径级红豆树、提高红豆树材种规格，应对红豆树人工林的各个生长阶段采取相应的密度管理技术。

12.2.5.1　林木冠幅与胸径的回归模型

观测数据表明，林木的冠幅随胸径的增大而增大，二者之间呈正相关关系。为了通过胸径求得准确的冠幅值，我们采用多模型选优法寻找最优模型。各方程拟合结果见表 12-28。

由此可见，冠幅与胸径的最佳模型为线性回归方程，具体形式为：

$$Cw = 1.224738 + 0.138228D \qquad R^2 = 0.8739 \qquad (12-16)$$

式中：Cw—冠幅，D—胸径。

表 12-28　红豆树冠幅与胸径拟合回归方程

项目	冠幅胸径拟合回归方程				
	方程	a	b	R	F
1	$y = a + bx$	1.224738	0.138228	0.873944	2056.377
2	$y = a + b/x$	6.642391	−37.966	0.581408	325.2864
3	$1/y = a + bx$	0.409871	−0.00562	0.623128	403.7053
4	$1/y = a + b/x$	0.125288	2.653709	0.714685	664.015
5	$\ln y = a + b\ln x$	−0.76294	0.715122	0.837697	1496.344
6	$\ln y = a + bx$	0.812393	0.024414	0.786871	1034.018
7	$y = a + b\ln x$	−6.01415	3.489152	0.801779	1144.764
8	$\ln y = a + b/x$	1.898787	−8.92792	0.698847	607.1289

12.2.5.2　林分最大密度模型

根据冠幅与胸径的相关关系，人们通常用下式来求算林分最大密度：

$$Nmax = 10000/S$$

式中：$Nmax$ 为林分最大密度（株/hm^2），S 为树冠水平面积（m^2），按平均胸径代入冠幅与胸径的回归方程后所求得的平均冠幅来确定，即

$$S = 3.14/4 \times Cw^2 = 3.14/4 \times (1.224738 + 0.138228 Dg)^2 \qquad (12-17)$$

其中的 Dg 为林分平均胸径。但是，林分中的林木树冠之间有重叠现象，且在坡地上尤为明显，故需引入树冠重叠系数来修正最大密度。

一般认为，郁闭度等于 1 时林分密度最大。为此，需先建立林分郁闭度与树冠重叠系数的相关数学模型。经分析，林分郁闭度与树冠重叠系数之间呈线性关系，由标准地材料求得回归方程为：

$$K = -0.1205 + 1.6572P \quad R = 0.9237 \qquad (12-18)$$

式中：K 为树冠重叠系数，P 为林分郁闭度。将郁闭度 1 代入上式，求得相应的树冠重叠系数为 1.5367。据此，得到修正后的林分最大密度 Nm，即 $Nm = 1.5367 Nmax$。

林分最大密度与平均胸径之间呈双曲线关系，其模型为：

$$Nm = -392.1252 + 32606.0947/Dg \quad R = 0.9996 \qquad (12-19)$$

12.2.5.3　林分合理经营密度模型

合理的经营密度是确定抚育间伐措施的前提，是充分利用空间、挖掘林地生产潜力、谋取最大收获量的保证。

根据林分最大密度模型，用下式求出收集调查的标准地经营密度：

$$P = N/Nm$$

式中：P——密度经营度，N——林分现有密度。

为了避免经营密度分布中大小两端极端值误差较大的影响，合理经营密度的上、下限的确定应采用下列半峰公式计算：

$$P_2 = P_0 + PWH/2$$
$$P_1 = P_0 - PWH/2$$

式中：P_2、P_1 分别为经营密度的上、下限，P_0 为经营密度的平均值，PWH 为增峰宽（$PWH = 2.354 \times S$，S 为标准差）。在（P_1，P_2）范围内的经营密度即为合理经营密度。

应用半峰宽公式确定合理经营密度，要求样本遵从正态分布，现用 X^2 检验法对密度经营度的频数分布进行假设检验。X^2 检验法的计算公式如下：

$$x^2 = \sum_{i=1}^{m} \frac{(v_i - nw_i)^2}{nw_i} \qquad (12-20)$$

式中：v_i——实际频数，w_i——理论概率值，nw_i——理论频数，m——分组的组数。

根据样地资料，经计算机计算，求得 $X^2 = 6.75 < X_{0.05}^2 = 11.07$，故可认为样地密度经营度的分布遵从正态分布，从而为应用半峰宽原理确定合理经营密度提供了理论依据。这样，根据样地资料所求得的密度经营度平均值 0.7708 和标准差 0.1302，获得合理密度经营度的界限。即

$$P_2 = P_0 + PWH/2 = 0.7708 + 2.354 \times 0.1302 = 0.924$$
$$P_1 = P_0 - PWH/2 = 0.7708 - 2.354 \times 0.1302 = 0.618$$

而保留株数的上、下限为：

$$N_{下} = P_1 \times Nm = 0.618 \times (-392.1252 + 32606.0947/Dg) = -242.3334 + 20150.5665/Dg$$

$$N_{上} = P_2 \times Nm = 0.924 \times (-392.1252 + 32606.0947/Dg) = -362.3237 + 30128.0315/Dg$$

将林分平均胸径代入以上两式，得到合理经营密度区间，见表12-29。

表12-29　合理经营密度区间

胸径/cm	密度/株/hm²		胸径/cm	密度/株/hm²		胸径/cm	密度/株/hm²	
	下限	上限		下限	上限		下限	上限
5	3788	5663	21	717	1072	37	302	452
6	3116	4659	22	674	1007	38	288	431
7	2636	3942	23	634	948	39	274	410
8	2276	3404	24	597	893	40	261	391
9	1997	2985	25	564	843	41	249	373
10	1773	2650	26	533	796	42	237	355
11	1590	2377	27	504	754	43	226	338
12	1437	2148	28	477	714	44	216	322
13	1308	1955	29	453	677	45	205	307
14	1197	1790	30	429	642	46	196	293
15	1101	1646	31	408	610	47	186	279
16	1017	1521	32	387	579	48	177	265
17	943	1410	33	368	551	49	169	253
18	877	1311	34	350	524	50	161	240
19	818	1223	35	333	498	51	153	228
20	765	1144	36	317	475	52	145	217

12.2.6　红豆树混交林研究

12.3.6.1　红豆树与杉木混交林的生长效果

在红豆树天然林调查中，发现有较高经济价值的红豆树混交林树种组合，主要是红豆树与毛竹的混生林、红豆树与马尾松的混生林、红豆树与青冈栎的混生林、红豆树与蚊母树的混生林，这几个树种的组合效果如何，尚待开展人工造林试验加以验证。红豆树与其它树种的混交试验林很少，福建省仅开展了红豆树与杉木的混交试验和红豆树与建柏的混交试验，而在莘口林场和西芹林场开展的红豆树与建柏混交林生长效果不理想，混交林分已经不存在。红豆树与杉木的混交林取得较好成效的林分，主要有福建农林大学莘口教学林场于1966～1967年营造的红豆树与杉木混交林25.3 hm²（三明莘口林场混交林，造林设计时考虑到红豆树生长比杉木慢，同期种植时杉木会抑制红豆树的生长，采取1967年种植红豆树、1969年再补造杉木的试验方案），以及浦城寨下林场于1973年营造的红豆树与杉木混交林6.67hm²，混交试验林的生长情况详见表12-30。

表 12-30　红豆树与杉木混交林生长量比较

混交类型	树种	生长区域	立地等级	林龄	密度株/hm²	林分年平均生长量 胸径 cm	林分年平均生长量 树高 m	林分年平均生长量 材积 m³/hm²	蓄积 m³/hm²	总蓄积 m³/hm²
1:1	红豆树	三明	II	38	960	0.38	0.23	3.21	121.80	504.8
	杉木			36	915	0.62	0.29	10.08	382.95	
2:1	红豆树	三明	II	38	870	0.42	0.28	4.23	160.74	438.0
	杉木			36	525	0.61	0.51	7.30	277.26	
纯林	杉木	三明	II	39	1545	0.55	0.17	12.18	462.90	—
纯林	红豆树	三明	II	38	1020	0.51	0.48	6.00	229.50	—
3:1	红豆树	浦城	II	33	1005	0.42	0.38	2.51	82.65	324.0
	杉木			33	375	0.94	0.64	7.30	241.05	
1:1	红豆树	浦城	I	33	660	0.32	0.36	3.86	127.50	720.8
	杉木			33	660	1.05	0.67	17.98	593.25	
纯林	杉木	浦城	II	33	1725	0.62	0.48	11.68	350.55	—
纯林	红豆树	浦城	II	33	2100	0.46	0.42	9.26	257.25	—

　　三明莘口林场 38 年生红豆树与杉木混交林每公顷立木蓄积量 504.8m³，杉木纯林立木蓄积量 462.9m³，红豆树纯林立木蓄积量 229.5 m³。混交林的立木蓄积量最高，杉木纯林的立木蓄积量次之，红豆树纯林的立木蓄积量最低，混交林比杉木纯林增长 9.1%、比红豆树纯林增长 120%，杉木纯林立木蓄积比红豆树纯林立木蓄积增长 101.7%。可见，红豆树与杉木混交可促进杉木的生长，而杉木林分的立木蓄积生长量比珍贵树种红豆树的生长量大得多，这是由树种间的内在特性所决定的。然而，在 1:1 混交林中，红豆树的胸径年生长量仅为红豆树纯林的 74.5%，混交林中的杉木胸径年均生长量为 0.62cm，比杉木纯林年均生长量增长了 12.7%；混交林中的红豆树高年均生长量 0.23m，红豆树纯林树高年均生长量为 0.48m，前者仅为后者的 47.9%，但是混交林的杉木树高年均生长量为 0.29m，比杉木纯林年均生长量 0.17m 增长了 70.6%。这说明红豆树与杉木混交，促进了杉木胸径与树高的生长，在红豆树与杉木的生长竞争中，红豆树处于劣势状态，红豆树成为促进杉木生长的伴生树种。笔者对 38 年生的混交林研究结论，同林文龙对沙县水南林场 20 年生的红豆树与杉木混交林生长量的研究结论和郑双全对莘口林场 33 年生红豆树树干解析的研究结论不一致（郑双全，2000），这可能是红豆树和杉木混交林在 20 年生时二者种间关系协调，到后期随着林木的生长和树体的膨大，林木间产生激烈的种间竞争所致，表明对红豆树与杉木混交林进行适时的密度结构调整是森林培育的重要内容。

　　在福建浦城的 33 年生红豆树与杉木混交试验林中，笔者调查分析了 I、II 两类立地质量的红豆树与杉木混交林生长量、杉木纯林生长量、红豆树纯林生长量，四种类型单位面积的立木蓄积量差异为：I 类立地的混交林蓄积量为 720.8 m³/hm²，II 类立地的混交林蓄积量为 324 m³/hm²，II 类立地的杉木纯林的蓄积量为 350.55 m³/hm²，II 类立地红豆树纯林的蓄积量为 257.25 m³/hm²。四种类型的树高、胸径生长量差异为：I 类立地红豆树树高、胸径年均生长量分别为0.36m、0.32cm，Ⅱ类立地红豆树树高、胸径年均生长量分别为0.38m、0.42cm，Ⅰ类立地比Ⅱ类立地的年均树高、胸径生长量低5.6%和31.3%，这是由于杉木生长比红豆树迅速，使红豆树成为被压木，生长受杉木的抑制。红豆树与杉木混交林中，Ⅰ类立地杉木树高、胸径年均生长量分别为0.67m、1.05cm，Ⅱ类立地杉木树高、胸径年均生长量分别为0.64m、0.94cm，杉木纯林的树高、胸径年均生长量分别为0.48m和0.62cm，Ⅰ类立地的杉木年均生长量比杉木纯林增长了39.6%和69.4%，Ⅱ类立地的杉木年均树高、胸径生长量比杉木纯林增长了33.3%和51.6%。很显然，红豆树与杉木混交中，杉木抑制红豆树生长而又利用了红豆树凋落物促进自身的生长。

混交林有利于提高红豆树立木质量，38年生的红豆树与杉木混交结构为1:1、2:1和1:2时，其红豆树大径木所占的比例分别为38.7%、37.5%、18.9%，而红豆树纯林大径木的比例仅占2.4%。可见，当红豆树混交比大于或等于杉木时，有利于培育红豆树大径材；当红豆树混交比例明显小于杉木时(1:2)，红豆树直径生长受影响，大径木比例小，其原因是红豆树的被压木比例增大(王金盾，2001)。混交林改善了红豆树的立木质量，红豆树树干分权性强，一般在主干高2~5m处即分权，达10m高者极少，而38年生红豆树混交林的平均主干高度达7.8m，比纯林提高3.98m，其中主干高达10m以上的占42.8%，虽然主干仍有弯曲，但比纯林弯曲程度小，分权少。这是因为两树种混交后，杉木侧方庇荫，抑制红豆树侧枝生长，促进红豆树的自然整枝和树高生长。混交林中的红豆树冠幅明显比纯林小，树干分权高度大于纯林，说明混交林中的红豆树冠幅生长受到一定抑制，在林木营养空间的竞争中，促进立木的高生长，使红豆树树干分权高度上升。

12.2.6.2 不同混交比例的林分生长效果

38年生的红豆树与杉木混交试验林中，不同混交比例的红豆树与杉木混交林，其生长差异大(表12-30)。1:1的混交林总蓄积量为504.8m³/hm²，混交比例2:1的总蓄积量为438.0m³/hm²，前者比后者增长15.3%。33年生的红豆树与杉木混交林中，1:1混交比例比3:1的总蓄积量增长122.2%。1:1、2:1、3:1三种类型的混交林年平均材积生长量分别为13.29m³/hm²、11.53m³/hm²、9.82m³/hm²，三种类型的年平均材积生长量与红豆树纯林比较，增长率分别为15.3%、17.4%、35.3%。所以，合理混交比例是提高林地生产力的关键措施之一，红豆树与杉木混交比例以1:1最优、2:1次之、3:1较差。

杉木是中国南方主要栽培树种，杉木栽培面积约占人工林面积的30%，利用杉木萌芽更新能力发展红豆树与杉木次生混交林，不仅对探索不同混交结构下红豆树生长效应具有重要意义，同时对杉木采伐迹地土壤改良、森林资源培育以及转变迹地更新方式等具有重要价值。因此，本研究于2007年2月在永春开展红豆树与杉木次生混交林的试验，2012年12月试验林调查显示，6年生时不同混交比例的林分生长情况已表现出较明显的交互作用，红豆树与杉木4:1、3:1、2:1、1:1的四种混交结构的林木生长差异见表12-31，红豆树生长趋势是随其混交比例递增，4:1比3:1、2:1、1:1的红豆树胸径增长率分别为4.86%、20.85%、19.78%，3:1比2:1、1:1的红豆树胸径增长率分别为15.25%、14.22%，2:1比1:1的红豆树胸径增长率为-0.89%，4:1比3:1、2:1、1:1的红豆树树高增长率分别为-1.78%、11.91%、5.06%，3:1比2:1、1:1的红豆树树高增长率分别为13.93%、6.96%，2∶1比1∶1的红豆树树高增长率为−6.12%。a、b、c、d四种不同混交比例的6年生红豆树生长差异方差分析结果显示，胸径与树高的生长差异均呈极显著差异(表12-32)，6年生混交林中的红豆树已成为被压木，随着杉木混交比例增大，红豆树被杉木挤压的效应更突出，说明6年生杉木萌芽林与红豆树已经产生较为明显的生长环境空间的竞争，特别是1∶1混交结构下的红豆树生长空间受到明显排斥，红豆树生长受到负向影响，如表12-31中1∶1混交结构红豆树平均胸径4.5cm、平均树高4.74m，然而杉木平均胸径达到10cm、树高达到8.2m，如果没有及时采取间伐杉木，必然影响红豆树的成林和成材。这与38年生的红豆树、杉木混交林相似，产生原因是由于杉木是速生树种，而红豆树是慢生树种。

表12-31　6年生红豆树与杉木混交林的生长差异

项目	红豆树		杉木		混交比例
	胸径	树高	胸径	树高	
处理 a	5.39	4.98	8	7.5	
处理 b	5.14	5.07	7.5	7.4	
处理 c	4.46	4.45	8.2	8	
处理 d	4.5	4.74	10	8.2	a=4豆∶1杉
a 与 b 比增	4.86%	−1.78%	6.67%	1.35%	b=3豆∶1杉
a 与 c 比增	20.85%	11.91%	−2.44%	−6.25%	c=2豆∶1杉
a 与 d 比增	19.78%	5.06%	−20.00%	−8.54%	d=1豆∶1杉
b 与 d 比增	15.25%	13.93%	−8.54%	−7.50%	
b 与 d 比增	14.22%	6.96%	−25.00%	−9.76%	
c 与 d 比增	−0.89%	−6.12%	−18.00%	−2.44%	

表12-32　四种不同混交比例的6年红豆树生长差异方差分析

因子	差异源	SS	df	MS	F	$P-value$	$Fcrit$
胸径	组间	5.4113	3	1.8038	8.6883 **	0.0067	
	组内	1.6609	8	0.2077			
	总计	7.0722	11				$F_{0.05}=4.066$
树高	组间	2.5464	3	0.8489	8.7989 **	0.0065	$F_{0.01}=7.591$
	组内	0.7717	8	0.0965			
	总计	3.3181	11				

12.2.6.3　红豆树混交林的营养空间及其生物量结构分析

（1）林分地上部分空间分布

林分的空间分布是衡量有效利用光照、水分、养分的重要因子，能够表明林分结构的合理程度，是混交林高产的重要条件之一。

20年生混交林中，红豆树树冠居上层，其枝叶主要分布在6、7、8层(树高10~

16m)，这3层枝叶量占总枝叶量的83.8%，叶量占了总叶量的85.2%；而混交林中杉木枝叶主要分布在4、5、6层(树高6～12m)，其3层枝叶量占了总枝叶量84.2%，叶量占了总叶量的79.7%。红豆树的枝叶量大部分位于杉木枝叶集中分布层以上，交界处树冠也有穿插、渗透现象。可见，混交林冠层分布有比较明显的层次，也有相互交错，合理地利用光能，提高了光能利用率。中龄林时，红豆树居林冠上层，摆脱杉木侧方庇荫的红豆树，分杈特性明显，枝叶疏散展开，加上部分落叶后，光照透射杉木冠层还是比较多，对杉木生长影响不是太大。

红豆树地下生物量与地上生物量之比为0.1423，杉木为0.1188，一定程度上说明红豆树林分对地上营养空间的敏感性更高，即与杉木相比红豆树要求利用较多的光能，这同红豆树苗期生长量与地上营养空间的相关性高，而与地下营养空间的相关性较低的研究结果一致。

（2）林分地下部分空间分布

红豆树主根明显，侧根也发达。20年生主根深1m以上，1级侧根4～11条，根径10cm以上有4条，微向下侧伸展。0～20cm，20～40cm以上根量占总根量的23.5%，其中<1cm的占须根总量9.14%。显然，红豆树的侧、须根主要分布在40cm以上土层。而混交林中杉木根量则以10～40cm土层为多，占总根量的92.6%。其中<1cm的占其总量的93.8%。由此可见，混交林中深根性的红豆树和浅根性的杉木在根系营养空间的垂直分布上，尤其是须根的分布层次十分明显，这种根系营养空间结构能够比较合理地利用土壤肥力，红豆树与杉木两树种混交后的根系分布均匀密集，深度加大，形成了庞大的根群，能从不同土层中摄取养分，提高了养分利用率(林文龙，2002)。

（3）不同混交比例的红豆树生物量差异

上述研究表明，红豆树与杉木混交有效地促进了杉木林分的生长；同时，根据红豆树苗期根瘤对植株生长的影响效果的研究，可看出红豆树发达的根瘤具有明显的固氮自肥功能，能有效地促进立木的生长；此外，红豆树每年大量的凋落叶片对林地土壤具有重要的培肥作用。

为深入分析红豆树与杉木混交林的生长差异来源，对不同林分结构的红豆树生物量差异情况进行了调查分析，莘口与浦城两个试验点的不同混交比例的红豆树人工林生物量详见表12-33。在莘口造林试验点，其它环境条件基本相同，而混交比例不同的试验林中，红豆树与杉木混交比例分别为1:1和2:1两种情况下，红豆树平均单株干物质总生长量分别为111.6kg和135.7kg，两者与红豆树纯林的单株平均干物质生长量177.5kg相比较，后者比前者的总生物量增长了13.6%。在浦城造林试验点，红豆树与杉木3:1和1:1混交结构中，平均单株干物质总生长量分别为77.1kg和52.5kg，以红豆树纯林的平均单株生物量120.5kg为参照，前者比后者的总生物量增长了20.4%，红豆树比例大即单株总生物量也大。

表 12-33　不同混交比例的红豆树人工林生物量

密度结构	生长区域	树种	林龄	密度株/hm²	生物量/kg					
					树干	枝	叶	根	单株总和	每公顷生物量
1:1	莘口	红豆树	38	960	64.42	10.53	5.22	31.43	111.6	107147.0
		杉木	36	915	—	—	—	—	—	—
2:1		红豆树	38	870	80.12	10.33	6.36	38.92	135.7	118078.0
		杉木	36	525	—	—	—	—	—	—
纯林		红豆树	38	1095	110.0	7.18	7.75	52.59	177.5	194388.8
3:1	浦城	红豆树	33	1005	43.49	8.88	3.47	21.27	77.1	77488.4
		杉木	33	375	—	—	—	—	—	—
1:1		红豆树	33	660	29.44	6.50	2.23	14.37	52.5	34673.3
		杉木	33	660	—	—	—	—	—	—
纯林		红豆树	33	2100	70.10	10.59	5.66	34.16	120.5	253076.0

不同混交比例的红豆树生物量生长差异的研究结果表明，红豆树每年有大量的凋落叶片回归土壤，红豆树比例越大每年回归土壤的有机质就越多，从而使林分土壤逐年改善，进而促进了立木的生长。这是红豆树混交林中，生物量随红豆树混交比例的增大而增大的主要原因。

(4)乔木层叶面积及净同化率

叶片是植物进行光合作用的器官，对林分生产力的影响是显著的。混交林叶面积和叶面积指数分别是 79114m²/hm² 和 7.91m²/m³，叶面积比杉木和红豆树纯林分别高出 51.8% 和 13.3%，叶面积指数分别高 51.81% 和 32.3%，显然混交林对太阳能的聚积效率最高（瘳涵宗，邸道生，张春能，1992）。但林分中红豆树单株间叶面积和叶面积指数存在明显差异，这一方面有利于红豆树大径材的培育，另一方面也提示人们对生长脆弱的红豆树要适时间伐（表 12-34）。

表 12-34　乔木层净生长量及叶净同化率

林分类型	树种	年净生产量 t/(hm²·a)	叶面积指数 m²/m³	叶及树干净同化率 t/(hm²·a)
混交林	红豆树	3.89	4.86	2.481
	杉木	8.01	3.05	5.2393
纯林	红豆树	4.68	6.98	3.0806
	杉木	9.23	5.21	6.597

混交林叶及树干净同化率达 7.720t/(hm²·a)，比杉木、红豆树纯林分别高 17.0% 和 150.6%，表明混交后提高了林分的光能利用率。说明混交林的林分结构能提高树干生物量的积累，对以树干为主产品的杉木和红豆树，有利于提高其经济价值。

12.2.7　红豆树人工林经济效益评价

森林的经济成熟龄是指林分在正常的生长发育过程中，达到了最大经济效益时的年龄。森林何时采伐收获才能取得最大的利润，已在生产中成为正常的经营标准。因为人们从事林业生产，总是期望能够在有限的土地资源上，用尽量少的投入，获得尽可能多的经济效益。适宜的经济成熟龄，不仅可以提供经济收益最佳的主伐年龄，而且常能适当地降低轮伐期，从而缓解可采资源的不足和经济危困的矛盾，并能改善龄级结构，使森林经过调整，逐步达到永续利用的目的。探讨红豆树人工林的经济成熟，对于有效地提高红豆树人工林的经营水平和经济效益，实现林业可持续发展有其重要意义。根据所收集的技术经济指标，利用生长收获预估模型，计算红豆树各年龄的收入、支出及净现值等指标，结果见表12-35。

表 12-35　红豆树Ⅰ类立地质量的经济成熟分析测算

年龄	平均高 m	平均直径 cm	蓄积量 m³/hm²	总收入现值 元	总支出现值 元	净现值 元	年均净现值 元
6	2.6	2.2	30.2	5054	5910	−855	−143
8	3.8	3.2	42.5	8893	7121	1772	222
10	4.9	4.3	55.4	13779	8192	5587	559
12	6.1	5.4	68.8	19841	9099	10743	895
14	7.2	6.6	82.6	27077	9844	17233	1231
16	8.3	7.7	96.7	35339	10438	24901	1556
18	9.4	8.9	111.1	44368	10895	33473	1860
20	10.5	10.2	125.8	53830	11230	42600	2130
22	11.5	11.4	140.7	63364	11458	51906	2359
24	12.4	12.6	155.8	73108	11961	61147	2548
26	13.3	13.9	171	81818	12069	69749	2683
28	14.2	15.2	186.4	89656	12101	77555	2770
30	15	16.4	202	96426	12068	84358	2812
32	15.7	17.7	217.6	102001	11980	90021	2813
34	16.4	18.9	233.3	106318	11846	94472	2779
36	17	20.1	249.2	109369	11673	97696	2714
38	17.6	21.4	265.1	111192	11469	99724	2624
40	18.1	22.6	281	111864	11240	100624	2516
42	18.6	23.8	297	111484	10992	100492	2393
44	19	25	313.1	110169	10730	99440	2260
46	19.4	26.2	329.2	108047	10458	97589	2121
48	19.8	27.4	345.3	105245	10181	95064	1980
50	20.2	28.5	361.4	101887	9901	91986	1840
52	20.5	29.7	377.5	98092	9622	88471	1701
54	20.7	30.8	393.6	93969	9344	84625	1567
56	21	31.9	409.8	89615	9071	80544	1438
58	21.2	33	425.9	85117	8804	76313	1316
60	21.4	34.1	442	80549	8544	72005	1200

表 12-36 红豆树 II 类立地质量的经济成熟分析测算

年龄	平均高 m	平均直径 cm	蓄积量 m³/hm²	总收入现值 元	总支出现值 元	净现值 元	年均净现值 元
6	2.5	2.1	24.4	3926	5441	-1515	-252
8	3.6	3.1	34.4	6898	6427	471	59
10	4.7	4.1	44.9	10615	7303	3313	331
12	5.8	5.1	55.7	15154	8047	7107	592
14	6.8	6.2	66.9	20496	8659	11837	845
16	7.9	7.3	78.3	26522	9149	17373	1086
18	8.9	8.5	90	33032	9527	23505	1306
20	9.9	9.6	101.9	39778	9805	29973	1499
22	10.8	10.8	113.9	46496	9996	36500	1659
24	11.7	12	126.1	52935	10111	42824	1784
26	12.5	13.2	138.5	59281	10465	48816	1878
28	13.3	14.3	150.9	64582	10493	54088	1932
30	14	15.5	163.4	69071	10469	58603	1953
32	14.7	16.7	176.1	72674	10400	62275	1946
34	15.3	17.9	188.8	75361	10293	65068	1914
36	15.8	19	201.5	77141	10156	66985	1861
38	16.4	20.2	214.3	78055	9993	68062	1791
40	16.8	21.3	227.2	78169	9810	68359	1709
42	17.3	22.5	240.1	77564	9612	67952	1618
44	17.6	23.6	253	76330	9402	66928	1521
46	18	24.7	265.9	74562	9185	65377	1421
48	18.3	25.8	278.9	72353	8964	63389	1321
50	18.6	26.9	291.8	69792	8740	61052	1221
52	18.9	28	304.7	66963	8516	58447	1124
54	19.1	29	317.7	63941	8294	55647	1030
56	19.3	30.1	330.6	60792	8076	52717	941
58	19.5	31.1	343.5	57575	7862	49713	857
60	19.6	32.1	356.4	54338	7654	46684	778

表 12-37 红豆树 III 类立地质量的经济成熟分析测算

年龄	平均高 m	平均直径 cm	蓄积量 m³/hm²	总收入现值 元	总支出现值 元	净现值 元	年均净现值 元
6	2.3	2	18.2	2746	4943	-2196	-366
8	3.3	2.8	25.6	4824	5682	-858	-107
10	4.3	3.8	33.4	7362	6343	1018	102

（续）

年龄	平均高 m	平均直径 cm	蓄积量 m³/hm²	总收入现值 元	总支出现值 元	净现值 元	年均净现值 元
12	5.3	4.7	41.4	10388	6907	3481	290
14	6.3	5.8	49.7	13878	7374	6505	465
16	7.3	6.8	58.2	17742	7748	9994	625
18	8.2	7.8	66.9	21844	8038	13806	767
20	9.1	8.9	75.7	26022	8254	17768	888
22	9.9	10	84.6	30108	8404	21704	987
24	10.7	11.1	93.7	33949	8496	25452	1061
26	11.4	12.2	102.8	37674	8729	28945	1113
28	12.1	13.3	112	40693	8753	31940	1141
30	12.7	14.3	121.3	43168	8738	34431	1148
32	13.3	15.4	130.6	45067	8690	36378	1137
34	13.8	16.5	140	46386	8613	37773	1111
36	14.3	17.6	149.4	47144	8514	38630	1073
38	14.7	18.6	158.8	47379	8396	38983	1026
40	15.1	19.7	168.3	47142	8263	38878	972
42	15.5	20.7	177.8	46489	8119	38369	914
44	15.8	21.7	187.3	45481	7967	37514	853
46	16.1	22.8	196.7	44182	7809	36373	791
48	16.3	23.8	206.2	42648	7647	35000	729
50	16.6	24.7	215.7	40935	7484	33451	669
52	16.8	25.7	225.2	39093	7321	31772	611
54	16.9	26.7	234.7	37166	7159	30007	556
56	17.1	27.6	244.1	35192	7000	28192	503
58	17.2	28.6	253.6	33203	6845	26358	454
60	17.4	29.5	263	31225	6693	24532	409

当利率取5%时，各种立地质量类型的经济成熟龄基本一样，均在30年左右。但是，不同立地类型的收益净现值和年均净现值差异显著，从Ⅰ类地到Ⅲ类立地，每公顷的收益净现值依次为：90021元、58603元、34431元，年均净现值依次为：2813元、1953元、1148元。显然，选择好的立地条件营造红豆树，对提高经济效益将起着至关重要的作用。

通过以上分析测算，得出了红豆树一定条件下的经济成熟龄。但由于营林生产周期长，生产资金要等到主伐时才能全部收回。因此，在林业生产实践中，对具体林分进行经济成熟的分析时，必须考虑经济成熟的变化特点和经济因素的变动对森林经济成熟的影响，以下对此做进一步的分析。

以净现值作为可比基础的森林经济成熟的理论研究，其实质是货币收获的最大化问题，这种货币收获由成本运动和效益运动构成，这两种运动具有不同的经济属性和特点，森林经济成熟正是这两种相互联系又相互独立的运动结果。

森林经营成本由营林生产成本和木材经营成本（指主伐成本）组成，在营林生产成本中，造林和幼林抚育成本所占比例最大。一般情况下，从第5年起主要是森林管护费，且每年比较稳定，通常取一定值。因此，累计营林生产成本随林分年龄的增加而上升，按一定的利率折成现值后，则随林分年龄增加而增加最终趋于稳定。在给定技术经济指标的情况下，每立方米的木材经营成本为一定值。由于正常经营的林分，单位面积上的木材产量随年龄增长而增加，因而在不同年龄进行采伐时，单位面积的木材经营成本是不一样的，其变化规律是随年龄推移而呈上升趋势。但是，如果把不同年龄主伐时的单位面积的木材经营成本按一定的利率折为现值，则木材经营成本现值的变化规律是先随年龄增加而上升，至某一年龄时达到最大值，而后随年龄增加而下降，呈中间高两边低的变化曲线。究其原因，在于林分产量随年龄增长不可能无限制地增加，达到某一年龄时林分产量趋于稳定，使得单位面积林分的木材经营成本也趋于稳定。将其折为现值后，由于时间长，折现值就低。因此，把不同年龄主伐时的木材经营成本和相应的累计营林生产成本合计折为现值后，成本运动曲线随年龄的推移呈中间高两边低，表12-35～12-37的总支出现值体现了这一变化规律。

森林经营效益取决于林分木材产量和木材价格，而木材产量又受林分蓄积量和材种出材率二个因素制约。在正常经营的人工林中，林分蓄积量、平均胸径和平均高等测树因子随年龄增加而增长，达到某一年龄阶段后增长速度趋于缓慢，其生长过程通常呈S形曲线。林分材种出材率与平均胸径和平均高有关，由于平均胸径和平均高生长的S形曲线这一特性，使得林分出材率随年龄增加而增加，或许不呈S形曲线，但达到某一年龄阶段后增长幅度缓慢，最终同样趋于稳定。因此，在木材价格一定时，森林经营效益（即总收入）随时间推移而上升，达到某一年龄阶段后增长幅度缓慢，同样具有S形变化曲线的特点。给定某一利率，把森林在不同年龄的经营总收入折成现值，由于经营总收入增长变化的特点和时间长短的不同，使其总收入现值按年龄分布呈中间高两边低的常态分布，其曲线存在一个峰值（最大值）。表12-35～12-37不同年龄的总收入现值体现了这一变化规律。

森林净现值和年均净现值正是由上述收入现值和成本现值相互作用的结果，按年龄分布呈中间高两边低的山状曲线，存在一个最大值。按森林经济成熟龄的定义，年均净现值取得最大时所对应的年龄即为经济成熟龄。经济成熟龄是森林经营成本、木材价格和利率等主要经济指标的函数，这些经济指标对森林经济成熟龄的时间确定具有不同向的影响作用。

森林经济成熟龄与森林经营成本呈正方向变化，即在其它条件不变时，森林经济成熟龄的到来随着成本的增加而推移，反之亦然。据分析测算，成本每增减20%，经济成熟龄将推移或提前1年。

木材价格对森林经济成熟龄产生反向作用，木材价格减少，森林经济成熟龄推移；木材价格提高，森林经济成熟龄提前。据分析测算，在其它条件不变时，木材价格每增减20%，经济成熟龄将提前或推移1年。

利率的变化对森林经济成熟龄有显著影响，利率越大，经济成熟龄越低，反之则否。当其它经济指标保持不变时，利率每提高一个百分点，经济成熟龄将提前1年到来。

当上述经济指标同时发生变化时，森林经济成熟龄是提前还是推后，取决于这些经济指标综合作用的合力方向。

本文的分析测算和结论，是针对当前一般经营条件下正常生长的红豆树人工林，在本地区具有一定的代表性。具体落实到现实林分的某一个小班时，由于影响森林经济成熟的因素很多，特别是随着林业科学技术的发展和经营管理水平的提高，红豆树人工林的经济成熟龄也必然地会在提高经营经济效益的前提下，有所提前或推迟。因此，在林业生产实践中，当需要确定具体林分是否达到经济成熟时，还应注意结合该林分当时、当地的具体条件而灵活地运用。

12.3　小结与讨论

（1）立地选择

红豆树具有极强的趋肥、趋水性，造林地必须选择土层深厚、肥沃的山坡下部，是江、河、溪流沿岸造林的理想树种，干旱瘠薄的立地土壤不宜营造。

（2）造林时效

裸根苗不同造林时间的成活率方差分析差异极显著，2~3月造林成活率可高达95%。

（3）苗木分级造林效应

红豆树裸根苗造林以二级和三级苗木造林效果最好，即地径0.75~0.95cm，苗高37~57cm的苗木造林最容易成活；一级苗造林时苗木偏大，造林成活率下降，也不利幼树生长；四级苗木在育苗圃地里就处于被压制状态，苗木径高比低，苗木不粗壮，生命力较弱。

（4）栽植技术

栽植前剪去过长的苗木主根，剔除全部或部分小叶，起苗后随即打上泥浆，造林前再次打上泥浆，整地采用块状穴垦，挖明穴、回表土，穴规格60cm×40cm×40cm，基肥宜复合肥500~750g/穴，使用有机肥做基肥应特别注意防治白蚁蚁。在较好立地条件下株行距2m×2m，造林密度167株/亩。红豆树与杉木混交以1:1最优，2:1次之，3:1较差，混交林密度每亩80~120株为宜。红豆树幼林抚育应持续到林分郁闭成林后，全垦锄草2~3次，全垦后结合施肥，第一次施氮肥100~150g/株，第二次追肥用磷肥或复合肥100~150g/株，Ⅰ类立地质量等级的造林地，当年即可郁闭成林。

（5）修枝扶干措施

红豆树分权性强，在苗期就产生侧枝，植后前三年宜侧方荫庇并及时修枝整干。主干不突出，修枝培植主干是材用性林分培育的关键措施之一，12月休眠起始期至萌动前都宜修枝，二年生苗木在圃地修枝效果最佳，修枝所形成的切口当年可全部愈合，枝干在光照刺激下侧枝萌动能力极强，林分培育时修枝促干措施需要持续进行。在水肥条件良好的立地，每年有2~3个生长期，第一阶段的生长期抽梢即可达40~70cm，造林后翌年就应及时采取扶正主干措施。

（6）6年生红豆树与杉木萌芽混交林效应

6年生混交林已表现出较明显的交互作用，以1:1较为合理，以1:1最优，2:1次之，3:1较差。

（7）人工林施肥试验效应

人工造林的氮磷钾复合肥试验取效应极显著，华安红豆树地径年平均生长量为2.1cm，比永春和连江试验点增长87.5%、153.0%，华安试验点红豆树胸径年平均生长量为1.27cm，比永春和连江试验点增长111.7%、182.2%。华安试验林2006～2012年的地径年均生长量分别为0.58cm、2.07cm、1.39cm、1.77cm、1.55cm、1.77cm、1.93cm，2008～2012年的胸径年平均生长量为1.22cm、1.29cm、1.31cm、1.55cm、1.74cm。华安试验林1年生红豆树幼树生长分化明显，幼树高最大值已达216cm，是平均值的2.5倍；幼树的地径最大值为2.7cm，是平均值的1.9倍；幼树抽梢最大值为141cm，是平均值的3倍。福建山地土壤栽培最优施肥配比：尿素、钙镁磷、氯化钾配比为3.3∶4∶1，有效追肥组合为尿素100g＋钙镁磷40g＋氯化钾60g。

（8）主要病虫害类型及其防治技术

红豆树育苗和造林试验中，先后发生的主要病虫害有白叶病、角斑病、堆砂蛀蛾、红蜘蛛、吹绵蚧、鼠害、白蚁、天牛幼虫、金龟子等。白叶病发生在苗木培育早期，可喷施多菌灵灭菌或用波尔多液防治；红豆树苗木角斑病，危害苗木叶片，可用50%多菌灵可湿性粉剂600倍稀释液或70%甲基托布津可湿性粉剂800倍稀释液防治；对一些食叶害虫，用50%甲胺磷乳油1200～1500倍稀释液防治。堆沙蛀蛾发生在红豆树造林后2～3年生幼树，主要危害嫩枝，幼虫钻蛀嫩梢，被害梢枯死。幼虫体长13mm左右，体淡黄褐色，头部棕褐色，前胸硬皮板棕褐色，中央有一黑色八字纹，胸部有许多黑灰色斑块（毛片），臀板黄褐色，上生六根刚毛，趾钩为二序环状。成虫产卵于新抽的嫩梢上，孵化后，幼虫蛀入新梢，蛀道长约5cm，蛀道上有一小孔口，幼虫将粪粒堆在洞口。防治方法是4月份喷洒40%乐果400～600倍稀释液，剪除枯梢，消灭其中幼虫。红蜘蛛发生于造林后第5年，32%植株有红蜘蛛，红蜘蛛沿树干织一层白色蜘蛛网，网下有黑色粒状分泌物，主要危害叶片，使之形成失绿斑块，呈苍白色，严重时引起落叶甚至死亡，需选用专用杀螨剂如阿维菌素进行喷雾。吹绵蚧发生于红豆树造林后第7年，繁殖能力强，一年发生多代，寄居在枝叶上，主要危害红豆树枝叶，造成叶片发黄、枝梢枯萎、树势衰退，且易诱发煤烟病；吹绵蚧抗药能力强，一般药剂难以进入体内，防治比较困难。在栽培红豆树的过程中，发现有个别枝条或叶片有吹绵蚧时，人工防治的方法可用软刷轻轻刷除，或结合修剪，剪去虫枝、虫叶，要刷净、剪净、集中烧毁，切勿乱扔。药剂防治应根据吹绵蚧发生时期采取措施，若虫盛期大多数若虫孵化不久，体表尚未分泌蜡质，介壳更未形成，用药剂喷雾仍易杀死，可用40%氧化乐果1000倍稀释液、50%马拉硫磷1500倍稀释液、255亚胺硫磷1000倍稀释液、50%敌敌畏1000倍稀释液、2.5%溴氰菊酯3000倍稀释液喷雾毒杀，每隔7～10天喷1次，连续2～3次；在树体上有卵的地方涂抹护树将军1000倍稀释液，可窒息性杀死虫卵。白蚁发生在造林后1～3年，危害较严重，曾造成2007年营建于福建农林大学莘口教学林场和永安东坡国有林场的红豆树试验林失败，有机肥基肥和未炼山造林的红豆树幼树应特别注意白蚁防治，防治方法参照桉树造林。红豆树大树移植试验中，发现有天牛幼虫、蛀干，可用石膏拌农药涂干防蛀。

（9）红豆树大树移植试验效应

红豆树大树移植最佳时期在树木休眠后至翌年发育萌动之前，即12月底至翌年3月份。12 月至翌年 2 月休眠期时的移植成活率为 96.7%，4 月中旬（即清明前后）植株开始抽梢萌动时的移植成活率为 75.2%，6～8 月红豆树处于生长发育盛期时的移植成活率仅 65%。红豆树大树移植试验的平均成活率 79.8%，在其移植穴中灌水搅拌成浆后种植，其成活率达 98.3%。

（10）38 年生红豆树混交林效应

在 38 年生的红豆树与杉木混交试验林中，红豆树与杉木混交林可以提高林地生产力水平，混交林每公顷立木蓄积量 504.8m³，杉木纯林立木蓄积量 462.9m³，红豆树纯林立木蓄积量 229.5 m³；混交林的立木蓄积量最高，杉木纯林的立木蓄积量次之，红豆树纯林的立木蓄积量最低。红豆树与杉木 1:1 混交林总蓄积量为 504.8m³/hm²，混交比例 2:1 的总蓄积量为 438.0 m³/hm²，前者比后者增长 15.3%。33 年生的红豆树与杉木混交林中，1:1 混交比例比 3:1 的总蓄积量增长 122.2%。1:1、2:1、3:1 三种类型的混交林年平均材积生长量分别为 13.29 m³/hm²、11.53 m³/hm²、9.82 m³/hm²，三种类型的年平均材积生长量与红豆树纯林比较，增长率分别为 15.3%、17.4%、35.3%。所以，红豆树与杉木不同混交比例对林分生长的促进作用明显，红豆树与杉木混交比例以 1:1 最优，2:1 次之，3:1 较差。在红豆树与杉木混交林中，先种植红豆树，2 年后再补植杉木的方式，有利增强红豆树对杉木的生长竞争能力。红豆树与杉木混交林中，深根性的红豆树和浅根性的杉木在根系营养空间的垂直分布上，能够比较合理地利用土壤肥力，两树种混交后的根系分布均匀密集，深度加大，形成了庞大的根群，能从不同土层中摄取养分，提高了养分利用率。

（11）红豆树单木生长规律

红豆树材积、胸径、树高的数量成熟年龄分别为 52 年、32 年、26 年。至 38 年生时材积生长仍处于快速生长阶段，尚未达到材积生长的数量成熟。造林前期生长较慢，10～38 年生的材积一直处于快速生长中。红豆树材积连年生长量出现在 34 年，在优良立地环境（Ⅰ类立地）中，红豆树速生起始期提前 2～3 年，而速生持续期即后延约 2 年。红豆树胸径生长量比较稳定，其生长量基本稳定在 0.6cm/a，其胸径平均生长量和连年生长量已经相交，表明红豆树胸径生长量已达到数量成熟，胸径数量成熟年约为 26 年，连年生长量最大值出现在 20 年生左右。在最适生的Ⅰ类立地质量条件下，红豆树林分胸径连年生长量出现两个快速生长阶段。第一阶段出现在第 15～25 年的 11 年期间，连年生长量均在 0.9cm 以上；第二阶段出现在第 32～36 年的 5 年期间；最大值出现在第 34 年；在Ⅲ类立地质量等级中连年生长量最大值即出现在第 19 年，胸径生长阶段不明显。在潮湿的山谷凹地，红豆树于第 4 年时胸径生长就进入快速生长期，对 10 年生红豆树树干解析发现，自第 4 年开始，其胸径生长量平均达 1.2cm/a，最大值达到 1.8cm/a。福建泰宁国有林场，2 株生长在池塘边的 30 年生的红豆树，其胸径已达到 68cm，即红豆树在潮湿土壤条件中表现出极快速的生长特性。红豆树树高连年生长量也比较稳定，其生长量基本稳定在 0.5～0.6m/a，并近似以平均生长量为轴线上下波动，使树高生长量具有明显的阶段性特征，其波动周期约为 4 年。红豆树的树高生长曲线出现多次相交现象，最早相交线出现在第 5 年，其后仍多次反复相交。然而，连年生长量最大值出现在第 24 年，平均生长量与连年生长量大概相交于 28 年，此后连年生长量迅速下降。表明红豆树树高生长量的数量成熟应在第 24 年左右。

（12）红豆树林分平均生长量

在 39 年生的红豆树林分中，胸径总生长量 21.25cm、树高总生长量 15.7m、枝下高 7m、枝下高占立木全高比例 0.44、冠长总生长量 4.41m、平均单株材积总生长量 0.2237m³，胸径平均生长量 0.56cm/a、树高生长量 0.44m/a、材积生长量 0.4398m³/（a·667m²），总平均通直度指数 0.81、总平均胸高直径的心材比率 55.3%。福建省红豆树人工林最优良林分为 1967 年营造，其胸径、树高、材积的年平均生长量分别为 0.86cm、0.6m、16.3m³/hm²，胸径、树高、材积年平均生长量为全省总平均值的 148%、128%、232%。

（13）不同立地质量的林分生长量差异

红豆树人工林的胸径年平均生长量 0.59cm、树高年平均生长量 0.47m、材积年平均生长量 0.5342m³/亩，即红豆树人工林生长量总体表现为中庸水平。Ⅰ、Ⅲ两级不同立地质量等级的单株立木的胸径、树高、材积的总生长量离差累积值分别达到 8.1cm、6.1m、0.3989m³/亩。Ⅰ级立地和Ⅱ级立地的胸径年平均生长量分别比Ⅲ级立地增加了 37.5% 和 18.8%；Ⅰ级立地和Ⅱ级立地的树高年平均生长量分别比Ⅲ级立地增加了 47.2% 和 25.0%；Ⅰ级立地和Ⅱ级立地的立木蓄积年平均生长量分别比Ⅲ级立地增加了 237.3% 和 29.6%。红豆树在Ⅰ、Ⅱ两种土壤立地质量条件特别在土壤肥沃，水分条件好的地方如山洼、山脚、溪河边沿生长较快，干形也比较好，分枝点比较高，在Ⅲ级地的林分生长差，主干低矮，1m 左右处就开始分权。可见，适地适树是发展红豆树人工林的关键因素，人工造林应选择在Ⅰ、Ⅱ级两种土壤立地条件，该研究结果可以为科学制定红豆树人工林发展规划提供依据。但是，该研究仅针对不同立地质量的红豆树立木生长效应进行单因素的影响效应探讨，反映的是福建现有红豆树林分的实际情况，未能对气候、土壤、植被、密度管理、森林经营活动、局部小环境等可能对林木生长产生影响的因素进行全面研究。

（14）林分不同坡位的生长差异

红豆树林分在不同坡位的生长效应特别明显，在山地下坡比上坡的胸径、树高、材积年平均生长量比增 45.45%、24.39%、76.07%，中坡比上坡的胸径、树高、材积年平均生长量比增 43.18%、19.51%、56.31%，下坡比中坡的胸径、树高、材积年平均生长量比增 1.59%、4.08%、12.64%。红豆树造林地应选择在长坡中下部或短坡下坡。

（15）红豆树全林分生长动态

应用理查德方程构建全林分模型，包括平均材积模型、平均胸径模型、平均树高模型和平均株数模型，胸径总断面积、林分蓄积量模型。各模型的相关系数均在 0.9 以上，误差小，精度高，可供红豆树林分生长动态作出估计。

红豆树林分平均材积模型：

$$V = 3.2396SI^{0.7437}\left[1 - \exp(-0.000158SD^{0.9004}t)\right]^{1.1521} \qquad R^2 = 0.9529$$

红豆树林分平均胸径模型：

$$D = 59.3745SI^{0.3158}\left[1 - \exp(-0.00232SD^{0.4161}t)\right]^{0.8945} \quad R^2 = 0.9395$$

红豆树林分平均树高模型：

$$H = 14.4275SI^{0.3372}\left[1 - \exp(-0.008276SD^{0.6221}t)\right]^{0.7573} \qquad R^2 = 0.8842$$

红豆树林分平均密度的预估模型：

$$N = 261.5329SI^{0.3636} \left[1 - \exp(-0.01477t) \right]^{-1.1615} \qquad R^2 = 0.8756$$

式中：t 为林分年龄。

红豆树林分蓄积量及断面积模型：

$$G = 3.14/40000 \times D^2 \times N$$

式中：G 为林分断面积，N 为株数。

(16)合理经营密度

应用半峰宽原理确定合理经营密度，根据样地资料所求得的密度经营度平均值 0.7708 和标准差 0.1302，合理密度经营度的界限为：

$P_2 = P_0 + PWH/2 = 0.7708 + 2.354 \times 0.1302 = 0.924$

$P_1 = P_0 - PWH/2 = 0.7708 - 2.354 \times 0.1302 = 0.618$

即保留株数的上、下限为：

$N_{下} = P_1 \times Nm = 0.618 \times (-392.1252 + 32606.0947/Dg) = -242.3334 + 20150.5665/Dg$

$N_{上} = P_2 \times Nm = 0.924 \times (-392.1252 + 32606.0947/Dg) = -362.3237 + 30128.0315/Dg$

(17)红豆树经济成熟龄

当利率取 5% 时，各种立地质量类型的经济成熟龄基本一样，均在 30 年左右。但是，不同立地类型的收益净现值和年均净现值差异显著，从 Ⅰ 类地到 Ⅲ 类立地，每公顷的收益净现值依次为：90021 元、58603 元、34431 元，年均净现值依次为：2813 元、1953 元、1148 元。

13

红豆树林业数表编制

编制的红豆树林业数表主要包括材积表、出材率表、地位指数表、生长率表等，其目的是满足森林经营和计量的需要。

13.1 材料来源

在福建省红豆树分布区域范围内，设置调查了 53 块 20m × 20m 标准地，解析木 65 株。结合华安金山林场、莘口林场、将乐林场的大树截干移植试验，补充调查测定 213 株样木，每株样木测定地径、胸径、树高，以及以按 2m 为一个区分段，测量样木各区分段中央带皮、去皮直径和梢头底直径。

13.2 研究方法

采用测树学、森林经理学、数理统计、计算机技术及智能算法等学科的理论和方法研究红豆树林业数表，研究方法和技术思路的要点大致如下：

（1）数据采集

以测树学理论和技术方法为基础，按森林资源规划设计调查技术采集样地、样木、解析木等数据，充分利用以往可用资料，不足部分进行实际的补充调查，详见前述的材料来源。

（2）统计分析

将采集的数据录入计算机 Excel 表中，按研究内容利用计算机技术进行统计分析，主要方法有图解法和数式法，以此观察和分析研究对象的变化规律，为模型构建奠定基础。

（3）模型构建

根据林分调查因子和单木测树因子的变化规律，构建合适的数学模型，尤其是针对研究对象以往建模中或某种方法在应用中存在的问题或不合理之处，提出改进方法对其进行充实完善。

（4）参数估计

本研究中，采用多元回归和逐步回归建立林业数表模型。模型参数估计的方法有两类：传统算法和智能算法。传统算法主要有常规最小二乘法、改进单纯形法、黄金分割法；智能算法有免疫进化算法、蚁群算法、遗传算法，根据建模对象的具体情况采用合适的参数估计方法。

（5）模型检验

以相关指数、剩余标准差、平均系统误差、平均相对误差绝对值、精度等评价指标对模型进行分析评价和适用性检验。

（6）评估改进

着重分析模型机理，应用上述评价指标结合残差散点图，分析模型存在问题，对其进行改进和完善。

13.3　建模结果与分析

13.3.1　材积表

立木材积表（简称材积表）是我国森林资源清查和森林经营中测定森林蓄积量的主要计量依据。早在19世纪，世界上第一位具有现代形式的材积表编制者，德国的柯塔首先提出："树木的材积取决于直径、树高和干形。当确定了一株树的正确材积时，这个材积值对所有相同直径、树高和干形的任何种的树木都是有效的。"100多年来，林学家们根据这一原理，在不同地区，对于不同树种提出了数十种用于编制材积表的数学模型，试图准确地模拟胸径、树高与材积之间的关系。在20世纪50年代，我国林业部综合调查队，曾在主要林区编制了主要树种的树高级立木材积表。景熙明（1956年）、黄道年（1957年）曾编制过马尾松和杉木的二元立木材积表等。从60年代起，由于森林抽样调查的需要，各地都普遍编制了主要树种的二元与一元立木材积表，70年代集中整理编制了我国35个针叶树种，21个阔叶树种的大区域二元立木材积表，农林部于1977年以部颁标准（Y208—7）颁布使用（林昌庚.1958；1964；王笃治等.1978；吴富桢.1978；周林生.1980；孟宪宇.1982）。

鉴于目前我省尚无适用的红豆树人工林立木材积表，我们组织技术力量，收集调查红豆树人工林样本资料，编制了二元材积表、一元材积表及地径材积表，以满足红豆树人工林资源清查和经营管理的需要。

13.3.1.1　红豆树二元材积表编制

根据材积与胸径、树高两个因子的关系编制的材积表称为二元材积表，由于二元材积表的编表资料是同一树种取于较大的地域范围，其适用区域较大，故又称为一般材积表或标准材积表。在材积表中，它是最基本的立木材积表，另外，根据地径、胸径、树高之间的关系还可以导算出一元材积表和地径材积表。

二元材积表作为森林资源清查中最常用的计量依据，其森林蓄积量测定的准确与否，很大程度上取决于所采用的二元材积模型的精度，为了使所编制的红豆树人工林二元材积表能够精确地反映材积测定结果，对材积模型进行精心设计和优化至关重要。

（1）基本模型的选择

材积随胸径、树高增加而增加，其间关系通常呈幂函数，用公式表示如下：

$$V = aD^b H^c \qquad (13\text{-}1)$$

式中：V 为材积，D 为胸径，H 为树高，a，b，c 为待定参数。在编制二元材积表中，(13-1)式最早由日本山本和藏于 1918 年提出，1933 年美国的舒马赫—哈尔也发表了此式，比山本迟 15 年。因此，习惯上把(13-1)式称为山本式。该式是编制二元材积表最常用的一个数学模型。目前，我国大多数树种，如杉木、马尾松、阔叶树都采用山本式编制二元材积表，它被认为是编制二元材积表较好的一个立木材积模型。

但是，山本式中的 b，c 为固定常数，不能适用 D、H 变化的需要，使其进一步提高精度受到限制。从实际应用角度出发，建立的二元材积模型应有良好的拟合性能，达到较高的预估精度。根据以往研究可知，(13-1)式中的参数 b 和 c 并非为固定常数，而是随着胸径和树高的变化而变化。为此，将参数 b、c 作为胸径和树高的函数来设计可变参数的二元材积模型，其一般形式可表述为

$$V = aD^{f(D,H)} H^{f(D,H)} \qquad (13\text{-}2)$$

我们称之为可变参数的二元材积模型，确定其具体形式的关键是 $b = f(D，H)$ 和 $c = f(D，H)$ 的数学表达式，考虑到抛物线具有较好的适用能力，且形式简单，将其设计为如下的多项式：

$$b = f(D，H) = b_0 + b_1 D + b_2 H + b_3 DH + b_4 D^2 + b_5 H^2 \qquad (13\text{-}3)$$

$$c = f(D，H) = c_0 + c_1 D + c_2 H + c_3 DH + c_4 D^2 + c_5 H^2 \qquad (13\text{-}4)$$

把(13-3)、(13-4)两式代入(13-2)式，可变参数二元材积模型的一般形式可进一步表达为：

$$V = aD^{\ b0 + b1D + b2H + b3DH + b4D^2 + b5H^2} H^{c0 + c1D + c2H + c3DH + c4D^2 + c5H^2} \qquad (13\text{-}5)$$

（2）模型结构确定

作为一个理想的回归模型应达到显著水平，且方程中的自变量或其组合项应对因变量有显著作用，而不显著的因子应从方程中剔除。(13-5)式的可变参数二元材积模型的一般表达式中的有些变量对因变量有显著作用，而有些可能是不显著的，对于不显著的变量不应保留在模型中。为此，采用逐步回归技术来确定可变参数的最优二元材积模型的结构形式。

逐步回归法是寻找最优方程的一种行之有效的方法（符伍儒，1980），该法的基本思想是：按照因子 X_1、X_2、……Xm 对因变量 Y 作用的大小，由大到小地逐个将因子引入回归方程，对已被引入回归方程中的因子，在新因子引入后有可能因变成对 Y 作用不显著而随时从方程中剔除出去，已经被剔除的因子在新变量引入后也可能重新放回。重复这一过程，直到回归方程中变量均不能剔除，即所有引入方程中的变量均达到了显著水平，同时又不能再引入新变量为止，这时逐步回归就宣告结束，从而获得合乎样本材料规律的最优回归方程。

逐步回归法要求因变量与各个自变量呈线性关系，即

$$Y = a0 + a1X1 + a2X2 + \cdots\cdots + amXm \qquad (13\text{-}6)$$

但是，(13-5)式的可变参数二元材积模型的一般表达式非线性函数，需对其作数学处理。现将(13-5)式两边取自然对数，并经整理得到：

$\mathrm{Ln}V = \mathrm{Ln}a + b_0 \mathrm{Ln}H + b_1 D\mathrm{Ln}H + b_2 H\mathrm{Ln}H + b_3 DH\mathrm{Ln}H + b_4 D^2 \mathrm{Ln}H + b_5 H^2 \mathrm{Ln}H + c_0 \mathrm{Ln}D + c_1$

$DLnD + c_2HLnD + c_3DH\,LnD + c_4D^2\,LnD + c_5H^2\,LnD$

令 $Y = LnV$、$X_1 = LnH$、$X_2 = DLnH$、$X_3 = HLnH$、$X_4 = DHLnH$、$X_5 = D^2\,LnH$、$X_6 = H^2LnH$、$X_7 = LnD$、$X_8 = DLnD$、$X_9 = HLnD$、$X_{10} = DH\,LnD$、$X_{11} = D^2\,LnD$、$X_{12} = H^2\,LnD$，并将 Lna、b_0 至 b_5、c_0 至 c_5 依次记为 a_0、$a_1 \cdots\cdots a_{12}$，可得满足逐步回归的线性模型：

$$Y = a_0 + a_1X_1 + a_2X_2 + a_3X_3 + a_4X_4 + a_5X_5 + a_6X_6 + a_7X_7 + a_8X_8 + a_9X_9 + a_{10}X_{10} + a_{11}X_{11} + a_{12}X_{12}$$

(13-7)

根据样木的树高、胸径和材积资料，应用逐步回归技术，经计算机计算得到最优回归方程：

$$LnV = -8.85241 + 1.273788LnD + 1.099347LnH + 0.007782DLnH \quad (13-8)$$

相关指数 $R^2 = 0.9818$。

将上式还原，得到可变参数的红豆树二元材积模型的最优结构为：

$$Pv = 0.000143D^{1.273788}H^{1.099347 + 0.007782D} \quad (13-9)$$

（3）模型参数优化

在应用逐步回归技术确定可变参数的二元材积模型的最优结构及参数时，由于对材积取了对数变换，作了线性化处理，所求结果对线性方程来说是最佳的，即满足的是材积的对数值误差最小。但对于原来非线性的二元材积模型而言，则不是最优的，亦即材积的误差并非最小。为此，有必要用最优化方法拟合可变参数的二元材积模型，以达到模型最优化的效果，从而提高材积表的编表精度。现在逐步回归法所求二元材积模型参数的基础上，用改进单纯形法对其作进一步的优化（江希钿.1984）。

单纯形法是近年来应用较多的一种多因素优化方法，其基本原理是：如果有 n 个需要优化试验的因素，单纯形法则由 $n + 1$ 维空间多面体构成，空间多面体的各顶点就是试验点，求出各试验点的目标函数值并加以比较，去掉其中的最坏点，取其对称点作为新的试验点，该点称为"反射点"。新试验点与剩下的 n 个试验点又构成新的单纯形，新单纯形向最佳目标靠近，如此不断地向最优方向调整，直至找出最佳目标点。改进单纯形法是在基本单纯形法的基础上，根据试验结果，调整反射点的距离，用"反射"、"扩大"、"收缩"、或"整体收缩"的方法，加速优化过程。具体作法是：首先在 n 维空间中选择初始点，确定步长，用 Long 系数表或其他方法构造初始单纯形，其次，求出单纯形各顶点的目标函数值，加以比较，确定最好点 P_b、次差点 P_n、最坏点 P_w，最后去掉最坏点 P_w，求出反射点 P_r。

对于一个任意维的单纯形，各顶点用坐标矢量 P_1，P_2，$\cdots$，P_w，$\cdots$，P_m，P_{m+1} 来表示，放弃 P_w，剩余点 P_1，P_2，$\cdots$，P_{w-1}，P_{w+1}，$\cdots$，P_m，P_{m+1} 的形心点 P_c 可用下式计算：

$$P_c = \frac{1}{m}(P_1 + P_2 + \cdots + P_{w-1} + P_{w+1} + P_m + P_{m+1})$$

那么，P_w 关于 P_c 的反射点 P_r 可用下式计算：

$$P_r = 2p_c - p_w$$

根据反射点的目标函数值 f_x 计算新试验点，构造新单纯形。设单纯形中最好点、次差点、最坏点响应值分别为 f_b、f_n、f_w，反射点的响应值 f_r 可能出现下面几种情况：

① 若 f_x 优于 f_b，求扩张点 P_e。

$$P_e = P_r + \Gamma \cdot (P_c - P_w)$$

此处 r 是扩张系数 $(r>1)$，若 P_e 的目标函数值 f_e 比 f_x 还好，则取 P_e 构成新的单纯形，否则取反射点 P_r。

② 若 f_x 比 f_b 差，但又比 f_n 好，取反射点 P_x 构成新单纯形。

③ 若 f_x 比 f_w 差，求内收缩点 P_t 构成新的单纯形。

$$P_t = P_c - \beta(P_c - P_w)$$

此处 β 为收缩系数 $(\beta < 1)$。

④ 若 f_t 比 f_w 好，但又不如 f_n，则求收缩点 P_u 构成新单纯形。

$$P_u = P_c + \beta(P_c - P_w)$$

⑤ 假如 P_t 和 P_u 的目标函数值 f_t 和 f_u 比 f_w 还差，则将现在的单纯形向最好点 P_b 收缩一半，构成新的单纯形。

每得到新的单纯形后，都应作收敛性检验，如果满足收敛性指标，则单纯形停止推进，此时单纯形中的最好点 P_b 就是所要寻找的最佳目标点，通常所用的收敛性指标是：

$$\left| \frac{(f_b - f_w)}{f_b} \right| < E$$

E 可取 0.001，用改进单纯形法优化可变参数的二元材积模型，则试验优化的因素就是模型中的各个参数，目标函数是材积的理论值和实际值的残差平方和 Q，要求目标函数值越小越好，即

$$Q = \sum (V - \hat{V})^2 = \min 。$$

以逐步回归法所求的四个参数为初值，采用改进单纯形法对其作进一步的优化求解，获得优化后的可变参数红豆树二元材积模型为：

$$V = 0.0001499 D^{1.1731} H^{1.1746 + 0.00837D} \tag{13-10}$$

相关指数 $R^2 = 0.9919$，与优化前相比，相关指数有了明显提高，说明对二元材积模型进行优化是必要的。

（4）二元材积模型的精度检验

二元材积模型的精度检验包括两个方面：其一是拟合精度检验；其二是适用性检验。

拟合精度检验就是模型自检，所用数据是参加建模的样本，相关指数反映了模型的拟合效果，但还不能完全说明模型的拟合精度，还需增加系统误差（简称系统误差）、平均相对误差绝对值（简称平均误差）及精度三个指标（骆期帮等.2001），公式如下：

$$S = \frac{1}{n} \sum [(x_i - y_i)/y_i] \times 100\%$$

$$E = \frac{1}{n} \sum |(x_i - y_i)/y_i| \times 100\%$$

$$P = \left[1 - t_\alpha \cdot \sqrt{\sum (x_i - y_i)^2/(\tilde{x} \cdot \sqrt{n \cdot (n - m)})} \right] \times 100\%$$

式中：S 系统误差，E 平均误差，P 为精度，x、y 分别为理论值（由模型算出）和实际值，$\tilde{x}$ 为理论值的平均数，n 为参加建模的样本单元数。

系统误差 S 值表示每个样本单元实际值与其相应模型估计值的相对误差的平均水平，是衡量模型是否存在趋势性系统偏差的一个指标。平均误差 E 值表示各样本单元实际值与其相应的模型估计值的相对误差绝对值平均数，它排除了样本单元间正负误差的相互抵

消，反映在胸径、树高两个因子的控制下，用材积模型估计单木材积的误差平均水平。P值表示材积模型对建模样本的整体材积估计精度，其中 t 为可靠性指标，通常取95%的可靠性，在大样本的情况下，$t = 1.96$。

上述3个指标对评价其它因子的模型也是适用的，此处用于评价二元材积模型。现用建模数据对优化后的二元材积模型进行自检，$S = 0.76\%$，$E = 7.29\%$，$P = 98.47\%$。由此可知，可变参数的二元材积模型建模正确，拟合效果理想，能够很好地反映材积与胸径、树高之间的关系，从而为其实际应用提供了依据。

适用性检验即模型的实际使用精度检验，是用未参与建模的样本资料，对理论值与实际值作差异显著性检验。因为模型的拟合精度只说明模型对建模样本的适合程度，并不能完全代表其实际应用精度，而建模仅仅是一种手段，其目的是实际应用。因此，必须用另一套未参与建模的样本资料对其实际使用效果进行检验。

理论值与实际值差异是否显著通常采用 F 检验，基本原理是：用未参加建模的另一套检验样本，以二元材积模型算出的理论材积为自变量 x，实际材积为因变量 y，建立一元线性回归方程 $y = a + bx$。显然，如果一个模型拟合得很好，实际材积与理论材积很接近，无显著差异，则回归系数 a 应近似于0，b 接近于1。为此，做零假设检验：$a = 0$，$b = 1$，当零假设成立时下述统计量 F：

$$F = \left(a \sum y + b \sum xy - 2 \sum xy + \sum x^2 \right) \times (n - 2) \Big/ \left\{ \left(\sum y^2 - a \sum y - b \sum xy \right) \times 2 \right\}$$

服从第一自由度为2，第二自由度为 $n - 2$ 的 F 分布，其中 n 为供检验的样本数。取95%的可靠性，若计算的 F 值小于查 F 分布得出的临界值 $F_{0.05}(2, n-2)$，则说明理论材积与实际材积差异不显著，亦即二元材积模型适用；反之，则说明理论材积与实际材积差异显著，二元材积模型不适用。

F 检验反映了理论值与实际值差异是否显著，为了全面衡量模型的适用性，同样要计算系统误差、平均误差和精度这3个指标。

现用未参加建模的50株红豆树样本进行适用性检验，结果 $F = 1.45 < F_{0.05}(2.48) = 3.16$，$S = 0.89\%$，$E = 7.87\%$，$P = 98.33\%$。适用性检验表明，材积理论值与实际差异不显著，说明(13-10)式的红豆树二元材积模型是适用的，且误差小，精度高，完全能够满足生产上的精度要求，可应用于森林资源清查。

（5）二元材积表的编制

把胸径和树高代入二元材积模型(13-10)式，编成红豆树二元材积表（表13-1）。

表13-1　红豆树二元材积表

胸径/cm	树高/m	材积/m³	胸径/cm	树高/m	材积/m³	胸径/cm	树高/m	材积/m³
6	3	0.0047	22	14	0.2032	32	22	0.7548
6	4	0.0067	22	15	0.2232	32	23	0.8048
6	5	0.0088	22	16	0.2436	32	24	0.8558
6	6	0.011	22	17	0.2645	32	25	0.9077
6	7	0.0133	22	18	0.2859	32	26	0.9605

（续）

胸径/cm	树高/m	材积/m³	胸径/cm	树高/m	材积/m³	胸径/cm	树高/m	材积/m³
6	8	0.0157	22	19	0.3077	32	27	1.0143
6	9	0.0181	22	20	0.3299	32	28	1.0689
7	4	0.0081	22	21	0.3525	32	29	1.1244
7	5	0.0107	22	22	0.3755	32	30	1.1807
7	6	0.0134	22	23	0.3989	32	31	1.2379
7	7	0.0162	22	24	0.4226	33	12	0.3333
7	8	0.0191	23	9	0.1196	33	13	0.3744
7	9	0.0221	23	10	0.1382	33	14	0.4169
7	10	0.0251	23	11	0.1574	33	15	0.4607
8	4	0.0096	23	12	0.1773	33	16	0.506
8	5	0.0127	23	13	0.1978	33	17	0.5525
8	6	0.0159	23	14	0.2188	33	18	0.6003
8	7	0.0193	23	15	0.2405	33	19	0.6492
8	8	0.0227	23	16	0.2627	33	20	0.6994
8	9	0.0263	23	17	0.2854	33	21	0.7507
8	10	0.03	23	18	0.3086	33	22	0.8031
8	11	0.0337	23	19	0.3322	33	23	0.8566
9	5	0.0148	23	20	0.3564	33	24	0.9112
9	6	0.0185	23	21	0.3809	33	25	0.9668
9	7	0.0225	23	22	0.406	33	26	1.0234
9	8	0.0265	23	23	0.4314	33	27	1.081
9	9	0.0308	23	24	0.4572	33	28	1.1395
9	10	0.0351	23	25	0.4835	33	29	1.199
9	11	0.0395	24	10	0.148	33	30	1.2595
9	12	0.0441	24	11	0.1688	33	31	1.3208
10	5	0.0169	24	12	0.1902	34	12	0.3525
10	6	0.0213	24	13	0.2124	34	13	0.3961
10	7	0.0258	24	14	0.2352	34	14	0.4414
10	8	0.0306	24	15	0.2586	34	15	0.4881
10	9	0.0355	24	16	0.2826	34	16	0.5363
10	10	0.0405	24	17	0.3072	34	17	0.5859
10	11	0.0456	24	18	0.3323	34	18	0.6369
10	12	0.0509	24	19	0.358	34	19	0.6891
10	13	0.0563	24	20	0.3841	34	20	0.7427
11	6	0.0242	24	21	0.4108	34	21	0.7975
11	7	0.0294	24	22	0.4379	34	22	0.8535
11	8	0.0348	24	23	0.4655	34	23	0.9107
11	9	0.0404	24	24	0.4936	34	24	0.9691
11	10	0.0461	24	25	0.5221	34	25	1.0286
11	11	0.0521	25	10	0.1583	34	26	1.0891

（续）

胸径/cm	树高/m	材积/m³	胸径/cm	树高/m	材积/m³	胸径/cm	树高/m	材积/m³
11	12	0.0581	25	11	0.1807	34	27	1.1508
11	13	0.0643	25	12	0.2038	34	28	1.2135
11	14	0.0707	25	13	0.2276	34	29	1.2773
12	6	0.0272	25	14	0.2522	34	30	1.342
12	7	0.0331	25	15	0.2775	34	31	1.4078
12	8	0.0392	25	16	0.3034	34	32	1.4746
12	9	0.0455	25	17	0.33	35	12	0.3723
12	10	0.0521	25	18	0.3571	35	13	0.4187
12	11	0.0588	25	19	0.3849	35	14	0.4668
12	12	0.0657	25	20	0.4132	35	15	0.5166
12	13	0.0728	25	21	0.4421	35	16	0.5679
12	14	0.08	25	22	0.4715	35	17	0.6207
12	15	0.0874	25	23	0.5014	35	18	0.675
13	6	0.0303	25	24	0.5318	35	19	0.7308
13	7	0.0369	25	25	0.5627	35	20	0.7879
13	8	0.0438	25	26	0.5941	35	21	0.8464
13	9	0.051	26	10	0.169	35	22	0.9062
13	10	0.0583	26	11	0.193	35	23	0.9673
13	11	0.0659	26	12	0.2179	35	24	1.0296
13	12	0.0737	26	13	0.2435	35	25	1.0932
13	13	0.0817	26	14	0.27	35	26	1.158
13	14	0.0899	26	15	0.2972	35	27	1.2239
13	15	0.0982	26	16	0.3252	35	28	1.291
13	16	0.1066	26	17	0.3538	35	29	1.3592
14	7	0.0409	26	18	0.3831	35	30	1.4286
14	8	0.0486	26	19	0.4131	35	31	1.499
14	9	0.0566	26	20	0.4436	35	32	1.5705
14	10	0.0649	26	21	0.4748	36	13	0.4422
14	11	0.0734	26	22	0.5066	36	14	0.4933
14	12	0.0821	26	23	0.5389	36	15	0.5462
14	13	0.0911	26	24	0.5718	36	16	0.6007
14	14	0.1002	26	25	0.6053	36	17	0.657
14	15	0.1095	26	26	0.6392	36	18	0.7148
14	16	0.1191	26	27	0.6737	36	19	0.7742
14	17	0.1288	27	11	0.2058	36	20	0.8351
15	7	0.0451	27	12	0.2325	36	21	0.8974
15	8	0.0537	27	13	0.2601	36	22	0.9612
15	9	0.0625	27	14	0.2885	36	23	1.0264
15	10	0.0717	27	15	0.3178	36	24	1.0929
15	11	0.0812	27	16	0.3479	36	25	1.1608

（续）

胸径/cm	树高/m	材积/m³	胸径/cm	树高/m	材积/m³	胸径/cm	树高/m	材积/m³
15	12	0.0909	27	17	0.3787	36	26	1.23
15	13	0.1009	27	18	0.4103	36	27	1.3004
15	14	0.1111	27	19	0.4425	36	28	1.3721
15	15	0.1215	27	20	0.4755	36	29	1.445
15	16	0.1321	27	21	0.5091	36	30	1.5192
15	17	0.143	27	22	0.5434	36	31	1.5945
15	18	0.154	27	23	0.5783	36	32	1.671
16	7	0.0495	27	24	0.6138	36	33	1.7487
16	8	0.0589	27	25	0.6499	37	13	0.4665
16	9	0.0687	27	26	0.6866	37	14	0.5208
16	10	0.0789	27	27	0.7239	37	15	0.5769
16	11	0.0893	28	11	0.2192	37	16	0.6349
16	12	0.1001	28	12	0.2477	37	17	0.6947
16	13	0.1112	28	13	0.2773	37	18	0.7562
16	14	0.1225	28	14	0.3078	37	19	0.8194
16	15	0.1341	28	15	0.3393	37	20	0.8842
16	16	0.1459	28	16	0.3716	37	21	0.9506
16	17	0.1579	28	17	0.4047	37	22	1.0186
16	18	0.1702	28	18	0.4386	37	23	1.0881
16	19	0.1827	28	19	0.4733	37	24	1.159
17	8	0.0643	28	20	0.5088	37	25	1.2314
17	9	0.0751	28	21	0.545	37	26	1.3052
17	10	0.0863	28	22	0.5819	37	27	1.3804
17	11	0.0979	28	23	0.6196	37	28	1.457
17	12	0.1097	28	24	0.6578	37	29	1.5349
17	13	0.122	28	25	0.6968	37	30	1.6141
17	14	0.1345	28	26	0.7364	37	31	1.6946
17	15	0.1472	28	27	0.7766	37	32	1.7764
17	16	0.1603	28	28	0.8174	37	33	1.8594
17	17	0.1736	29	11	0.233	38	13	0.4918
17	18	0.1872	29	12	0.2636	38	14	0.5493
17	19	0.201	29	13	0.2952	38	15	0.6089
17	20	0.2151	29	14	0.3279	38	16	0.6705
18	8	0.07	29	15	0.3616	38	17	0.734
18	9	0.0818	29	16	0.3963	38	18	0.7994
18	10	0.0941	29	17	0.4318	38	19	0.8665
18	11	0.1068	29	18	0.4682	38	20	0.9355
18	12	0.1198	29	19	0.5055	38	21	1.0062
18	13	0.1332	29	20	0.5437	38	22	1.0785
18	14	0.147	29	21	0.5826	38	23	1.1525

（续）

胸径/cm	树高/m	材积/m³	胸径/cm	树高/m	材积/m³	胸径/cm	树高/m	材积/m³
18	15	0.1611	29	22	0.6223	38	24	1.2281
18	16	0.1754	29	23	0.6628	38	25	1.3053
18	17	0.1901	29	24	0.704	38	26	1.3839
18	18	0.2051	29	25	0.7459	38	27	1.4641
18	19	0.2203	29	26	0.7885	38	28	1.5458
18	20	0.2358	29	27	0.8319	38	29	1.629
18	21	0.2516	29	28	0.8759	38	30	1.7135
19	8	0.0759	29	29	0.9205	38	31	1.7995
19	9	0.0888	30	11	0.2474	38	32	1.8868
19	10	0.1022	30	12	0.28	38	33	1.9755
19	11	0.1161	30	13	0.3139	38	34	2.0655
19	12	0.1304	30	14	0.3489	39	13	0.518
19	13	0.145	30	15	0.3849	39	14	0.579
19	14	0.1601	30	16	0.422	39	15	0.6421
19	15	0.1755	30	17	0.4601	39	16	0.7075
19	16	0.1913	30	18	0.4992	39	17	0.7749
19	17	0.2074	30	19	0.5392	39	18	0.8443
19	18	0.2239	30	20	0.5801	39	19	0.9156
19	19	0.2406	30	21	0.6219	39	20	0.9889
19	20	0.2576	30	22	0.6645	39	21	1.0641
19	21	0.275	30	23	0.708	39	22	1.141
19	22	0.2926	30	24	0.7523	39	23	1.2198
20	9	0.0961	30	25	0.7974	39	24	1.3002
20	10	0.1107	30	26	0.8432	39	25	1.3824
20	11	0.1258	30	27	0.8898	39	26	1.4662
20	12	0.1414	30	28	0.9372	39	27	1.5517
20	13	0.1574	30	29	0.9853	39	28	1.6387
20	14	0.1738	31	12	0.2971	39	29	1.7274
20	15	0.1907	31	13	0.3333	39	30	1.8175
20	16	0.208	31	14	0.3706	39	31	1.9092
20	17	0.2256	31	15	0.4092	39	32	2.0024
20	18	0.2436	31	16	0.4489	39	33	2.0971
20	19	0.2619	31	17	0.4896	39	34	2.1932
20	20	0.2806	31	18	0.5315	40	13	0.5452
20	21	0.2995	31	19	0.5743	40	14	0.6097
20	22	0.3188	31	20	0.6181	40	15	0.6767
21	9	0.1036	31	21	0.6629	40	16	0.7459
21	10	0.1195	31	22	0.7087	40	17	0.8174
21	11	0.1359	31	23	0.7553	40	18	0.891
21	12	0.1528	31	24	0.8029	40	19	0.9668

（续）

胸径/cm	树高/m	材积/m³	胸径/cm	树高/m	材积/m³	胸径/cm	树高/m	材积/m³
21	13	0.1703	31	25	0.8513	40	20	1.0446
21	14	0.1882	31	26	0.9005	40	21	1.1244
21	15	0.2066	31	27	0.9506	40	22	1.2062
21	16	0.2254	31	28	1.0015	40	23	1.2899
21	17	0.2446	31	29	1.0532	40	24	1.3755
21	18	0.2642	31	30	1.1056	40	25	1.4629
21	19	0.2842	32	12	0.3149	40	26	1.5522
21	20	0.3046	32	13	0.3534	40	27	1.6432
21	21	0.3254	32	14	0.3933	40	28	1.7359
21	22	0.3465	32	15	0.4344	40	29	1.8303
21	23	0.3679	32	16	0.4768	40	30	1.9264
22	9	0.1115	32	17	0.5204	40	31	2.0241
22	10	0.1286	32	18	0.5651	40	32	2.1235
22	11	0.1464	32	19	0.611	40	33	2.2245
22	12	0.1648	32	20	0.6579	40	34	2.327
22	13	0.1837	32	21	0.7059	40	35	2.4311

13.3.1.2 红豆树一元材积表编制

二元材积表具有适用范围广、精度高的优点，是材积表体系中最基本的一种立木材积表，但在森林蓄积量调查中，需要对每个林分测定树高，用图解法绘制树高曲线或用数式法建立树高曲线模型，工作量较大。因此，在大面积的森林蓄积量调查中，为简化测高工作，也常常使用一元材积表测定林分蓄积量，而且，目前福建省森林资源连续清查（即一类调查）样地蓄积量的测定也是用一元材积表。一元材积表是根据胸径一个因子与材积的关系编制而成的，最初是由法国格纳得（Gurnand A，1878）提出，继由瑞士拜奥利（Biolley H E，1921）发展应用。

一元材积表的编制方法有两种：其一是直接法，该法是以胸径为自变量，材积为因变量，通过建立一元材积模型编制而成；其二是间接法，该法是在有适用的二元材积表的基础上，根据样本的胸径和树高的关系建立树高曲线模型，由二元材积表导算而成。为避免树高曲线模型的误差给材积造成的影响，本研究用直接法编制红豆树一元材积表。

（1）基本模型的选择

材积随胸径的增大而增加，通常呈幂函数关系，用公式表示如下：

$$V = aD^b \tag{13-11}$$

式中：V——材积；

D——胸径；

a，b——待定参数。

在一元材积表的编制工作中，（13-11）式最为常用，习惯上也称为山本式，在一元材积表的编制工作中最为常用，被认为是编制一元材积表较好的一个立木材积模型。

与二元材积模型类似，将山本式中的 b 设置为固定常数，不能适应胸径变化的需要，使得进一步提高精度受到限制。为使所建立的一元材积模型具有良好的拟合性能，达到较高的预估精度，满足实际应用的需要，应将(13-11)式中的参数 b 设计为胸径的函数，即 b 随着胸径的变化而变化。将参数 b 作为胸径的函数来设计可变参数的一元材积模型，其一般表达式为：

$$V = aD^{f(D)} \tag{13-12}$$

设计可变参数的一元材积模型，其关键是确定 $b = f(D)$ 的数学表达式，基于多项式具有良好的逼近能力，将 $b = f(D)$ 设计为如下形式：

$$b = f(D, H) = b_0 + b_1 D + b_2 D^2 + b_3 D^{0.5} + b_4 D^{1.5} \tag{13-13}$$

把(13-13)式代入(13-12)式，可变参数一元材积模型的一般形式可进一步表达为：

$$V = aD^{b_0 + b_1 D + b_2 D^2 + b_3 D^{0.5} + b_4 D^{1.5}} \tag{13-14}$$

（2）模型结构确定及参数优化

作为一个理想的回归模型应达到显著水平，且方程中的自变量或其组合项应对因变量有显著作用，而不显著的因子应从方程中剔除。(13-14)式的可变参数一元材积模型的一般表达式中的有些变量对因变量有显著作用，而有些可能是不显著的，对于不显著的变量不应保留在模型中。为此，采用逐步回归技术来确定可变参数的最优一元材积模型的结构形式。

逐步回归法要求因变量与各个自变量呈线性关系，但是，(13-14)式的可变参数一元材积模型的一般表达式为非线性函数，需对其作数学处理。现将(13-14)式两边取自然对数，并经整理得到：

$$\mathrm{Ln}V = \mathrm{Ln}a + b_0 \mathrm{Ln}D + b_1 D\mathrm{Ln}D + b_2 D^2 \mathrm{Ln}D + b_3 D^{0.5}\mathrm{Ln}D + b_4 D^{1.5}\mathrm{Ln}D$$

令 $Y = \mathrm{Ln}V$、$X_1 = \mathrm{Ln}D$、$X_2 = D\mathrm{Ln}D$、$X_3 = D^2\mathrm{Ln}D$、$X_4 = D^{0.5}\mathrm{Ln}D$、$X_5 = D^{1.5}\mathrm{Ln}D$，并将 $\mathrm{Ln}a$ 记为 a_0，可得满足逐步回归的线性模型：

$$Y = a_0 + b_0 X_1 + b_1 X_2 + b_2 X_3 + b_3 X_4 + b_4 X_5 \tag{13-15}$$

根据样木的胸径和材积资料，应用逐步回归技术求得最优回归方程为：

$$Y = -7.4072 + 1.1404X_1 - 0.0003439X_3 + 0.22704X_4 \tag{13-16}$$

将上式还原，得到可变参数的一元材积模型的最优结构：

$$V = 0.0006069D^{1.1404 - 0.0003439D^2 + 0.22704D^{0.5}} \qquad R^2 = 0.9631 \tag{13-17}$$

考虑到在应用逐步回归技术确定可变参数一元材积模型的最优结构及参数时，对材积取了对数变换，所求结果满足的是材积对数值误差最小，而并非原来因变量材积值的误差最小这一问题，有必要用改进单纯形法对用逐步回归技术所求可变参数一元材积模型的参数作进一步的优化，以期提高一元材积表的编表精度。

用改进单纯形法优化可变参数的一元材积模型，作法与二元材积模型一样，试验优化的因素是模型中的各个参数，目标函数为材积的理论值和实际值的残差平方和，要求越小越好，初值取逐步回归法所求的参数值，经计算机反复迭代计算，获得红豆树改进单纯形法优化后的可变参数一元材积模型：

$$V = 0.000815D^{1.3039 - 0.0001597D^2 + 0.1515D^{0.5}} \qquad R^2 = 0.9691 \tag{13-18}$$

相关指数 $R^2 = 0.9796$，与优化前相比，相关指数得到了进一步的提高，说明对一元材积模型进行优化可以改善拟合效果且十分必要。

（3）材积模型的精度检验

一元材积模型的精度检验包括两个方面：其一是拟合精度检验；其二是适用性检验。检验方法与材料二元材积模型相同。

拟合精度检验结果：$S=1.85\%$，$E=10.33\%$，$P=95.87\%$。表明可变参数的一元材积模型建模方法正确，拟合效果较为理想，能够反映材积与胸径之间所存在的数量关系，具有实际应用的价值。

适用性检验结果 $F=2.53<F_{0.05}（2.48）=3.16$，$S=1.93\%$，$E=10.89\%$，$P=95.12\%$。适用性检验表明，材积理论值与实际差异不显著，说明（13-18）式的红豆树一元材积模型适用，误差较小，能够满足林业生产上的精度要求，可在森林资源清查中推广应用。

（4）一元材积表的编制

据此，把胸径代入（13-18）式的红豆树一元材积模型，计算出相应的单株平均材积，编成表 13-2 的红豆树人工林一元材积表。

表 13-2　红豆树一元材积表

胸径/cm	材积/m³	胸径/cm	材积/m³	胸径/cm	材积/m³
5	0.0114	18	0.1949	31	0.7671
6	0.0162	19	0.2235	32	0.827
7	0.0221	20	0.2547	33	0.8884
8	0.0293	21	0.2884	34	0.9511
9	0.0377	22	0.3249	35	1.0147
10	0.0477	23	0.364	36	1.0789
11	0.0592	24	0.4057	37	1.1435
12	0.0724	25	0.4501	38	1.2081
13	0.0875	26	0.4971	39	1.2723
14	0.1046	27	0.5466	40	1.3359
15	0.1237	28	0.5985	41	1.3984
16	0.1451	29	0.6526	42	1.4594
17	0.1688	30	0.7089	43	1.5187

13.3.1.3　地径材积表编制

目前林业生产上使用的立木材积表主要有一元材积表和二元材积表，它们是通过测定树木的胸径及树高来推算立木材积的。然而，在林业生产经营、林政资源管理、林业执法机关处理乱砍滥伐、盗伐案件以及处理林权纠纷中，经常要对被伐木材积作出估计。由于树木被伐，难以测定胸径和树高，也就无法用立木材积表测定被伐木的材积。对于被伐木，能测定的因子只有地径，在这种情况下，只能以地径为辅助变量，材积为因变量，建立地径与材积的相关数学模型，通过对地径的测定来间接地推算被伐木的材积。因此，研究地径与材积的关系，寻找它们之间合适的数学模型，编制地径材积表，在林业生产上有重要的现实意义。

地径材积表的编制有两种方法：一种是直接法，该法是以地径为辅助变量，材积为因变量，直接根据材积与地径的关系编制而成；另一种是间接法，该法是以地径为辅助变量，胸径和树高为因变量，建立地径与胸径及树高的相关数学模型，通过立木材积表（一元材积表或二元材积）导算出地径材积表。由于样木材料已具备了地径和材积的成对数值，本研究用直接法编制地径材积表。

直接法编制地径材积表的原理、技术方法与前述的一元材积表类似，其区别在于所用的辅助因子不同，现简述如下。

材积随地径的增大而增加，这一变化规律与胸径和材积的关系相同，通常呈幂函数关系，用公式表示如下：

$$V = aD_0{}^b \tag{13-19}$$

式中：V——材积；

$\quad\quad D_0$——地径；

$\quad\quad a$，b——待定参数。

与一元材积模型类似，将山本式中的 b 设置为固定常数，不能适应地径变化的需要，使得进一步提高精度受到限制。为使所建立的地径材积模型具有良好的拟合性能，达到较高的预估精度，满足实际应用的需要，应将（13-19）式中的参数 b 设计为地径的函数，其一般表达式为：

$$V = aD_0{}^{f(D_0)} \tag{13-20}$$

基于多项式具有良好的逼近能力，将 $b = f(D)$ 设计为如下形式：

$$b = f(D_0) = b_0 + b_1 D_0 + b_2 D_0{}^2 + b_3 D_0{}^{0.5} + b_4 D_0{}^{1.5} \tag{13-21}$$

把（13-21）式代入（13-20）式，得到可变参数的地径材积模型的一般表达为：

$$V = aD_0{}^{b_0 + b_1 D_0 + b_2 D_0{}^2 + b_3 D_0{}^{0.5} + b_4 D_0{}^{1.5}} \tag{13-22}$$

作为一个理想的回归模型应达到显著水平，且方程中的自变量或其组合项应对因变量有显著作用，而不显著的因子应从方程中剔除。（13-22）式的可变参数地径材积模型的一般表达式中的有些变量对因变量有显著作用，而有些可能是不显著的，对于不显著的变量不应保留在模型中。为此，采用逐步回归技术来确定可变参数的最优地径材积模型的结构形式。由于逐步回归法要求因变量与各个自变量呈线性关系，而（13-22）式的可变参数地径材积模型的一般表达式为非线性函数，需将其两边取自然对数后转化为线性模型。经线性变化后应用逐步回归技术确定的可变参数地径材积模型的最优结构及参数，满足的是材积对数值误差最小，而并非原来因变量材积值的误差最小，因此，以逐步回归所求得的参数为初值，用改进单纯形法对其作进一步的优化，获得可变参数的红豆树地径材积模型：

$$V = 0.0003503D^{-0.09176D + 0.0002605D^2 + 0.8393D^{0.5}} \quad\quad R^2 = 0.9645 \tag{13-23}$$

拟合精度检验结果：$S = 2.62\%$，$E = 11.63\%$，$P = 94.16\%$。表明可变参数的地径材积模型建模方法正确，拟合效果较为理想，能够反映材积与地径之间所存在的数量关系，具有实际应用的价值。

适用性检验结果 $F = 2.87 < F_{0.05}(2.48) = 3.16$，$S = 3.23\%$，$E = 11.75\%$，$P =$

94.22%。表明材积理论值与实际差异不显著，可变参数地径材积模型适用，误差较小，可在林业生产上推广应用。

基于上述方法和结果把地径代入(13-23)式的可变参数地径材积模型，计算出相应的单株平均材积，编成表13-3的红豆树地径材积表。

表13-3 红豆树地径材积表

地径	材积	地径	材积	地径	材积
5	0.0035	20	0.1499	35	0.5560
6	0.0053	21	0.1714	36	0.5835
7	0.0077	22	0.1943	37	0.6103
8	0.011	23	0.2184	38	0.6363
9	0.0151	24	0.2438	39	0.6614
10	0.0203	25	0.2702	40	0.6855
11	0.0266	26	0.2974	41	0.7087
12	0.0342	27	0.3254	42	0.7308
13	0.0432	28	0.3539	43	0.7519
14	0.0537	29	0.3828	44	0.7718
15	0.0657	30	0.4120	45	0.7907
16	0.0793	31	0.4413	46	0.8084
17	0.0946	32	0.4704	47	0.8251
18	0.1114	33	0.4994	48	0.8407
19	0.1299	34	0.5279	49	0.8553

13.3.2 出材率表

在现代森林经营中，为了加强森林资源管理及合理开发利用，确定限额采伐，开展森林资源资产评估，实现森林资源的可持续发展，要求人们不仅要掌握现有森林资源的蓄积量，而且还要掌握其材种出材量，并对其动态做出估计。在某种意义上，蓄积量是个数量指标，而材种出材量则是质量指标，是鉴定森林资源经济价值的重要依据。因此，在森林资源调查中，材种出材量的测定是一项很重要的基础工作。

要测定森林的材种出材量，就要用到单木出材率表或林分出材率表。编表方法主要有两大类(曾伟生，廖志云. 1997；王志刚，高振寰，李国春等. 2004；李忠孝，李杰等. 2003；祁利军，李忠孝，马继红. 2003；王素萍，江希钿等. 2002；王鹏和，刘宗友. 2001；王鹏和，刘宗友. 2001；李建德，潘存德. 2000；江希钿，温素平. 2000；胥辉，孟宪宇. 1996；曾伟生. 1997)：一是利用商品材材积与总材积的比例关系(简称材积比)来编表；二是利用树干削度方程编表。这两种方法早期都借助于图解法进行。如我国在20世纪50年代曾根据大量伐倒木实际造材资料，采用材积比值法，即以单株总材积为100%求出经济材及各材种的百分比，然后分别材种图解，经反复调整修正编成材种出材率表，作为估算商品材材积的依据。现在多采用数学模型，包括材积比方程和削度方程。由于削度方程具有不受材种规格变化的影响，且应用简便、便于计算机计算等优点，所以建立削度方程已成为编制材种出材率表的基础工作（曾伟生，廖志云．1997）。从发展趋势来看，今后材种出材率表的编制将经常利用削度方程来进行，所以对削度方程的研究具有十分重要的意义。关于削度方程，国内外已作过不少研究，本项目在现有基础上，选择合适的削度方程作为编制单木出材率表和林分出材率表的编表依据。

13.3.2.1　削度方程

削度方程是描述树干各部位直径随其距梢端（或基部）距离而变化的数学模型，与描述树干形状的干曲线方程是同义语。削度方程的主要功能有：估计树干任意高度处的直径；计算树干总材积；计算从伐根高度至任意小头直径的商品材材积和长度，推算各段原木的材积，这些功能正是利用削度方程建立材积和出材率（量）估测系统的重要依据。

（1）削度方程的构造

在测树学中，描述树干形状的干曲线方程很多，其中以孔兹干曲线式最为著名，其公式为：

$$y^2 = PL^r \tag{13-24}$$

式中：y——树干横断面半径；

L——树梢至该横断面的长度；

P——参数；

r——形状指数，一般变化在 $0 \sim 3$ 之间，当 r 分别取 0、1、2、3 数值时，（13-24）式描述的干形分别为平行于 x 轴的直线、抛物线、与 x 轴相交的直线、凹曲线 4 种曲线类型。

利用干曲线方程预估任意部位的直径，必须满足当离地面高 h 为 1.3m 时，直径预估值应等于胸径，而孔兹干曲线式并不满足这一要求，为此，要对（13-24）式的孔兹干曲线式作变换。现设树高为 H，胸径为 D，某一部位直径 d 离地面的高度为 $h(h = H - L)$，当 $h = 1.3$m 时，$d = D$，由此可得：

$$\left(\frac{d}{2}\right)^2 = P\,(H - h)^r \tag{13-25}$$

$$\left(\frac{D}{2}\right)^2 = P\,(H - 1.3)^r \tag{13-26}$$

以上两式联立，消去参数 P，得到削度方程：

$$d = D \times \left(\frac{H - h}{H - 1.3}\right)^{\frac{r}{2}} \tag{13-27}$$

显然，（13-27）式满足 $h = 1.3$ 时，$d = D$，且 $h = H$ 时，$d = 0$，符合树干形状的生物学规律。根据测树学的研究，干曲线自基部向梢端的变化大致可归纳为：凹曲线、平行于 x 轴的直线、抛物线和相交于 x 轴的直线等 4 种曲线类型，这就意味着从基部到梢端，形状指数 r 并非为一个常数，且也不是整数，而是一个变量，其变化规律是先由大变小，再由小变大。另外，形状指数越小，树干越饱满，而高径比在某种程序上也是反映干形的一个指标。因此，形状指数是相对高（h/H，记为 Z）和高径比（H/D）的函数。设 $B = r/2$，则

$$B = f\left(\frac{h}{H}, D/H\right) \qquad (13\text{-}28)$$

确定(13-28)式的最佳数学表达式是采用(13-27)式建立可变参数削度方程的关键，现采用逐步回归技术求解，所构造的多项式为：

$$B = b_0 + b_1 Z + b_2 Z^2 + b_3 Z^3 + b_4 Z^{1/4} + b_5 Z^{1/2} + b_6 Z^{3/4} + b_7(D/H) + b_8(D/H)^2 + b_9(D/H)^3$$

$$(13\text{-}29)$$

为了建立同时能描述红豆树人工林带皮和去皮直径变化规律的削度方程，将所有样木各部位的带皮、去皮直径综合在一起，采用逐步回归技术求解(13-29)式，得到(13-28)式的最佳表达式为：

$$B = b_0 - b_1 \times z + b_2 \times z^{(1/4)} - b_3 \times z^{(1/2)} + b_4 \times z^{(3/4)} - b_5 \times H/D \qquad (13\text{-}30)$$

将其代入(13-27)式，得到红豆树人工林可变参数削度方程：

$$d = D\left[(H-h)/(H-1.3)\right]^{b0 - b1 \times z + b2 \times z(1/4) - b3 \times z(1/2) + b4 \times z(3/4) - b5 \times H/D}$$

$$(10\text{-}31)$$

(2)参数求解

在用逐步回归技术确定削度方程的参数及结构时，并不满足树干上任意部位的直径误差最小，为丰富削度方程参数的优化算法，提高削度方程的拟合精度，本次采用遗传算法。该算法是模拟生物界的遗传和进化过程而建立起来的一种搜索算法，体现着"生存竞争、优胜劣汰、适者生存"的竞争机制(李祚泳，丁晶，彭荔红.2004)。其基本思想是从一组随机产生的初始解，即"种群"开始搜索，种群中的每一个个体，即问题的一个解，称为"染色体"。遗传算法通过染色体的"适应值"来评价染色体的好坏，适应值大的染色体被选择的概率高，相反，适应值小的染色体被选择的可能性小。被选择的染色体进入下一代。下一代中的染色体通过交叉和变异等遗传操作产生新的染色体，即"后代"。经过若干代之后，算法收敛于最好的染色体，该染色体就是问题的最优解或近优解。

遗传算法的运行过程可用如下步骤进行表述：

① 随机产生初始种群；

② 以适应度函数对染色体进行评价；

③ 选择高适应值的染色体进入下一代；

④ 通过遗传、变异操作产生新的染色体；

⑤ 不断重复②~④步，直到预定的进化代数。

根据红豆树样本资料，以各部位直径的理论值和实际值的残差平方和最小作为"染色体"适应值的评价指标，采用遗传算法确定削度方程的各个参数值，结果如下：

$b_0 = 2.8393$，$b_1 = 50.8383$，$b_2 = 14.1179$，$b_3 = 78.9168$，$b_4 = 113.819$，$b_5 = 0.3548$，$R^2 = 0.9742$，剩余标准差为 0.5117。

由此可知，可变参数削度方程可客观地反映红豆树树干形状的变化规律，精度高，误差小，完全可以作为估测立木材积、出材量(出材率)的依据。

13.3.2.2 单木二元材种出材率表

在森林调查中，每木检尺测的是带皮胸径，而材种出材量指的是去皮材积。为此，要应用(13-31)式的削度方程确定整株树干或某一区间的带、去皮材积,尚需建立去皮胸径预估模型。现以带皮胸径($D_{1.3}$)为辅助变量,应用样木资料,在多个方程拟合对比的基础上,求得红豆树去皮胸径($d_{1.3}$)预估模型为:

$$d_{1.3} = -0.39116 + 0.993114 D_{1.3} \quad R = 0.998 \tag{13-32}$$

以削度方程为基础,用胸径和树高2个因子估测材种出材率的方法:首先,按给定的胸径和树高,用削度方程通过区分求积技术求出整株树干带皮材积。第二,由去皮胸径预估模型(13-32)式求出去皮胸径,利用削度方程通过迭代法确定某一给定部位的直径或材长,采用区分求积技术确定某一区间的去皮材积,此材积即为出材量。最后,区间去皮材积与整株树干带皮材积的比值即为出材率。将其按胸径、树高整列,编成红豆树单木二元材种出材率表13-4。

表 13-4　红豆树单木二元材种出材率

胸径	树高	出材率/%			胸径	树高	出材率/%		
cm	m	规格材	非规格材	合计	cm	m	规格材	非规格材	合计
6	3	0	71.6	71.6	26	27	69.57	17.37	86.93
6	4	0	67.8	67.8	27	11	65	20.46	85.46
6	5	0	64.51	64.51	27	12	61.24	24.27	85.51
6	6	0	62.98	62.98	27	13	57.72	27.86	85.58
6	7	0	62.72	62.72	27	14	54.45	31.2	85.65
6	8	0	62.27	62.27	27	15	77.95	7.78	85.74
6	9	0	61.56	61.56	27	16	75.87	9.98	85.86
7	4	0	72.28	72.28	27	17	73.7	12.25	85.94
7	5	0	71.42	71.42	27	18	71.47	14.59	86.06
7	6	0	70.68	70.68	27	19	69.23	16.92	86.15
7	7	0	69.97	69.97	27	20	66.99	19.28	86.27
7	8	0	69.12	69.12	27	21	64.78	21.6	86.38
7	9	0	68.92	68.92	27	22	77.97	8.53	86.5
7	10	0	69.26	69.26	27	23	76.45	10.13	86.58
8	4	0	75.67	75.67	27	24	74.86	11.82	86.68
8	5	0	74.72	74.72	27	25	73.23	13.55	86.77
8	6	0	74.65	74.65	27	26	71.57	15.32	86.89
8	7	0	73.16	73.16	27	27	69.88	17.07	86.96
8	8	0	72.87	72.87	28	11	65.17	20.42	85.59
8	9	0	73.13	73.13	28	12	61.42	24.22	85.63
8	10	0	73.28	73.28	28	13	57.9	27.79	85.69
8	11	0	73.8	73.8	28	14	54.64	31.13	85.76
9	5	0	77.29	77.29	28	15	78.1	7.74	85.84
9	6	0	77.07	77.07	28	16	76.04	9.88	85.92
9	7	0	76.17	76.17	28	17	73.88	12.15	86.04
9	8	0	75.76	75.76	28	18	71.67	14.45	86.12
9	9	0	75.86	75.86	28	19	69.45	16.79	86.24

（续）

胸径	树高	出材率/%			胸径	树高	出材率/%		
cm	m	规格材	非规格材	合计	cm	m	规格材	非规格材	合计
9	10	0	76.31	76.31	28	20	67.23	19.1	86.32
9	11	0	76.31	76.31	28	21	65.03	21.4	86.43
9	12	0	76.94	76.94	28	22	78.16	8.39	86.54
10	5	0	79.29	79.29	28	23	76.65	9.97	86.62
10	6	0	78.99	78.99	28	24	75.09	11.62	86.71
10	7	0	78.05	78.05	28	25	73.48	13.35	86.83
10	8	0	78.02	78.02	28	26	71.84	15.08	86.92
10	9	0	77.99	77.99	28	27	70.17	16.81	86.98
10	10	0	77.97	77.97	28	28	78.96	8.13	87.08
10	11	0	78.25	78.25	29	11	65.32	20.35	85.67
10	12	0	78.49	78.49	29	12	61.58	24.13	85.71
10	13	0	78.93	78.93	29	13	58.07	27.69	85.76
11	6	0	79.69	79.69	29	14	54.81	31.02	85.83
11	7	0	79.56	79.56	29	15	78.24	7.66	85.91
11	8	0	79.45	79.45	29	16	76.2	9.82	86.01
11	9	0	79.37	79.37	29	17	74.05	12.04	86.1
11	10	0	79.31	79.31	29	18	71.86	14.34	86.2
11	11	0	79.53	79.53	29	19	69.65	16.64	86.29
11	12	0	79.96	79.96	29	20	67.44	18.95	86.4
11	13	0	80.11	80.11	29	21	65.26	21.24	86.5
11	14	0	80.65	80.65	29	22	78.33	8.27	86.61
12	6	0	81	81	29	23	76.85	9.83	86.68
12	7	0	80.48	80.48	29	24	75.3	11.47	86.77
12	8	0	80.34	80.34	29	25	73.71	13.15	86.86
12	9	0	80.5	80.5	29	26	72.08	14.86	86.95
12	10	0	80.42	80.42	29	27	70.44	16.57	87.01
12	11	0	80.58	80.58	29	28	79.16	7.95	87.1
12	12	0	80.94	80.94	29	29	77.96	9.22	87.18
12	13	0	81.07	81.07	30	11	65.46	20.32	85.78
12	14	0	81.54	81.54	30	12	61.72	24.09	85.81
12	15	0	81.8	81.8	30	13	58.23	27.64	85.86
13	6	0	81.78	81.78	30	14	54.98	30.95	85.93
13	7	0	81.54	81.54	30	15	78.38	7.62	86
13	8	0	81.35	81.35	30	16	76.34	9.73	86.07
13	9	0	81.22	81.22	30	17	74.21	11.96	86.18
13	10	0	81.34	81.34	30	18	72.04	14.22	86.26
13	11	0	81.46	81.46	30	19	69.84	16.52	86.36
13	12	0	81.75	81.75	30	20	67.64	18.8	86.44

（续）

胸径	树高	出材率/%			胸径	树高	出材率/%		
cm	m	规格材	非规格材	合计	cm	m	规格材	非规格材	合计
13	13	0	81.86	81.86	30	21	79.88	6.66	86.54
13	14	0	82.12	82.12	30	22	78.49	8.15	86.65
13	15	0	82.5	82.5	30	23	77.02	9.69	86.72
13	16	0	82.84	82.84	30	24	75.5	11.31	86.8
14	7	0	82.19	82.19	30	25	73.92	12.97	86.89
14	8	0	81.98	81.98	30	26	72.31	14.66	86.97
14	9	0	82.03	82.03	30	27	80.45	6.6	87.05
14	10	0	82.1	82.1	30	28	79.34	7.78	87.12
14	11	0	82.19	82.19	30	29	78.17	9.04	87.21
14	12	0	82.28	82.28	31	12	61.86	24.01	85.88
14	13	0	82.52	82.52	31	13	58.37	27.55	85.92
14	14	0	82.75	82.75	31	14	80.38	5.6	85.99
14	15	0	82.96	82.96	31	15	78.5	7.56	86.05
14	16	0	83.28	83.28	31	16	76.48	9.68	86.15
14	17	0	83.57	83.57	31	17	74.36	11.87	86.23
15	7	0	82.74	82.74	31	18	72.2	14.13	86.33
15	8	0	82.53	82.53	31	19	70.01	16.4	86.41
15	9	0	82.55	82.55	31	20	67.83	18.67	86.51
15	10	0	82.6	82.6	31	21	80.02	6.59	86.6
15	11	0	82.66	82.66	31	22	78.64	8.04	86.68
15	12	0	82.88	82.88	31	23	77.19	9.56	86.75
15	13	0	82.96	82.96	31	24	75.68	11.16	86.83
15	14	0	83.17	83.17	31	25	74.12	12.8	86.92
15	15	0	83.47	83.47	31	26	72.53	14.49	87.01
15	16	0	83.65	83.65	31	27	80.61	6.47	87.07
15	17	0	83.92	83.92	31	28	79.51	7.63	87.14
15	18	0	84.18	84.18	31	29	78.36	8.87	87.23
16	7	0	83.23	83.23	31	30	77.15	10.13	87.28
16	8	0	83.01	83.01	32	12	61.99	23.97	85.97
16	9	0	83	83	32	13	58.51	27.5	86.01
16	10	0	83.03	83.03	32	14	80.48	5.59	86.07
16	11	0	83.08	83.08	32	15	78.61	7.52	86.13
16	12	0	83.27	83.27	32	16	76.6	9.6	86.2
16	13	0	83.45	83.45	32	17	74.5	11.8	86.3
16	14	0	83.63	83.63	32	18	72.35	14.03	86.37

（续）

胸径	树高	出材率/%			胸径	树高	出材率/%		
cm	m	规格材	非规格材	合计	cm	m	规格材	非规格材	合计
16	15	47.61	36.2	83.81	32	19	70.17	16.3	86.47
16	16	44.69	39.29	83.98	32	20	68.01	18.54	86.55
16	17	42	42.23	84.23	32	21	80.14	6.5	86.64
16	18	39.51	44.95	84.46	32	22	78.78	7.96	86.74
16	19	37.22	47.55	84.77	32	23	77.34	9.46	86.8
17	8	0	83.43	83.43	32	24	75.84	11.04	86.88
17	9	0	83.4	83.4	32	25	74.3	12.66	86.96
17	10	0	83.41	83.41	32	26	72.73	14.31	87.04
17	11	0	83.56	83.56	32	27	80.75	6.35	87.09
17	12	0	83.61	83.61	32	28	79.67	7.49	87.16
17	13	54.72	29.06	83.78	32	29	78.53	8.71	87.24
17	14	51.31	32.63	83.94	32	30	77.34	9.95	87.3
17	15	48.17	35.93	84.1	32	31	76.12	11.25	87.37
17	16	45.26	39	84.26	33	12	62.12	23.91	86.02
17	17	42.59	41.9	84.49	33	13	58.64	27.43	86.07
17	18	40.12	44.59	84.71	33	14	80.58	5.54	86.12
17	19	37.84	47.15	84.99	33	15	78.72	7.46	86.18
17	20	35.73	49.46	85.19	33	16	76.72	9.55	86.27
18	8	0	83.8	83.8	33	17	74.63	11.71	86.35
18	9	0	83.75	83.75	33	18	72.49	13.95	86.44
18	10	0	83.75	83.75	33	19	70.33	16.18	86.51
18	11	0	83.88	83.88	33	20	81.51	5.1	86.6
18	12	58.82	25.1	83.92	33	21	80.26	6.42	86.68
18	13	55.17	28.89	84.07	33	22	78.91	7.86	86.77
18	14	51.79	32.43	84.21	33	23	77.49	9.35	86.83
18	15	48.66	35.7	84.36	33	24	76	10.91	86.91
18	16	45.77	38.81	84.58	33	25	74.47	12.52	86.99
18	17	43.11	41.61	84.72	33	26	81.88	5.19	87.06
18	18	40.66	44.27	84.93	33	27	80.88	6.24	87.12
18	19	38.39	46.73	85.12	33	28	79.82	7.36	87.18
18	20	36.29	49.08	85.37	33	29	78.69	8.56	87.26
18	21	61.14	24.42	85.56	33	30	77.52	9.79	87.31
19	8	0	84.12	84.12	33	31	76.31	11.07	87.38
19	9	0	84.06	84.06	34	12	62.23	23.84	86.08
19	10	0	84.05	84.05	34	13	58.76	27.36	86.12

（续）

胸径 cm	树高 m	规格材	非规格材	合计	胸径 cm	树高 m	规格材	非规格材	合计
19	11	63.08	21.07	84.16	34	14	80.67	5.53	86.19
19	12	59.2	24.99	84.19	34	15	78.82	7.43	86.25
19	13	55.58	28.75	84.32	34	16	76.83	9.49	86.32
19	14	52.21	32.25	84.46	34	17	74.75	11.66	86.41
19	15	49.1	35.5	84.6	34	18	72.62	13.86	86.48
19	16	46.23	38.57	84.8	34	19	70.47	16.1	86.57
19	17	43.58	41.35	84.93	34	20	81.61	5.04	86.64
19	18	41.14	43.98	85.12	34	21	80.37	6.36	86.73
19	19	38.88	46.42	85.3	34	22	79.03	7.77	86.8
19	20	64.14	21.35	85.48	34	23	77.62	9.24	86.86
19	21	61.73	23.97	85.71	34	24	76.15	10.79	86.94
19	22	59.38	26.54	85.93	34	25	74.63	12.38	87.01
20	9	0	84.34	84.34	34	26	81.99	5.1	87.09
20	10	67.48	16.84	84.32	34	27	81	6.13	87.14
20	11	63.41	21	84.41	34	28	79.95	7.26	87.21
20	12	59.55	24.88	84.43	34	29	78.85	8.43	87.27
20	13	55.94	28.61	84.55	34	30	77.69	9.64	87.32
20	14	52.59	32.09	84.68	34	31	82.76	4.63	87.39
20	15	49.49	35.31	84.8	34	32	81.95	5.49	87.44
20	16	46.64	38.3	84.93	35	12	62.34	23.81	86.15
20	17	44	41.11	85.11	35	13	58.87	27.32	86.19
20	18	41.57	43.72	85.29	35	14	80.75	5.49	86.24
20	19	67.03	18.43	85.46	35	15	78.91	7.38	86.3
20	20	64.63	21	85.63	35	16	76.94	9.45	86.38
20	21	62.26	23.53	85.8	35	17	74.87	11.58	86.45
20	22	59.95	26.05	86	35	18	72.75	13.77	86.52
21	9	0	84.59	84.59	35	19	70.61	16	86.61
21	10	67.75	16.8	84.56	35	20	81.7	5	86.69
21	11	63.7	20.85	84.56	35	21	80.47	6.29	86.76
21	12	59.86	24.79	84.65	35	22	79.15	7.69	86.83
21	13	56.27	28.49	84.76	35	23	77.75	9.16	86.91
21	14	52.93	31.94	84.87	35	24	76.29	10.69	86.98
21	15	49.85	35.14	84.99	35	25	74.78	12.27	87.05
21	16	47	38.11	85.11	35	26	82.09	5.02	87.11
21	17	44.38	40.9	85.28	35	27	81.12	6.05	87.17

（续）

胸径	树高	出材率/%			胸径	树高	出材率/%		
cm	m	规格材	非规格材	合计	cm	m	规格材	非规格材	合计
21	18	69.82	15.62	85.45	35	28	80.08	7.15	87.23
21	19	67.44	18.12	85.56	35	29	78.99	8.3	87.29
21	20	65.07	20.65	85.72	35	30	77.84	9.49	87.34
21	21	62.74	23.18	85.92	35	31	82.87	4.53	87.4
21	22	60.45	25.62	86.07	35	32	82.07	5.38	87.45
21	23	58.22	28	86.22	36	13	82.48	3.76	86.24
22	9	72.16	12.58	84.73	36	14	80.83	5.45	86.28
22	10	68	16.77	84.77	36	15	79	7.36	86.36
22	11	63.97	20.8	84.77	36	16	77.04	9.39	86.42
22	12	60.15	24.7	84.85	36	17	74.98	11.51	86.49
22	13	56.57	28.38	84.95	36	18	72.87	13.71	86.57
22	14	53.25	31.81	85.05	36	19	70.73	15.91	86.64
22	15	50.17	34.99	85.16	36	20	81.78	4.94	86.73
22	16	47.34	37.93	85.27	36	21	80.57	6.24	86.81
22	17	44.72	40.71	85.43	36	22	79.25	7.61	86.86
22	18	70.17	15.38	85.54	36	23	77.86	9.07	86.93
22	19	67.81	17.88	85.7	36	24	76.42	10.59	87
22	20	65.47	20.37	85.85	36	25	83.07	4.01	87.07
22	21	63.16	22.83	85.99	36	26	82.18	4.94	87.13
22	22	60.9	25.27	86.17	36	27	81.23	5.96	87.19
22	23	58.69	27.58	86.28	36	28	80.2	7.05	87.25
22	24	56.55	29.88	86.43	36	29	79.12	8.19	87.31
23	9	72.37	12.58	84.94	36	30	77.99	9.36	87.35
23	10	68.23	16.67	84.9	36	31	82.97	4.44	87.41
23	11	64.21	20.74	84.96	36	32	82.19	5.27	87.46
23	12	60.41	24.62	85.03	36	33	81.35	6.16	87.51
23	13	56.84	28.22	85.06	37	13	82.54	3.76	86.3
23	14	53.53	31.63	85.16	37	14	80.91	5.44	86.35
23	15	50.47	34.85	85.31	37	15	79.09	7.31	86.4
23	16	47.64	37.78	85.42	37	16	77.13	9.33	86.46
23	17	72.79	12.74	85.53	37	17	75.08	11.46	86.54
23	18	70.48	15.2	85.67	37	18	72.98	13.63	86.61
23	19	68.15	17.67	85.82	37	19	82.96	3.73	86.69
23	20	65.84	20.12	85.96	37	20	81.86	4.89	86.76
23	21	63.55	22.55	86.1	37	21	80.66	6.18	86.84

（续）

胸径 cm	树高 m	出材率/%			胸径 cm	树高 m	出材率/%		
		规格材	非规格材	合计			规格材	非规格材	合计
23	22	61.31	24.93	86.23	37	22	79.35	7.55	86.9
23	23	59.12	27.21	86.33	37	23	77.98	8.98	86.96
23	24	73.71	12.77	86.48	37	24	76.54	10.49	87.03
23	25	71.98	14.65	86.63	37	25	83.15	3.95	87.1
24	10	68.44	16.64	85.08	37	26	82.28	4.88	87.15
24	11	64.44	20.69	85.13	37	27	81.33	5.88	87.21
24	12	60.64	24.5	85.14	37	28	80.31	6.95	87.26
24	13	57.09	28.13	85.22	37	29	79.24	8.08	87.32
24	14	53.79	31.52	85.31	37	30	78.12	9.25	87.37
24	15	50.74	34.67	85.41	37	31	83.06	4.36	87.42
24	16	47.92	37.63	85.55	37	32	82.29	5.18	87.47
24	17	73.04	12.61	85.65	37	33	81.47	6.05	87.52
24	18	70.76	15.03	85.79	38	13	82.61	3.73	86.34
24	19	68.46	17.44	85.89	38	14	80.98	5.4	86.39
24	20	66.16	19.87	86.03	38	15	79.17	7.27	86.44
24	21	63.9	22.26	86.16	38	16	77.22	9.3	86.51
24	22	61.68	24.61	86.29	38	17	75.17	11.4	86.58
24	23	59.52	26.9	86.41	38	18	73.08	13.57	86.66
24	24	74.04	12.49	86.53	38	19	83.03	3.69	86.72
24	25	72.33	14.33	86.67	38	20	81.94	4.86	86.8
25	10	68.63	16.62	85.25	38	21	80.74	6.12	86.87
25	11	64.64	20.59	85.23	38	22	79.45	7.48	86.93
25	12	60.86	24.43	85.29	38	23	78.08	8.92	87
25	13	57.32	28.05	85.37	38	24	76.65	10.41	87.06
25	14	54.03	31.42	85.45	38	25	83.23	3.89	87.12
25	15	50.98	34.56	85.54	38	26	82.36	4.81	87.17
25	16	75.49	10.14	85.64	38	27	81.42	5.8	87.23
25	17	73.28	12.49	85.77	38	28	80.42	6.86	87.28
25	18	71.02	14.85	85.87	38	29	79.36	7.99	87.34
25	19	68.74	17.26	86	38	30	83.85	3.53	87.39
25	20	66.46	19.66	86.13	38	31	83.15	4.28	87.43
25	21	64.22	22.03	86.25	38	32	82.39	5.09	87.48
25	22	62.02	24.36	86.38	38	33	81.58	5.95	87.53
25	23	75.97	10.49	86.46	38	34	80.72	6.85	87.57
25	24	74.34	12.23	86.57	39	13	82.67	3.71	86.38
25	25	72.66	14.04	86.7	39	14	81.05	5.37	86.42
25	26	70.95	15.88	86.83	39	15	79.24	7.25	86.49

（续）

胸径 cm	树高 m	出材率/% 规格材	非规格材	合计	胸径 cm	树高 m	出材率/% 规格材	非规格材	合计
26	10	68.8	16.54	85.35	39	16	77.3	9.25	86.55
26	11	64.83	20.55	85.38	39	17	75.27	11.34	86.61
26	12	61.06	24.37	85.43	39	18	73.18	13.51	86.69
26	13	57.53	27.97	85.5	39	19	83.09	3.66	86.75
26	14	54.25	31.33	85.58	39	20	82.01	4.81	86.83
26	15	51.21	34.45	85.66	39	21	80.82	6.08	86.91
26	16	75.69	10.06	85.75	39	22	79.54	7.42	86.96
26	17	73.5	12.35	85.84	39	23	78.18	8.84	87.02
26	18	71.25	14.71	85.97	39	24	76.76	10.33	87.09
26	19	68.99	17.1	86.09	39	25	83.3	3.85	87.15
26	20	66.74	19.45	86.19	39	26	82.44	4.76	87.2
26	21	64.51	21.79	86.31	39	27	81.51	5.74	87.25
26	22	62.33	24.1	86.43	39	28	80.52	6.79	87.31
26	23	76.22	10.29	86.51	39	29	79.47	7.89	87.36
26	24	74.61	12.03	86.64	39	30	83.93	3.47	87.4
26	25	72.96	13.78	86.74	39	31	83.23	4.21	87.44
26	26	71.27	15.59	86.86	39	32	82.48	5.01	87.49

13.3.2.3　单木一元材种出材率表

以削度方程为基础，利用胸径一个因子估测材种出材率的原理与利用胸径和树高二个因子相同，关键是建立树高曲线模型，确定给定胸径时的树高。根据样木资料，通过多方程的拟合对比，求得红豆树树高曲线模型为：

$$H = 1/(0.01554 + 0.888/D - 0.6968/D^2) \quad R = 0.9824 \tag{13-33}$$

式中：D——胸径；

H——树高。

利用削度方程(13-31)式，配合树高曲线模型(13-33)式，按照利用胸径和树高两个因子测算材积的方法，即可求出单株材种出材率，按胸径1个因子整列即为红豆树单木一元材种出材率表(表13-5)。

表13-5　红豆树单木一元材种出材率表

胸径 cm	出材率/% 规格材	非规格材	合计	胸径 cm	出材率/% 规格材	非规格材	合计
6	0.00	62.72	62.72	23	68.15	17.67	85.82
7	0.00	69.12	69.12	24	68.46	17.44	85.89

（续）

胸径	出材率/%			胸径	出材率/%		
cm	规格材	非规格材	合计	cm	规格材	非规格材	合计
8	0.00	73.13	73.13	25	66.46	19.66	86.13
9	0.00	75.86	75.86	26	64.51	21.79	86.31
10	0.00	77.97	77.97	27	64.78	21.60	86.38
11	0.00	79.53	79.53	28	78.16	8.39	86.54
12	0.00	80.94	80.94	29	78.33	8.27	86.61
13	0.00	81.86	81.86	30	77.02	9.69	86.72
14	0.00	82.52	82.52	31	77.19	9.56	86.75
15	0.00	83.17	83.17	32	77.34	9.46	86.80
16	47.61	36.20	83.81	33	76.00	10.91	86.91
17	48.17	35.93	84.10	34	76.15	10.79	86.94
18	45.77	38.81	84.58	35	74.78	12.27	87.05
19	43.58	41.35	84.93	36	83.07	4.01	87.07
20	44.00	41.11	85.11	37	82.28	4.88	87.15
21	69.82	15.62	85.45	38	82.36	4.81	87.17
22	70.17	15.38	85.54	39	82.44	4.76	87.20

13.3.2.4　单木一元材种出材率表的精度检验

用未参加建模的 50 株样木，对利用削度方程估测红豆树单株木材种出材量作使用精度检验，计算平均系统误差 S 和平均相对误差绝对值 E。检验结果：用胸径一个因子估测材种出材量的平均系统误差 $S = 4.76\%$，平均相对误差绝对值 $E = 7.39\%$。用胸径、树高 2 个因子估测材种出材量的平均系统误差和平均相对误差绝对值分别为 $S = 2.63\%$，$E = 5.77\%$。由此表明，利用削度方程估测红豆树单株木材种出材量，实际应用误差较小，满足精度要求，可在林业生产上推广应用。

13.3.3　红豆树材积生长率

森林采伐实行限额管理，是保证森林资源可持续利用的一项重要措施。中华人民共和国《森林法》规定："国家根据用材林的消耗量低于生长量的原则，严格控制森林采伐量"。显然，准确的森林生长量估测值，是确定管理采伐限额的重要依据。长期实践表明，以胸径和年龄为辅助变量，建立材积生长率预估模型，编制材积生长率表，是确定森林生长量的一种较好的方法（曾伟生.1997；李祚泳，丁晶，彭荔红.2004；沈家智，杨智勇.1996）。为此，我们利用树干解析资料，编制了红豆树材积生长率表，旨在为生产应用提供科学依据。

13.3.3.1　数据处理

以 1 年为 1 个龄阶，对红豆树作树干解析，用中央断面区分求积式计算各龄阶的材积。以每个龄阶相邻 2 次观测值作为 1 个样本单元，按定义计算每株解析木各龄阶的材积生长率：

$$P_v\% = \left[(V_b - V_a)/V_a \right] \times 100 \qquad (13\text{-}34)$$

式中：$Pv\%$——材积生长率；

Va——前期单株材积；

V_b——后期单株材积。

分别绘制材积生长率随直径和年龄的相关散点图，对存在异常情况的个别样本单元予以剔除，这样经过整理后用于建模的样本单元共计 212 个。

13.3.3.2 材积生长率模型的构建

材积生长率与胸径和年龄 2 个因子紧密相关，尤以年龄影响更为显著（实质上胸径的影响已内含有年龄的因素）。而且年龄和胸径还可综合反映出立地条件和林分密度不同对林分材积生长率的影响。因为当年龄相同时，立地条件好的立木其胸径必然大于立地条件差的立木，小密度林分的立木胸径必然大于大密度林分的立木。当胸径相同时，立地条件好的立木其年龄必然小于立地条件差的立木，小密度林分的立木其年龄必然小于大密度林分的立木。基于上述客观规律，选择年龄和胸径为辅助变量建立二元材积生长率模型，以便充分利用样木所提供的信息，提高材积生长率表的精度和可靠性。

（1）基本模型的选择

材积生长率随胸径和年龄的增加而下降，均呈现反"J"型或负指数型，最终趋近于零，其间的数量关系，据研究可用如下模型来表示：

$$Pv = aT^b D^c \qquad (13\text{-}35)$$

式中：Pv——材积生长率；

T——年龄；

D——胸径；

b 和 c——待定参数。

（2）模型结构设计

选择（13-35）式作为材积生长率的基本模型，与大家熟悉的编制二元材积表最常用的山本公式具有相同的形式，也是编制材积生长表的一个常用的公式。从实际应用角度出发，建立的二元材积生长率模型应有良好的拟合性能，达到较高的预估精度。根据以往研究可知，（13-35）式中的参数 b 和 c 并非为固定常数，而是随着胸径和年龄的变化而变化。为此，将参数 b、c 作为胸径和年龄的函数来设计可变参数的材积生长率模型，其一般形式可表述为

$$Pv = aT^{f(D, T)} D^{f(D, T)} \qquad (13\text{-}36)$$

我们称之为可变参数的材积生长率模型，确定其具体形式的关键是 $b = f(D, T)$ 和 $c = f(D, T)$ 的数学表达式，可将其设计为多项式：

$$b = f(D, T) = b_0 + b_1 D + b_2 T + b_3 DT + b_4 D^2 + b_5 T^2 \qquad (13\text{-}37)$$

$$c = f(D, T) = c_0 + c_1 D + c_2 T + c_3 DT + c_4 D^2 + c_5 T^2 \qquad (13\text{-}38)$$

把（13-37）、（13-38）两式代入（13-36）式，可变参数材积生长率模型的一般形式可进

一步表达为：

$$Pv = aT^{b0 + b1D + b2T + b3DT + b4D2 + b5} T^2 D^{c0 + c1D + c2T + c3DT + c4D2 + c5T2}$$ (13-39)

（3）模型确定

考虑到（13-39）式的可变参数材积生长率模型的一般表达式中的有些变量对因变量有显著作用，而有些可能是不显著的，对于不显著的变量不应保留在模型中。为此，采用逐步回归技术来确定可变参数的最优材积生长率模型的结构形式。

逐步回归法要求因变量与各个自变量呈线性关系，即

$$Y = a0 + a1X1 + a2X2 + \cdots\cdots + amXm$$ (13-40)

但是，式（13-39）和式（13-36）的可变参数材积生长率模型的一般表达式非线性函数，需对其作数学处理。将式（13-39）和式（13-36）两边取自然对数，经整理可得：

$LnPv = Lna + b_0 LnT + b_1 DLnT + b_2 TLnT + b_3 DTLnT + b_4 D^2 LnT + b_5 T^2 LnT + c_0 LnD + c_1$
$DLnD + c_2 TLnD + c_3 DT LnD + c_4 D^2 LnD + c_5 T^2 LnD$

令 $Y = LnPv$、$X_1 = LnT$、$X_2 = DLnT$、$X_3 = TLnT$、$X_4 = DTLnT$、$X_5 = D^2LnT$、$X_6 = T^2 LnT$、$X_7 = LnD$、$X_8 = DLnD$、$X_9 = TLnD$、$X_{10} = DT LnD$、$X_{11} = D^2 LnD$、$X_{12} = T^2 LnD$，并将 Lna、b_0 至 b_5、c_0 至 c_5 依次记为 a_0、$a_1\cdots\cdots a_{12}$，可得满足逐步回归的线性模型：

$$Y = a_0 + a_1X_1 + a_2X_2 + a_3X_3 + a_4X_4 + a_5X_5 + a_6X_6 + a_7X_7 + a_8X_8 + a_9X_9 + a_{10}X_{10} + a_{11}X_{11} + a_{12}X_{12}$$

(13-41)

根据样木的年龄、胸径和材积生长率资料，应用逐步回归技术得到可变参数的材积生长率模型的最优结构：

$$Pv = aD^{c0 + c2 T + c4 D2} T^{b0 + b2 T}$$ (13-42)

在应用逐步回归技术确定可变参数的材积生长率模型的最优结构及参数时，由于对材积生长率取了对数变换，作了线性化处理，所求结果满足的是材积生长率的对数值最小，并非材积生长率的误差最小。为此，有必要在应用逐步回归技术确定可变参数材积生长率模型的最优结构及初步的参数后，用最优化方法对可变参数的材积生长率模型作进一步的优化，以期提高材积生长率表的编表精度。

为丰富林业数表模型的优化算法，本次用免疫进化算法优化可变参数的材积生长率模型，该算法是在深入理解现有进化算法的基础上，受生物免疫机制的启发而形成的一种新的优化算法。在免疫进化算法中，最优个体即为每代适应度最高的可行解。从概率上来说，一方面，最优个体和全局最优解之间的空间距离可能要小于群体中其它个体和全局最优解之间的空间距离；另一方面，和最优个体之间空间距离较小的个体也可能有较高的适应度。因此，最优个体是求解问题特征信息的直接体现。借鉴生物免疫机制，免疫进化算法中子代个体的生成方式为：

（1）$X^{t+1} = X_{best}^t + S^t \times N(0,1)$

（2）$S^{t+1} = S^t exp(-A \times t/T)$

式中：X^{t+1}——子代个体的可行解；

　　　X_{best}^t——父代最优个体；

　　　S^{t+1}——子代群体的标准差；

　　　S^t——父代群体的标准差；

A——标准差动态调整系数；

T——总的进化代数；

N(O，1)——产生服从标准正态分布的随机数；

t——进化的代数；

S^0——对应于初始群体的标准差；

A 和 S^0 具体取值根据被研究的问题来确定，通常 A∈[1，10]，S^0∈[1，3]。

免疫进化算法的本质在于充分利用最优个体的信息，以最优个体的进化来代替群体的进化。该算法通过标准差的调整把局部搜索和全局搜索有机地结合起来，是有别于现有进化算法的一种新的进化算法，能较好地克服现有进化算法的不成熟收敛，提高算法在中后期的搜索效率。

免疫进化算法采用传统的十进制实数表达问题，其操作步骤如下：

① 确定优化问题的表达方式；

② 在解空间内随机生成初始群体，计算其适应度 $f(x)$，确定最优个体 X_{best}^0，给出 S^0 的取值；

③ 根据步骤①、②进行进化操作，在解空间内生成子代群体，群体规模保持不变；

④ 计算子代群体的适应度，确定最优个体 X_{best}^{t+1}。若 $f(X_{best}^{t+1})$ 优于 $f(X_{best}^t)$，则选定最优个体为 X_{best}^{t+1}，否则最优个体取为 X_{best}^t；

⑤ 反复执行步骤③，直至达到终止条件；选择最后一代的最优个体作为寻优的结果。

应用免疫进化算法优化拟合可变参数材积生长率模型时，具体实施方法是在解空间内随机生成初始群体，群体规模为 200，标准差动态调整系数为 3，初始群体的标准差为 1，群体适应度为：

$$Q = \sum (Yi - \hat{Y}i)^2$$

式中，Y 和 $\hat{Y}$ 分别代表材积生长率的实际值和预测值。然后，按照免疫进化算法操作步骤估计生长率模型参数，直至误差最小，此时参数即为材积生长率模型的优化参数。

编写计算程序，采用免疫进化算法对其作进一步的优化求解，求得优化后的红豆树可变参数材积生长率模型为：

$$Pv = 306.4062D^{-0.04751+0.0001608D^2-0.01386T}T^{-0.804+0.002853T} \tag{13-43}$$

（4）适用性检验

拟合精度检验结果：$R^2 = 0.9853$，$S = 1.85\%$，$E = 8.27\%$，$P = 96.63\%$。表明可变参数材积生长率模型建模方法正确，拟合效果理想，能够反映材积与年龄、胸径之间所存在数量关系，具有实际应用的价值。

拟合精度检验反映了材积生长率模型对建模样本的拟合效果，并不能完全代表其实际应用精度。模型的实际使用精度如何应采用未参与建模的样本资料，对理论值与实际值作差异显著性检验，并计算系统误差、平均误差和精度。现用未参与建模的 50 个样本资料对其做适用性检验，结果 $F = 1.69 < F_{0.05}(2.48) = 3.16$，$S = 2.04\%$，$E = 8.37\%$，$P = 96.21\%$。表明材积生长率理论值与实际差异不显著，可变参数材积生长率模型适用，误差小，精度高，可在森林生长量动态预估中推广应用。

13.3.3.3 材积生长率表的编制

适用性检验表明，材积生长率理论值与实际差异不显著，红豆树材积生长率模型是适用的，且误差小，完全能够满足生产上的精度要求，可在森林资源清查中测定林分的蓄积量生长量。据此，按胸径和年龄代入材积生长率模型(13-43)式，编成红豆树材积生长率表(表13-6)。

表13-6 红豆树材积生长率表

年龄/a	胸径/cm	生长率/%	年龄/a	胸径/cm	生长率/%	年龄/a	胸径/cm	生长率/%
8	4	48.64	23	10	13.51	33	21	6.83
8	5	47.09	23	11	13.17	38	8	7.55
8	6	45.93	23	12	12.90	38	9	7.11
8	7	45.04	23	13	12.68	38	10	6.75
8	8	44.37	23	14	12.51	38	11	6.45
8	9	43.86	23	15	12.38	38	12	6.21
8	10	43.50	23	16	12.28	38	13	6.00
8	11	43.27	23	17	12.23	38	14	5.83
13	5	29.90	23	18	12.20	38	15	5.68
13	6	28.80	28	8	11.33	38	16	5.57
13	7	27.94	28	9	10.84	38	17	5.47
13	8	27.27	28	10	10.44	38	18	5.40
13	9	26.74	28	11	10.12	38	19	5.34
13	10	26.33	28	12	9.85	38	20	5.30
13	11	26.01	28	13	9.63	38	21	5.27
13	12	25.78	28	14	9.45	38	22	5.26
13	13	25.62	28	15	9.30	38	23	5.26
13	14	25.54	28	16	9.19	38	24	5.28
13	15	25.51	28	17	9.11	43	8	6.33
18	6	20.65	28	18	9.06	43	9	5.91
18	7	19.82	28	19	9.03	43	10	5.57
18	8	19.17	28	20	9.02	43	11	5.29
18	9	18.64	33	9	8.69	43	12	5.06
18	10	18.22	33	10	8.31	43	13	4.86
18	11	17.89	33	11	8.00	43	14	4.70
18	12	17.62	33	12	7.74	43	15	4.56
18	13	17.42	33	13	7.52	43	16	4.45
18	14	17.27	33	14	7.34	43	17	4.35
18	15	17.17	33	15	7.20	43	18	4.28
18	16	17.12	33	16	7.08	43	19	4.21
18	17	17.11	33	17	6.99	43	20	4.17
23	7	15.06	33	18	6.92	43	21	4.13
23	8	14.43	33	19	6.87	43	22	4.11
23	9	13.92	33	20	6.84	43	23	4.10

13.3.4 红豆树地位指数表

一切森林经营工作和估计森林生产潜力，对于不同立地都必须区别对待。准确地判断立地质量，确定森林的生产力，是森林经营管理的一项重要的基础工作。

评定立地质量的常见指标有地位级和地位指数 2 种。地位级是根据林分平均高和年龄之间的关系来评定立地质量，因其受正常的抚育间伐的影响从而在应用上受到限制，取而代之的是地位指数。地位指数表是依据林分优势木平均高与年龄的关系，用基准年龄时林分优势木平均高的绝对值作为划分林地生产力等级的一种数表，由表中的数据所绘制而成的曲线常称作地位指数曲线。它可分为两种类型：其一是同形地位指数曲线，其二是多态形地位指数曲线，由于同形地位指数曲线人为地掩盖了不同立地上优势木树高生长规律的差异，而影响了实际应用效果。为了客观地反映红豆树人工林不同立地条件下优势木的高生长规律，避免平均导向曲线模型造成的各立地等级曲线的失真，提高地位指数的预估精度，本次研制的是多形地位指数曲线模型（江希钿，庄晨辉，陈信旺.2007）。

13.3.4.1 模型结构设计

大量研究表明，理查德方程适合于描述树木或林分的生长过程，同时有明确的生物学意义，故用其建立地位指数曲线模型。方程形式如下：

$$H = A[1 - \exp(-KT)]^C \tag{13-44}$$

式中：H——优势高；

T——年龄；

A、K、C——待定三个参数。

优势高除随年龄的增加而增高外，还受以地位指数表示的立地质量好坏的制约，不同立地上优势高生长曲线形状并不相同。因此，要客观地反映不同立地上优势高的生长规律，准确地评定立地质量，必须将（13-44）式设计为多形地位指数曲线，即参数 A、K、C 为地位指数的函数，每一个地位指数决定一条优势高生长曲线。

现设 T_0 为基准年龄，SI 为地位指数，则当 $T = T_0$ 时，有 $H = SI$，故对于参数 A，有：

$$A = SI/[1 - \exp(-K \times T_0)]^C \tag{13-45}$$

至于参数 K 和 C 与 SI 的具体关系，经样本资料分析为非线性相关，其形式以幂函数为宜，即

$$K = b_1 SI^{b_2} \tag{13-46}$$

$$C = b_3 SI^{b_4} \tag{10-47}$$

将（13-45）、（13-46）、（13-47）式代入（13-44）式，得到多形地位指数曲线模型：

$$H = SI \times \left[\frac{1 - \exp(-b_1 SI^{b_2} T)}{1 - \exp(-b_1 SI^{b_2} T_0)}\right]^{b_3 SI^{b_4}} \tag{13-48}$$

（13-48）式是一个完整的多形地位指数曲线模型，它克服了基准年龄时优势高与地位指数不一致的问题，且每一指数级都有自己的参数 K、C，因此，（13-48）式是一个理想的多形地位指数曲线模型。

13.3.4.2 模型参数估计

为了克服以往对类似(13-48)式一类方程用参数预估法(即各参数值采用与地位指数分别建立子模型的求解方法)所带来的一些矛盾,现用蚁群算法直接优化求解参数 b_1、b_2、b_3、b_4。

蚁群算法是一种基于群体合作的一类仿生算法,适合于解决困难的组合优化问题,是有别于遗传算法(GA),模拟退火法(SA)、禁忌搜索法(TS)及人工神经网络法(ANN)的又一种新颖的模拟进化算法,也是一种随机型智能搜索寻优算法。由于蚂蚁算法是一种新兴的模型参数优化估计方法(杨剑峰.2007;段海滨,王道波,朱家强,等.2004;段海滨,王道波,于秀芬.2007),在编制地位指数表时将其应用求解非线性方程参数。

(1)蚁群算法的基本思想

蚁群算法是从对真实蚁群觅食行为的研究而受到启发提出的随机搜索的自然算法。为了说明蚁群系统的原理,先从蚁群觅食过程谈起。仿生学家经过大量细致的观察研究发现:蚂蚁具有找到蚁巢与食物之间最短路径的能力。蚁群个体之间是通过一种称之为信息激素的物质进行交流传递信息。蚁群在觅食过程中能够在它所经过的路径上留下该种信息激素,蚂蚁在运动过程中能感知到这种物质. 并以此指引自己的运动方向。蚂蚁总是趋向于走信息激素最多的路径。路径越短,其上所通过的蚂蚁数目越多,该路径上留下的信息激素也就越多,就会有越多的蚂蚁趋向于走这条路径。这条路径就成为最优路径。因此,由大量蚂蚁组成蚁群的行为表现出一种信息正反馈现象:某一条路径上走过的蚂蚁越多,其信息激素积累量就越多,后面其余的蚂蚁选择该路径的概率就越大。蚂蚁个体之间就是通过这种信息交流达到搜索食物的目的。

(2)用于函数优化的蚁群算法模型

下面以求解函数最小值为例来说明蚁群算法在函数优化问题的应用。

设共有 N 个点,而蚁群的蚂蚁数量为 m,根据函数表达式,随机赋给每只蚂蚁 $k(k = 1,2,\cdots,m)$ 一初始值,并计算相应的 $f(k)$ 值。蚂蚁 k 在运动过程中,根据各条路径上的信息量决定转移方向,t 时刻蚂蚁是由位置 i 转移到位置 j 的转移概率 P_{ij} 由下式表示:

$$P^k_{ij} = \frac{[\tau_{ij}(t)]^\alpha \cdot [\eta_{ij}]^\beta}{\sum\{[\tau_{ij}(t)]^\alpha \cdot [\eta_{ij}]^\beta\}} \quad j \in allowed \tag{13-49}$$

式中,η_{ij} 表示蚂蚁 k 由点 i 向点 j 转移的期望值(又称可见度),在求解函数最小值问题中可用 j 点的函数值的倒数来表示:

$$\eta_{ij} = 1/f(j) \tag{13-50}$$

$allowed_k = \{N - tabu_k\}$ 表示蚂蚁 k 下一步允许转移的点,而 $tabu_k$ 表示第 k 只蚂蚁的禁忌表。一次循环中蚂蚁不允许走相同的点,与真实蚁群系统不同,人工蚁群具有一定的记忆功能,$tabu_k$($k=1,2,\cdots,m$)记录蚂蚁 k 目前已走过的点。

$\tau_{ij}(t)$ 表示蚂蚁 t 时刻在路径 i—j 上留下的信息激素量。初始时刻,各条路径上信息量相同。

α,β 分别表示蚂蚁在运动过程中所积累的信息启发式因子在蚂蚁选择路径中所起的不同作用,它们是控制信息激素强度与可见度的相对重要性的参数,即 α 为残留信息的相对重要程度，β 为期望值的相对重要程度。

由(13-49)式可见蚂蚁的转移概率不仅与函数值有关，而且与蚂蚁的信息激素强度 b 有关，它是这两者共同作用的结果，是可见度和 t 时刻信息激素强度的权衡。随着时间的推移，以前留下的信息逐渐消逝。

经过 Δt 时段蚂蚁完成一次循环，各条路径上的信息激素量需进行更新：

$$\tau_{ij}(t)(t+\Delta t) = p\,\tau_{ij}(t) + \Delta\tau_{ij}(t) \tag{13-51}$$

式中，$p\,(0<p<1)$ 为信息激素保留系数，它体现了信息激素的持久性，而 $1-p$ 表示信息激素的消逝程度(信息激素蒸发)；$\Delta\tau_{ij}(t)(\Delta t)$ 表示所有 m 只蚂蚁在本次循环中在路径 $i—j$ 上所留下的信息激素量。$\Delta\tau_{ij}(t)(\Delta t)$ 可用下式计算：

$$\Delta\tau_{ij}(t)(\Delta t) = \sum_{k=1}^{m}\Delta\tau_{ij}^{k} \tag{13-52}$$

式中，$\Delta\tau_{ij}(t)$ 表示在本次循环中(Δt 时段内)第 k 只蚂蚁在路径 $i—j$ 上所留下的信息激素量，而 $\Delta\tau_{ij}^{k}$ 可用下式计算：

$$\Delta\tau_{ij}^{k} = Q/f(j) \tag{13-53}$$

(3)蚁群算法优化步骤

在目标函数式误差最小情况下，用蚁群算法优化参数 g_h 的求解过程如下。

step1：初始化

NC←达代次数；m←蚂蚁个数，α←1，β←1，ρ←0.7，

$Q=1$；

对每只蚂蚁 k　$\Delta\tau$←0，τ←Q；

邻域搜索半径 r；

定义函数最小值 $F_{\min}$←+∞。

step2：赋初始值

往参数 g 的定义域范围内(凭经验，g 的取值范围为 $g\in[0\quad200]$)，

给每只蚂蚁 k 随机赋一初始值，并计算相应的函数值 $F(k)$；

$Count$←1　(外循环)。

step3：对每只蚂蚁根据(13-53)式计算其转移概率，蚂蚁 k 由 i 向 j 转移。

①若 $F(i)-F(j)\geq0$，表示 j 是比 i 更优的点，则表明蚂蚁 k 由 i 点向 j 移动的趋势更大一些，计算其概率为 p_{ij}；

②若 $F(i)-F(j)<0$，表示 i 是比 j 更优的点，则规定蚂蚁 k 不向 j 转移，其转移概率为 p_{ij}。

step4：求最大转移概率 $p_{\max}$，并计算相应的最小值 $F1_{\min}$。

若 $p_{ij}=p_{\max}$ 则表明蚂蚁 k 由 i 向 j 转移的概率最大，蚂蚁在位置 j 处所对应的函数值是最小值的概率最大。定义 $F(j)$ 为该次循环的最优解，并将 $F(j)$ 赋值给 $F1_{\min}$，同时将 j 处蚂蚁所相应的 g 值赋值给 $g1_{\min}$；$F1_{\min}$ 与 $F_{\min}$ 比较，若

$F1_{\min}\leqslant F_{\min}$，则

$$F1_{\min}\leftarrow F_{\min}，g_{\min}\leftarrow g1_{\min}$$

step5：寻求函数的最大值

蚂蚁转移条件是必须有转移概率；即蚂蚁 k 由 i 向 j 转移的必要条件是，$f(i) \geq f(j)$。因此，若为最大值，则其转移概率一定不为零。

step6：蚂蚁转移

将具有最大值 i 处的蚂蚁向具有最小值 j 处的蚂蚁移动，在 j 的邻域范围内随机赋一新值给蚂蚁 i。计算新的函数值 $F1(i)$。

step7：邻域搜索

在每只蚂蚁的邻域内进行搜索，给蚂蚁赋新的值，计算新的函数值 $F(k)$ 将其与 $F1(k)$ 比较，若 $F(k) < F1(k)$，则现在蚂蚁 k 值记为 G，否则，蚂蚁 k 的值不变。

step8：对每只蚂蚁的信息激素进行更新

$$\tau_k \leftarrow p \cdot \tau_k + \Delta \tau_k, \ \Delta \tau_k \leftarrow 0$$

step9：搜索半径 r 按 $r \leftarrow r\ 99\%$ 进行缩减。

step10：$count = count + 1$；若 $count < NC$，则转到 step3。

step11：输出最优值 F_{min}，g_{min}。

13.3.4.3　模型求解结果

现取基准年龄 $T_0 = 30a$，根据解析木各年龄的优势高，采用蚁群算法对其作优化求解，求得多形地位指数曲线模型为：

$$H = SI \times \left[\frac{1 - \exp(-0.01484SI^{0.008971}T)}{1 - \exp(-0.01484SI^{0.008971}T)} \right]^{2.9117SI - 0.3229} \tag{13-54}$$

多形地位指数曲线模型的相关指数 $R^2 = 0.9952$，剩余标准差为 0.4289，表明拟合效果显著，预估精度高。

代入不同的地位指数和年龄，便可编成红豆树地位指数表，见表13-7。

表13-7　红豆树地位指数表

年龄 a	地位指数		8		10		12		14		16		18		20
6	0.8	—	1.2	—	1.6	—	2.1	—	2.6	—	3.2	—	3.8	—	4.4
8	1.1	—	1.7	—	2.3	—	3	—	3.7	—	4.4	—	5.1	—	5.9
10	1.6	—	2.3	—	3.1	—	3.9	—	4.7	—	5.6	—	6.5	—	7.4
12	2.1	—	2.9	—	3.8	—	4.8	—	5.8	—	6.8	—	7.8	—	8.9
14	2.6	—	3.6	—	4.6	—	5.7	—	6.8	—	8	—	9.2	—	10.4
16	3.1	—	4.2	—	5.4	—	6.6	—	7.9	—	9.2	—	10.5	—	11.8
18	3.6	—	4.9	—	6.2	—	7.6	—	9	—	10.4	—	11.8	—	13.2
20	4.2	—	5.6	—	7	—	8.5	—	10	—	11.5	—	13	—	14.6
22	4.7	—	6.3	—	7.8	—	9.4	—	11	—	12.7	—	14.3	—	15.9
24	5.3	—	6.9	—	8.6	—	10.3	—	12	—	13.8	—	15.5	—	17.3
26	5.9	—	7.6	—	9.4	—	11.2	—	13	—	14.9	—	16.7	—	18.5
28	6.4	—	8.3	—	10.2	—	12.1	—	14	—	15.9	—	17.9	—	19.8

（续）

年龄 a	地位指数														
			8		10		12		14		16		18		20
30	7	—	9	—	11	—	13	—	15	—	17	—	19	—	21
32	7.6	—	9.7	—	11.8	—	13.9	—	15.9	—	18	—	20.1	—	22.2
34	8.1	—	10.3	—	12.5	—	14.7	—	16.9	—	19	—	21.2	—	23.3
36	8.7	—	11	—	13.3	—	15.5	—	17.8	—	20	—	22.3	—	24.5
38	9.3	—	11.7	—	14	—	16.4	—	18.7	—	21	—	23.3	—	25.6
40	9.8	—	12.3	—	14.7	—	17.2	—	19.6	—	21.9	—	24.3	—	26.6
42	10.4	—	12.9	—	15.5	—	17.9	—	20.4	—	22.8	—	25.3	—	27.7
44	10.9	—	13.6	—	16.2	—	18.7	—	21.2	—	23.7	—	26.2	—	28.7
46	11.5	—	14.2	—	16.8	—	19.5	—	22.1	—	24.6	—	27.1	—	29.7
48	12	—	14.8	—	17.5	—	20.2	—	22.8	—	25.5	—	28.1	—	30.6
50	12.5	—	15.4	—	18.2	—	20.9	—	23.6	—	26.3	—	28.9	—	31.6
52	13	—	16	—	18.8	—	21.6	—	24.4	—	27.1	—	29.8	—	32.5
54	13.6	—	16.5	—	19.5	—	22.3	—	25.1	—	27.9	—	30.6	—	33.3
56	14.1	—	17.1	—	20.1	—	23	—	25.8	—	28.7	—	31.4	—	34.2
58	14.5	—	17.7	—	20.7	—	23.6	—	26.5	—	29.4	—	32.2	—	35
60	15	—	18.2	—	21.3	—	24.3	—	27.2	—	30.1	—	33	—	35.8

13.4　小结与讨论

以最常用的山本式为基础，应用逐步回归技术构建可变参数的立木材积模型和材积生长率模型，并分别用改进单纯形法和免疫进化算法对其参数作进一步的优化估计，提高了材积表和生长率的编表和使用精度，为其他树种的材积表及生长率的编制展示了有价值的参考作用。

对《测树学》中经典的孔兹干曲线式进行改进后构建削度方程，理论基础扎实，能够客观地反映红豆树干形变化规律。用遗传算法估计削度方程参数，解决了常规的回归分析无法估计非线性模型参数的问题，且估计精度高，据此编制的材种出材率表可在森林资源调查中推广应用。

本研究综合应用传统回归技术(多元回归和逐步回归)、传统算法(常规最小二乘法、改进单纯形法)和智能算法(免疫进化算法、蚁群算法、遗传算法)研制红豆树材积表、出材率表、生长率表、地位指数表，方法科学合理，理论基础扎实，研究结果丰富了林业数表模型的研制方法，在其他树种和其他林业数表的研制中有实际的推广应用价值。

14

红豆树景观开发

红豆树景观与红豆文化的耦合，是绵延千年的古朴文化习俗，发扬红豆文化是对民俗古风的尊重、认同、保留、创新与拓展应用。本研究应用景观生态学、林学、植物造景学、美学原理，剖析红豆树景观美学价值和文化内涵，挖掘出红豆树种子、花朵、冠型、树根、木材的形式美，提炼出红豆树景观的爱情意境、友情与亲情意境、文化意境，为红豆树景观与社会文化的耦合寻找拓展应用的新时空。

14.1 红豆树景观文化内涵

14.1.1 红豆树景观特质

红豆树景观的形式美是信息受者通过对美的景观信息的感知，从而获得对红豆树景观的表象之美。形式美是观赏者的一种心理感知过程，是对景观美的感性认识。红豆树鲜艳如血的种子、洁白如玉的花朵、浓荫蔽日和青翠欲滴的绿叶、婀娜多姿的根枝、高贵美丽的木质等外形特征时时处处给予人们美的感受。

(1)红豆树种子的形式美

红豆树种子质坚如铁，色艳如血，红而发亮。艳丽红豆以其清新脱俗的美，受到青年男女的青睐，时而点缀在霓裳的衣角，时而独占美人的胸前。相思红豆情侣手机链、红豆情侣戒指、红豆吊坠、红豆耳环、红豆手链、相思红豆脚链、金银铜红豆饰品、红豆胸针、相思红豆漂流瓶、相思红豆许愿瓶、相思红豆爱情魔蛋、情侣红豆香包等一系列红豆情侣礼品，构成别具一格的文化风景。

(2)红豆树花朵的形式美

红豆树花期4~5月，花瓣洁白如雪、滑润似玉、清新纯洁，盛花时节满树银花闪烁，蝶形花瓣酷似一只只蝴蝶枝头轻歇，在微风摇曳中，蝶影纷飞，别具一番风景。百花凋零时花瓣纷纷扬扬如雪花飘落，悄然回归大地，零落成泥，谱写一曲静美之歌。

(3)红豆树冠形的形式美

红豆树冠型有伞形、卵形、倒三角形三种类型，其中以主干分枝低、多分枝的伞形冠状最为突出，在村边、宅边、河边、路边常见其树冠庞大、浓荫覆地，具很高的观赏与休闲价值，是很好的观赏树和行道树，也是典型的城镇乡村"风水树"。在民间，参天古木常被视为神树，有此神树生存的宝地必有光宗耀祖、荫及后代子孙的贵人现世；红豆树根深叶茂隐含人丁兴旺，红豆树根深蒂固隐含着云游在外的游子故土难移、乡情深重。红豆树青色树干，有别于通常灰色树干，在森林景观营造中可作为色彩调配素材使用。

（4）红豆树树根的形式美

红豆树根系发达，虬根变化多端，在溪流岩石缝隙间夹石而生；在石壁上匍匐而行，充分地坦露根的情怀和婀娜多姿的优美曲线。红豆树具有极强的萌芽能力，其根系横向伸展可从不同部位长出新株，形成典型的连根树，再造"在天愿为比翼鸟，在地化为连理枝"的梁山伯与祝英台的古老传说。红豆树古树，通常在其树桩处或其附近萌发新株，形成典型的"公孙树"种群结构，使其世代繁衍，民间意含为"世代同堂，儿孙满堂"。在民间，红豆树俗称为"相思子"，在一些地方常见陵墓四周有高大的红豆树古树，那是墓主的后人在其先辈陵前种植"相思子"以寄托对亲人的怀念。红豆树根系具极强萌生能力，百年老树的树干也能萌生新枝。所以，红豆树大树移植容易成活，这是红豆树生理特性赋予了其迁地种植的优越条件，使红豆树优良景观效果得以更好发挥。

14.1.2　红豆树文化意境

形式美以红豆树自然美为基础，通过艺术组合来拓展和提高景观鉴赏价值；意境美即是对形式美的升华。红豆树景观意境美的表现，主要是运用联想、想象、移情、思维等心理活动，去扩充、丰富红豆树景观内涵和开拓意境；以艺术的眼光和丰富的思维，来体验、品味和领悟人生理念、哲学思考、文化内涵，这是森林文化的重要组成部分。

（1）亲情与友情意境

相思红豆的寓意，不仅包括男女之情，还包括亲情、友情、师生情、患难与共之情、民族国家之情、人类相依相爱之情，此物神奇，此情博大，此意精深。相思红豆是我国独特的文化产品，是中华民族悠久、神秘、古朴的传统文化，自古以来都诠释为爱情的种子，同时又深表爱情、友情、亲情的真谛。"红豆生南国，春来发几枝，愿君多采撷，此物最相思"，这是唐代诗人王维根据当时社会的风情写就的脍炙人口的《相思》，它反映出那个历史时空的青年男女在确定终身大事时，以红豆饰品作为情物相赠情人的动人情景。红豆是千年以来人们表达纯洁爱情的象征、吉兆祥和之物。红豆树高大茂盛，被民间认为是吸取天地之灵气精结而成。红豆是千百年来人们用来咏赞相思和爱情的绝物，在我国很多地方至今保留着红豆的习俗，特别在中国南方一些省份，红豆成了男女表白心思、寄托爱意的绝妙选择。在民间，红豆和玉一样，被认为是有灵性的开运吉祥神物，除装饰外还常被用于表达爱情、祈求幸福：爱情——少男少女将相思豆做成项链手环，佩带身上，用以相赠，增进情谊，得让爱情永久；婚嫁——男女婚嫁时，新娘在手腕或颈上佩戴鲜红的相思豆所串成的手环或项链，以象征男女双方心连心白头偕老；夫妻——夫妻枕下各放6颗许过愿的相思豆，可祈夫妻同心，百年好合。

（2）诗歌文学意境

红豆树种子在"形、色、质"上的特点，使红豆深受民众喜爱。在历史绵长的中华文化长河中，积淀了深厚的红豆文化底蕴。红豆文化渗透到了文学艺术、工艺美术、音乐文化、园林艺术、宗教文化和民俗文化等各个领域中，红豆树凝聚着中华传统文化的精髓。古往今来，从不缺乏红豆树森林文化的名篇巨作。有脍炙人口的古代红豆文学诗篇名作："滴不尽相思血泪抛红豆，开不完春柳春花满画楼，睡不稳纱窗风雨黄昏后，忘不了新愁与旧愁，咽不下玉粒金莼噎满喉，照不见菱花镜里形容瘦，展不开的眉头，捱不明的更漏，恰便似遮不住的青山隐隐，流不断的绿水悠悠"（清·曹雪芹《红豆词》）。"新月曲如眉，未有团圆意；红豆不堪看，满眼相思泪"（唐·牛希济《生查子》）。"罗囊绣两凤凰，玉合雕双鸂鶒；中有兰膏渍红豆，每回拈着长相忆"（唐·韩偓《玉合》）。"蝴蝶花开蝴蝶飞，鹧鸪草长鹧鸪啼。庭前种得相思树，落尽相思人未归"（唐·伍瑞隆《竹枝词》）。"井底点灯深烛伊，共郎长行莫围棋。玲珑骰子安红豆，入骨相思知不知？"（唐·温庭筠《新添声杨柳枝词》）。"江头学种相思子，树成寄与望乡人"（唐·温庭筠《锦城曲》）。"罗带惹香，犹系别时红豆。泪痕新，金缕旧，断离肠。一双娇燕语雕梁，还是去年时节。绿阴浓，芳草歇，柳花狂"（唐·温庭筠《酒泉子》）。"红豆啄余鹦鹉粒，碧梧栖老凤凰枝"（唐·杜甫《秋兴八首》之八）。"宝奁掣红豆，妆奁拾翠钿"（唐·路延德《小儿》）。"红豆树间滴红雨，恋师不得依师住"（唐·贯休《将入匡山别芳昼二公二首》之二）。"忆昔花间相见后，只凭纤手，暗抛红豆"（唐·欧阳炯《贺明朝》）。"柳色披衫金缕凤，纤手轻捻红豆弄。翠娥双敛正含情，桃花洞，瑶台梦，一片春愁谁与共"（唐五代·和凝《天仙子》）。"半妆红豆，各自相思瘦"（宋·黄庭坚《点绛唇》）。"万斛相思红豆子，凭寄与个中人"（宋·刘过《江城子》）。"交枝红豆雨中看，为君滴尽相思血"（宋·赵崇嶓《归朝欢》）。"几度相思，红豆都销，碧丝空袅"（宋·王沂孙《三姝媚·樱桃》）。"对镜偷匀玉箸，背人学写银钩。系谁红豆罗带角，心情正着春游。那日杨花陌上，多时杏子墙头。眼底关山无奈，梦中云雨空休。问看几许怜才意，两蛾藏尽离愁。难拚此回肠断，终须锁定红楼"（宋·晏几道《河满子》）。"几番血泪见红豆，相思未休"（元·高明《商调·黄莺儿》）。"把酒祝东风，种出双红豆"（清·吴绮《醉花间》）。"莲漏三声烛半条，杏花微雨湿轻绡，那将红豆寄无聊？春色已看浓似酒，归期安得信如潮，离魂入夜倩谁招"（清·纳兰性德《浣溪沙》）。"陌上莺啼细草薰，鱼鳞风皱水成纹。江南红豆相思苦，岁岁花开一忆君"（清·王士祯《悼亡诗》）。

今有文人墨客名篇新词："人间难了是相思，此恨不关摩诘诗。世外若生红豆树，神仙也有断肠时"（贾憎憎《读王维〈相思〉》）。"算来一颗红豆，能有相思几斗？欲舍又难抛，听尽雨残更漏！只是一颗红豆，带来浓情如酒。欲舍又难抛，愁肠怎生禁受？为何一颗红豆，让人思前想后？欲舍又难抛，拼却此生消瘦！惟有一颗红豆，滴溜清圆如旧。欲舍又难抛，此情问君知否"（琼瑶小说《一颗红豆》）。"相思难遣晓而昏，都是痴痴苦命根。掬得一襟红豆子，和将血泪恋情吞"（王成纲《相思》）。"南国春风路几千，骊歌声里柳含烟。夕阳一点如红豆，已把相思写满天"（甄秀荣《送别》）。"醉眼朦胧看，红豆坠西山。只说相思尽，一夜又升还"（王建军《咏日·酒后感怀》）。"少年心事久尘封，偶拾香囊一豆红。勾起闲愁谁会得，伊人小到梦魂中"（王凤山《红豆情思》）。"青枝红豆植心间，血灌情浇五十年。慰问如何不邮去？至今海峡未通船"（黄俊卿《红豆情》）。"鼠标轻点报君知，红豆重题不自持。幸有荧屏能缩地，天涯对面诉相思"（段惠民《七夕》）。"别说我是微不足道的一粒，非同寻常的红色，足以让你惊奇，这承载爱情内涵的种子，在水与水的绵延间，在山与山的缝隙，那条叫做相思的项链，就由我的灵魂串起，情怀深埋进泥土，哪怕一万年的沉寂，也能被熟悉的雨声，刹那间唤醒，和满世界的植物没有差异，有土就能生根，有水就会呼吸，生长 生长 生长，结实成荚，最深情的感觉，在最深处隐匿，最壮美的那一刻，是在秋天，去了又回的秋风中，再次遇见你，猝不及防，它炸裂了。亲爱的，你看 你看，红红的一地，不是珍珠，更不是豆，是想你爱你的泪滴"（朱春惠《相思豆》）。"海外捐红豆，镶钟十二时。心针巡日夜，无刻不相思"（钟振振《红豆》）。"红豆如心未许埋，相思情逐晓花开。去年亭上双飞燕，又剪春风如梦来"（陈丽华《红豆谣》）。"豆一双，人一囊，红豆双双贮锦囊，故人天各一方。似心房，当心房，偎着心房密密藏，莫教离恨长"（刘大白《双红豆》）。"书一通，叶一丛，慰我相思尺素中，看花约我同。约成空，恨无穷，死别吞声泪泗重，泪如红豆红"（刘大白《泪如红豆红》）。"我用六十颗最红的红豆，镶成这一座叫做相思的钟，只希望你能明白，我对你的思念，不是月月年年，不是每天每周，是时时刻刻，是每分每秒"（李永刚《相思钟》）。"一颗红豆，千余年读作相思，多少爱情故事，曾以你为名，悠远的传说中，闪过你鲜亮的身影，尘封的诗文里，蹦出你红润的丰姿，你是远古惊艳的那一抹红，多少载黄土尘埃荡不尽你风采熠熠，你是爱人不死的那一颗心，多少个转世轮回诉不完你两情依依，红豆啊起相思，万古啊留芳名"（李永刚《红豆万古》）。"相思红豆古今同，聊把一枚存梦中。我自有情如此物，寸心到死为君红"（刘庆霖《红豆吟》）。"南国秋深可奈何，手持红豆几摩挲。累累本是无情物，谁把闲愁付与他"（王国维《红豆词》），"我愿是一颗，相思树上的红豆，请你在树下，轻轻摇曳，我会小心翼翼，鲜红地落在你手里，亲爱的你，即使将我沉淀十年，收在抽屉，想念的心，也许会黯淡，但我永不褪去，红色的外衣"（蔡智恒小说《榭寄生》）。

另外，各地广为流传的红豆民谣民歌、故事传说，红豆树的"诗、文、曲、艺、画"共筑起丰富多彩而又内涵深遂的红豆树景观文化意境。例如，广为传唱的红豆歌曲有：红楼梦主题歌《红豆曲》、《相思》，以及《相思河》、《红豆》、《红豆红》、《红豆醉相思》、《相思籽》等；唐朝著名歌者李龟年梨园曲调的《红豆》等。

（3）红豆树品牌文化意境

红豆是江苏无锡红豆集团的品牌，也是企业文化的精髓，1997 年 4 月，红豆商标被国家工商管理总局认定为首批"中国驰名商标"。红豆集团以"红豆"品牌，至今已注册商标300 多件，分别在 34 大类商品和 8 大类服务性商标上注册，在 54 个国家和地区完成了商标注册，另外将与红豆发音相同、结构相似、意思相近的也进行了注册，如"红豆树"、"虹豆"、"江豆"、"相思豆"、"相思"、"相思节"、"相思鸟"、"loveseed"、"爱的种子"等。红豆集团将优秀的民族传统文化融入品牌文化，运用了亲情、友情、爱情和民族的情结，不仅意境深远，而且兼具实质性题材，在品牌文化中充分继承了民族传统文化，符合民族的审美情趣，符合民族的接受心理，更易让消费者认同，更易让大众产生心理共鸣。

（4）红豆树民俗文化意境

我国的民族传统文化，注重家庭观念，讲究尊师敬老、抚幼孝亲，强调礼义道德、伦理等级、中庸仁爱，追求圆满完美，崇尚含蓄、温和与秩序等。红豆树则迎合了国民的普遍情感。红豆树种子亮丽、鲜艳、火红、圆润，具有丰富和深刻的民族文化意涵，"红"即代表着"红红火火、吉祥如意"，"豆"即代表着"蓬勃向上，强劲生命力"。所以，在植树节、清明节、重阳节、七夕节、情人节等中华民族传统节日中，红豆树成为焕发民俗古风的载体和寄附情感的依托。

14.2 红豆树林木景观

景观的设计与创造，融合着建造者的意境，是对各种景观进行人格化的创新和再组合过程。景观构景通常所遵循的基本美学原则有协调统一原则、对比和谐原则、尺度比例原则、均衡稳定原则、层次结构原则、自然清新与韵律原则等，而红豆树等植物的构景还要遵循林木自然生物学特性这一基本原则，尤其应充分发挥红豆树的形式美、意境美和丰富的红豆文化内涵，达到与自然景观的天人合一或相得益彰。

形式美是由红豆树自然美为基础，通过艺术组合来拓展和提高景观鉴赏价值；意境美即是对形式美的升华。红豆树景观意境美的表现，主要是运用联想、想象、移情、思维等心理活动，去扩充、丰富红豆树景观内涵和开拓意境；以艺术的眼光和丰富的思维，来体验、品味和领悟人生理念、哲学思考、文化内涵，这也是森林文化的重要组成部分。

红豆树景观效果是通过组合手段来体现的。首先，必须以形式美为基础，充分发挥人体感官功能，对红豆树外部形态特征进行直观感受和把握，体现红豆树细部美、个体美、林分美、整体格局美。其次，充分表达红豆树在观赏角度上的俯视景观、仰视景观、平视景观、侧视景观。其三，充分表达红豆树林木在空间距离上的林内景观、近景观、中景观和远景观以及景观层次效果等。红豆树林木景观，以其高雅情趣和深邃的文化内涵，有广泛的挖掘体裁和扩展空间，是人类应用景观生态原理设计与构筑园林景观的直观依据和蓝本。红豆树林木景观主要表现形式有 3 种：以个体植株形式表现的古树景观，以群落形式表现的斑块景观，以线条状表现的廊道景观。

(1)红豆树古树景观

古树指生长百年以上的老树，已进入缓慢生长阶段，干径增粗极慢，形态上给人以饱经风霜、苍劲古拙之感，是自然艺术的一部分，它们以不同的生命形态在山间、水中、地下演绎着树木生命的轮回，犹如人类一样，饱含了百般滋味但却又有彼此不同的人生品味，其间蕴含的文化内涵博大而深邃。人们常常会在不经意间将人生的理解融入其中，成为人生困惑的一次觉醒、一种感悟、一种理念，是对生命内涵深刻理解之后的一种自我超越与解脱。因此，对古树的伟岸与健壮、通直与扭曲、古朴与奇特、缺陷与丑陋的解读，实际上包含着人类对复杂人生和坎坷历程的自我解读，读"木"犹如读"人"。例如，陶渊明"采菊东篱下，悠然见南山"的恬静，白居易"待到菊黄家酿熟，共君一醉一陶然"的闲适，苏东坡《题西林壁》"横看成岭侧成峰，远近高低各不同。不识庐山真面目，只缘身在此山中"的悠然，白居易"人间四月芳菲尽，山寺桃花始盛开，长恨春归无觅处，不知转入此中来"的人生追求。国民二十四年至二十八年(1935~1939 年)福建古田县栽植红豆树等"总理纪念林"，则反映人们对先贤的崇敬。在碧水丹山、风景秀丽的武夷山天游峰妙高台，生长着一株红豆树，并有一段感人的爱情故事，吸引许多游客前往观赏和搜寻爱情与友情的种子。目前，在苏州、杭州以及上海等地，红豆树已被作为高档次景观树种，用于构建园林小品，在一些格调优雅的别墅前，主人种植 1~2 株红豆树，以显主人的文化背景和高雅品味。

（2）红豆树斑块景观

福建红豆树景观斑块，分布在德化、永春、同安、福州晋安区、连江、永泰、福鼎、霞浦、福安、柘荣、古田、屏南、周宁、政和、松溪、浦城、延平、建瓯、邵武、永安、泰宁、将乐、三元、尤溪24个县（市、区）。天然红豆树景观斑块，多数是其它林木被破坏后，红豆树被当地居民视为"风水树""神木"得以幸存下来，成为村庄百姓的一块休闲绿地和森林氧吧。在炎炎夏日，常见农民三五成群聚集于红豆树庞大的树冠下休憩、闲聊。这些红豆树景观，是以红豆树斑块为景观主体，以农田、乡村房屋群落、乡间道路、池塘为景观本底，所构成的一组远近有致、高低交错的田园风景。红豆树是村旁、水旁、路旁、宅旁造林的首选树种，也是生态型城市建设、新农村建设的绝佳树种。福建松溪城关的烈士陵园中种植的20余株红豆树，树体高大、古朴端庄，树叶苍翠欲滴，生机勃勃，树冠遮天蔽日，成为人们休闲娱乐、晨练健身的绝佳场所。屏南县一中校园内红豆树绿化区构成美丽的校园景观，也使红豆文化与校园文化在这里交相辉映。古田县平湖乡钱板村红豆古树群，也成当地人们休闲游玩的佳景，同时吸引众多专家学者慕名前来参观考察。

（3）红豆树廊道景观

红豆树天然生长在沟渠、河流、溪岸两边，荚果掉落水面"豆随水漂、种繁两岸"，大自然别具匠心地创作了一幅引人入胜的红豆树廊道景观。它依山傍水，山廓为骨架，森林为衣裳，溪河为袖带；用山的宏大厚重为背景，以水的轻盈柔和变化多端为陪衬；以天的蓝、水的碧、树的青、叶的绿、花的白、霜叶的红为颜色基调；以鸟的鸣声、风的呼声、泉流的幽咽声、兽的吼叫声、森林树木的呼啸与摇曳声为声音基调；以百花芬芳为香的基调；配以溪流两侧峻峭秀逸的岩崖、高耸挺立的山峰、逶迤曲折的山岭、石木叠翠的山坡、怪石嶙峋的岩岸，构筑一条以红豆树为主要景观要素，以大自然的山、水、石、森林、蓝天、白云等为景观本底，相互搭配组合，交相辉映且交融成趣的红豆谷景观，这是又一幅绝妙的红豆树廊道式自然风情画卷。

14.3 红豆树木质景观

14.3.1 红豆树木材特性

红豆树是我国著名的珍贵用材树种之一，木材坚韧、纹理美观、材质优良。在同属树种中，小叶红豆（商品名叫红心红豆类）最为有名，次之即为红豆树（商品名叫红豆木类）。该属树种商品用材被统称为花梨木，一般分为白梨、红梨和紫心梨3种。在1954年莱比锡国际博览会上，我国的花梨木因其美观胜于红木与紫檀，获世界木材银奖。福

照片1　红豆树树干横切面

州鼓山大雄宝殿的四大镇殿之宝，其中一件就是红豆树心材所做的香案（章浩白，吴厚扬，林文芳等.1993；何汇珍.1987；高兆蔚.2004）。

红豆树边材与心材区别明显。幼龄树的边材为白色；生长至50年左右的边材呈浅黄色；百年以上老树的边材为浅黄褐色。心材栗褐色，罕见浅黑色；百年以上老树心材深栗褐色。年代久远的红豆树木材工艺作品呈黑色。木材无特殊气味和滋味；有光泽，有波纹，栗褐色与浅黄色相间。弦切面上的机械组织带与薄壁组织带深浅相间呈"V"字形花纹，状如鸡翅上的羽毛。因此，生产上也有称红豆树为"鸡翅木"（榆属、榉属木材也有此等花纹）。民间对红豆树木材俗称黑樟丝；木荚红豆树木材俗称赤樟丝；小叶红豆木材俗称红樟丝。这主要是由于红豆树心材呈栗褐色；木荚红豆树的心材呈紫红色，也即赤色，切面无波纹；小叶红豆的心材生材时为鲜红色，久则转深呈深红色。红豆树木材生长年轮不明显或略明显，年轮宽度略均匀，每厘米2~3轮，为散孔材。管孔数少，散生，分布均匀，大小中等，且大小一致，在肉眼下可见至明显，管孔未见侵填体。轴向薄壁组织量多，在肉眼下略见，聚翼状及轮界状，少数翼状，在弦切面呈锯齿状抛物线花纹。木射线稀至中，细至略宽，放大镜下明显，比管孔小，径切面上射线斑点明显（照片2）。

图片2 红豆树树干纵切面

（1）红豆树木材显微特征

导管横切面为卵圆及圆形，平均每平方毫米5个，单管孔及短径列复管孔（2~3个），散生，壁薄至厚（6um）；最大弦径169um或以上，多数120~140um。导管分子叠生，长230~450um，平均350um，含少量树胶。单穿孔，圆形、卵圆及椭圆形，穿孔板平行及略倾斜。管间纹孔式少见，互列，系附物纹孔，卵圆及椭圆形，长径4.5~9.2um，纹孔口内含或外展，有时合生，圆形、透镜形或裂隙状。轴向薄壁组织量多，叠生，聚翼状及轮界状。前者排列成长弦带或波浪形，带宽数个至10个细胞。薄壁细胞端壁节状加厚不明显，未见树胶，偶见菱形晶体。分室含晶细胞可连续多至数个，具纺锤薄壁细胞。木纤维通常壁厚，多数直径为15~20um，长670~1510um；单纹孔或具狭缘，数量少，尚明显，圆形，直径3.2~4.0um，纹孔口内含，透镜形及圆形；胶质纤维普遍。木射线叠生。单列射线甚少，宽15~38um；高1~14细胞（47~485um）或以上，多数5~10细胞（153~290um）。多列射线宽2~5细胞（29~130um），多数3~4细胞（43~90um）；高4~46细胞（127~1216um）或以上，多数10~30个细胞（250~760um）（成俊卿，杨家驹，刘鹏.1992）。射线组织异行III型。直立或方形射线细胞比横卧射线细胞略高或高；后者为圆形，略带多角形轮廓。射线细胞内未见树胶及晶体。端壁节状加厚及水平壁纹孔明显。射线－导管间纹孔式类似管间孔式。胞间道缺。

（2）红豆树木材物理和力学性质

纹理直或斜，结构细而匀，重量中至重，质硬，干缩小，强度及冲击韧性中等。干燥缓慢，心材耐腐，边材易受虫蛀，且不耐腐；切削不难，切面光滑，聚翼状薄壁组织在弦断面上形成美丽的花纹；油漆后光性颇佳，但心材不用油漆，使用长久后反而光亮；容易胶粘，握钉力强。红豆树木材处理，在较大规模的加工厂，通常置于水蒸气压力房中脱脂，后于气干房中烘干。农村中常把红豆树原木埋入水稻田中，让边材腐烂后再对栗褐色的心材进行加工利用，或按使用材种规格加工成木板后烘干利用。

表 14-1　红豆树与香樟树木材材性比较

项目	密度（g/cm^3）		干缩系数（%）			抗弯强度 kgf/cm^2
	基本	气干	径向	弦向	体积	
红豆树	0.643	0.776	0.168	0.269	0.431	1103
香樟树	0.437	0.535	0.126	0.126	0.356	824

项目	抗弯弹性模量	顺纹抗压强度	冲击韧性	硬度（kgf/cm^2）		
	10^{3}kgf/cm^2	kgf/cm^2	kgf.m/cm^2	端面	径面	弦面
红豆树	128	517	0.568	793	681	642
香樟树	82	410	0.546	402	351	367

为便于对红豆树木材材性的直观理解，选择同样用于雕刻用材的树种～香樟树木材作对比分析（表 14-1）。红豆树木材的细胞结构比香樟致密，基本密度比香樟大 44.6%，气干密度比香樟大 41.9%。同时，红豆树木材的管胞壁较香樟厚，木纤维壁较香樟的厚，这使红豆树木材具有更高的密度、硬度和细腻物理结构，木制品显得圆润均匀。红豆树木材的纹理直或斜，香樟的木材纹理为螺旋纹理或交错纹理，这使红豆树木材在工艺雕刻的构思与形象创作上更容易把握。红豆树木材的抗弯强度、抗弯弹性模量、抗压强度都高于香樟。尤其是红豆树木材极高的硬度、不裂不翘的特点，使红豆树木材身价倍增，也使红豆树木材常常被制作成金属利器的包装容器。

（3）红豆树材质品性

红豆树边材、心材区别明显。边材有浅黄色、白色、浅黄褐色 3 种；心材有红褐色、黑色 2 种（照片 3）。心材价值高，有"紫檀"之誉。红豆树心材具有别致的美丽花纹，时而见有类似鱼形、鸟兽等动物图案，极易赋予多彩的民间神话传说体裁，为雕刻家提供艺术创作空间与智慧灵光。质地坚硬、纹理细密、色泽深沉、坚韧圆润、稳定

照片 3　树豆树木材纹理

性好、旋切性佳、耐磨损和耐腐蚀等优越材质特性，赋予了还璞归真、高贵典雅的珍贵用材工艺景观价值，使红豆树木材成为大自然赐予人类创作精美家具与木质雕刻的不可多得的优良名贵材料。

14.3.2　红豆树木质景观与艺术

红豆树木材的景观制作、艺术化创新、文化精髓嵌入，从而使林业从木材价值升华为技术工艺的价值、文化的价值、技术创新的价值，实现将森林产业链扩展拉长，将林业产业做细、做精、做大、做强。从福建仙游木雕工艺城、闽侯木雕工艺城、建瓯根雕城、建阳木雕城、武夷山艺术品一条街等地可以深刻领悟红豆树木质景观的价值升华过程。艺术

的价值就在于化腐朽为神奇、化一般为独特精品，同样一块红豆树木材，在家具制作家手上，它们成为家具精品；在雕刻家手上，它们成为一件件巧夺天工的艺术品，成为森林文化的优质品牌。红豆树家具作品、木雕工艺作品、民间用品，大概可归结为五大类型。一是古典家具。红豆树木材家具制作配合艺术雕刻，体现古拙秀雅和厚重的文化积垫，具有独特的东方文化风格。长期以来，江苏、浙江、湖南、江西、福建、广东、上海等地，都视红豆树等家具为贵重的上乘之品，将其置于厅堂等醒目位置以彰显主人的富贵与显赫。我国大多数的古典园林里都陈列着名贵家具，如台、凳、桌、椅、榻、几、案、屏风等古典精美的木质雕刻家具，其中不乏红豆树木材的作品。二是工艺雕刻作品。在许多木雕陈设工艺品中，也不乏红豆树木材制作的精品。红豆树的栗褐色木材，常常是实用与艺术的结合品，集中了木材自身价值、实用器具价值、美学装饰价值、雕刻艺术价值、森林文化价值。在具有宗教文化色彩的经典作品中，常见的红豆树木雕装饰工艺品有金童玉女像、观音座莲像、弥勒佛像、罗汉佛像、福禄寿雕像、刘海戏金蟾、寿星像等；在一些高档红豆树木材制品中，常常配制玉器、牙雕、景泰蓝、花瓶、花盆、玛瑙、翡翠、珠宝首饰、瓷器等装饰，进而烘托了主体，丰富了文化内涵、完善了作品整体结构，增加了艺术魅力。三是建筑装潢与雕刻。具有古朴典雅、富丽华贵格调的建筑木雕装饰作品，主要出现在园林、寺庙、宫殿等地，特别是用木雕装饰古建筑，如雕梁画栋，雕饰门楣、屋椽、窗格、栏杆、飞罩挂络等。四是民间实用器具。主要有餐桌椅、柜、长桌、几、座、案、架、落地灯、壁灯、漆器屏风、木刻屏风、镜架、笔筒、木刻钟座、仪器箱盒、枪托、佛珠、捻珠、玩具、高级地板、秤杆、扁担、算盘、棋子、烟斗、机座垫板，古典乐器的柄、梆子、木鱼、木珠、木尺等。五是融合现代文明要素的仿古家具与新型家具。红豆树木材制作的现代家具，主要有卧房家具、客厅家具、餐厅家具、书房家具、办公家具、酒店家具等。其造型与工艺设计特点主要有三类：即简洁流畅，不作雕饰的仿明式风格；厚重庄严，雕饰繁冗的仿清式风格；糅合中西方家具设计理念，考虑现代人生活起居方式的需要，古今并蓄、中西结合、混合搭配设计的现代新型木质家具，以及红豆树茶座、茶盘、根雕等现代艺术雕刻作品。

（1）红豆树根雕景观与艺术

根雕，又称"根的艺术"或"根艺"。我国根雕艺术的历史源远流长，祖先采用木、玉、骨、石以及贝壳等物制作装饰品，同时也采用树根或竹根制作装饰品，1982年湖北省荆州地区博物馆清理马山一号楚墓时发现了我国战国时期的根雕艺术作品《辟邪》，它是现存最早的根雕作品，足见根艺文化的古老，表明根雕在古代已具有一定的艺术水平，并形成一个独特的艺术门类，受到人们的珍爱。唐代诗人韩愈的《题木居士》诗中，也描述了一件根雕"人物"作品。宋元时期根雕作品在宫廷和民间得到进一步发展，而且有些画家也以根雕作品作为创作的素材，《百乐鼓琴图》中画的许多摆放就是根雕作品。明代，根雕作品更加具有独到的艺术特色。清代涌现出一大批根雕艺术家，使根雕创作发展到一个新阶段。他们承继了木雕艺术的传统，创作了许多优秀根艺作品，至今在北京的故宫、颐和园及上海的豫园中，仍收藏着许多清代的根雕珍品。

根雕艺术，注重原材料的材质美、自然美、形态美、肌理美，借鉴现代艺术的抽象化思维形式，进行构思立意、艺术创作及工艺处理。红豆树根雕的原材料具有木材质感优良、形态多样、肌理独特、颜色红润等丰富特质，为根艺创作提供"奇、特、怪、妙"的创作空间。

红豆树根雕作品——姜太公钓鱼（照片4），是利用一段被河水冲刷之后，又在泥沙中沉埋数年的红豆树朽木，福建根雕艺术家根据其原材料的自然形态，"七分天成，三分人工"地因材施艺，因势造形和艺术化凿刻创作，其刻功细腻、造型独特、形象生动、文化内涵深刻，把根艺作品的神韵和古老文化题材淋漓尽致地表现在世人面前。"姜太公钓鱼"作品，不仅化腐朽为神奇地巧妙体现艺术性，而且具有较高文化性，"姜太钓鱼"作品隐含了姜太公辅佐周文王、周武王灭商的这一古老传奇故事和历史

照片4　根雕作品　姜太公钓鱼

文化：姜太公在没有得到文王重用的时候，隐居在陕西渭水边一个地方。那里是周族领袖姬昌（即周文王）统治的地区，他希望能引起姬昌对自己的注意，建立功业。太公常在溪旁垂钓。一般人钓鱼，都是用弯钩，上面接着有香味的饵食，然后把它沉在水里，诱骗鱼儿上钩。但太公的钓钩是直的，上面不挂鱼饵，也不沉到水里，并且离水面三尺高。他一边高高举起钓竿，一边自言自语道："不想活的鱼儿呀，你们愿意的话，就自己上钩吧！"一天，有个打柴的来到溪边，见太公用不放鱼饵的直钩在水面上钓鱼，便对他说："老先生，像你这样钓鱼，100年也钓不到一条鱼的！"太公举了举钓竿，说："对你说实话吧！'我不是为了钓到鱼，而是为了钓到王与侯！"太公奇特的钓鱼方法，终于传到了姬昌那里。姬昌知道后，派一名士兵去叫他来。但太公并不理睬这个士兵，只顾自己钓鱼，并自言自语道："钓啊，钓啊，鱼儿不上钩，虾儿来胡闹！"姬昌听了士兵的禀报后，改派一名官员去请太公来。可是太公依然不答理，边钓边说："钓啊，钓啊，大鱼不上钩，小鱼别胡闹！"姬昌这才意识到，这个钓者必是位贤才，要亲自去请他才对。于是他吃了三天素，洗了澡换了衣服，带着厚礼，前去聘请太公。太公见他诚心诚意来聘请自己，便答应为他效力。后来，姜尚辅佐文王，兴邦立国，还帮助文王的儿子武王姬发，灭掉了商朝，被武王封于齐地，实现了自己建功立业的愿望。

照片5　根雕作品　毛竹竹蔸

红豆树根雕作品——毛竹竹蔸（照片5），是福建建瓯根雕艺术家，取材红豆树心腐根段，巧藉天然应用残缺美进行艺术创作。创作时，充分利用原材料自然形态上的枝、须、洞、节、疤、纹理、色泽、态势等，天然特点和神韵，因材施艺，有意保留天然树皮根杈疤节和抱石，使自然美的"奇"与人工美的"巧"自然地结合起来，增添野趣，顺乎自然，深化美感，烘托主题。作品虽经施

艺，合理而慎重地取舍，局部修饰和必要的雕琢，但却不留明显痕迹，整个作品的艺术风格浑然一体，生动体现建瓯"中国毛竹之乡"这一地方特色和美誉。

红豆树根雕作品——福禄寿（照片6）是一件年代较悠久的民间根艺作品，雕刻家充分利用根雕材料虬曲、怪诞、缺陷和丑陋，发现材料本身的可用价值，借其形态、纹理、节疤、凹凸、曲线、窟窿等天然殊姿异态，进行虚实结合的大胆设计，运用意境、写实、夸张、变形和抽象思维等美学原理进行创作和艺术加工，作品表现方式或明暗、或虚实、或浓淡、或隐现，此作的着力点放在老寿星面部表情的细致刻画，其表情丰富，慈祥老人溢满幸福的微笑，神采奕奕，利用木材自然纹理雕刻的胡须自然流畅，恰到好处地体现老人的长寿和健康。鹿的形态则简练呈现，整个形体疏密有致、轻重得当，老人的"静"与鹿的"动"交替变化，表现形式繁而不杂、简而不空、密而不乱、疏而有致，黑色

照片6 根雕作品 福禄寿

苍老的古木材料，加重了古老气质，雕刻艺术上不仅给人以强烈的视觉冲击，还留给人们充分的遐想空间，艺术的魅力活灵活现。作品文化题材，既吸取了民俗"福禄寿"文化题材，又反映现实生活内容和民生追求。

红豆树根雕作品——百鹊闹春（照片7）利用根系自然特点创作"百鹊闹春"，雕刻家从平凡中找非凡，创作构思着眼于最大限度地保护与利用自然之形，溢自然之美，依形度势，以模仿根自然形态为主，以少量、局部的雕琢为辅，充分发挥艺术想象力，把树根自然形态雕刻成千姿百态的喜鹊闹春，融合了艺术修养、艺术感悟力、美学智慧等内涵，体现根艺"似与不似"的妙趣和神韵，形成一件集高雅、潇洒、奔放的优秀根艺作品，它贵在自然、重在发现、艺在巧用，最大程度地保留了树根特殊的天然美质。

（2）红豆树木雕景观与艺术

红豆树木材的质地坚硬，光滑细腻，纹理清晰，柔劲和韧性适中，加上其木质肌理（又称年轮木纹）特殊，更能显现木雕作品的神韵，这是其它

照片7 根雕作品 百鹊闹春

树种所没有的特殊材质。红豆树木材纹理作为一种装饰因素，常常随其作品体积的起伏转折而呈流动、变化，有规则排列的线纹在造型的变化下呈现的扭曲，既规则又富变化。红豆树木质肌理和造型变化的融合，更能赋予审美者的新鲜感、惊奇感和审美刺激性。

红豆树木雕作品——观音（照片7）是一件圆雕作品，端庄慈祥的观音，梳高髻，戴头

冠，典雅庄重、华贵雍容地站在盛开的莲座上。作品在艺术创作中，突出了三维空间的艺术效果，瓜子脸丰盈富态，脸带慈祥亲切的笑容，溢满端庄仁爱的祥和之气，袍服线条刚劲简朴，穿着与脸部形成鲜明对比，微风中轻盈飘起，静态与动感的结合，更显飘洒流畅和典雅祥瑞气质，整体形象均衡、概括、集中、凝练，同时又有变化、有对比、有韵律，超凡脱俗、干净利落。在文化意涵上，由于观世音菩萨是佛教中慈悲和智慧的象征，救苦解难的象征，平等无私的象征，无论在佛教，还是在民间信仰都具有极其重要的地位，雕刻家迎合民俗意趣，对观音形象进行神化和美化，将形体、表情、气质、意境等较充分体现在作品中，将佛教文化、民间传奇和大众诉求结合到工艺创作上，通俗而不失雅趣，形象且独具魅力，富有观赏性且文化内涵丰富。

照片7　木雕作品　观音

　　红豆树木雕作品——刘海戏金蟾（照片8）是取材于"刘海戏金蟾"的历史故事题材的艺术创作。该作品的艺术语言在于"形体艺术"：整体轮廓的艺术魅力丰满，大小高低起伏的体形配置，人物表现上，粗细曲直的效果突出、方圆疏密的尺度准确、强弱张弛的把握到位。该作品的文化内涵在于"不畏权贵"：据说，唐五代时期，年仅16岁的刘海考中状元，被燕王刘守光招为驸马，后又任宰相。一次，刘海饮酒过量，不慎将燕王陪嫁公主的珊瑚玉器打碎，公主十分恼怒，便进宫将此事告诉燕王。刘海受到燕王责怪，心中烦闷，于是就辞职不干，到处游山玩水去了。后来，行到马坊泉边，见此处茂林修竹、山清水秀，仿佛仙境，便搭了间草舍隐居下来。一天晚上，刘海独自坐在泉边闭目养神。忽然听见水中有"吱咕"之声，睁眼观望，只见水面上有一朵金黄闪光的莲花时隐时现。刘海感到奇怪，刚要起身看个究竟，谁知道他的这一举动，吓得那朵莲花立即没入水中，再也看不见了。刘海心中惊异，就藏在一棵大柳树后面，耐心地仔细观察。这样一连观察了几

照片8　木雕作品　刘海戏金蟾

个晚上，又访问了周围百姓，才知道那朵金色莲花，是从一只形似青蛙、长着三只脚的金蟾口中吐出来的。每当夜深人静，金蟾便在水中不停地吞吐苦练，莲花便时起时落。刘海心想：这朵莲花是金蟾修炼的宝物，如能吞服，也许能够得道成仙，脱离凡尘。因此，他几次想取莲花，但金蟾总是一见有人，便潜入水中，始终不能得手。后来，刘海终于想出了一个巧妙的办法。他找来一只小船，在船头扎一个草人，披上自己的衣服。他把小船漂

到泉塘中，自己藏在大柳树后边偷偷地观察。起初，金蟾见船上有人，不敢吐练。几天过后，它见船上人始终坐着不动，便习以为常，夜间又开始吞吐起来。刘海见金蟾上当，就换下草人，静候金蟾吐练。不多时，金蟾吐出莲花，刘海伸手拿出莲花吞入腹中，随即一阵清香沁入心脾，顿时感到遍体轻松，虚如无物。从此，刘海专心修行，终于修成仙体，得道而去。

(3)红豆树家具与文化艺术

红豆树家具美感，分别体现在色泽、材质和造型三个方面。红豆树心材的天然本色，在家具创作上具有极强的表现力。其固有的红褐色泽。温馨宜人，淡雅细腻的质感，在视觉上、触觉上给人以心理与生理上的感受与联想，赋予了木质家具的精神意境。红豆树木材本身质地所展现出来的材质美感，是家具设计创造的物质基础和重要艺术要素，也是传统家具最重要的组成部分，材质传载着它的功能、形态，被赋予了强烈的民族风格、精神追求和鲜明特性。红豆树材质温和柔韧，独具特色木质纹理，在不同方向上呈现不同纹理图案，纵切时纹理清晰流畅，弦切时呈抛物线花纹、或呈细花云状、或呈富有灵性和生命力的鸟兽图案；加上红褐色泽，给人予温暖、细腻、淳朴敦厚的质感，与中国古人质朴的审美观不谋而合，与文人清高自重、儒雅沉稳的气质相投，赋予了木质家具的精神意境和其独特韵味。红豆树木质家具造型就是按照艺术造型法则将天然材料设计制造成可视可触，具有一定形式和功能意义的结构实体。其造型过程是传递视觉与触觉的美感信息过程，通过造型法则与艺术技巧，将点、线、面、体、质地、色彩以及多样与统一、对比与和谐、均衡与稳定、节奏与韵律、模拟与仿生等造型要素，结合至红豆树的材质肌理和色泽变化中，从而显现红豆树材质的天然美和强化材质的工艺美。

红豆树家具作品——罗汉床(照片8)。该床通体以精选的红豆树木材制成，鼓腿膨牙式，大挖内翻马蹄，直牙条，通体光素无雕饰。围子用攒接法做成曲尺式，简约明快，色泽鲜亮，器形稳重，床面配以小炕几，成天作之合。罗汉床是由汉代的榻逐渐演变而来的，左右、后部装有围栏但无床架的榻，其形制基本为三面围子，一面冲前。罗汉床通常陈设在厅堂中，特别是明清之后，是一种高贵的待客工具。两个人可在床

照片8　红豆树家具罗汉床

上斜倚聊天，具有双人沙发的功能，也可对坐喝茶、下棋等，这与中国古老起居习惯有一定的关联。罗汉床整体给人一种庄严肃穆之感。但现代的罗汉床可以有多种用途，休息睡觉、待客以及陈设都不失为上等之选。罗汉床的围栏与架子床一样，大多是用木条做成榫拼接，也有用三块整板围合而成。通常后背较高，两侧较低，形成阶梯形软圆角，朴实而典雅。罗汉床形体可大可小，通常将较大的称为床，较小的称为榻。在罗汉床中摆一个炕几，两边铺上坐褥、枕头、靠垫等，置于客厅就可作为待客之用，其功能相当于茶几，可依凭，也可摆放杯具。

俗话称"一张椅子半部书"，罗汉床作品同样展现了中华家具文化的深厚内涵，它是高

档名贵的硬木和传统国粹文化的精妙融合，集聚静穆古朴、庄重典雅、神韵内涵、文化气质于一体，是森林文化的典型代表。它承载着森林文化悠久古远的历史价值，无论是笨拙神秘的商周家具、春秋战国秦汉时期浪漫神奇的短型家具，还是魏晋南北朝时期婉雅秀逸的渐高家具、宋元时期的简洁隽秀的高型家具，抑或是古典精美的明式家具、雍容华贵的清式家具，无不具有强烈的民族风格和历史文化特色。它承载了森林文化深沉稳重的思想价值，隐含着国人的"稳重平和"、"天人合一"、"天圆地方"、"儒家之道"的理念，让人能够全方位感受高贵的物质价值、历史文化价值、精湛绝伦的工艺价值，体现中华文明回归自然、崇尚自然的思想。如明式家具那几根线条和组合造型，朴素大方，优雅自如，给人以静而美、简而稳、疏朗而空灵之感；清式家具厚重用材与华丽装饰，展现了稳重、精致、豪华、艳丽的造型艺术及风格。它承载了森林文化精致美妙的艺术价值，无论是其线条、结构，还是木材的纹理、花纹，或者是作品中表现的人物、山水、花鸟、历史故事、吉祥符号等，都与中国书法的线条艺术和水墨画风格相吻合，符合中国人的审美情趣，体现着对自然美的追求、美好的思想寓意或民俗文化特色。它承载着木质家具简洁灵巧的实用价值，大到罗汉床等家具，小至鼓凳、椅子，都可以体现其独特的简洁、灵巧、实用特点。例如经典的明式家具，各部比例尺寸基本与人体各部的结构特征相适应，轮廓简练舒展，每一个构件都功能明确，没有多余的造作之举，格调朴素文雅。

红豆树研究

参考文献

蔡克孝 . 1981. 杉木幼苗生长规律的研究[J]. 浙江林业科技, 18(2)：18~20.

曹伟, 李岩, 丛欣欣 . 2012. 中国东北濒危植物优先保护的定量评价[J], 林业科学研究, 25(2)：190~194.

陈存及, 陈伙法 . 2000. 阔叶树种栽培[M]. 北京：中国林业出版社 .

陈华豪, 丁恩统, 洪伟, 等 . 1988. 林业应用统计[M]. 大连：大连海运学院出版社 .

陈天华, 王章荣, 李寿茂, 等 . 1990. 马尾松主要性状遗传力和遗传相关的初步研究[J]. 马尾松种子园建立技术论文集 . 南京：学术书刊出版社 .

成俊卿, 杨家驹, 刘鹏 . 1992. 中国木材志 . 北京：中国林业出版社 .

瘳涵宗, 邸道生, 张春能 . 1992. 人工林生态系统生产力研究[J]. 林业科技通讯, (10)：5~8.

丁凤梅, 鲁法典, 侯占勇, 等 . 2008. 杨树速生丰产林经济成熟与经济效益分析[J]. 山东农业大学学报（自然科学版）, 39(2)：233~238.

杜纪山, 唐守正 . 1997. 林分断面积生长模型研究评述[J]. 林业科学研究, 10(6)：599~606.

段海滨, 王道波, 于秀芬 . 2007. 蚁群算法的研究现状及其展望[J]. 中国工程科学, 02：98~102.

段海滨, 王道波, 朱家强, 黄向华 . 2004. 蚁群算法理论及应用研究的进展[J]. 控制与决策, 12：1321~1340.

范辉华, 李朝晖, 张蕊, 等 . 2011. 红豆树的组织培养技术[J]. 福建林业科技, 38(3)：100~102.

冯丰隆, 杨荣启 . 1988. 使用贝尔陀兰斐模型研究台湾七种树种生长之适应性的探讨[J]. 中华林学季刊, 21(1)：47~64.

冯玉龙, 刘利刚, 王文章, 等 . 1996. 长白落叶松水曲柳混交林增产机理的研究(II)[J]. 东北林业大学学报, 24(3)：1~7.

符伍儒 . 1980. 数理统计 . 北京：中国林业出版社 .

高兆蔚 . 2004. 森林资源经营管理研究[M], 福州：福建省地图出版社 .

龚直文, 亢新刚, 顾丽, 等 . 2011. 长白山云冷杉针阔混交林两个演替阶段乔木的种间联结性[J]. 北京林业大学学报, 33(5)：28~33.

顾万春, 黄东森 . 1993. 主要造林阔叶树种良种选育程序与要求(GB/T14073-1993)[S]. 北京：国家标准局 .

国庆喜, 等 . 2004. 植物生态学实验实习方法[M]. 哈尔滨：东北林业大学出版社 .

何汇珍 . 1987. 福建植物志第三卷[M]. 福州：福建科学技术出版社 .

洪伟, 林成永, 吴承祯, 等 . 2000. 福建建溪流域常绿阔叶防护林物种多样性特征研究[M]. 厦门：厦门大学出版社.

洪伟, 吴承祯, 李贞猷. 1995. 集对分析与效用函数量级(J). 福建林学院学报, 15(3): 203~207.

洪伟, 吴承祯, 林成来, 等. 2000. 建溪流域常绿阔叶防护林物种多度分布格局研究[M]. 厦门: 厦门大学出版社.

洪伟. 1993. 林业试验设计技术与方法[M]. 北京: 北京科技出版社.

胡根长, 周红敏, 刘荣松, 等. 2010. 红豆树轻基质容器育苗试验[J]. 林业科技开发, 24(6): 103~106.

火树华, 康木生, 等. 1980. 树木学[M]. 中国林业出版社.

江希钿, 温素平. 2000. 马尾松可变参数削度方程及应用[J]. 福建林学院学报, 20(4): 294~297.

江希钿, 温素平. 2000. 马尾松可变参数削度方程及应用[J]. 福建林学院学报, 20(4): 294~297.

江希钿, 庄晨辉, 陈信旺, 等. 2007. 免疫进化算法在建立地位指数曲线模型中的应用[J], 生物数学学报, 22(3): 515~519.

江希钿. 1994. 用均匀设计试验法和单纯形法建立生长模型[J]. 福建林学院学报, 14(4): 311~315.

解丹丹, 张苏峻, 苏志尧. 2010. 陈和洞自然保护区常绿阔叶林物种多度分布格局[J]. 华南农业大学学报, 31(4): 63~67.

李建德, 潘存德. 2000. 天山云杉削度方程的研究[J]. 新疆农业大学学报, 23(1): 30~40.

李社荣, 马惠平, 谷宏志, 等. 2001. 返回式卫星搭载后玉米叶绿体色素变化的研究[J]. 核农学报, 15(2): 75~80.

李帅锋, 刘万德, 苏建荣, 等. 2012. 滇西北云南红豆杉群落物种生态位与种间联结[J]. 植物科学学报, 30(6): 568~576.

李永慈, 唐守正, 等. 2004. 用度量误差模型方法编制相容的生长过程表和材积表[J]. 生物数学学报, 19(2): 199~204.

李忠孝, 李杰, 等. 2003. 对用削度方程进行材种理论模拟造材公式的推导[J]. 内蒙古林业调查设计, 26(1): 55~56

李祚泳, 丁晶, 彭荔红. 2004. 环境质量评价原理与方法[M]. 北京: 化学工业出版社.

林昌庚. 1964. 林木蓄积量测算中的干形控制问题[J]. 林业科学, 9(4).

林昌庚. 1958. 皖南杉木树高级立木材积表、削度表的编制[J]. 南京林学院学报, 1(1).

林文龙. 2002. 杉木鄂西红豆树混交林分结构与生产力研究[J], 林业科技开发, Vol. 16 No. 1, 21~23.

刘金福, 洪伟. 1999. 福建三明格氏栲自然保护区的评价[J], 吉林林学院学报, Vol. 15, No2: 70~80.

刘金福, 洪伟. 2000. 格氏栲种群空间格局分布的Weibull模型研究[J]. 闽江流域森林生态研究[M]. 厦门: 厦门大学出版社.

刘金山, 胡承孝. 2011. 水旱轮作区土壤养分循环及其肥力质量评价与作物施肥效应研究[M]. 华中农业大学, 博士学位论文.

刘景芳, 等. 1980. 编制杉木林分密度管理图研究报告[J], 林业科学, 16(4): 241~251.

刘荣松, 胡根长, 叶庭旺, 等. 2011. 废菌棒复合基质对3种阔叶树容器苗生长的影响[J]. 浙江林业科技, 31(4): 43~46.

陆孝建. 2012. 红豆树扦插育苗试验研究[J]. 现代农业科技, (15): 126~127.

骆期帮, 等. 2001. 林业数表模型——理论与实践[J]. 北京: 中国林业出版社.

孟宪宇. 1995. 测树学[M]. 北京: 中国林业出版社.

孟宪宇. 1982. 二元材积方程的比较[J]. 南京林产工业学学报, (1)

潘瑞炽. 2004. 植物生理学[M]. 北京: 高等教育出版社.

裴保华. 2003. 植物生理学[M]. 北京: 中国林业出版社.

戚继忠，张吉春．2004．珲春自然保护区生态评价［J］．北华大学学报（自然科学版）Vol. 5，No5：453～457.

祁利军，李忠孝，马继红．2003．内蒙古大兴岭林区六个主要树种树干一致性削度方程参数的求解［J］．内蒙古林业调查设计，26(2)：25～26.

阮淑明．2007．施肥对红豆树叶绿素含量影响的研究［J］．安徽农学通报，13(18)：187～188.

沈家智，杨智勇．1996．利用复位样本建立湿地松二元材积生长率动态模型［J］．云南林业调查规划，(4)：17～22.

施季森，潘本立，胡先菊，等．1999．主要针叶造林树种优树子代遗传测定技术［S］．北京：国家标准局，LY/T1340－1999.

史作民，刘世荣，程瑞梅，等．2001．宝天曼落叶阔叶林种间联结性研究［J］．林业科学，37(2)：29～35.

宋海星，李生秀．2004．水、氮供应和土壤空间所引起的根系生理特性变化［J］．植物营养与肥料学报10(1)：6～11.

唐守正．1991．广西大青山马尾松全林整体生长模型及其应用［J］．林业科学研究，4：(增)8～13.

王笃治，等．1978．福建实生杉木干形及材积表编制方法的研究［J］．福建林学院学报．

王金盾．2001．红豆树杉木混交林生长效果分析［J］．福建林业科技，Vol. 28 No. 1，51～53.

王鹏和，刘宗友．2001．湖北省马尾松人工林削度方程及材种出材率表的研究［J］．华中农业大学学报，20(1)：67～72.

王素萍，江希钿，等．2002．柳杉削度方程及材种出材率的研究［J］．福建林学院学报，22(1)：74～77

王章荣，李玉科，向远寅，等．1999．主要针叶造林树种优树选择技术（LY/ 1344－1999）［S］．北京：国家标准局．

王志刚，高振寰，李国春，等．2004．白桦树高级单株木材种出材率表的编制［J］．林业科技，29(3)：14～16

吴富桢．1978．关于提高立木材积表精度问题的探讨［J］．林业调查规划，(2).

吴则焰．2011．孑遗植物水松保护生物学及其恢复技术研究［M］．2011年博士学位论文．

伍泽堂，张刚元．1999．脱落酸、细胞分裂素和丙二醛对超氧化物歧化酶活性的影响［J］．植物生理学通讯，(4)：30～32.

谢晋阳．1993．物种多样性指数与物种多度分布格局［J］．植物科学综述，222～233.

谢宗强，陈伟烈．1999．中国特有植物银杉的濒危原因及保护对策［J］，植物生态学报23(1)：1～7.

胥辉，孟宪宇．1996．天山云杉削度方程与材种出材率表的研究［J］．北京林业大学学报，18(3)：21～30.

许业洲，等．2001．湖北省湿地松人工林整体生长模型的研究［J］．湖北林业科技，3：10～13.

杨剑峰．2007．蚁群算法及其应用研究［D］．浙江大学．

姚军，李洪林，杨波．2007．花榈木的组织培养和快速繁殖［J］．植物生理学通，43(1)：123～124.

叶培忠，陈岳武，阮益初，等．1989．杉木优树选择方法的研究［J］．陈岳武论文集．南京：南京林业大学印刷厂，14～19.

尹泰龙．1978．林分密度控制图的编制与应用［J］．林业科学研究，3，1～11.

俞新妥．1997．杉木栽培学［M］．福州：福建省科技出版社，278－301，86～100.

曾瑞金．2007．红豆树优良单株子代苗期生长差异分析［J］．林业科技开发，21(6)：38～40.

曾伟生，廖志云．1997．削度方程的研究［J］．林业科学，(3)：127～132

曾伟生，唐守正．2011．立木生物量方程的优度评价和精度分析［J］．林业科学，47(11)：106～113.

曾伟生，于维莲．2011．关于林业数学模型中参数的取值问题［J］．中南林业调查规划，30(4)：62～63.

曾伟生．1997．利用削度方程编制材种出材率表的几个主要技术问题［J］．中南林业调查规划，16(1)：

5~10.

曾郁珉, 等. 2006. 高阿丁枫苗木分级研究[J]. 西部林业科学, 35(3)：43~48.

张会儒. 2007. 基于减少对环境影响的采伐方式的森林采伐作业规程进展[J]. 林业科学研究, 20(6)：867~871.

张良友. 2005. 精准施肥技术在农业综合开发项目区的应用[J]. 安徽农业科学, 33(10)：1816.

张明生, 谈锋. 2001. 水分胁迫下甘薯叶绿素 a/b 比值变化及其与抗旱性的关系[J]. 种子, 116(4)：23~25.

张少昂. 1986. 兴安落叶松天然林林分生长模型和可变密度收获表的研究[J]. 东北林业大学学报, 14(3), 17~26.

张万儒. 1987. 森林土壤分析方法国家标准[S]. 北京：中国标准出版社.

章浩白, 吴厚扬, 林文芳, 等. 1984. 福建森林. 北京：中国林业出版社.

赵立红, 黄学跃, 许美玲. 2004. 施氮水平及钾素配比对晒烟生理生化特性的影响[J]. 云南农业大学学报, 19(1)：48~54.

赵颖, 何云芳, 周志春, 等. 2008. 浙闽五个红豆树自然保留种群的遗传多样性[J]. 生态学杂志, 27(8)：1279~1283.

郑双全. 2000. 红豆树在混交林(红豆×杉木)中的生长规律研究[J]. 福建林业科技, 27(4)：28~30.

郑天汉, 江希钿, 庄玉辉. 2007. 红豆树苗木主要生长量指标的相关模型研究[J]. 江西农业大学学报, 21(增刊)：142~144.

郑天汉, 兰思仁. 2013. 红豆树人工林优树选择[J]. 福建农林大学学报(自然科学版), 42(6)：610~615.

郑天汉, 兰思仁. 2013. 红豆树天然林优树选择[J]. 福建农林大学学报(自然科学版), 42(4)：366~370.

郑天汉, 李建英, 黄兴发. 2009. 红豆树立木的主要性状特征研究(Ⅱ)[J]. 林业科技开发, 23(1)：68~71.

郑天汉, 汤文彪, 陈清根. 2006. 红豆树开花结实规律及种子发芽研究[J], 林业科技开发, 20(6)：38~41.

郑天汉, 张俊钦, 黄承梅. 2008. 红豆树根瘤及其对生长的影响[J]. 林业科技开发 22(5)106~108.

郑天汉. 2008. 红豆树立木的主要性状特征研究[J]. 林业科技开发, 22(6)：40~43.

郑天汉. 2007. 红豆树苗木质量评价指标的研究[J]. 福建林业科技, 34(4)：71~73.

郑天汉. 2007. 红豆树苗期氮磷钾施肥效应[J]. 林业科技开发, 22(1)：76~77.

郑天汉. 1996. 建柏人工林合理经营密度及其应用研究[J]. 福建林业科技, 23(4)：15~19.

郑天汉. 2003. 马尾松种子园优良家系选择研究[J]. 福建林学院学报, 3(3)：150~154.

郑允文, 薛达元, 张更生. 1994. 我国自然保护区生态评价指标和评价标准[J]. 农村生态环境学报, 10(3)：22~25.

周林生. 1980. 试论雪岭云杉二元材积表的编制——关于数学模型的选择与回归[J]. 新疆八一农学院学报, (30).

周志春, 刘青华, 胡根长, 等. 2011. 3 种珍贵用材树种轻基质网袋容器育苗方案优选[J]. 林业科学, 47(10)：172~178.

朱积余, 蒋焱, 潘文. 2002. 广西红椎优树选择标准研究[J]. 广西林业科学, (3)：109~113.

Chen L Z, Li D H, Song LR. Hu C X, Wang G H, Liu YD. 2006. Effects of salt stress on carbohydrate metabolism in desert soil Alga Microcoleus vaginatus Gom. J Integr Plant Biol. 48(8)：914~919.

Chung D W, Pruzinska A, Hortensteiner S, Ort DR. 2006. The role of pheophorbide a oxygenase expression and activity in the canola green seed problem. Plant Physiol, 142: 88 ~ 97.

Clutter J L, Fortsons J C, Pienaer G B et al. 1983. Timber management[M]. a quantitative approach. New York: Wiley.

Clutter J L. 1983. Compatible growth and yield model for loblolly pine[J]. For. Sci, 9: 354 ~ 371.

Heep T E. 1987. Using microcomputers to narrow the gap between research and practitioner: A case history of the TVA yield program [J]. USDA For. Serv. , Gen. , Tech. Rep. 1987. NC – 120, 976 ~ 983.

Lemm R. 1991. Ein Dynamisches Forstbetriebs – Simulation models[J]. Professur fuer Forsteiinrichtung and Waldwachstum der ETH Zuerich, 1 ~ 18.

Magurran AE. 1988. Ecologicol Dirersity and Its Measurement. Princeton University Press. Sydney: Croom Helm, 1 ~ 79.

Pretxsch H. 1991. Konaeption and Konstruktion von Wuchsmodellen fuer Rein and Minchbestaende[J]. Forstliche Forschhungberichte Muenchen, No. 115.

Santos C, Azevedo H, Caldeira G. 2001. In situ and in vitro senescence induced by KCl stress: nutritional imbalance, lipid peroxidation and antioxidant metabolism[J]. J Exp Botany, 52: 351 ~ 360.

Santos C. 2004. Regulation of chlorophyll biosynthesis and degradation by salt stress in sunflower leaves[J]. Scientia Horticulturae, 103: 93 ~ 99.

Scheumann V, Schoch S, Rtidiger W. 1999. Chlorophyll b reduciton during senescence of barley scedings[J]. Planta, 209: 364 ~ 370.

Truernit E. 2001. Plant physiology: The importance of sucrose transporters[J]. Curt Biol, 11(5): 169 ~ 171.

Wykoff W R, Grookston N L and Stage A R. 1982. User's Guide to the stand prognosis model [J]. USDA For. Serv. , Gen. , Tech. Rep. INT 133: 1 ~ 112.

红豆树研究

后记

　　《红豆树研究》凝聚了140余位林业工作者的辛勤汗水。北京林业大学原校长、中国工程院尹伟伦院士为本书作序，福建省林业厅陈则生厅长题写书名和《红豆》诗；研究过程中，得到尹伟伦院士、南京林业大学原副校长施季森教授的重要指导，得到福建农林大学林思祖、吴承祯、胡哲森、马祥庆、陈世品、邹双全、林开敏、陈礼光等教授以及武夷学院院长李宝银教授、福建林业职业技术学院何国生教授的悉心指导，得到福建林业科学研究院李建民、郑仁华、李志真、肖祥希、陈碧华等教授级高工的宝贵帮助。福建省林业厅原厅长黄建兴、福建省发改委副主任和福建省工程咨询中心主任张福寿、福建省农业厅副巡视员李岱一、福建省侨联副主席翁小杰、福建省林业厅政策法规处林少山调研员、夏瑶华调研员、福建省世界银行贷款造林项目办公室主任程朝阳和方荣杭调研员、林政处原处长高兆蔚、福建省政协原常委刘大林、福建省林业科学技术推广总站翁玉榛站长、吴建凯工程师、资源站蔡小英硕士、福建师范大学组织部陈建国部长、福建师范大学文学院钟伟兰副书记、福建农林大学连文副处长和蔡丽贞科长、林文俊博士、唐巧倩硕士、三明市林业局潘子凡副局长、陈美高副局长、章志都博士、三明市农办黄伟明副主任、南平市林业局林同龙高工和郑临训科长、漳州市林业局林清锦高工、福建省林业规划设计院王念奎博士、福建意达工艺品有限公司张其仕（木雕艺术大师、福建省工艺美术协会副会长）、厦门煌辉科技发展有限公司李振等给予了大力支持。福建林业职业技术学院提供了植物生理实验室，福建林业科技试验中心和永林集团提供了组织培育实验室。

　　以下单位和人员承担大量试验研究工作：南平市延平区国有林场蔡勇、陈翼闽、王正星、庄玉辉、方文清、程建筑、陈立春，福建林业职业技术学院阮淑明，福建农林大学西芹教学林场郭玉硕、林文荣、吴晓声、林云、洪文瑾，福建农林大学莘口教学林场刘春华、蒋宗凯、苏素霞、李丽红、陈辉，华安葛山国有林场陈清根，平和天马国有林场曾瑞金，华安西陂国有林场汤文彪，南靖国有林场赵青毅、魏影景、林祖良、吴宗南、简农炳，将乐国有林场张运根、李成林、方禄明，德化葛坑国有林场林贤山、陈元品、陈天文，永春碧卿国有林场连细春、郭福泰、吴金洪，连江陀市国有林场兰明忠、黄承梅，建阳国有林业苗圃张根水、陈敏，飞石国有林业苗圃朱理宁，芗城国有林业苗圃陈毅建、曾长明，永林集团李建文、吴炜、林文革，武夷山国有林业苗圃胡华东，屏南国有林业苗圃甘代蔡，东坡国有林场张俊钦、曹汉洋、陈洪坤、张国良，寨下国有林场黄兴发。参与野外调查的单位和人员还有：福安林业局高瑞龙、詹长英、刘招发、刘旭光、林兴春，屏南县林业局黄昌尧、林圣，柘荣林业局林赛官、吴岩伦、袁建勇、金泽宫、张国华、蔡方标、郑成禄，柘荣县政协林旺梅，古田县林业局郑建官、郑永康、江仁平，周宁林业局肖端瑞、卓俊杰、缪明雄，泰宁国有林场涂育合、李树朝，尤溪国有林场郑绍全、蔡青、苏孙卿，石陂国有林场苏志平，来舟国有林业试验场张纪卯、康木水，林下国有林场罗火月，邵武林业局金其祥、李钢，建瓯林业局陈朝晖、黄勇来、叶文清，政和林业局周泽忠、陈子群，武平县林业局吴吉富、肖立生，上杭县林业局李寿涛，漳平市林业局廖存和、阙茂文、易高西、卢炳立、吴新才，松溪林业局何克波、范必有、王惠，浦城林业局葛俊敏，新罗区林业局张国武，延平区林业局陈道城，永春林业局潘贤强等。在此，对他们的热心支持和无私帮助表示衷心感谢！

著　者

2014 年 1 月 18 日

● 福建红豆树王

● 古田吉象红豆树古树

● 周宁红豆树古树

● 周宁古树群

● 柘荣红豆树古树

● 德化水口红豆树优树

● 政和红豆树优树

● 柘荣富溪乡霞洋村红豆树优树

● 国有来舟林业试验场红豆树优树

● 周宁咸村红豆树优树

● 连江红豆树优树

● 浦城红豆树优树群

● 屏南长桥红豆树群落

● 泰宁林场31年生红豆树林

● 浦城40年生红豆树、杉木混交林

● 红豆树与小径竹混交

● 南靖林场红豆树林分

● 红豆树优良林分

● 红豆树优树选择

● 红豆树林分干形

● 专家检测景观树试验林

● 松溪红豆树休闲区

● 南靖红豆树叶相变化

● 红豆树花枝

● 红豆树果枝

● 红豆树花序

● 红豆树叶及种子

● 红豆树果实及种子

● 泰宁红豆树种子

● 周宁红豆树种子

● 永泰红豆树种子

● 红豆树荚果及种子

● 红豆树小叶变异

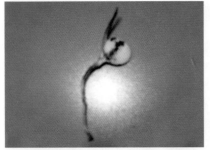

● 柘荣宅中赤岩村门首下林下种子自然萌动

● 建瓯育苗

● 红豆树幼苗

● 将乐40年生红豆树侧枝扦插试验

● 将乐40年生侧枝扦插成活

● 容器苗培育试验

● 容器苗

● 容器苗单株

● 未截根处理苗

● 截根处理苗

● 红豆树根瘤

● 红豆树家系调查

● 溪后红豆树苗圃

● 南靖林场栽培试验

● 2年生红豆树

● 山地栽培试验

● 大树截干断根移植试验

● 移植栽培

● 冻害

● 红豆树膏药病

● 红豆树黄化病

● 红豆树苗叶金龟子害

● 红豆树白化病

● 红豆树角斑病

● 红豆虫蛀

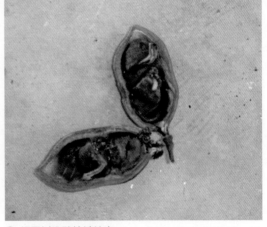

● 红豆树堆砂蛀蛾幼虫

● 剑鞘

● 红豆树木芯

● 红豆树纵剖面

● 树干横切面

● 纹理扭曲

● 枝节纹理

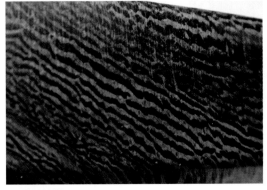

● 弦切纹理

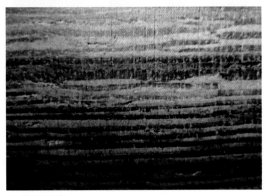

● 纵切纹理

● 餐桌

● 太师椅

● 案桌

● 逍遥椅

● 鼓凳　　● 组合沙发

● 状元桌

● 罗汉床　　● 床　　● 古典床

● 柜

● 花架

● 木柜

● 底座

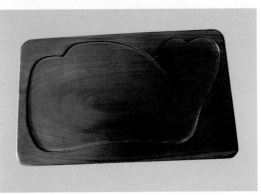

● 茶盘

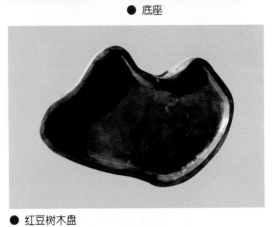

● 红豆树木盘

● 红豆树木尺

● 红豆树快板

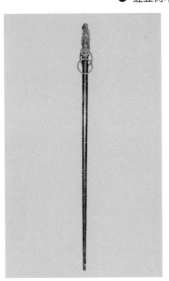

● 红豆树秤杆

● 红豆树天秤

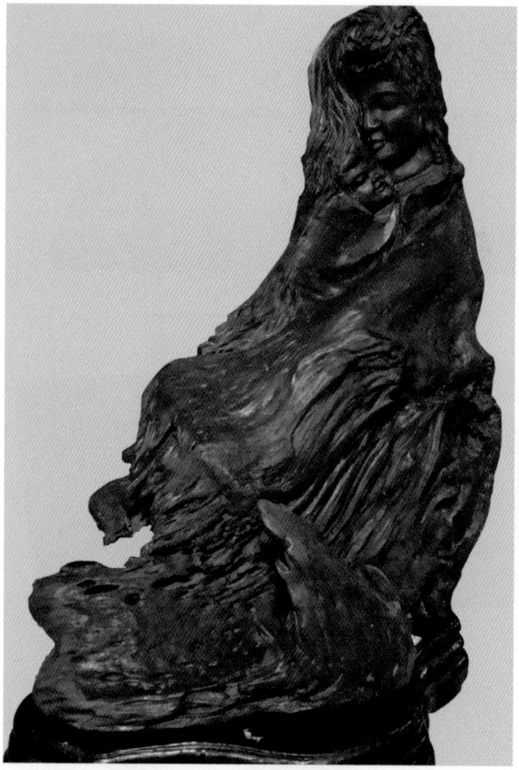

● 母爱

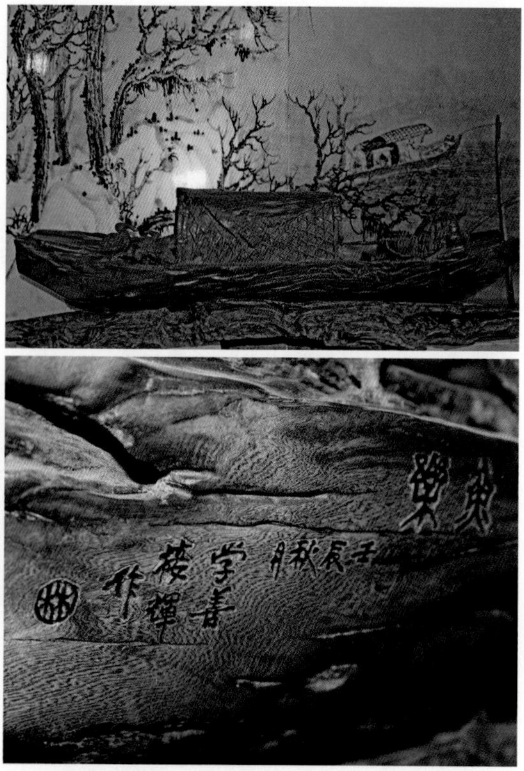

● 独钓寒江雪

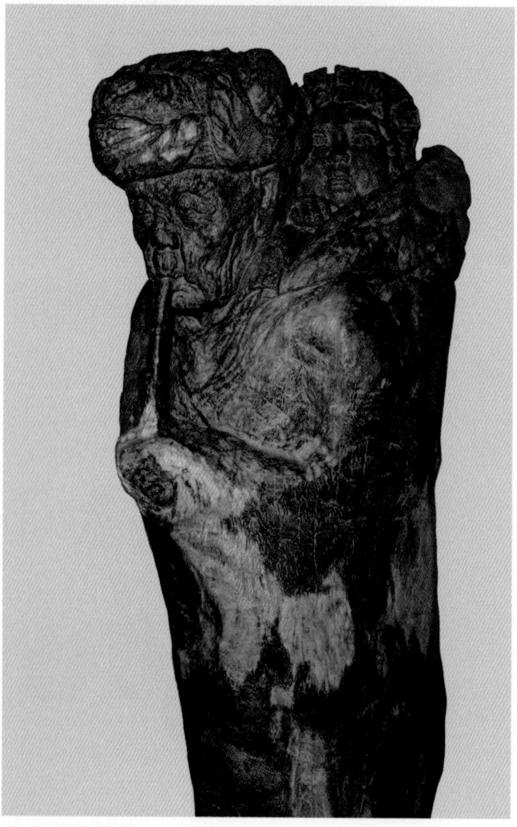

● 乡村留守者

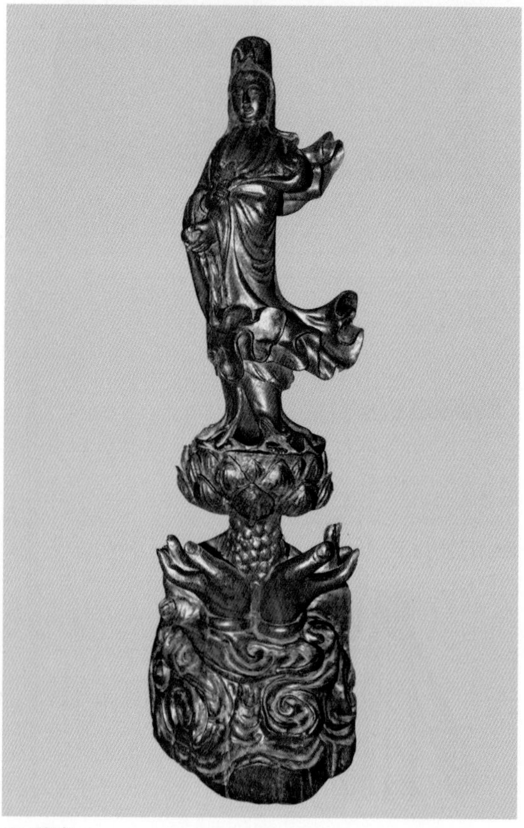

● 观音

● 秦皇大帝

● 湛卢宝剑

● 财神驾到

● 苗族姑娘

● 兵俑

● 牧羊

● 快乐财猪

● 守望

● 隐者

● 笔筒

● 李白望月

● 童年

● 智者

● 师尊

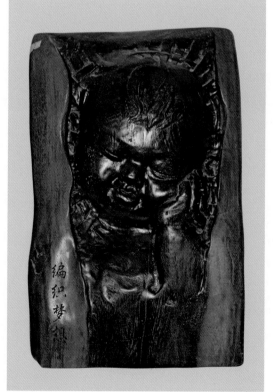

● 编织梦想

● 母子

● 太上老君

● 刘海戏金蟾

● 老翁

● 弥勒佛

● 寿星

● 仰望

● 童年

● 姜太公钓鱼

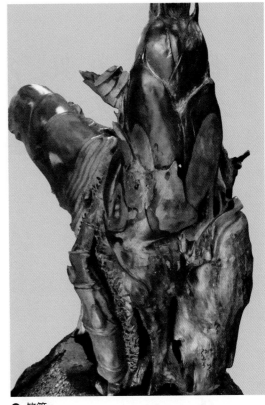

● 竹笋

● 毛竹竹蔸

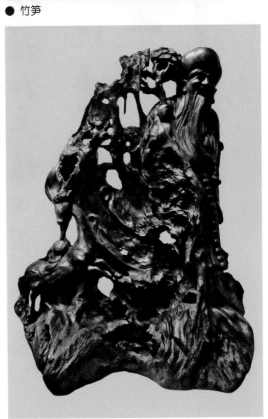

● 福禄寿

红豆生南国 春来发几枝
愿君多采撷 此物最相思

唐王维诗

癸巳年仲秋

陈公生书

青枝红豆植心间血溅
情浇五十年题问如何
不邮去至今海峡未通
船

录黄俊钟诗红豆情

癸巳初冬伟芹书